U0820987

高等职业教育“十四五”规划教材
国家“双高计划”课程成果系列教材
乡村振兴人才培养系列教材

畜牧场兽医体系建设与管理

郝福星　贾　红　袁华根　主编

中国农业大学出版社
·北京·

内 容 简 介

本教材共分10章，包括不同疾病采样部位及采样方法、传染病实验室检测、细菌分离培养与鉴定、细菌药物敏感性试验、细胞培养与病毒分离、疾病诊断、疫苗和兽药的使用、禽白血病净化示范、鸡白痢净化示范、非洲猪瘟净化示范。教材内容围绕畜牧场的实验室检测和现场兽医诊断治疗两个方面，分别以实验室监测、检测、标准制定和标准落地、疾病诊治为中心，采取一切措施保障畜牧场的生物安全。各章节紧扣生产实践，工作流程清晰，可操作性强，内容融入了学科专业、行业、企业发展的新知识、新技术、新方法、新成果、新标准、新规范。本教材能让学习人员提升构建畜牧场生物安全体系的能力，培养动物福利的理念，为现代规模化畜牧场的疫病防控、绿色养殖、提高经济效益提供参考和依据。

本教材既可供职业教育畜牧兽医类专业教学使用，又可作为畜牧场技术人员、基层畜牧兽医相关工作人员的培训资料和学习参考书。

图书在版编目(CIP)数据

畜牧场兽医体系建设与管理 / 郝福星，贾红，袁华根主编. --北京：中国农业大学出版社，2023.7

ISBN 978-7-5655-3001-2

Ⅰ.①畜… Ⅱ.①郝…②贾…③袁… Ⅲ.①畜牧场－兽医学－研究 Ⅳ.①S812.9 ②S85

中国国家版本馆CIP数据核字(2023)第110935号

书　名 畜牧场兽医体系建设与管理

作　者 郝福星　贾　红　袁华根　主编

策划编辑 林孝栋　康昊婷　　**责任编辑** 康昊婷

封面设计 李尘工作室

出版发行 中国农业大学出版社

社　址 北京市海淀区圆明园西路2号　　**邮政编码** 100193

电　话 发行部 010-62733489，1190　　读者服务部 010-62732336

编辑部 010-62732617，2618　　出　版　部 010-62733440

网　址 http://www.caupress.cn　　**E-mail** cbsszs@cau.edu.cn

经　销 新华书店

印　刷 运河(唐山)印务有限公司

版　次 2023年7月第1版　2023年7月第1次印刷

规　格 185 mm×260 mm　16开本　16.25印张　406千字

定　价 55.00元

编审人员

主　编　郝福星（江苏农牧科技职业学院）

贾　红（中国农业科学院北京畜牧兽医研究所）

袁华根（江苏农牧科技职业学院）

副主编　周守长（华裕农业科技有限公司）

张步彩（江苏农牧科技职业学院）

莫一群（江苏中牧倍康药业有限公司）

参　编　吕海玲（泰州丰达农牧科技有限公司）

赵爱华（江苏农牧科技职业学院）

蔡丙严（江苏农牧科技职业学院）

郭广富（江苏农牧科技职业学院）

朱道仙（江苏农牧科技职业学院）

刘剑华（江苏农牧科技职业学院）

刘玉华（江苏农牧科技职业学院）

李芙蓉（江苏农牧科技职业学院）

韩　威（江苏省家禽科学研究所）

刘传敏（江苏省农业科学院）

周春炎（如皋市畜牧兽医站）

许琴瑟（江苏姜曲海猪种业有限公司）

窦浩华（泰州市君元生物科技有限公司）

王雅琴（江苏勃林格殷格翰生物制品有限公司）

丁　振（盐城辰宝农牧科技有限公司）

李章涛（安徽濉溪牧原农牧有限公司）

审　稿　王志强（扬州大学）

宋晓晖（中国动物疫病预防控制中心）

前 言

本教材是根据国务院《国家职业教育改革实施方案》(简称“职教二十条”)和教育部等四部门印发《关于在院校实施“学历证书+若干职业技能等级证书”制度试点方案》的指导精神而编写的。

党的二十大提出,要“加快建设农业强国,强化农业科技和装备支撑”。有效助力畜牧业高质量发展,实现“人病兽防、关口前移”,需要构建现代化畜牧场兽医体系。安全、高效、优质、绿色、生态的畜禽养殖理念日渐深入人心,保障畜禽健康,建立人—动物—环境和谐共存的生态关系成为动物医学面临的重大挑战。实验室检测技术日新月异,疫病防控的新标准、新规范不断颁布落地。因而,为了现代畜牧场科学疫病防控,开展绿色养殖,提高经济效益,满足畜牧兽医类专业教学及畜牧场技术人员、基层畜牧兽医工作相关人员培训、学习的需求,我们和行业、企业共同编写了本教材。

本教材具有以下 3 个方面的特色:

1. 校企合作,共同编写,及时将新知识、新技术、新方法、新成果、新规范融入教材,充分体现内容的科学性、先进性、适用性。

2. 把企业的典型案例、职业资格、职业技能等级证书和执业兽医资格考试内容融入教材,体现了“学历证书+若干职业技能等级证书”制度,即“1+X”证书制度。

3. 本教材既可以作为职业教育教材,也可以作为农民培训教材,宗旨是落实立德树人根本任务,服务乡村振兴,通过产教融合共同培养高素质技术技能型人才,提升农民科技文化素质,加快推进农业农村现代化、全面建设社会主义现代化国家。

本教材是在对畜牧生产岗位需求进行充分调研论证的基础上,由学校和行业、企业人员分工合作编写。由郝福星、贾红、袁华根统稿。在编写过程中王志强、宋晓晖参与了教材审定和修改工作,在此一并表示感谢。

由于编者水平所限,本教材难免存在缺点和错误,恳请专家和读者提出宝贵意见。

编 者

2023 年 2 月

目　录

第一章 不同疾病采样部位及采样方法

第一节 禽病采样部位及采样方法

随着家禽养殖规模化的发展以及养殖技术的成熟，家禽养殖的数量不断地增加。在一些畜牧场，家禽饲养逐渐走向规模化、科学化的发展道路，但一些家禽疾病的出现，给畜牧场造成了比较严重的经济损失。当前禽病流行情况比较复杂，混合感染和继发感染比较多见，临床症状和病理变化也是非典型的多见，所以实验室诊断成为禽病诊断的重要措施。在兽医工作中，病禽样品的采集是疾病诊断的关键一步，采样的部位、方法，样品的保存、运输都直接关系到最终的诊断结果。

一、畜牧场中常见的禽病

当前，畜牧场中家禽疾病主要有病毒病、细菌病、其他微生物疾病、寄生虫病和普通病。其中最易发生、危害最为严重的主要有禽流感、新城疫、传染性支气管炎、传染性法氏囊病、马立克病、禽痘、鸡白痢、禽霍乱、鸡球虫病等。

二、禽病采样的部位

禽病采样的部位以鸡为例(表 1-1)，其他禽类可参照检查。

表 1-1 部分禽病的采集部位

禽病名称	采集部位
禽流感	血液、气管和肺、肠管及其内容物、肝、脾、肾、脑、泄殖腔、粪便
新城疫	脑、脾、气管、眼分泌物、泄殖腔拭子
传染性支气管炎	气管或气管渗出液、肺、肾
传染性法氏囊病	法氏囊、脾、肾
马立克病	肿瘤组织、含髓羽毛
禽痘	病变组织、口、鼻、咽、喉、食道、气管黏膜的结节
鸡白痢	肝、脾、心、肾、输卵管、卵泡、泄殖腔
禽霍乱	肝、脾、心血、骨髓及病变组织
鸡球虫病	肠道、粪便

(一)临床症状的观察

采样之前要注意观察鸡的外貌特征是否正常,了解临床情况,收集临床症状。

1. 鸡群整体状态的观察

观察人员应在舍内一角或场外直接观察全群状态,以防惊扰鸡群。注意观察鸡只精神状态,对外界的反应,观察呼吸、采食、饮水的状态,运动时的步态等。

正常健康鸡听觉灵敏、白天视觉敏锐,周围稍有惊扰便有迅速反应,活动灵活;食欲旺盛,生长发育正常;羽毛丰满光洁,鸡冠、肉髯红润。病态鸡则表现为鸡冠苍白或发绀,羽毛松乱;咳嗽、打喷嚏或张口呼吸;食欲减少或食欲废绝,两眼紧闭,精神萎靡消瘦,蹲伏在鸡舍一角。

用手触摸鸡腹下部,检查腹部温度、软硬等。腹部异常膨大而下垂,有高热、痛感,是卵黄性腹膜炎的初期;触摸有波动感,用注射器穿刺可抽出多量淡黄色或深灰色并带有腥臭味的浑浊液体,则是卵黄性腹膜炎中后期的表现。如腹部蜷缩、发凉、干燥而无弹性,常见于鸡白痢、内寄生虫病。腹部体积异常增大,提示淋巴细胞白血病(简称大肝病)、脂肪肝。

2. 病禽的外观检查

(1)神经系统　观察有无扭头、曲颈、转圈等神经症状,若有扭头症状,且倒提鸡有口流黏液现象,提示鸡可能感染新城疫。

(2)被皮系统

①鸡冠和肉髯的检查。冠和肉髯是鸡皮肤的衍生物,正常的鸡冠和肉髯颜色鲜红,组织柔软光滑,许多疾病都出现鸡冠和肉髯的变化。鸡冠发白,提示贫血、出血性疾病及慢性疾病,如球虫病;鸡冠发紫,常见于急性热性疾病,如高致病性禽流感、新城疫等,也可见于中毒性疾病;鸡冠萎缩,常见于慢性疾病;如果鸡冠上有水疱、脓包、结痂等病变,多为鸡痘的特征;肉髯发生肿胀,多见于慢性禽霍乱和传染性鼻炎。

②皮肤的触摸检查。从头颈、体躯和腹下等部位的羽毛用手逆翻,检查皮肤色泽及有无坏死、溃疡、结痂、肿胀、外伤等。正常皮肤松而薄,表面光滑,易与肌肉分离。若皮肤增厚、粗糙有鳞屑,两小腿鳞片翘起,脚部肿大,外部像有一层石灰质,多见于鸡疥癣病或鸡突变膝螨病。皮肤上有大小不一、数量不等的硬结,常见于马立克病。皮肤表面出现大小数量不等、凹凸不平的黑褐色结痂,多见于皮肤型鸡痘。皮下组织水肿,如呈胶冻样则常见于食盐中毒,如内有暗紫色液体则常见于维生素 E 的缺乏症。龙骨外面的皮肤肿胀、增厚,手感软提示滑液囊支原体感染或肉鸡胸囊肿。深紫红色的皮肤提示流感。鸡体膨胀,皮下有气体,提示气囊破损,气体溢出到皮下所致。胸骨、腿骨、肱骨等部位皮肤呈青紫色提示骨折。肉仔鸡腹部皮肤变薄、透亮,用手按压有波动感,提示肉鸡腹水症或大肠杆菌感染造成的腹水。成年蛋鸡出现上述情况提示大肠杆菌造成的腹水或生殖型传染性支气管炎。

③羽毛的检查。正常时,鸡被毛鲜艳有光泽。有病时羽毛变脆、易脱落、竖立、松乱,翅膀、尾巴下垂,易被污染;翻开颈部、背部、腹部的羽毛,看鸡体有无羽虱;头部、翅、背部、腿部羽毛脱落、出血、溃疡,提示葡萄球菌感染;肛门周围的羽毛被粪便严重污染,提示肠炎;雏鸡肛门有白色石灰膏样的粪便堵塞提示鸡白痢;肛门周围有血便提示球虫;肛门向外突出,且出血溃疡,提示有啄癖发生;啄癖严重提示鸡舍光照强度过大,或者饲养密度过大,或者饲料中缺乏维生素或微量元素等营养物质,特别是硫元素缺乏。

(3)呼吸系统　观察鸡呼吸道有无异常的声音,有无啰音、咳嗽、打喷嚏等。若伸颈张口、吼吼怪叫提示传染性喉气管炎;若呼噜甩鼻、眼中有气泡、鼻窦、眶下窦肿胀提示支原体病;若伸颈张口呼吸困难,但是不出声音提示传染性支气管炎感染。将病鸡的头放在耳边,呼噜声音很大提示肺部曲霉菌感染。

①口鼻的检查。健康鸡的口腔和鼻孔干净,无分泌物和饲料附着。病鸡可能出现口、鼻有大量黏液,经常晃头,呼吸急促、困难,喘息、咳出血色的黏液等症状。

②眼睛的检查。健康鸡的眼大而有神,周围干净,瞳孔圆形,反应灵敏,虹膜边界清晰。病鸡畏光流泪,结膜发炎,结膜囊内有豆腐渣样物,角膜穿孔失明,眼睑常被眼眵黏住,眼边有颗粒状小痂块,眼部肿胀,眼白色浑浊、失明,瞳孔变成椭圆形、梨子形、圆锯形,或者边缘不齐,虹膜灰白色。眼睛低,眼眶周围组织高,按压手感软提示传染性鼻炎。

(4)消化系统

粪便的检查。粪便的形状、量和颜色变化通常暗示着鸡的患病情况。健康鸡的粪便一般是成型的,以圆锥状多见,表面有一层白色的尿酸盐,其颜色往往因饲料的种类不同有差异。

①牛奶样粪便。粪便为乳白色,稀水样似牛奶倒在地上,鸡群一般在上午排出这种粪便。这是肠道黏膜充血、轻度肠炎的特征病变。

②节段状粪便。粪便呈堆形,细条节段状,有时表面有一层黏液。刚刚排出的粪便,水分和粪便分离清晰,多为黑灰色或淡黄色。这是慢性肠炎的典型粪便,多见于雏鸡。

③水样粪便。粪便中消化物基本正常,但含水分过多,原因有大肠杆菌病、低致病性禽流感、肾传支、温度骤然降低应激、饲料内含盐量过高、环境温度过高等。

④蛋清状粪便。粪便似蛋清状、黄绿色并混有白色尿酸盐,消化物极少。

⑤血液粪便。粪便为黑褐色、茶锈水色、紫红色、或稀或稠,均为消化道出血的特征。上部消化道出血,粪便为黑褐色;部消化道出血,粪便为紫红色或红色。

⑥肉红色粪便。粪便为肉红色,成堆如烂肉,消化物较少,这是脱落的肠黏膜形成的粪便,常见于绦虫病、蛔虫病、球虫病和肠炎恢复期。

⑦绿色粪便。粪便为墨绿色或草绿色,似煮熟的菠菜叶,粪便稀薄并混有黄白色的尿酸盐。这是某些传染病和中暑后胆汁和肠内脱落的组织混合形成的,所以呈现墨绿色或草绿色。

⑧黄色粪便。粪便的表面有一层黄色或淡黄色的尿覆盖物,消化物较少,有时全部是黄色尿液。这是肝脏有疾病的特征粪便。

⑨白色稀便。粪便白色非常稀薄,主要由尿酸盐组成,常见于患传染性法氏囊病、鸡白痢和食欲废绝的病鸡,以及患尿毒症的鸡。

(5)运动系统

①腿部和脚掌的检查。鸡腿负荷较重,患病时变化也较明显。病鸡腿部弯曲,膝关节肿胀变形,有擦伤,不能站立,或者拖着一条腿走路,多见于锰和胆碱缺乏症。膝关节肿大或变形,骨质变软,常见于佝偻病。跖骨显著增厚粗大、骨质坚硬,常见于白血病等。腿麻痹、无痛感、两腿呈“劈叉”姿势,见于鸡马立克病。跖骨变粗,像穿靴样,提示淋巴细胞白血病的骨硬化症(又称骨的石化症)。病初跛行,大腿易骨折,可见于葡萄球菌感染。足趾向内踡曲,不能伸张,不能行走,多见于核黄素(又称维生素 B_2)缺乏症。观察跖和趾的大小及周围组织有无创伤、化脓等。后肢跖部和趾部鳞片出血或鳞片下出血,提示流感。

②关节的检查。跗关节畸形变宽、变扁,不能正常站立,提示锰或胆碱缺乏造成的滑腱症。

跗关节肿胀、肌腱断裂出血，提示病毒性关节炎（又称呼肠孤病毒感染）。脚垫、跗关节肿胀，剪开肿胀部位有灰白色或黄白色的渗出物，提示滑液囊支原体感染（又称滑膜炎）。趾关节肿胀、畸形，剪开肿胀部位有乳白色的奶油样渗出物，提示痛风。脚趾缝皮肤裂口、出血，提示生物素或泛酸缺乏。

（二）病死禽的剖检、采样

1. 解剖

（1）把鸡颈动脉放血致死后，用3%来苏尔消毒液把颈部、胸部、腹部羽毛刷湿，以免羽毛飞扬，用剪刀剪开大腿内侧与躯体之间皮肤，髋关节脱位，使鸡尸体仰卧于搪瓷盘内。

（2）自下喙尖开始沿颈、胸的腹侧剪开皮肤至肛门，并向两侧剥离至左右翼和后肢与躯干相连处。

（3）自胸骨后端至泄殖腔剪开腹壁，再由此切口沿胸部两侧缘，在椎肋骨和胸肋骨交界处向前剪开，直至剪断乌喙骨，再剪断心包韧带与胸骨间的联系，然后把胸骨翻向前方。

（4）由喉口插入细胶管（或玻璃管）慢慢吹气，观察各气囊的位置与形状。然后剪除胸骨。

（5）观察的主要器官：消化器官、呼吸器官、泌尿器官、生殖器官、胸腺和法氏囊等。

2. 脏器的检查和采样

（1）运动系统

①肌肉的检查。在下喙的腹侧开始，沿颈部、胸部、腹部至肛门，剪开皮肤，再将皮肤向两侧撕开，充分暴露气管、食管、胸肌和腿肌。肌肉质地干燥，有灰白色条纹，则表明可能患某些营养物质缺乏症或白肌病；顺肌纤维方向出现条块状出血，多见于传染性法氏囊病；点状出血或弥漫性出血，表明可能是药物中毒或患白血病。

②骨关节的检查。主要查看长骨、胸骨及膝关节。长骨骨端肥大、肋骨与肋软骨连接处肥大成结节状及胸骨扭曲是佝偻病的特征；膝关节异常肿大且腓肠肌滑落是锰缺乏症的表现；关节囊内含干酪样物质或白色沉淀物表明可能为葡萄球菌性关节炎或患痛风症。另外，高产蛋鸡或产蛋高峰期的笼养蛋鸡常发生骨质疏松，若胫腓骨变软易折则表明缺钙。

（2）呼吸系统

①体腔剖开及内脏的检查。沿胸骨后端与泄殖孔之间纵向剪开腹壁，从胸骨后缘分别沿两侧肋骨的中部剪开，并用骨剪剪断乌喙骨到锁骨，剪断心脏、肝脏与胸骨相连接的结缔组织，把胸骨翻向前方（注意勿伤气囊），注意观察腹水情况和气囊变化。剪除胸骨暴露胸腔，保持各脏器位置，注意观察体腔内壁、胸气囊以及脏器表面有无异常。

从口腔两侧上、下颌骨的连接处（嘴角）剪开后，两手抓紧上、下颌骨用力撕开口腔，暴露出喉头、气管、食道。呼吸道的检查应注意黏膜是否充血、出血，有无痘疹、坏死及分泌物等。

②鼻腔的检查。在眼与鼻孔之间用骨剪横断上喙，检查鼻腔，暴露眶下窦开口前端，用剪刀沿开口侧面纵向剪开窦外壁，检查鼻窦、眶下窦及其内容物。正常情况下其内壁应湿润清洁无异物，如果需要可做病原培养。窦腔内浆液性渗出物增多或有黄色干酪样物，则表明可能患慢性呼吸道病，如鸡支原体病、传染性支气管炎、传染性鼻炎等。

③气管、支气管、喉头的检查。剖开气管、支气管检查。在心脏的下面，小心剪断血管，取出心脏后即露出支气管，正常的支气管呈透明状。气管与支气管交界处有白色干酪样栓塞，则

表明为传染性支气管炎病变；支气管内有灰绿色菌丝斑块提示霉菌感染。喉头、气管有血性黏液，则表明为传染性喉气管炎；喉头、气管有灰白色隆起物（痘疹）或黄白色干酪样坏死物，多见于黏膜型鸡痘。

④肺脏的检查。先用刀切割肺侧缘附着处，再将肺从肋骨间凹陷中剥出来。而后上提两肺叶（注意不要损坏第一级支气管），用剪刀将肺脏、支气管与食管分开。最后将肺从肋间翻向内侧，进行检查。鸡肺正常为鲜红色，位于心脏的两侧、气囊的下方，贴在肋骨的内侧面。肺部病变一般不多，主要应检查其质地、出血情况等。肺脏出血、坏死提示流感。雏鸡肺组织实变，并有大小不等的黄色或白色结节，多见于雏鸡患曲霉菌病或肺型鸡白痢。患有白细胞虫病的鸡，死后肺部通常有凝血块。肺脏有大小不一的灰白色肿瘤病灶提示马立克病或淋巴细胞白血病。肺脏有散在的黑色小点提示空气污染严重、粉尘数量多。肺炎病灶大多数都发生在第一级支气管及其周围肺组织，因此，必须检查肺脏的横切面，否则很容易漏掉肺内病灶。

⑤气囊的检查。正常气囊是透明的一层薄膜。若气囊肥厚浑浊、有珠状小点、附有干酪样物表明患呼吸道疾病，如支原体感染；若气囊浑浊、气囊上的毛细血管清晰可见，提示支原体和大肠杆菌严重的混合感染；若患曲霉菌病时，在气囊表面还可见灰白色或灰绿色的毒菌结节；若患慢性呼吸道病时，气囊浑浊或有黄色渗出物。呼吸系统疾病在上呼吸道各部位通常都有交叉的病理表现，必须综合判断。

（3）消化系统

①口腔及颈部的检查。剪开一侧嘴角，检查口腔，注意舌、咽、喉、上腭裂和黏膜的病变。从嘴侧切口向胸部纵行切开颈部皮肤，检查胸腺、食管、气管以及气管两侧的迷走神经。纵行切开食管、嗉囊、咽喉和气管，注意内容物的性状、气味、色泽和黏膜变化。鸭的颈部皮下肿胀则表明可能患鸭瘟。沿颈静脉寻至后方，在“V”字形的左、右锁骨的交汇处，有淡褐色略透明的卵圆形甲状腺。在甲状腺后方，与之毗邻的位置有小的白色甲状旁腺。检查时应注意它们是否肿胀，当疑为维生素 D_3 和钙缺乏时，应特别注意观察甲状旁腺的大小。

②食道、嗉囊的检查。从咽喉部至泄殖腔逐一剖开，主要检查消化道黏膜的出血、肿胀、溃疡、纤维素渗出，肠内容物及肠道寄生虫等状况。检查胰腺后，在腺胃前缘剪断食管，切断肠系膜，将整个胃肠道往后翻拉，横切直肠，取下胃肠道，用肠剪纵行切开检查。咽喉部主要查看有无干酪样物、血块及假膜，禽痘或传染性喉气管炎时，在咽喉部可见明显的纤维素性假膜或血块。食道嗉囊的病变有特殊性，鸭瘟时食道黏膜出现纵向出血、溃疡，并覆盖条索状或片状纤维素性假膜。鸡、鹅的白念珠菌病在食道嗉囊黏膜上也有明显的白色圆形隆起或融合成片的假膜，且不易剥离。维生素 A 缺乏症的病禽在食道黏膜也可见露珠状细小隆起。此外，嗉囊积食或松软可分析饲料成分，以改进饲喂方法；嗉囊充满水气混合物，可能为新城疫；嗉囊黏膜脱落，可能是慢性蓄积性中毒。

③腺胃和肌胃的检查。鸡的胃是由腺胃和肌胃两部分组成。腺胃的病变较为普遍，腺胃乳头出血是新城疫的特征之一；腺胃与肌胃交界处的黏膜出血、溃疡，多见于传染性法氏囊病；腺胃壁肿胀、肥厚、出血、腺体扩张等病变，在传染性支气管炎、马立克病中都可见到。腺胃乳头分泌亢进，挤出脓性分泌物，提示饲料中可能有霉菌毒素。肌胃一般无明显病变，2 周龄以内雏鸡剥离角质层，有时可见少量白色结节，提示可能为禽脑脊髓炎；肌胃角质层开裂、肌胃溃疡提示霉菌毒素造成的肌胃炎。

④小肠的检查。肠道主要检查其黏膜充血、出血、溃疡等。先看肠浆膜面，注意其色泽，表

面有无出血斑点、坏死灶；而后再看黏膜面，注意内容物的性状、颜色。十二指肠黏膜的充血、出血、肿胀，往往是多种消化道疾病的共性病变。典型的新城疫小肠、盲肠和直肠黏膜有大小不等的出血点或出血斑，肠黏膜上有纤维素性坏死性病变，有的形成假膜，假膜脱落后形成溃疡，多见于十二指肠及小肠前、中、后段。非典型新城疫可见直肠黏膜和盲肠扁桃体出血。小肠中后段及盲肠管扩张，内含血样内容物，黏膜浆膜有出血点则为球虫病的特征。小肠后段形如香肠，剖开可见灰黄色或黄白色栓子，是小鹅瘟的特征性病变。肠壁呈蓝灰色，肠浆膜有黑色絮状物，肠黏膜覆盖一层黑色的伪膜提示霉菌性肠炎。肠胀气，有时肠壁有出血斑点像花布样、肠腔内有未消化的饲料颗粒、后期肠道呈蓝灰色，肠黏膜覆盖一层黑色的伪膜提示梭菌感染。肠道黏膜表面有隆起的结节，提示为副伤寒。

⑤大肠的检查。盲肠栓子在组织滴虫引起的鸡盲肠肝炎病中有一定的诊断意义。雏鸡盲肠粗大、手感硬，内有灰白色干酪样物提示沙门菌感染。盲肠内有干酪样物，切面呈同心圆，中间有血液凝块提示组织滴虫病（又称盲肠肝炎）。盲肠扁桃体位于回盲交界处，正常情况下，扁平微隆起，当新城疫等消化道疾病时则肿大、充血、出血。家禽的直肠病变较少，鸭瘟在直肠黏膜可见纵向出血、溃疡甚至假膜。新城疫时泄殖腔黏膜出血严重。

⑥肝脏的检查。正常的肝脏表面光滑呈深红色，大小适中。肝脏的病变主要表现为色泽异常、炎性肿胀、质地变脆及特殊坏死灶。霉变饲料中毒、药物中毒，患禽霍乱、大肠杆菌病等时，肝脏肿大、质地变脆、有条纹状出血。除肿瘤疾病外，肝脏有坏死灶则表明可能患细菌性疾病；肝脏有出血点常表明可能患病毒性疾病。许多疾病在肝脏表面都有特征性坏死灶，如患禽霍乱，家禽的肝脏表面有多量灰白色、针尖大小的坏死灶；盲肠肝炎（组织滴虫病）的肝脏表面有中间凹陷、周围黄绿色的圆形坏死溃疡病灶，且单个或融合成片；弧菌性肝炎的肝脏表面有白色、星状或菊花状坏死灶。霉变饲料中毒家禽的肝脏呈土黄色，患禽伤寒病鸡的肝脏呈古铜色。患大肠杆菌病时，其肝脏表面常有多量纤维性蛋白渗出物。患内脏型马立克病时，其肝脏表面或深部常可见灰白色肿瘤。患雏鸭病毒性肝炎时，其肝脏质地柔软、出血明显。患禽淋巴白血病时，其肝脏极度肿大、色泽变淡、质地稍硬。患痛风症时，肝脏、心脏、气囊以及各内脏器官的表面覆盖一层石灰样的粉末，不易剥离。

⑦胰脏的检查。胰腺在十二指肠的中间，正常呈淡黄或淡红色。胰腺出血呈紫红色、胰腺边沿出血或胰腺有出血点、坏死点等是流感特征性病变。胰腺肿大、严重高低不平提示有肿瘤性疾病。

（4）循环系统和淋巴系统

①心脏的检查。切开心包，查看心包液容量、色泽及渗出物，观察心冠脂肪和心肌的色泽、弹性及有无出血点、肿瘤结节等。患禽霍乱的病鸡常表现为心包液增多、呈黄色，有纤维素渗出，心冠脂肪出血等变化。病程较长的衰竭性疾病，心冠脂肪有胶冻样变性，变性心冠脂肪呈黄色且心肌松弛、苍白。患新城疫或禽流感的鸡，心冠脂肪也出血。心脏表面有一层纤维素性渗出物提示大肠杆菌感染。雏鸡心脏变形提示沙门菌感染。青年鸡、成年鸡心脏表面有肿瘤结节提示淋巴细胞白血病或马立克病。心脏周围有尿酸盐沉积提示痛风。

②脾脏的检查。脾脏位于腺胃和肌胃交界处的右背侧，正常为深红色圆三角形。脾脏异常肿大，表面有白色肿瘤结节，常见于内脏型马立克病、淋巴细胞白血病。脾脏异常肿大严重时脾破裂出血提示大肠杆菌感染或外伤所致。在一些细菌性和病毒性疾病中，常可见脾脏肿大，有白色坏死点，而代谢性疾病一般见不到脾脏肿大，如脾脏肿大有灰白色的坏死点提示沙

门菌感染。

③法氏囊的检查。法氏囊位于泄殖腔背侧，将直肠后拉即可见到圆形的法氏囊，可原位切开检查。正常的法氏囊像指甲盖大，呈乳白色，扁平，内有少量清亮的液体，法氏囊随着鸡的生长而增大，性成熟前发育至最大(3～5月龄)，开产后逐渐萎缩。开产前如果没有做好法氏囊疫苗的免疫，容易感染传染性法氏囊病。法氏囊水肿、出血或萎缩，内有稀的或稠的灰白色渗出物或干酪样物是传染性法氏囊的特征病变。禽淋巴白血病会在法氏囊上形成肿瘤，这也是与马立克病的一个重要区别。当出现流感病变时法氏囊也肿大呈紫红色，但是胸腿肌没有出血斑点，要注意鉴别诊断。成年鸡法氏囊异常肿大，肝脏、脾脏、肾脏同时异常肿大，有灰白色的肿瘤病灶提示淋巴细胞白血病。

④胸腺的检查。胸腺位于颈椎的两侧，一侧7个，共7对，胸腺随着鸡的生长而生长，也会随着病情的发展增大。胸腺是中枢淋巴器官，主要作用是产生与细胞免疫有关的T淋巴细胞。正常的胸腺颜色与健康鸡的胸部肌肉颜色相似(呈淡黄色或灰红色)，流感病毒感染时会出血，呈深红色。

(5)泌尿系统

①肾脏的检查。肾和输尿管一般做原位检查，肾脏位于腰荐骨两旁和髂骨的内面，正常的颜色是淡红色至褐红色，每一侧肾脏均由前叶、中叶、后叶组成。肾脏极度肿胀提示淋巴细胞白血病或马立克病(注意鉴别诊断，通过发病日龄、其他内脏器官的病变和腿的病变进行区别)。肾脏高度肿胀、颜色苍白提示肾型传染性支气管炎。当发生痛风症、传染性法氏囊病、肾型传染性支气管炎时，肾肿胀，输尿管内充满尿酸盐，在肾表面形成红白相间的索状弯曲，呈斑驳状。

②输尿管的检查。输尿管有两条，起始于肾脏沿着肾脏通向泄殖腔。在正常情况下眼观不明显，呈近似透明的细管。当各种原因造成肾脏肿胀时，尿酸盐增多不能及时排出体外，沉积在肾脏和输尿管，造成输尿管增粗，呈一条白线状，内有灰白色黏稠的尿酸盐，严重时形成痛风石。输尿管呈一条细白线提示肾脏轻度肿胀；输尿管变粗，内有多量白色尿酸盐，提示肾脏严重肿胀。输尿管呈筷子般粗，充满了灰白色尿酸盐，严重时形成结石，提示达到了痛风的程度，注意查找病因：多因饲料中蛋白质或钙的含量严重超标或磺胺类药物超量使用造成。

(6)生殖系统

①雌性生殖系统的检查。剥离卵巢和输卵管，纵行切开检查。输卵管在腹腔的左侧，肉仔鸡生长期短，到45 d出栏时还看不到输卵管的发育。青年鸡随着卵巢的发育，输卵管也在不断增粗。成年母鸡的输卵管长21～23 cm，乳白色，呈圆管状。雏鸡输卵管在不应该发育的时候变粗，内有黄色干酪样物提示大肠杆菌严重感染。成年鸡输卵管内有少量乳白色干酪样物提示大肠杆菌感染形成的输卵管炎。子宫体积增大，子宫黏膜水肿，内有大量灰白色糨糊样的分泌物提示流感并发大肠杆菌感染或减蛋综合征。卵巢附着于左肾前部及肾上腺腹侧。雏鸡的卵巢为扁平椭圆形，表面平坦，此后因卵泡的发育而呈颗粒状。随着年龄增长和性活动，卵泡逐渐生成发育为成熟卵泡，同时蓄积大量卵黄，突出于卵巢表面。雏鸡卵巢出血呈紫红色，成年鸡卵泡外面出血像包裹了一层红布一样，提示流感。卵泡变形呈菜花样，提示新城疫。卵泡变形、变色、变质，卵黄蒂变长，提示成年鸡白痢。

②雄性生殖系统的检查。睾丸有两个，位于腹腔内，以短系膜分别悬挂于两个肾前叶下方。雏鸡睾丸米粒大，黄色。成年鸡睾丸具有明显的季节变化，生殖季节发育最大，如鸽蛋大小，呈黄白色或白色。睾丸呈红色或黑红色提示流感。

(7)神经系统　在第1肋骨基部与最后颈椎间，切断肩胛骨与胸壁肌肉间的联系。用手向两侧拉开左右肩胛骨，即可检查臂神经丛。可用钝性剥离法在骨盆腔内除去肾中叶部分，即可检查腰荐神经丛。在腿部股内侧剥离内收肌后，就可暴露出坐骨神经，正常时呈白色，有光泽，可见纤维横纹。在神经型鸡马立克病的病鸡表现一腿或两腿麻痹时，应检查坐骨神经的粗细是否均匀，有无肿大变粗等。

①脑组织的检查。剥离头部皮肤，在头顶骨中线做十字切开，用骨剪去除顶骨，分离脑与周围联系，取出脑检查，注意脑膜与实质病变。必要时要用无菌方法取病料检查。

②骨髓的检查。骨髓的检查和取材一般在剖检的最后阶段进行。取出股骨，去掉其上面附着的肌肉，用骨刀纵行切开股骨以检查骨髓。切开胫骨近端骨髓，检查软骨骨化情况。检查骨髓组织的色泽、质地有无肿瘤和坏死，还可做骨髓涂片(或印片)。必要时采取组织块固定于福尔马林溶液中，以备切片检查之用。同时，可检查骨组织的厚薄、硬度，如发现骨质疏松或软化，应观察甲状旁腺的大小是否正常。

三、禽病采样的方法

(一)基本要求

采集病料样品是诊断检测中至关重要的环节，采集的样品应具代表性、时效性、普遍性。病料采集应符合以下要求：①选取症状最典型或病变最明显，具有代表性、普遍性，最好未经药物治疗过的病料。②病料采样的比例。根据诊断检测规程的具体要求，严格按照规程要求采集足够样品，不同疫病的所需样品不同，按疑似疫病的具体要求病料来采集。③根据检测要求、检测对象和检验项目的不同，选择适当的采样时机，严格按规定的规程、时间、范围取样。④在无菌操作条件下采样。采集检验样品，要供病理组织学检验、病原学、血清学检验，要无菌操作，对用具、容器须事先做好消毒灭菌工作，按具体规程来操作。特别是尸体剖检时需先采集样品，后剖检，以免人为污染。病理组织学检查可选用典型病的剖检后样品。样品数量要满足诊断检测的需要，应有剩余，以备复检使用。⑤一个样品一个容器，立即密封，做冷藏、冷冻或其他处理，供病毒学检验的样品，数小时内要送到实验室，超时就应冷冻保存，装样品的容器应贴上标签(要防止因冻结而脱落)，标明采集时间、地点、禽名称、发病时间、死亡等具体相关信息。⑥人员安全与样品包装。采集人按规程要求做好自身防护，防止病原扩散条例技术规程来操作以防范病原外泄，同时防止它本身被外部环境的污染，包装样品应防止损坏、污染和外泄等。按规定的时间送往实验室，否则影响检测质量(如结果的真实性、可靠性)。

1.血液的采集

采血方法的选择，主要取决于采血的目的、所需血样或血清的数量以及家禽的种类、年龄等。凡用血量较少的检验，如血液涂片、鸡白痢沙门菌病全血平板凝集试验等，可刺破冠、脚蹼皮下静脉等组织，用吸管或毛细吸管直接吸取新鲜的血液；中等用血量时可从静脉采集；当需血量较多时可以从心脏采集。雏鸡(1～30日龄)、水禽可采用跖骨内侧静脉采血法，成鸡(30日龄以上)可采用翅内侧翼下静脉采血法。

(1)翅内侧翼下静脉采血法　此法适宜30日龄以上的家禽，尤其是成鸡，不适用于雏禽和水禽。因为雏禽翼下静脉较细，水禽羽毛丰厚，采血时须拔去很多绒羽造成皮下毛细血管血液渗出，不易看清静脉位置。另外翅内侧皮肤松软，血管位置不容易控制，采血时容易滚针，造成翅部淤血，影响其活动及采食，也容易造成感染，影响经济效益。对于鸡等体重较轻的家禽，助手以一手固定鸡的两只腿，另一手固定两翼，腹部朝外，握两翼的手稍高于另一手，暴露出翅膀内侧。采血员左手使鸡翅膀展开，露出腋窝部，拔去该部羽毛，可见到由翼根进入腋窝的一条较粗的静脉，即翼根静脉。其远心端有一条较细的静脉，即翼下静脉。用5%碘酊和75%酒精棉球分别依次消毒暴露静脉处的皮肤，待酒精挥发干燥后采血。术者用左手拇指压迫翼下静脉的近心端，使血管怒张，右手持带5—7号针头（由于家禽静脉较细，尽量选择小号）的采血器，由翼根向翅尖方向（与血流的方向相反），以针口斜面向上，沿静脉约与皮肤呈15°角刺入血管内，见血液回流，即可抽取血液。采血完毕，用灭菌的干棉球适当压迫针孔处30 s后即可止血。对于体重较大的鸡只，助手以两手抓住重叠的鸡掌骨垂直向上提起，使鸡侧面靠近自己腹部，两只脚悬空。采血者半蹲或躬身姿势用同上方法抽取翅内侧翼下静脉血液。

（2）跖骨内侧静脉采血法　跖骨内侧静脉采血法的优点：易于保定，血管位置明显，血管不易滚动；各个日龄的鸡只均适用，尤其适用于水禽和雏禽。助手一手固定两翼根部，另一手固定一脚，使鸡侧卧，鸡脚朝向采血者。采血者左手固定另一脚，按住跖骨内侧的静脉，使腿部静脉突起，常规消毒后，右手持5号针头采血器与跖骨皮肤呈10°角顺血管方向进针取血。跖骨内侧静脉采血是向心方向采血，采血时要注意进针角度不能太大，回抽活塞的速度也不能过快。对于日龄很小的雏禽，术者用左手中指及无名指夹住左腿，暴露跖骨内侧静脉，方法同上。雏禽的血管细小，血流量很少，所以在抽血的过程中要特别缓慢。

（3）右侧颈静脉采血法　右侧颈静脉较左侧粗，故常采用右侧。左手以食指和中指夹住家禽头部，并使头偏向左侧。常规消毒后，拇指轻压颈椎根部使静脉充血怒张。右手持注射器，挑破皮肤，倾斜约30°刺入静脉采取血液。

（4）心脏采血法　心脏采血对心脏损伤较大，也易伤及其他脏器（如肺脏、肝脏），造成内脏出血，影响正常生长，甚至会造成死亡，特别是雏鸡，常因针头刺破心脏和肝脏导致出血过多而死亡。心脏采血虽然较有难度，但是采血速度快、血量多、效率高，尤其适用于需要多量血液时采用。

①助手右手抓住鸡双腿，左手握住两翅膀，使鸡右侧卧，左侧面向上，放在小桌或小凳子上。术者自龙骨突起前缘引一直线到翅基，再由此线中点向髋关节引一直线，此线前1/3和中1/3的交界处有一凹陷，即是心脏采血进针的部位，食指触摸该处可感觉心跳（15日龄内雏鸡更明显）。或找出由胸骨走向肩胛部的皮下大静脉，心脏约在该静脉分支下侧。局部拔毛，常规消毒，用连有7—9号针头的采血器从肋骨间隙垂直进针，一般刺入2～3 cm（进针深度应根据家禽个体大小做适当调整）即可达心脏，慢抽采血器，如不回血可调整进针深度，直至回血为止。若调整几次后仍不回血，可抽出针头，在附近重新垂直刺入，切不可在胸腔内任意调整针头方向乱刺。较大的鸡只一般采血30 mL不会造成死亡。

②助手将鸡仰卧保定，并使颈部及两腿伸展。术者用手摸到胸骨的前端，两侧锁骨融合成“V”字形的地方（鸭、鹅两锁骨呈“U”字形），局部常规处理。穿刺时，使该部皮肤紧张，避开嗉囊，针头垂直向下刺入，然后将角度略减小，继续斜向胸腔深部刺入，但要保持针尖指向胸腔中线，不宜偏斜（否则会刺伤肺组织），直至刺入心房，即可缓慢抽取血液。鸡心脏采血在嗉囊空虚时进行，较为方便。

2. 皮肤的采集

剪取约10 cm×10 cm大小的病变皮肤，保存于30%的甘油缓冲液或10%饱和盐水或10%福尔马林溶液中。

3. 实质性脏器的采集

心、肝、脾、肺和肾等实质性器官要在打开胸、腹腔后第一时间采取，分别置于灭菌试管、平皿或小瓶中。

4. 胆汁的采集

采取方法同心血烧烙采取法。

5. 肠管的采集

可用棉线将待取肠段两端扎紧，剪断后将整段肠子放入灭菌容器中；或者用点燃的酒精棉消毒肠表面后剪开小口，用灭菌棉签刮取肠黏膜或内容物，放入收集管。

6. 脓汁、渗出物及腹水的采集

未破溃的脓肿，可用灭菌注射器直接吸取置于灭菌试管中；已破溃流出的脓汁或者鼻腔渗出物可用灭菌棉拭子蘸取后放入装有生理盐水的瓶管中保存。

7. 脑、脊髓、管骨的采集

可将脑、脊髓浸入50％甘油盐水中，或将整个管骨包入浸过0.1％升汞溶液的纱布或油布中，装箱送检。

(二)病料的保存

病料采取后，如不能立即检验，或须送往有关单位检验，应加入适量的保存剂，使病料尽量保持新鲜状态。不同的检验材料常用的保存剂如下。

1. 病毒检验材料

一般用灭菌的50％甘油缓冲盐水或鸡蛋生理盐水。

2. 细菌检验材料

一般用灭菌的液状石蜡、30％甘油缓冲盐水或饱和氯化钠溶液。

3. 血清学检验材料

如血清等，可在每毫升血清中加入3％～5％石炭酸溶液1～2滴。

4. 病理组织学检验材料

用10％甲醛溶液或95％酒精等。

5. 其他检验材料

如小块肠、耳、脾、肝、肾及皮肤等，可用硼酸或食盐处理。

(三)注意事项

(1)剖检中要做好记录，将每项检查的各种异常现象详细记录下来，以便根据异常现象做出初步诊断。

(2)剖检过程中要注意个人的防护，剖检人员必须戴手套，防止手划伤感染。

(3)尸体剖检应在规定的解剖室进行，剖检后要进行尸体无害化处理，如抛到规定的火碱坑内。剖检完后所用的器具要用消毒液浸泡消毒。解剖台、解剖室地面等都要进行消毒处理，最后进行熏蒸消毒处理。防止病原扩散，以便下次使用。解剖人员剖检完后应换衣消毒，特别应注意鞋底的消毒。

第二节　畜病采样部位及采样方法

随着家畜养殖的绿色可持续化、智能化、信息化的发展，家畜的规模化养殖也在不断升级。然而，一些动物疫病的反复发生，给畜牧场带来了巨大的经济损失，也给绿色健康畜产品带来巨大挑战。当前畜牧场中的家畜流行病情况比较复杂，混合感染和继发感染比较多见，临床症状和病理变化也多种多样，所以实验室诊断是畜病诊断的重要措施。在兽医工作中，病畜样品的采集是疾病诊断的关键一步，采样的部位、方法，样品的保存、运输都直接关系到最终的诊断结果。

一、畜牧场中常见的畜病

当前，畜牧场中家畜疾病按畜种主要可分为猪病、牛病、羊病和马病这几个方面。其中危害比较严重的病有：猪瘟、非洲猪瘟、猪繁殖与呼吸综合征、布鲁氏菌病、链球菌病、小反刍兽疫、口蹄疫等。

二、畜病采样的部位

畜病采样的部位以猪为例（表 1-2），其他畜病可参照检查。

表 1-2　部分畜病的采集部位

易感动物	畜病名称	采集部位
猪	猪瘟	扁桃体、淋巴结、脾脏、肾脏和血清
	非洲猪瘟	扁桃体、淋巴结、脾脏、血清
	猪繁殖与呼吸综合征	肺、血清、扁桃体、脾、淋巴结、粪便，死产和流产胎儿的脾、肺、血清和胸水
	猪细小病毒病	流产或产死胎儿的新鲜脏器（脑、肾、肝、肺、睾丸、胎盘及肠系膜淋巴等）
	猪伪狂犬病	脑和扁桃体
	猪圆环病毒病 2 型	肺脏、淋巴结、肾脏和血清
	猪传染性胃肠炎	十二指肠、空肠及回肠的黏膜，鼻腔、气管、肺的黏膜，扁桃体、粪便
	猪流行性腹泻	粪便
	仔猪黄痢	病死仔猪小肠内容物、粪便
	仔猪白痢	病死仔猪小肠内容物、粪便
	猪水肿病	小肠内容物和肠系膜淋巴结
	猪巴氏杆菌病	急性病猪的血液、局部水肿液、肺、肝、脾、淋巴结等
	副猪嗜血杆菌病	浆膜表面渗出物及肝、关节液等
	猪传染性胸膜肺炎	鼻、支气管分泌物和肺脏
	猪沙门菌病	急性病例可采集肝、淋巴结等实质器官
	猪衣原体病	血液，病死猪的肝脏、脾脏、肺脏、排泄物、流产胎儿等病料
	仔猪梭菌性肠炎	小肠内容物
	猪痢疾	结肠黏液和粪便
	猪附红细胞体病	全血
牛	牛流行热	高热期病牛肝、脾、肺、血清等
	牛病毒性腹泻	血液、分泌物、排泄物、血清

续表 1-2

易感动物	畜病名称	采集部位
羊	绵羊痘和山羊痘	痘疹
	小反刍兽疫	眼棉拭子,口棉拭子,鼻棉拭子,血液,脾、胸腺、肠系膜和支气管淋巴结、肠黏膜、肺等组织
猪、牛	猪轮状病毒	粪便和肠内容物
	结核病	淋巴结(肺、咽后、支气管,纵隔、肝、乳房及肠系膜淋巴结)和病变器官(如肝、肺、脾等)
猪、牛、羊	口蹄疫	水疱皮、水疱液、脊髓、扁桃体、淋巴结组织等
牛、羊、马	炭疽	耳朵上切一小口或切一片组织进行血涂片
猪、牛、羊、马	布鲁氏菌病	流产母畜的子宫、阴道分泌物、血液、脏器,流产胎儿的胃内容物、肝、脾、淋巴结、血液等
	链球菌病	肝、脾、淋巴结、关节液、脓汁等
	流行性乙型脑炎	脑、脑脊髓液和死产胎儿的脑组织,血液、分泌物、脾、肿胀的睾丸(含毒量最高)

(一)临床症状的观察

采样之前要注意观察猪的外貌特征是否正常,了解临床情况,收集临床症状。

1. 猪群整体状态的观察

仔细观察整个猪群的精神状态、饮食情况和营养状况,对外界刺激的反应是否敏感,动作是否敏捷。

健康猪两眼有神,动作敏捷,能够对外界刺激做出快速反应。病猪消瘦,提示猪的营养不良,通常见于慢性消耗性疾病、腹泻和某些疾病康复期的猪。猪以四肢缩于腹下面伏卧,或聚堆伏卧,这是发热怕冷的表现,多见于猪瘟、链球菌病等急性传染病。如果体温不高,可能是中毒性疾病或某些慢性传染病。

2. 病猪的外观检查

(1)体温　体温检查通常都是用体温计在猪的直肠内测温。测温前应将体温计的水银柱甩至 35 ℃以下。测温时应在体温计上涂些润滑剂,插入直肠(防止插入粪便中)后,保留 3～5 min,然后取出用酒精棉球消毒,查看水银柱高度。一般每天上午、下午各测一次。猪的正常体温为 38～39.5 ℃。体温升高(发热)常见于许多急性传染病和某些炎症过程中,体温降低常见于大出血、生产瘫痪、心循环衰竭及某些中毒等。体温上升一般分为微热、中热、高热和极高热 4 种。体温超过常温 0.5～1.0 ℃称为微热,超过常温 1～2 ℃称为中热,超过常温 2～3 ℃称为高热,超过常温 3 ℃以上称为极高热。

(2)神经系统　猪的头颈歪斜或做圆圈运动(向病侧),通常见于中耳炎、内耳炎、脑脓肿或脑膜炎。肢腿麻痹、共济失调、平衡失控、强直性或阵发性痉挛,表明神经系统有器质性病变或功能性损伤。

(3)被皮系统　健康猪的皮肤和黏膜为淡粉红色,皮肤有弹性。皮肤变为蓝紫色,是循环障碍(淤血)的表现,皮肤有出血斑点,表明微血管受到损伤,可能有败血性传染病。全身黏膜和皮肤苍白，是贫血的表现。如皮肤、眼结膜表现苍白提示附红细胞体感染；皮肤见有大小比较一致的方形、菱形或圆形疹块，提示亚急性猪丹毒；皮肤多数有密集的或散在的出血点（或淤血点）提示急性猪瘟；四肢、口腔有水疱提示口蹄疫；皮肤粗糙有皮屑、背毛脱落、皮肤潮红甚至出血有痂皮提示疥螨病；皮肤有突起的脓包，切开脓包流出淡黄色液体提示链球菌病；附红细胞体病时眼结膜黄染。

(4)呼吸和循环系统　猪咳嗽、打喷嚏、流鼻液，表明呼吸道或肺部有炎症。呼吸加快可由肺炎、心功能不全、胸膜炎、贫血和疼痛等引起。猪呈犬坐姿势，常见于肺炎、胸膜炎、贫血或心功能不全。腹式呼吸多见于肺炎和胸膜炎。

检查猪的心脏，可用听诊器在左前肢第2～6肋间肘窝处（心区）进行听诊，正常心率为60～80次/min，如果心率显著增多、心音不清，表明心脏衰弱。

(5)消化系统　检查猪是否有拉稀、便秘和呕吐现象，饮食是否正常。正常的猪粪为条状，呈棕黄色或深棕色。如果猪的粪便干硬呈球状，排糊状粪便或水样稀粪，粪便颜色变成黄色、白色、灰褐色或红色，粪便中含有血液、肠黏膜和寄生虫，都表明胃肠道出现了问题。此外，猪的采食和饮水量下降，或是猪发生呕吐，也表明消化系统异常。检查时，还要注意呕吐物中有无异物、乳块、血液，粪便和呕吐物中的血液是鲜红还是暗红等。

(6)运动系统　健康猪身体匀称、运动灵活。病猪弓背、腿松弛及肢体位置异常（或拢于腹下，或向前伸），表明患肢有病不敢负重，不敢沾地，提示肢蹄受到损伤。关节肿胀、发红，是关节发生炎症的表现。

(7)生殖系统检查　公猪检查睾丸、阴茎是否正常，有无发热、肿胀。妊娠母猪检查是否流产、死产、难产或超过预产期仍不产仔，产出胎儿的大小、颜色、发育状况等，记录木乃伊胎、死胎、弱仔和正常胎儿的数量；仔细观察胎衣、脐带是否有出血、坏死、淤血、腐败等现象。阴门是否发红、水肿，产后泌乳是否正常。

(二)病死猪的剖检、采样

1.解剖

对体型较大的猪，尸检时采用左侧卧位，握住右前肢，肢体外展，第一刀从右下颌角切开皮肤和腋前肌肉，沿着右侧肋骨，翻开右前肢。从皮下组织向外切开皮肤可以减缓刀具变钝。第二个切口用相似的方法外翻右侧后肢。抬起脚使后肢外展，从腿与右侧腹部连接处切开，通过内部的大腿肌肉和髋关节囊（切断韧带），向后沿着大腿基部直到尾部侧面。同时检查和收集腹股沟淋巴结样本，切开皮下结缔组织和肌肉，通过中线向股背侧切开皮肤。

对于体型较小的猪，尸体的解剖可选择仰卧，前肢和至少一个后肢需要切开，方式如前所述的大型猪切开的方式。腹侧沿下颌线侧而切开皮肤，以此皮肤为起点，全长双侧矢状面切开，翻开腹侧体壁，暴露胸腔和腹腔，保持切面在被暴露器官之上。此时，胸腔和腹腔就完全暴露出来，即可进行下一步的尸检。

打开腹腔，小心不要戳破消化道，沿着肋骨的后缘向背侧切开，从胸骨直到背侧的脊柱，转向后直到腹腔的后缘，然后再转向腹侧，直到腹中线，此时，不要触碰任何腹部器官以尽量减少污染。剖开腹腔时，应结合进行皮下检查。看皮下有无出血点、黄染等。在切开皮肤时需要检查腹股沟浅淋巴结，看有无肿大、出血等异常现象。淋巴结肿大、水肿、出血，周边出血、坏死，如腹股沟淋巴结水肿且不出血，或肿大到原来的3～5倍，可能是圆环病毒引起；如周边出血，里面有多处出血可能提示猪瘟；如有坏死，多由副伤寒引起。

2.脏器的检查和采样

(1)胸腔的检查和采样　根据猪的大小和可利用的工具，有以下几种打开胸腔的方法。一种方法是对于仔猪，用刀很容易切开肋骨及胸骨交界处的肋骨。另一种方法是利用枝剪逐一剪断肋骨，沿着胸骨直到腹侧胸腔入口。用枝剪沿着脊柱开始，逐一剪断肋骨直到背侧胸廓入口。切开胸廓入口前部的肌肉和血管以及后部的横膈，取下肋骨，或每隔一根、两根或三根肋骨纵向切开肋间肌，手动向背部翻开单根成每组两根或三根肋骨，翻到椎骨上，从而暴露胸腔。

骨：检查肋骨以确定有无佝偻病或陈旧性骨折。剔净、取出单一肋骨，用手沿肋骨大弯方向弯曲肋骨直到肋骨断裂，由此来评估骨密度，处在发育期的猪其肋骨断裂时会发出明显的折断声，并能感觉到肋骨破裂。如无折断声可能是矿物质和(或)维生素失调，这需要进行进一步的检查来证实。对成年猪而言肋骨是很难被折断的，如果断裂将会产生尖锐的折断声。这是一个常规完整尸检中重要的步骤。虽然代谢或营养失调的骨疾病在猪中非常罕见，但这种鉴定方法非常简便、便宜、实用。通过与诊断实验室沟通，可以了解哪一块骨最适合作为骨密度测定的样品。可以送检一块未固定的长骨，如肋骨，进行矿物质分析，如怀疑骨密度有问题，再送检另一块固定后的肋骨的骨软骨交界处骨。已有报告证实肋骨比其他骨骼对饮食的改变更敏感，因此肋骨样本对评价骨密度具有重要意义。

胸腔器官检查可能出现以下病症。若心包膜有无粘连、是否有纤维素状渗出物，传染性胸膜肺炎有此症状。若胸膜腔有纤维素性渗出物，多由副猪嗜血杆菌引起。检查胸腔和心包是否积液，若胸腔积液可能是由弓形虫或附红细胞体引起的疾病。若肋骨两侧有出血点，多由猪瘟、链球菌引起。若喉头的会厌软骨有针尖样出血点，可以怀疑是猪瘟。若气管有大量泡沫，可能是胸膜肺炎。若将支气管剖开，有多量的脓汁，可能是副猪嗜血杆菌引起的。

进行胸腔器官检查时，先观察纵隔淋巴结。纵隔淋巴结位于近肺分叉点处的气管背面。如发现纵隔淋巴结、下颌淋巴结肿大或出血，必须检查并采集样本。把舌、气管和肺脏成块取出。再沿着两侧下颌骨中线做切口，从颌侧角到下颌顶，使用钝性分离，把舌头从下颌抬起并小心剥离，特别注意软腭的巨大扁桃体。收集扁桃体样本后，部分投入固定液中进行固定。通过向腹侧拉拽并结合钝性分离及仔细剔除，直到胸腔入口，进一步暴露气管和食管。此时可切开气管并进行肉眼检查。继续修剪胸腔的肺和心脏，最后切开隔膜处的食管和血管。肺脏和心脏可放回胸腔做进一步检查。

肺：出现独特的病变，应收集肺样本，部分样品进行福尔马林溶液固定。当同样的病变出现在几个不同的肺叶时，采集1～2个样本即可。然而，如果这些区域在质地、颜色或外观上不同时，每一个独特的病变组织都应采集进行固定和不固定样本。在怀疑猪支原体肺炎时，在固定和未固定样本中必须包含部分大气管。特别指出，猪的肺部疾病中往往在前腹侧叶(尖叶)较严重。通过颜色异常来判断肺炎不太可靠，特别是沉积性充血或中度自溶的肺。健康的肺呈粉红色，质地轻而柔软，富有弹性。检查肺质地硬或有弹性或特殊的非塌陷区域等才是诊断肺部疾病更可靠的指标。由于肺部的特殊性，在检查和样本采集过程中动作需格外轻柔。如果在固定前肺部所受压力过大，导致呼吸道和肺泡腔受压，会影响到组织学检查。

未固定的肺部样本应足够大，用以细菌培养及一些其他试验，如聚合酶链式反应、病毒分离等。一般来说，未固定的样本至少应有5 cm^2。固定的和未固定的肺部样本都应包括胸膜。如果出现胸膜炎症状，必须专门采集胸膜样本。检查左右肺的大小、质地、颜色，看肺是否水肿、出血、坏死、虾肉样变、纤维样渗出物，或有无气泡等。气喘病肺变为虾肉样（白色），触摸有硬感，放在水中下沉，正常的肺放在水中是不下沉的。猪肺疫时肺脏表面因出血水肿呈大理石样外观。如水肿、出血，可能由弓形虫引起。如有纤维素样渗出物，可能是胸膜肺炎和副猪嗜血杆菌或猪肺疫引起的。如肺无气泡，似橡皮样，可能是圆环病毒引起的。如有分散的肉样变，可能是副猪嗜血杆菌或猪瘟引起的。

心脏：应切开心包膜，让心脏暴露出来。如果存在过量的或异常的心包液，可用注射器收集。纤维蛋白性渗出物可用棉签收集。检查心脏的表面是否有炎症或出血。切开两个心室的中隔用以检查心内膜的炎症、肌肉出血成纤维化。如果临床症状或病理学检查提示可能存在损伤，则收集所有损伤部位以及室间隔、乳头肌和左右心室制作固定样本，同时收集左右心室心肌标本用以非固定样本的制作。检查心包是否有积液，或坏死出血、水肿、纤维素性渗出物。如心包积液，多由败血性疾病引起。如心冠脂肪水肿，可能由圆环病毒引起。如心冠脂肪出血或心内膜出血，多由链球菌或猪瘟起。如有纤维素性炎症，多由胸膜肺炎或副猪嗜血杆菌引起。如心肌坏死或苍白，多由口蹄疫或缺硒引起。看心包膜有无出血点，切开心脏看二尖瓣、三尖瓣有无异常现象。猪丹毒溃疡性心内膜炎，二尖瓣上有灰白色菜花赘生物增生，检查时应特别注意。

（2）腹腔的检查和采样　腹腔切开后，须先检查腹腔脏器的位置和有无异物等。注意肠道器官的位置，以确定是否出现肠扭转或扭曲。结肠袢位于猪的左侧，盲肠顶位于右侧。如有异常，纤维蛋白性渗出物可以用棉签收集，腹腔积液可用注射器收集。腹腔器官的取出有 2 种方法。

第一种方法：胃肠全部取出。

先将小肠移向左侧，以暴露直肠，在骨盆腔中单结扎。切断直肠，左手握住直肠断端，右手持刀，从向前腰背部分离割断肠系膜根部等各种联系，至膈时，在胃前单结扎剪断食管，取出全部胃肠道。

第二种方法：胃肠道分别取出。

①在回盲韧带（将结肠圆锥体向右拉，盲肠向左拉，即可看到回盲韧带），游离缘双结扎，剪断回肠，在十二指肠道，双结扎剪断十二指肠。左手握住回肠断端，右手持刀，逐渐切割肠系膜至十二指结扎点，取出空肠和回肠。

②先仔细分离十二指肠、胰与结肠的交叉联系，再从前向后分离割断肠系膜根部和其他联系，最后分离并单独结扎剪断直肠，取出盲肠、结肠和直肠，最后取出十二指肠、胃和胰。

取出腹腔的各器官后要逐一的仔细检查，可按脾、肠、胃、肝、胆、肾、膀胱的次序检查。同时收集制作固定样本和未固定样本。在成年动物中，雌性的生殖系统和膀胱可进行大体病理学检查，常规检查通常不收集这些器官。对卵巢异常的检查，需与动物生殖周期和大体病变匹配。

脾：注意脾的大小、重量、颜色、质地、表面和切面的状况。发生败血性炭疽时，脾可能高度肿大、色黑红、柔软。急性猪瘟时，脾发生出血性梗死。脾脏肿大到原来的 2～3 倍，多由链球菌或弓形虫引起。脾脏有锯齿状梗死或出血，多由猪瘟或弓形虫引起。脾脏有血晕样坏死，多由伪狂犬病病毒引起。脾有坏死显示是病毒病。

肠：检查肠壁的薄厚，黏膜有无脱落、出血，肠淋巴结有无肿胀等。患仔猪副伤寒的猪肠黏膜表面覆盖糠麸样物质。盲肠是否有纽扣状溃疡、出血、糠麸样坏死。如有纽扣状溃疡，多由猪瘟引起。如有糠麸样坏死,多由副伤寒、回肠炎引起。接着检查小肠淋巴结(特别是肠系膜和胃肠淋巴结)的大小、质地和出血情况。采集回肠样本,找到盲肠和回盲韧带,就能很容易定位回肠。收集并固定回肠的近端和远端,同时留取长 15 cm 的新鲜样本。空肠和十二指肠的采样类似,采集所有可疑区域。当怀疑肠道疾病时,应该纵向切开小肠和大肠进行黏膜检查。从盲肠和结肠收集样本,制作成固定和非固定样本,应从结肠近端、中部和远端分别采集。快速打开降结肠或直肠,观察死亡时粪便的一致性。

胃:打开胃,沿着胃大弯切开。检查胃内容物的性状、颜色,刮去内容物看胃黏膜有无出血、脱落、穿孔、溃疡、水肿等现象。猪胃溃疡常位于非腺胃部分,也就是胃食管部,多由传染性胃肠炎或中毒性疾病引起。胃食管部应该特别仔细检查以排除胃溃疡,因为胃出血不是胃溃疡的可靠指标。如胃黏膜有出血块,可能是伪狂犬病。如胃大弯有水肿,多是水肿病引起。

肝:检查肝的颜色、质地等。肝脏是否有坏死、出血、水泡、硬化、肿大,如有坏死灶,可能是弓形虫或蛔虫斑引起。如有坏死点,可能由伪狂犬或副伤寒引起。如肝脏有拇指大的水泡,可能是细颈囊尾蚴病或者棘球蚴病。胆汁变稠可能是附红细胞体病。

胆:查看胆囊的外观是否肿大,划破胆囊查看胆汁的颜色是否正常。

肾:两个肾先做比较,看大小是否一样,有无肿胀、肿大。撕去肾包膜看肾脏表面有无针尖样出血点、苍白,水肿,淤血。然后将肾平放横切后观察肾盂、肾盏有无肿大、出血等。如有针尖样出血点,多怀疑是猪瘟或弓形虫病。如有斑块样出血,可能是链球菌病。如有水肿,可能是肾炎或中毒性疾病。

膀胱:看膀胱的弹性,膀胱内膜有无出血点或积尿、米汤样物等。如膀胱有出血点,可能是猪瘟。积尿可能是肾炎、肾结石。米汤样物可能是有磺胺类药物过量、猪瘟或饲料霉菌引起。

(3)神经系统检查和采样　涉及神经系统症状的病例,就必须收集脑和(或)脊髓样本。当怀疑脑膜炎时,用棉签擦拭脑表面是比较简便的采样方法,适合不同体型的猪。向背侧倾斜头能露出寰枢椎的结合点,在略低于咽部切开。当头的倾斜角度更大时,可露出脊髓,用棉签直接插入枕骨大孔并推入脑腔直到遇到阻碍,棉签将停在大脑和小脑的交界处。这是猪体内引起脑膜炎的细菌采样的常用部位。在第 1 颈椎处切断颈椎(带脊髓)进行组织学检查。可以通过椎间盘用刀、枝剪或钢锯进行切割。送检棉签标本要进行需氧培养,含脊髓的椎骨标本须固定在甲醛溶液中。

完整的神经学检查,须收集和送检脑和脊髓。要取出脑,首先要剥开头骨上的皮肤,从前缘的眼睛,到侧部的耳,直到后部的枕骨大孔。然后环形切开颅骨,从枕髁到耳基部,从耳基部到眼窝,经过颅骨到另一个眼窝,回到另一侧耳基部,最终回到枕髁,掀开颅盖。根据可提供的工具和个人习惯,可选用锯或斧进行切割。先撬开颅盖,露出脑膜和脑,然后切断脑神经,取出脑。脑可纵向分开,一半贮藏在甲醛中,一半不固定。

仔猪的颅骨分离常用验尸刀插入鼻腔,刀尖到下颌骨尖,确保刀刃和刀尖朝向头背侧。小心地利用刀柄的杠杆作用纵向切开头骨,并且用前述方法切断大脑的神经。

若需要部分或全部的脊柱,首选对已取出内脏后的躯体,修剪掉局部肌肉。如果需要胸椎,用刀或枝剪使肋骨从脊柱上脱离下来。如果仅需要颈椎或腰椎,可以用刀、锯或枝剪将其从胸椎切离,并完整送检。另外,在原位将巴恩斯切角器用作咬骨钳以取出腹侧的椎体,从而暴露脊椎管。

(4)运动系统检查和采样　如果关节炎和跛行是主要考虑的问题,在开胸之前进行关节取样是首选，这样可以避免细菌污染关节样本，如猪肺部可能存在正常菌株（如猪链球菌）。无菌技术和关节的彻底检查是获得最佳样品的重要步骤。

要想获得清洁样本，可先翻开皮肤，使其远离关节，然后用新的22号手术刀片通过关节囊探查骨的轮廓。关节正中肌肉很少，很容易切一个正中切口。干净的手术刀片不太可能像剖检刀那样会污染关节。在四肢远端，利用杠杆原理，暴露关节以便采集到关节液和关节样本。每一个关节可以打开最小切口，使得污染的可能性大大降低。

当怀疑猪有残疾或关节炎问题时，有必要做多个关节检查。特别指出，应根据猪的年龄和出现的临床症状不同，选择不同的关节。

三、畜病采样的方法

（一）病料采取

采取病料前需做尸体检查，当怀疑是炭疽时，不可随意解剖，应先由末梢血管采血涂片镜检。操作时应特别注意，勿使血液污染他处。确定不是炭疽时，采取有病变的组织器官。

1. 采取病料的时间

最好死后立即采取，一般以不超过6 h为宜，夏季最好不要超过4 h。

2. 采取病料器械的消毒

刀、剪、镊子等可煮沸消毒30 min；玻璃器皿等可高压蒸汽灭菌或干热灭菌，或于0.5%～1.0%碳酸氢钠水溶液中煮沸30 min；软木塞和橡皮塞于0.5%石炭酸水溶液中煮沸10～15 min；载玻片在1%～2%碳酸氢钠水溶液中煮沸10～15 min，水洗后用清洁纱布擦干，将其保存于酒精或乙醚等溶液中；注射器和针头放于清洁水中煮沸30 min即可。一套器械与容器，只能采取或容纳一种病料，不可用其再采其他病料或容纳其他脏器材料。

3. 各种组织脏器病料的采集

采取病料应无菌操作。采取病料的种类，应根据不同的传染病，采取其相应的脏器和内容物。在无法估计是何种传染病时，应进行全面采取。检查病理变化应待采取病料完毕后进行。

(1)淋巴结及内脏　将淋巴结、肺、肝、脾、肾等有病变的部位各采取1～2 cm^2的小方块，分别置于灭菌试管、平皿或小瓶中。

(2)脓汁及渗出液　用注射器或吸管抽取，置于灭菌试管中。若为开口病灶或鼻腔等，可用无菌棉签浸蘸后放在试管中。

(3)血液　心血通常在右心房采取，先用烧红的铁片或刀片烙烫心肌表面，然后用灭菌的注射器自烙烫处扎入，吸出血液，盛于灭菌试管或小瓶中。血清的采取，无菌操作采取血液10 mL，置于灭菌的试管中，待血液凝固析出血清后，以灭菌滴管吸出血清置于另一灭菌试管内。如供血清学检查时，可于每毫升血清中加入3%～5%石炭酸溶液1～2滴。全血的采取，在注射器中先吸入5%柠檬酸钠，再以无菌操作采取全血至10 mL，注入灭菌试管或小瓶中。

(4)乳汁　乳房和挤乳者的手用0.1%新洁尔灭等消毒，弃去最初所挤的3～4滴乳汁，再采集10 mL左右的乳汁于灭菌的试管中。若仅供镜检则可于其中加入0.5%的石炭酸溶液。

(5)胆汁　采取方法同心血烧烙采取法。

(6)肠　用线绳结扎一段肠道(5～10 cm)两端，进行双结扎，然后从两端双结扎中间处切断，置于灭菌器皿中。也可用烧烙采取法采取肠管黏膜或其内容物。

(7)皮肤　取大小约 10 cm×10 cm 的皮肤一块，保存于 30%甘油缓冲溶液或 10%饱和盐水溶液或 10%甲醛溶液中。

(8)胎儿　将整个尸体泡入浸过 0.1%升汞溶液的不透水的塑料薄膜、油布或数层油纸中，装入箱内送检。

(9)脑、脊髓、管骨　可将脑、脊髓浸入 50%甘油盐水中，或将整个头割下，或将整个管骨泡入浸过 0.1%升汞溶液的纱布或油布中，装箱送检。

(10)供镜检制片　先将脓汁、血等病料置于玻片上，再用一灭菌棉签均匀涂抹，或用另一玻片抹之。组织块、致密结节及脓汁等，也可夹在两张玻片之间。然后沿水平面向两端推移，制成推压片。用组织块做触片时，持小镊子将组织块的游离面在玻片上轻轻涂抹即可。每份病料制片不少于 2～4 张。制片后自然干燥，彼此中间垫以火柴棍或纸片，重叠后用线缠住，用纸包好。每片应注明号码，并附说明。

(二)病料的保存

病料采取后，如不能立即检验，或须送往有关单位检验，应加入适量的保存剂，使病料尽量保持新鲜状态。参考“禽病采样的方法”中的“病料的保存”。

(三)注意事项

(1)剖检中要做好记录，将每项检查的各种异常现象详细记录下来，以便根据异常现象做出初步诊断。

(2)剖检过程中要注意个人的防护，剖检人员必须戴手套，防止手划伤感染。

(3)尸体剖检应在规定的解剖室进行，剖检后要进行尸体无害化处理，如抛到规定的火碱坑内。剖检完后所用的器具要用消毒液浸泡消毒。解剖台、解剖室地面等都要进行消毒处理，最后进行熏蒸消毒处理。防止病原扩散，以便下次使用。解剖人员剖检完后应更衣消毒，特别应注意鞋底的消毒。

第二章

传染病实验室检测

第一节 血凝与血凝抑制试验

有些病毒(如新城疫病毒、禽流感病毒、减蛋综合征病毒)具有凝集某种(些)动物红细胞的能力,称为病毒的血凝,利用这种特性设计的试验称为红细胞凝集(HA)试验,以此来检测被检样品中有无病毒存在,是非特异性的,但病毒凝集红细胞的能力可被相应的特异性抗体所抑制,即红细胞凝集抑制(HI)试验,具有特异性。通过 HA/HI 试验,可用已知血清来鉴定未知病毒,也可用已知病毒来检查被检血清中的相应抗体和滴定抗体的含量。

一、物品准备

4 个 96 孔 V 形反应板、100～1 000 μL 微量移液器、1～10 mL 微量移液器、10～50 μL 微量移液器、1～10 mL 白色吸头、5～50 μL 黄色吸头、100～1 000 μL 蓝色吸头、无菌手套、5 个小烧杯和 2 个大烧杯、20 个血清样品、标准抗原、阴性血清和阳性血清、生理盐水、3.8%枸橼酸钠、离心机、标签纸、记号笔 2 只、试验记录单、试样记录空白纸、试管架、移液器架、小推车、5 mL 采血器或者 10 mL 采血器、干棉球、酒精棉球、镊子、离心管、天平、微型振荡器。

二、1%红细胞悬液制备

(1)保定　将鸡侧卧。保定人一手抓住两翅膀同时用食指按住鸡头,另一只手握住鸡爪,调整位置,使保定者右肩膀与采血者右肩膀的连线与鸡翅静脉平行。

(2)拔毛与消毒　保定者将鸡翅一侧充分暴露,操作者将鸡一侧毛拔干净使得血管充分暴露,将鸡毛随手放置在垃圾箱内,用酒精棉球擦拭血管消毒。

(3)采血　采血前检查采血器的完整性,操作者左手夹住干棉球,右手将 5 mL 的注射器吸入 1 mL 抗凝剂(抗凝剂:鲜血=1:4),湿润管壁后,调整注射器使视线同时能看到针尖孔与注射器刻度后进针,使针尖与血管呈 20°～30°角下针,抽血过程均匀缓慢。抽至 5 mL 后拔出注射器,将注射器向后拉留出足够空隙,轻轻上下摇晃、混匀防止血液凝固,放置试管架。拔出注射器同时左手将干棉球放置血管,紧接着保定者用干棉球紧密按压入针处,压迫止血。(注意:不要将抗凝剂注入鸡血管内。)

(4)标识与记录　将采取的抗凝血缓慢沿管壁注入离心管并标识号。5个小烧杯分别标记生理盐水、4 HAU病毒、1%红细胞悬液、左、右烧杯;2个大烧杯分别标记废液缸和废弃缸(配平过程中,废弃液体放置废液缸,吸头等固体物品放置废弃缸)。血凝板和血凝抑制板标识清晰。

(5)配平　将标识好的离心管加入血液体积3~4倍的生理盐水,吹吸混匀。另取一只离心管中放入水,与血液管放置天平配平(过程中注意左物右码的原则,即左边为血液的离心管,右边为水的离心管)。

(6)离心　将两只离心管平衡的放入离心机中,2 000 r/min离心5 min,用胶头滴管或者移液器去掉上层的上清液和中间层的白细胞与血小板。继续加入血液体积3~4倍的生理盐水,吹吸混匀。此时应注意吸头或滴管头无尖刺,以免刺破红细胞。重复上述操作至少3次,最后一次为2 000 r/min离心10 min,洗净血浆和白细胞,以离心后上清无色透明为准,最后一次离心后的红细胞,弃去上清液,即为红细胞泥。

(7)1%红细胞的配制　准备1~10 mL微量移液器调至9.9 mL刻度吸取生理盐水两次(即19.8 mL生理盐水),先注入标有1%红细胞的小烧杯,再用100~1 000 μL微量移液器吸取200 μL红细胞泥,然后反复吹吸混匀即为1%红细胞。

三、血凝(HA)试验操作程序

血凝试验操作程序以国家标准《新城疫诊断技术》(GB/T 16550—2020)进行操作(表2-1)。

(1)取96孔V形反应板,用5~50 μL微量移液器在1~12孔每孔加25 μL生理盐水(1个抗原做4个平行)。

(2)吸取25 μL标准病毒抗原加到第1孔中,吹吸5次充分混匀,吸取25 μL加到第2孔,混匀后吸取25 μL加到第3孔,依次进行系列倍比稀释到第11孔,最后从第11孔吸取25 μL弃掉,设第12孔为生理盐水对照。

(3)每孔再加25 μL生理盐水,倒加,即从第12孔开始加至第1孔,注意悬滴,即吸头与液面不接触,慢吸快打。

(4)每孔加入25 μL 1%的鸡红细胞悬液,同样为倒加,悬滴;振荡器振荡30~60 s。

(5)室温20~25 ℃下静置30 min,观察结果,生理盐水对照孔的红细胞成明显的纽扣状沉到孔底时判定结果。

(6)结果判定。结果判定细则为:在生理盐水对照孔出现正确结果的情况下,将反应板倾斜45°,观察红细胞有无呈泪珠样流淌,以完全凝集(红细胞无泪珠样流淌)的新城疫标准抗原最高稀释倍数为该抗原的血凝效价。完全凝集的病毒的最高稀释倍数为1个血凝单位(HAU)。

表 2-1　红细胞凝集(HA)试验

孔号	1	2	3	4	5	6	7	8	9	10	11	12
病毒稀释倍数	1:2	1:4	1:8	1:16	1:32	1:64	1:128	1:256	1:512	1:1 024	1:2 048	红细胞对照
生理盐水/μL	25	25	25	25	25	25	25	25	25	25	25	25
病毒/μL	25	↘25	↘25	↘25	↘25	↘25	↘25	↘25	↘25	↘25	↘25	↘弃 25
1%红细胞/μL	25	25	25	25	25	25	25	25	25	25	25	25
室温 20～25 ℃下静置 30 min												
结果判定	#	#	#	#	#	#	#	#	+++	++	+	−

注：#表示 100%凝集，+++ 表示 75%凝集，++ 表示 50%凝集，+ 表示 25%凝集，−表示不凝集。

从表 2-1 可以看出，本病毒的血凝效价为 1:256，以此稀释倍数为 1 HAU，1:128、1:64、1:32 分别为 2 HAU、4 HAU、8 HAU。第 12 孔为红细胞对照，应不凝集(图 2-1)。

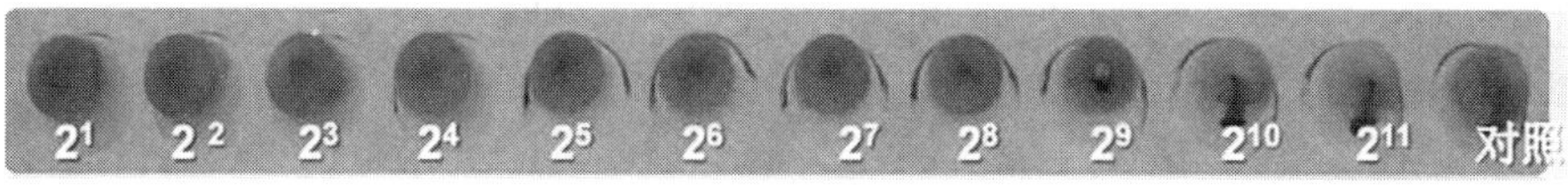

图 2-1　2^{8} 为 100%凝集红细胞

(7)4 HAU 病毒液配制　HI 试验用的抗原是定量的 4 HAU 病毒，在做 HI 试验前要先配制出 4 HAU 病毒。

先做病毒的血凝试验，测出病毒的血凝效价(1 HAU)，然后推算出 4 HAU 病毒的稀释度，把病毒稀释，就得到了 4 HAU 病毒。具体方法如下：

做 HA 试验，读出新城疫病毒的血凝效价(1 HAU)

↓

4 HAU 的稀释倍数 2^{6}(64) 例如 2^{6}

↓

根据待检血清的份数估算 4 HAU 病毒液的需要量

↓

分别量取病毒液和生理盐水注入烧杯，混匀。

病毒液		生理盐水		4 HAU 病毒
1 mL	+	63 mL	+	64 mL
0.1 mL		6.3 mL		6.4 mL

一块板按 5 mL 算即可。为方便量取，若只有一块板可配 6.4 mL；两块板可配 12.8 mL。如配制 6.4 mL 4 HAU，则吸 0.1 mL 病毒液，吸 6.3 mL 生理盐水。

四、血凝抑制(HI)试验操作程序

(1)取 96 孔 V 形微量反应板，用移液器在第 1～11 孔各加入 25 μL 生理盐水，第 12 孔加入 50 μL 生理盐水(表 2-2)。

(2)第 1 孔加入 25 μL 血清样品，倍比稀释至第 10 孔，弃 25 μL。

(3)在第 1～11 孔各加入 25 μL 4 HAU 病毒液，要求同上，倒加，悬滴，轻轻扣 30 s 使得充分反应，室温下（20～25 ℃）静置至少 30 min，要求在 30～40 min 内加红细胞悬液。

（4）每孔加入 25 μL 1%的红细胞悬液，要求同上，倒加，悬滴，室温下（20～25 ℃）静置 40 min，读数。关键是生理盐水对照孔红细胞呈明显纽扣状沉到孔底时判定结果，根据环境温度，时间可能不同。

表 2-2 红细胞凝集抑制（HI）试验

孔号	1	2	3	4	5	6	7	8	9	10	11	12
血清稀释倍数	1:2	1:4	1:8	1:16	1:32	1:64	1:128	1:256	1:512	1:1 024	病毒对照	生理盐水对照
生理盐水/μL	25	25	25	25	25	25	25	25	25	25	25	50
被检血清/μL	25	25	25	25	25	25	25	25	25	25	弃 25	
4 HAU 病毒液/μL	25	25	25	25	25	25	25	25	25	25	25	
室温 20～25 ℃静置至少 40 min												
1%红细胞悬液/μL	25	25	25	25	25	25	25	25	25	25	25	25
室温 20～25 ℃静置 30 min												
结果判定	－	－	－	－	－	－	－	＋＋	#	#	#	－

注：# 表示 100%凝集，＋＋ 表示 50%凝集，－表示不凝集。

从表 2-2 可以看出，该血清的 HI 效价为 1:128，通常用以 2 为底的负对数（$-\log_2$）表示，其 HI 的效价恰与板上出现的 100%抑制凝集血清最大稀释孔数一致，如第 7 孔完全抑制，则其 HI 效价为 1:128，即 7 $\log_2$。

（5）判定结果。以完全抑制红细胞凝集的血清最大稀释度为该血清的 HI 效价（观察结果时 96 孔 V 形板倾斜 45°）。注意：确定 HI 效价的孔要与红细胞对照孔的流速及形状完全一致，即泪珠样流挂。读数要快，可以读到结束，一组（一板）时间不要超过 30 s，见图 2-2。

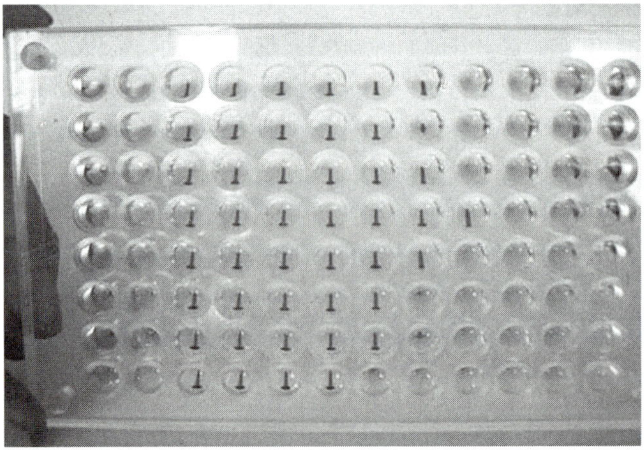

图 2-2 HI 效价结果从上至下依次为：2^8、2^7、2^8、2^9、2^8、2^7、2^7、2^6

第二节　酶联免疫吸附测定

酶联免疫吸附测定(enzyme linked immunosorbent assay,ELISA),是指将可溶性的抗原或抗体结合到聚苯乙烯等固相载体上,利用抗原抗体特异性结合进行免疫反应的定性或定量检测方法。常用的ELISA可以分为五个大类:①直接ELISA,②间接ELISA,③夹心ELISA,④竞争ELISA,⑤竞争抑制ELISA。其他的ELISA都隶属于这五类ELISA或由这五类ELISA组合衍生。

本节主要以某商品化的猪瘟病毒(CSFV)抗体诊断试剂盒,来介绍其主要检测方法。本试剂盒采用阻断ELISA法,在酶标板条微孔上预包被猪瘟病毒抗原。在实验中,加入样品稀释液和待检血清,经过温育后,若样品中含有CSFV特异性抗体,则与包被板上抗原结合。经洗涤后除去未结合的抗体和其他成分后,再加入酶标抗体,样本中的抗体阻断了酶标抗体与包被板上的抗原结合。再经洗涤除去未结合的酶结合物,在微孔板中加入底物液,经酶催化形成蓝色产物,加入终止液终止反应后,用酶标仪450 nm波长测定反应孔中的吸光度OD值。用于检测猪血清中猪瘟病毒抗体,适用于对猪场猪瘟疫苗免疫状况的评价以及感染猪的血清学诊断。

一、物品准备

1. 试剂盒主要组成

CSFV抗原包被板96T×2、酶标记物24 mL、样品稀释液24 mL、CSFV-IgG阴性对照血清1 mL、CSFV-IgG阳性对照血清1 mL、20倍浓缩洗涤液50 mL、底物溶液A液12 mL、底物溶液B液12 mL、终止液12 mL、盖板膜2张、说明书1份。

2. 自备器材

酶标仪、双波长450/630 nm滤光片、精确的微量移液器(单道1～100 μL、单道0.5～10 μL、多道30～300 μL)、水浴箱或恒温箱、微量振荡器、洗液吸移装置、一次性吸头(10 μL、200 μL)、去离子水。

3. 样品要求

(1)本试剂检测的样本为猪血清,样本应无菌采集,2～8 ℃贮藏应不超过1周,长期应在−20 ℃以下保存。

(2)避免使用严重溶血、有沉淀物、含悬浮纤维蛋白及污染长菌及含叠氮钠血清样本。

(3)样本中含有常规用量的EDTA、枸橼酸钠或肝素等抗凝剂不影响本检测。

4. 检测准备

(1)试剂盒组分回温平衡　试剂盒组分在检测前,先取出置室温30 min,可以获得最佳结果。

(2)配制洗涤液　将试剂盒所提供浓缩洗涤液直接用去离子水稀释20倍(即1 mL浓缩洗涤液加19 mL水),即可使用。注意:使用前要使结晶完全溶解(可以在37 ℃恒温箱中加热5～10 min)。

二、操作程序

(1)加样　根据样本数量,取所需板条(根据样品多少,可拆开分次使用)。检测时,设阴性、阳性对照各 2 孔,分别加入不稀释的阴性、阳性对照血清 100 μL 于相应孔中。其余为样本孔,加入样品稀释液 50 μL/孔,然后加入待检血清 50 μL/孔(可做单孔检验,也可做双孔检验)。

(2)温育　加样后,盖上盖板膜,置 37 ℃温育 30 min。

(3)洗板　甩去孔内液体,每孔加入稀释好的洗涤液 300 μL,静置 1 min 后,弃去洗涤液。洗涤 4 次后在吸水纸上拍干。

(4)加酶　每孔加酶标记物 100 μL。

(5)温育　加好酶标记物的反应板盖好盖板膜,置 37 ℃温育 30 min。

(6)洗板　同步骤(3)。

(7)显色　将底物 A 液与底物 B 液按 1∶1混合,加入孔中,100 μL/孔,盖上盖板膜,37 ℃避光反应 10 min。

(8)终止　每孔加终止液 50 μL,振荡 10 s,充分混匀,终止后即读数。

(9)读数　以 450 nm 波长检测,读取各孔吸光度值(OD 值)。

(10)结果判定

①试验成立的条件:阴性对照孔平均 OD_{450} 值≥1.0,且阳性对照孔 PI(阻断率)≥ 50%,试验结果才有效;否则,应进行重复试验。

②计算方法:PI(阻断率)=100%-(样品 OD 值÷阴性 OD 均值)×100%

③结果判断:PI≥40%时,判为阳性;PI<40%时,判为阴性。

三、注意事项

(1)不要使用过期的试剂盒组分,不要把不同批次的组分混合使用。

(2)使用试剂盒之前,一定要仔细阅读说明书。

(3)使用前,浓缩的洗涤液应恢复至室温(20～25 ℃),并摇动使沉淀溶解(最好在 37 ℃水浴锅中加热 5～10 min),然后用去离子水做 20 倍稀释(如 50 mL 的浓缩洗涤液加上 950 mL 蒸馏水),混匀,稀释好的洗涤液在 2～8 ℃下可以存放 7～10 d。

(4)本试剂盒应按含有传染性材料对待,试验废弃物应经 121 ℃高压蒸汽灭菌 30 min,或用 5.0 g/L 次氯酸钠等消毒剂处理 30 min 后废弃。

(5)微孔板从冷藏环境中取出时应在室温中平衡。未用完的液体试剂应盖好瓶盖,与其他配套组分放入试剂盒中于 2～8 ℃避光保存。

(6)应用微量移液器加入样本及试剂,并经常校对其准确性。

(7)加洗涤液时应做到满而不溢,防止孔口有游离酶不能洗净或各孔间的交叉污染。

(8)终止液有腐蚀性,若溅到皮肤或衣物上应立即用大量清水冲洗干净。

第三节　PCR 及荧光定量 PCR

聚合酶链式反应(polymerase chain reaction,PCR),是体外酶促合成特异 DNA 片段的一种方法，由高温变性、低温退火及适温延伸等几步反应组成一个周期，循环进行，使目的DNA得以迅速扩增，具有特异性强、灵敏度高、操作简便、省时等特点。它不仅可用于基因分离、克隆和核酸序列分析等基础研究，还可用于疾病的诊断。

荧光定量PCR(Real-time PCR)，是指在PCR扩增反应体系中加入荧光基团，通过对扩增反应中每一个循环产物荧光信号的实时检测，最后通过标准曲线对未知模板进行定量分析的方法。传统的PCR进行检测时，扩增反应后需要进行染色处理及电泳分离，并且只能做定性分析，不能准确定量，易造成污染出现假阳性，使其应用受到限制。实时定量PCR技术不仅实现了对模板的定量，且具有灵敏度高、特异性和可靠性更好、自动化程度高和无污染的特点，使得荧光定量PCR逐渐取代常规PCR。

一、猪伪狂犬病病毒PCR检测程序

以某商品化的猪伪狂犬病病毒PCR检测试剂盒为例，介绍其主要检测方法。试剂盒利用PCR检测技术，以猪伪狂犬病病毒基因的高度保守序列为靶区域，设计特异性引物，通过一步法PCR扩增，经琼脂糖凝胶电泳实现对猪伪狂犬病病毒核酸的快速检测。用于检测猪组织、血清中的猪伪狂犬病病毒，适用于猪场对感染猪的病原学诊断。

(一)物品准备

(1)试剂盒主要组成　扩增反应液480 μL、混合酶液25 μL、阴性对照50 μL、阳性对照50 μL、说明书1份。

(2)适用仪器　检测过程需要PCR仪、电泳系统、紫外成像系统等设备。

(二)操作程序

1. 样品制备

(1)样品采集　病死或扑杀猪，取血液、扁桃体、淋巴结(包括肺门、腹股沟和肠系膜淋巴结)、肺脏、脾脏、流产胎儿、神经系统(如大脑)等组织；待检活猪，用注射器取血5 mL，4 ℃保存，送检(病料要新鲜，严禁反复冻融病料)。

> **注意：**通常木乃伊胎不能作为检测样品，新鲜流产的胎儿可作为检测样品。对于流产日龄较早的胎儿，可取整个胎儿保存；如果是晚期流产的胎儿，最好根据正常步骤，摘取相应组织，保存送检。

(2)样品处理　每份样品分别处理。

①组织样品　称取病变组织0.5 g于研磨器中研磨，加入1.5 mL PBS继续研磨，匀浆后转至1.5 mL无菌离心管中，8 000 r/min离心5 min，取上清液用于DNA的提取。

②血液样品　使用无菌注射器抽取血液置于无菌离心管中，待血凝后取血清用于DNA的提取。

(3)应避免样品间交叉污染。

(4)样品采集后应及时检测，也可保存于(−20±5) ℃待检，长期保存应置于−70 ℃以下。

2. 操作步骤

(1)试剂准备(试剂准备区)

①检测前 20 min 从 −20 ℃冰箱中取出试剂盒相应试剂，以平衡至室温(15～25 ℃)，并使试剂完全融化。

②核算实验所需要的反应数(n)，并根据表 2-3 反应体系配制方法计算本次实验所需要的各种试剂量。n＝阴性对照数(1 反应)＋阳性对照数(1 反应)＋误差预留量＋样本数。

表 2-3 反应体系配制方法

单反应体系配方	扩增反应液	17.0 μL
	混合酶液	0.6 μL

③在适当容积的无菌离心管中加入上述试剂，混匀后，2 000 r/min 离心 10 s，按照每管 17.5 μL 分装量将试剂分装至 PCR 反应管中。

④盖紧 PCR 反应管盖后将 PCR 反应管转移至样本准备区，剩余试剂放回 −20 ℃冰箱冷冻保存。

(2)样本准备(样本准备区)

按照某商品化的病毒基因组 DNA 提取试剂盒进行操作。提取好的 DNA 模板如不能立即检测，建议 −70 ℃以下保存。DNA 提取的操作程序如下。

①取处理好的组织上清液或血清 0.5 mL，12 000 r/min 离心 5 min，尽量吸取上清液，弃去沉淀。

②向上清液中加入 20 μL 的蛋白酶 K(10 mg/mL)，充分混匀，65 ℃消化 10～20 min，其间可颠倒离心管混匀数次。

③向管中加入 500 μL 溶液裂解液，充分混匀。再向管中加入 400 μL 无水乙醇，充分混匀，此时可能出现絮状沉淀，不影响 DNA 的提取，可将溶液和絮状沉淀都加入吸附柱中，静置 2 min。(注：吸附柱的最大容积为 750 μL，可分两次加入。一次吸附完离心后再将余下的混合液体加入柱中静置离心。)

④12 000 r/min 离心 2 min，弃废液，将吸附柱放入收集管中。

⑤向吸附柱中加入 600 μL 漂洗液(使用前请先检查是否已加入无水乙醇)，12 000 r/min 离心 1 min，弃废液，将吸附柱放入收集管中。

⑥向吸附柱中加入 600 μL 漂洗液，12 000 r/min 离心 1 min，弃废液，将吸附柱放入收集管中。

⑦12 000 r/min 离心 2 min，将吸附柱置于室温或 50 ℃温箱放置数分钟，目的是将吸附柱中残余的漂洗液去除，否则漂洗液中的乙醇会影响后续的实验(如酶切、PCR 等)。

⑧将吸附柱放入一个干净的离心管中，向吸附膜中央悬空滴加 50～100 μL 经 65 ℃水浴预热的洗脱液，室温放置 5 min，12 000 r/min 离心 1 min。

⑨离心所得洗脱液再加入吸附柱中，室温放置 2 min，12 000 r/min 离心 2 min，即可得到高质量的病毒基因组 DNA。

(3)加样

①打开 PCR 反应管盖，加入样本模板 2.5 μL，阳性对照和阴性对照也各加 2.5 μL，记录加样顺序。

②盖好 PCR 管盖，将 PCR 反应液与样本模板振荡混匀后，2 000 r/min 离心 10 s。

③将 PCR 反应管转移到 PCR 区进行上机。

3. PCR(核酸扩增区)

(1)开机预热并检验仪器性能。

(2)取样本准备区准备好的 PCR 反应管,放置在仪器样品槽相应位置,并记录放置顺序。

(3)按表 2-4 设置仪器核酸扩增相关参数,进行 PCR 扩增。

表 2-4　仪器核酸扩增相关参数

体系	反应体系设为 20 μL		
	阶段	条件	循环数
PCR 反应条件	预变性	94 ℃,3 min	1
	变性	95 ℃,30 s	35
	退火	56 ℃,30 s	
	延伸	72 ℃,1 min	
	再延伸	72 ℃,10 min	1

4. 电泳

用 TAE 电泳缓冲液配制 1.2%的琼脂糖凝胶,100 mL 加入 5 μL 染色液。80 V/70 mA 电泳 40 min 观察结果,在阳性对照出现 324 bp 条带、阴性对照无条带的情况下,检测样品如出现 324 bp 条带,则判定为 PRV 阳性。

(三)注意事项

(1)实验室管理应严格按照国家有关临床基因扩增实验室的管理规范执行。检测人员必须进行专业培训才可上岗;检测过程应分区进行(试剂准备区、样本制备区、扩增和产物分析区),检测操作的每个阶段使用专用的仪器和设备,各区各阶段用品不得交叉使用;各区间人员流动及空气流向应有严格要求。

(2)检测前仔细阅读本试剂盒说明书,严格按操作步骤执行;不使用本试剂盒提供的组分或不按照说明书进行实验将可能导致错误结果。

(3)所有试剂应在规定的温度贮藏。－20 ℃保存的各试剂使用前应完全融化,8 000 r/min 离心 15 s,使液体全部沉于管底,放于冰盒中,吸取液体时移液器吸头尽量在液体表面层吸取,使用后立即放回－20 ℃保存。

(4)操作台、移液器、离心机等仪器用品应经常用 1.0%次氯酸钠或稀盐酸擦拭消毒或浸泡,耗材应进行除酶处理。操作过程中移液、定时等全部过程必须精确。实验室、超净工作台应定期或每次实验后用紫外灯处理。

(5)本试剂盒内试剂组分及实验过程中的废弃物在使用过程中建议按照具有潜在传染性物质处理方法进行处理。

(6)反复冻融试剂将降低检测灵敏度,建议在 5 次内用完,请严格按照试剂盒说明书操作。

二、猪繁殖与呼吸综合征病毒通用型实时荧光 RT-PCR 检测

以某商品化的猪繁殖与呼吸综合征病毒通用型实时荧光 RT-PCR 检测试剂盒为例,来介绍其主要检测方法。试剂盒针对猪繁殖与呼吸综合征病毒高度保守区域设计特异性引物和探

针，在反应体系含猪繁殖与呼吸综合征病毒基因组模板的情况下，PCR 反应得以进行并释放荧光信号。利用仪器对 PCR 过程中相应通道的信号强度进行实时监测和输出，实现检测结果的定性分析。用于检测猪组织、血清中的猪繁殖与呼吸综合征病毒，适用于猪场对感染猪的病原学诊断。

(一)物品准备

1. 试剂盒主要组成

扩增反应液 425 μL、混合酶液 15 μL、阴性对照 30 μL、阳性对照 30 μL、说明书 1 份。

2. 适用仪器

ABI7000、ABI7300、ABI7500、ABI7900、MX3000P、MX3005P、iCycleriQ4、iCycleriQ5、MJ-chromo4、Light cycler R480、SLAN 等全自动荧光定量 PCR 仪。

(二)操作程序

1. 样品制备

(1)样品采集　猪血液或肺、扁桃体、脑等病灶组织，2～8 ℃保存送实验室检测。

(2)样品处理　每份样品分别处理。

①组织样品。每份组织随机分别从三个不同的位置称取少量样品(约 1 g)，手术剪剪碎混匀后取 0.05 g 于研磨器中研磨，加入 1.5 mL 生理盐水后继续研磨，待匀浆后转入 1.5 mL 无菌离心管中，8 000 r/min 离心 2 min，取上清 200 μL 转移至 1.5 mL 无菌离心管中待检。

②血液样品。使用无菌注射器抽取血液置于无菌离心管中待检。

(3)应避免样品间交叉污染。

(4)样品采集后应及时检测，也可保存于(−20±5) ℃待检，长期保存应置于−70 ℃以下。

2. 操作步骤

(1)试剂准备 (试剂准备区)

①检测前 20 min 从−20 ℃冰箱中取出试剂盒相应试剂，以平衡至室温(15～25 ℃)，并使试剂完全融化。

②核算实验所需要的反应数(n)，并根据表 2-5 反应体系配制方法计算本次实验所需要的各种试剂量。n=阴性对照数(1 反应)+阳性对照数(1 反应)+误差预留量+样本数。

表 2-5　反应体系配制方法

单反应体系配方	扩增反应液	17.0 μL
	混合酶液	0.6 μL

③在适当容积的无菌离心管中加入上述试剂，混匀后，2 000 r/min 离心 10 s，按照每管 17.5 μL 分装量将试剂分装至 PCR 反应管中。

④盖紧 PCR 反应管盖后将 PCR 反应管转移至样本准备区，剩余试剂放回−20 ℃冰箱冷冻保存。

(2)样本准备(样本准备区)

按照某商品化 RNA 提取试剂盒的操作程序进行。提取好的 RNA 模板如不能立即检测，建议−70 ℃以下保存。RNA 提取的操作程序如下。

①使用前请将所有试剂颠倒混匀 3～5 次。

②取 1.5 mL 离心管(自备)，加入 300 μL 样本(样本需平衡至室温)，500 μL 瞬提裂解液，涡旋振荡 5 s 后，瞬离，确保管壁、管盖上无液体残留。(注：湿拭子样本充分振荡混匀后取 300 μL 进行提取。将拭子样本浸泡于 500 μL 生理盐水中，充分振荡混匀后静置 5 min，12 000 r/min 离心 1 min 后，取 300 μL。)

③将步骤①所得溶液加入瞬提吸附柱中。12 000 r/min 离心 30 s，倒掉收集管中的废液，将吸附柱重新放回收集管中。

④向瞬提吸附柱中加入 500 μL 瞬提漂洗液，12 000 r/min 离心 30 s，将吸附柱放入新收集管中。

⑤向瞬提吸附柱膜的中间部位悬空加入 40～100 μL 瞬提洗脱液，12 000 r/min 离心 30 s，收集核酸溶液。置于 −80 ℃ 长期保存。

(3)加样

①打开 PCR 反应管盖，加入样本模板 2.5 μL，阳性对照和阴性对照也各加 2.5 μL，记录加样顺序。

②盖好 PCR 管盖，将 PCR 反应液与样本模板振荡混匀后，2 000 r/min 离心 10 s。

③将 PCR 反应管转移到 PCR 区进行上机。

3. PCR(核酸扩增区)

(1)开机预热并检验仪器性能。

(2)取样本准备区准备好的 PCR 反应管，放置在仪器样品槽相应位置，并记录放置顺序。

(3)按表 2-6 设置仪器核酸扩增相关参数，进行 PCR 扩增。

表 2-6 仪器核酸扩增相关参数

体系	反应体系设为 20 μL		
信号采集	猪繁殖与呼吸综合征病毒(PRRSV)—FAM 通道采集荧光信号。		
	阶段	条件	循环数
PCR 反应条件	反转录	42 ℃，5 min	1
	预变性	95 ℃，10 s	1
	PCR	95 ℃，5 s 60 ℃ 40 s (此阶段结束时采集荧光信号)	40

注：ABI 系列荧光定量 PCR 仪不选 ROX 校正，淬灭基团选 None。

4. 结果分析

(1)结果分析条件设定　阈值设定原则：合理调整阈值线，不同仪器可根据仪器噪声情况进行调整。

(2)试剂盒有效性判定

①阳性对照　Ct 值≤30，有明显指数增长。

②阴性对照　Ct 值>38 或无 Ct 值，线形为直线或轻微斜线，无明显指数增长期和平

台期。

(3)样本结果判定

①阳性　样本检测结果 Ct 值≤35,有明显指数增长,表明样本中检测出该病毒核酸。

②可疑　样本检测结果 Ct 值在 35～38 范围,此时应对样本进行重复检测。如重复实验结果 Ct 值仍在 35～38 范围,有明显指数增长,则判定为阳性,否则为阴性。

③阴性　样本检测结果 Ct 值>38 或无 Ct 值,表明样本中未检测出该病毒核酸。对于某些无明显扩增曲线,但本底较高的样品,应为阴性。

④结果分析后应保存当前的分析结果,记录好阈值和基线。

(三)注意事项

(1)实验室管理应严格按照国家有关临床基因扩增实验室的管理规范执行。检测人员必须进行专业培训才可上岗;检测过程应分区进行(试剂准备区、样本制备区、扩增和产物分析区),检测操作的每个阶段使用专用的仪器和设备,各区各阶段用品不得交叉使用;各区间人员流动及空气流向应有严格要求。

(2)实验前请仔细阅读本试剂盒说明书,严格按操作步骤执行;不使用本试剂盒提供的组分或不按照说明书进行实验将可能导致错误结果。

(3)所有试剂应在规定的温度贮藏。－20 ℃保存的各试剂使用前应完全融化,8 000 r/min 离心 15 s,使液体全部沉于管底,放于冰盒中,吸取液体时移液器吸头尽量在液体表面层吸取,使用后立即放回－20 ℃保存。

(4)操作台、移液器、离心机等仪器用品应经常用 1.0%次氯酸钠或稀盐酸擦拭消毒或浸泡,耗材应进行除酶处理(建议用 0.1% DEPC 水浸泡过夜、灭菌)。操作过程中移液、定时等全部过程必须精确。实验室、超净工作台应定期或每次实验后用紫外灯处理。

(5)使用不含荧光物质的一次性手套,并经常替换预防交叉污染。

(6)本试剂盒内试剂组分及实验过程中的废弃物在使用过程中建议按照具有潜在传染性物质处理方法进行处理。

(7)为防止荧光干扰,应避免用手直接接触,请勿在 PCR 反应管上进行标记。

(8)产生假阴性结果的可能原因:被检样品在采集、运输、保存以及核酸提取过程中操作方式不当,容易造成 RNA 降解而产生假阴性结果;当样品中被检核酸浓度小于最低检测限 10^3 copies/mL 时,可能发生假阴性的结果;病毒待测靶序列的变异或其他原因导致的序列改变可能会导致假阴性结果。

(9)样品采集和制备过程中若发生交叉污染,则容易得到假阳性的结果。

第三章
细菌分离培养与鉴定

第一节　培养基制备

一、主要试剂与器材

1. 试剂

牛肉膏(或牛肉浸液)、蛋白胨、琼脂粉、5% Na_2CO_3、1 mol/L NaOH、1 mol/L HCl、蒸馏水、精密 pH 试纸等。

2. 器材

量筒、试管、吸管、锥形瓶、烧杯、玻璃棒、无菌平皿、牛角匙、天平、漏斗、高压蒸汽灭菌锅、牛皮纸、滤纸、纱布、脱脂棉等。

二、制备方法

(一)原理

培养基是供细菌生长用的,用人工方法将多种营养物质根据细菌的需要组合而成的混合营养基质。适宜的培养基应具备:细菌所需的营养物质,合适的酸碱度,澄清,无菌。根据微生物种类和实验目的的不同,制备不同种类的培养基。

(二)步骤

1. 培养基制备的基本过程

培养基制备的基本过程包括调配成分、溶解、校正 pH、过滤澄清、分装、灭菌、质量检验和保存。

(1)调配成分　按培养基配方准确称取各种成分,倒入加有定量蒸馏水的锥形瓶中,充分混合。

(2)溶解　加热调配好的混合物,使其完全溶解。

(3)校正 pH　因培养基高压灭菌后，pH 会发生 0.1～0.2 变动，使用 1 mol/L NaOH 或 1 mol/L HCl 将 pH 调节到 7.2～7.6。校正时注意逐滴加入 NaOH 或 HCl，边滴加边搅拌。

(4)过滤澄清　自配的培养基一般都有一些沉渣或浑浊，需要过滤澄清后方可使用。液体或半固体培养基用滤纸过滤，固体培养基用清洁纱布加脱脂棉趁热过滤。

(5)分装　根据需要将培养基分装于不同容量的锥形瓶、试管中。分装的量不宜超过容器的 2/3，以免灭菌时外溢。基础培养基一般分装于容量 500 mL 的锥形瓶中，待灭菌后可倾注平板或配制营养培养基等；琼脂斜面分装量为试管容量的 1/4～1/3，灭菌后趁热摆成斜面，斜面长约为试管长的 2/3；半固体培养基分装量为试管长的 1/4～1/3，灭菌后直立，凝固后待用；高层琼脂分装量约为试管的 2/3，灭菌后趁热直立，凝固后待用；液体培养基分装于试管中，约为试管长度的 1/3。

(6)灭菌　由耐热物质配制的培养基(如普通营养琼脂等)常用高压蒸汽灭菌法进行灭菌。条件为 103.43 kPa 灭菌 15～20 min。对于含不耐热或蛋白质丰富的培养基，应按其要求所需的条件进行灭菌。

(7)质量检验　培养基制成后需进行无菌试验和效果检查。将灭菌后的培养基置于恒温培养箱内 37 ℃孵育 24 h，无任何细菌生长为合格，同时将已知标准菌株接种于培养基上，在相应的温度、湿度和时间等条件下应呈现与预期结果相符合的生长现象。

(8)保存　每批制备好的培养基要注明名称、日期等，琼脂板应将底朝上，盖在下，装于保鲜袋内减少水分蒸发。液体培养基应直立放置。培养基应贮藏在 4 ℃冰箱内。放置时间一般不宜超过 1 周，倾注的平板培养基不宜超过 3 d。

2. 常用培养基的配制

(1)肉汤培养基　将除去结缔组织和脂肪的鲜牛肉 50 g 切块并搅碎，加蒸馏水 100 mL，混合，4 ℃冰箱过夜。次日取出，煮沸 30 min，边加热边搅拌。加胰酶 0.5%，用 5% Na_2CO_3 调节 pH 调节至 8.4，滴加少量三氯甲烷防腐，42 ℃水浴箱过夜。次日，用纱布和脱脂棉过滤，补足水分至 100 mL，加入 NaCl 0.5 g、蛋白胨 1 g、K_2HPO_4 0.1 g，加热使之完全融化，补足蒸发的水分。再度加热煮沸 10 min，过滤后校正 pH 至 7.6。分装于试管或烧瓶中，加塞，121.3 ℃灭菌 20 min，4 ℃保存备用。

(2)普通琼脂培养基　肉汤 1 000 mL，加入 20 g 琼脂，加热融化后校正 pH 为 7.6。必要时进行过滤。趁热分装于试管或锥形瓶中，加棉塞。置高压蒸汽灭菌锅内，经 121.3 ℃灭菌 20 min。取出后趁热将试管倾斜一定角度，待琼脂凝固后即成普通琼脂斜面。锥形瓶中营养琼脂培养基冷却至 50～60 ℃时，以无菌操作方式注入无菌平皿内，凝固后即成普通营养琼脂平板。

(3)半固体培养基　肉汤 1 000 mL，加入 5 g 琼脂，加热融化，调节 pH 至 7.6。分装于小试管，加棉塞。121.3 ℃高压蒸汽灭菌 20 min。取出后直立，待凝固后即成半固体培养基。

(4)血液和巧克力培养基　将灭菌后的普通琼脂加热融化，待冷却至 50 ℃左右时，以无菌操作方式加入 5%～10%脱纤维羊血，轻轻摇匀，分装于灭菌试管或平皿内，制成血液琼脂斜面或血液琼脂平板。若在琼脂培养基温度 70～80 ℃时加入血液，80 ℃水浴摇匀 15～20 min，倾注平板后即成巧克力平板。

第二节 细菌接种与分离

一、主要试剂与器材

大肠埃希菌、金黄色葡萄球菌、鸡白痢沙门菌等菌种或患病畜禽病料标本，普通琼脂平板、琼脂斜面培养基、肉汤培养基、半固体培养基等，接种环、接种针、酒精灯、记号笔等。

二、操作方法

（一）原理

由于临床病料标本中可能含有多种细菌，包括正常菌群细菌，需要通过分离接种技术使混杂的细菌在平板上分散生长，获得单个纯培养菌落，进一步进行生化鉴定、血清学鉴定、药敏试验等。同时观察单个菌落特性有助于细菌菌种鉴定。

（二）步骤

根据标本性质、培养目的和培养基性质的不同采用不同的接种方法。

1. 平板划线分离法

平板划线分离法多采用分区划线的方法，特别是杂菌含量较多的标本分离时常用。以三区划线为例，分离方法：①将接种环在酒精灯外焰处灭菌并冷却。②蘸取细菌（或细菌性病料）。③左手平托琼脂板，将平皿盖呈 15°角打开，将蘸有细菌的接种环在距操作者最远的平皿一侧向另一侧来回地进行第一次连续划线。划线面积约为平皿的 1/2。④盖上平皿，火焰灭菌接种环。⑤将平皿水平旋转 90°角，打开皿盖，接种环轻轻接触未划线的培养基以冷却接种环。然后将接种环从第一次划线的区域掠过一两次，进行第二次连续划线。划线面积约为平皿的 1/4。⑥按照步骤④和步骤⑤再一次划线，将平皿剩余的 1/4 面积完成接种。注意在第三次连续划线前，接种环应从第二区取样。分区划线目的是在后区获得单个菌落。

2. 斜面接种法

斜面接种法主要用于纯菌的移种，进一步鉴定和保存菌株。左手持菌种管，略倾斜，琼脂的斜面部向上。以右手掌与小指拔取并挟持盖塞，将管口迅速通过火焰灭菌；右手持接种环烧灼后，插入菌种管，冷却后，蘸取菌苔少许；立即移入待接种管，自斜面底部向上，先划一条直线，然后再由底部向上来回划线，直到斜面顶部。取出接种环灼烧，管口通过火焰灭菌，塞回盖塞。

3. 液体培养基接种法

液体培养基接种法用于肉汤、蛋白胨水或糖发酵管等液体培养基的接种。左手持细菌斜面菌种和肉汤培养基两支试管，右手持接种环，按无菌操作取菌苔少许，在接近液面的试管壁上轻轻地研磨，并蘸取少许液体培养基与之混合，使细菌分布于液体培养基中。管口火焰灭菌，塞上试管塞。

4. 半固体培养基接种法

半固体培养基接种法用于半固体培养基和KIA(克氏双糖铁)培养基的接种,保存菌种或观察细菌的动力和生化反应。接种针灭菌并冷却后,从斜面培养基上蘸取少许细菌,从半固体培养基的正中央垂直刺入,直至距管底0.5 cm处,然后接种针沿穿刺线退出;或从KIA培养基中心穿刺进入,沿穿刺线退出,并在斜面做蛇形划线。管口经火焰灭菌后,塞回盖塞,接种针灭菌后放回原处。

(三)注意事项

严格无菌操作,防止杂菌污染;接种时,刚灼烧灭菌的接种环温度较高,不能直接挑取菌种或病料,应在没有长菌的培养基部分接触一下,使其快速冷却;分区划线时,所划直线应尽量直、密,但不重复,并避免划破平板;穿刺法接种时应注意不能穿至管底,穿刺后沿原穿刺线退出。

第三节　细菌培养

一、主要试剂与器材

1. 菌种

金黄色葡萄球菌、大肠埃希菌、巴氏杆菌、猪丹毒杆菌、产气荚膜杆菌等。

2. 培养基

普通琼脂平板、血平板、巧克力琼脂平板等。

3. 器材

普通恒温培养箱、CO_2培养箱、厌氧培养箱、厌氧罐、产气袋等。

4. 其他

接种环、接种针、酒精灯、记号笔等。

二、操作方法

(一)原理

不同的细菌生长对气体要求不同,需要人工设置气体微环境以满足细菌生长要求。根据不同的标本及不同的培养目的,可选用不同的培养方法。一般把细菌的培养方法分为需氧培养、CO_2培养、微需氧培养和厌氧培养4种。

(二)步骤

1. 需氧培养

需氧培养是指金黄色葡萄球菌、大肠埃希菌及沙门菌等需氧菌或兼性厌氧菌在普通大气条件下的培养方法。将已接种好细菌的平板置于普通恒温培养箱内37 ℃孵育18～24 h,观察结果(图 3-1)。

2. CO_2培养

某些细菌如副猪嗜血杆菌、布鲁氏菌属细菌等在初次分离时需在 5%～10% CO_2环境中才能良好生长。CO_2培养方法有 CO_2培养箱、烛缸法和化学法。

(1)CO_2培养箱法　CO_2培养箱能自动调节 CO_2的含量、温度,使用方便。

(2)烛缸法　取有盖磨口的玻璃干燥器,缸盖和缸口均涂上凡士林,将接种好的培养基放入缸内,点燃蜡烛后加盖密封。因缸内蜡烛燃烧消耗氧气,产生的 CO_2浓度增加,数分钟后蜡烛自行熄灭,此时容器内 CO_2的含量占 5%～10%,将烛缸置于 37 ℃ 普通恒温培养箱内孵育即可。

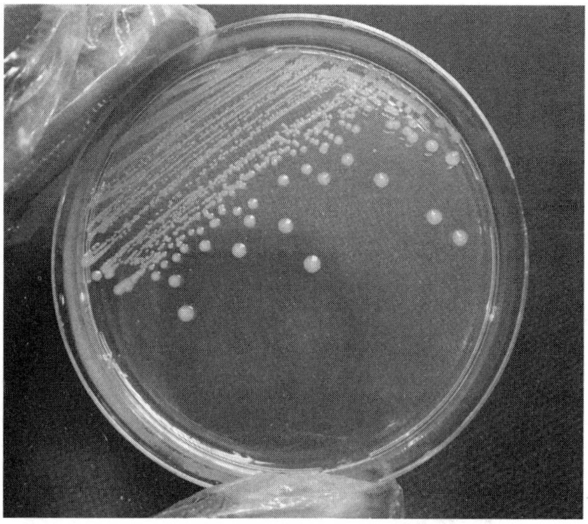

图 3-1　大肠埃希菌在普通琼脂平板培养结果

(3)化学法　常用碳酸氢钠-盐酸法。按每升容积称取碳酸氢钠 0.4 g 与浓盐酸 0.35 mL 的比例,分别置容器内,放置于玻璃缸内,盖紧密封,倾斜后使盐酸与碳酸氢钠接触而生成 CO_2,于 37 ℃普通恒温培养箱内孵育。

3. 微需氧培养

如空肠弯曲菌等微需氧菌在大气中及绝对无氧环境中均不能生长,在含有 5%～6% O_2、5%～10% CO_2及 85%左右 N_2的气体环境中才可生长,可用抽气换气法补充 5% O_2、10% CO_2及 85% N_2的混合气体于放有培养物的厌氧罐中,于恒温培养箱内进行培养。

4. 厌氧培养

(1)厌氧罐培养法　常用的方法有抽气换气法和气体发生袋法。厌氧罐内放入接种好的标本,放入催化剂钯粒和亚甲蓝指示剂。抽气换气法即先用真空泵抽成负压 99.99 kPa,然后充入 N_2,反复 3 次,最后充入 80% N_2、10% H_2和 10% CO_2混合气体。气体发生袋法即铝箔制成可密封的口袋,装有硼氢化钾-氯化钴合剂和碳酸氢钠-枸橼酸合剂,使用时剪去指定部位,注入 10 mL 水,发生化学反应产生 H_2和 CO_2,紧闭厌氧罐盖子。如厌氧罐内达到厌氧状态,则指示剂亚甲蓝变为无色,即可放入普通培养箱中培养。催化剂钯粒可通过 160 ℃干烤 2 h 反复使用。

(2)厌氧箱培养法　为专门培养厌氧菌的培养箱,现多为全自动控制,当将培养物放入培养箱,关上封闭门后,其自动启动,通过多次抽掉空气,灌入 80% N_2、10% H_2和 10% CO_2,形成厌氧环境。

(3)庖肉培养基培养法　将庖肉和肉汤装入大试管,液面封以凡士林,培养基中的肉渣可吸收氧气,凡士林可阻断空气中的氧气进入,造成厌氧环境。

第四节 细菌的生化鉴定

一、主要试剂与器材

1. 菌种

大肠埃希菌、产气杆菌、变形杆菌、未知菌等。

2. 试剂

葡萄糖发酵培养基、乳糖发酵培养基、溴甲酚紫、蛋白胨水和对二甲基氨基苯甲醛、葡萄糖蛋白胨水和甲基红试剂、6% α-萘酚、40%KOH 溶液，枸橼酸盐斜面培养基、柠檬酸铁铵培养基。

3. 器材

普通恒温培养箱、酒精灯、吸头、接种针、接种环等。

二、操作方法

(一)原理

1. IMViC 试验

将吲哚试验、甲基红试验、V-P 试验和枸橼酸盐利用试验组成一组生化反应试验，以鉴别大肠杆菌和产气杆菌。通过 IMViC 试验进一步了解生化反应试验在细菌鉴定中的作用。

(1)吲哚试验 某些细菌如大肠杆菌具有色氨酸酶，能分解蛋白胨中色氨酸产生吲哚(靛基质)，吲哚本身无色，不易观察，但能与对二甲基氨基苯甲醛反应形成肉眼可见的红色化合物(玫瑰吲哚)。

(2)甲基红试验 某些细菌如大肠杆菌在葡萄糖蛋白胨水培养基中分解葡萄糖产生丙酮酸后，可继续分解产生大量甲酸、乙酸、乳酸和琥珀酸等有机酸，使培养基 pH 降至 4.5 以下，使加入的甲基红指示剂变为红色。有些细菌如产气杆菌在培养的早期产生有机酸，但在后期将有机酸转化为非酸性末端产物，如乙醇、丙酮酸等，使 pH 大约升至 6，培养基仍然呈原来的黄色。

(3)V-P 试验 某些细菌如产气杆菌具有丙酮酸脱羧酶，可使葡萄糖分解产生的丙酮酸脱羧生成中性的乙酰甲基甲醇，乙酰甲基甲醇在碱性条件下易被氧化成二乙酰。当二乙酰与培养基中的胍基(蛋白胨中的精氨酸)相遇时，能生成红色化合物。

(4)枸橼酸盐利用试验 枸橼酸盐培养基不含任何糖类成分，某些细菌如产气杆菌可将枸橼酸盐培养基中枸橼酸盐作为唯一碳源，磷酸二氢铵作为唯一氮源加以利用，并在代谢中产碱(pH 升高)使溴麝香草酚蓝指示剂由绿色变为深蓝色；而不能利用枸橼酸盐的细菌则不能在该培养基中生存，培养基不变色。

2. 糖发酵试验

绝大多数细菌都能利用糖类作为碳源和能源。但是各种细菌所具有的相应酶系统不尽相同，对不同糖类的利用能力、代谢途径和分解产物也存在差异。有些细菌能分解某种糖或醇产生有机酸（如乳酸、醋酸、丙酸、琥珀酸等）及各种气体（如氢气、甲烷、二氧化碳等）；有些细菌则只产酸不产气。

大肠杆菌能分解葡萄糖和乳糖产酸并产气；伤寒杆菌能分解葡萄糖产酸不产气，不能分解乳糖；变形杆菌能分解葡萄糖产酸并产气，不能分解乳糖。

酸的产生可利用指示剂来指示。在配制培养基时预先加入溴甲酚紫，当发酵产酸时，培养基有紫色变成黄色。气体的产生则可由培养试管中倒置的杜氏小管中有无气泡来证明。

3. 硫化氢试验

某些细菌能分解含硫的氨基酸（胱氨酸、半胱氨酸等），产生硫化氢，硫化氢与培养基中的铁盐反应，形成黑色的硫化铁沉淀，为硫化氢试验阳性。

（二）步骤

1. 吲哚试验

将大肠杆菌、产气杆菌、未知菌各接种 1 管蛋白胨水培养基，在 37 ℃下培养 24 h，分别滴加吲哚试剂 2～3 滴，静置（勿摇）片刻观察结果。

预期结果：大肠杆菌培养管的液面见红色化合物，为吲哚试验阳性；产气杆菌培养管的液面不出现红色化合物，为阴性。观察结果时尽量避免试管摇动。

2. 甲基红试验

将大肠杆菌、产气杆菌、未知菌各接种 1 管葡萄糖蛋白胨水培养基，在 37 ℃下培养 24 h，分别滴加甲基红试剂 2～3 滴，轻轻摇动观察结果。

预期结果：整管大肠杆菌的培养液变成红色，为甲基红试验阳性；产气杆菌的培养液不变成红色，为阴性。

3. V-P 试验

将大肠杆菌、产气杆菌、未知菌各接种 1 管葡萄糖蛋白胨水培养基，在 37 ℃下培养 24 h，分别各滴加 6% *α*-萘酚 0.6 mL，混匀后再滴加 40% KOH 溶液 0.2 mL，充分振摇 5～10 min，静置一段时间（可放置在 37 ℃恒温箱中 30 min），观察结果。

预期结果：产气杆菌的培养液整管变为红色，为 V-P 试验阳性；大肠杆菌培养液不变成红色，为阴性。

4. 枸橼酸盐利用试验

将大肠杆菌、产气杆菌、未知菌分别接种于枸橼酸盐斜面培养基，在 37 ℃下培养 24 h，观察结果。

预期结果：产气杆菌的培养液整管变为蓝色，且培养基内有大量细菌生长，为阳性；大肠杆菌培养液仍为绿色，且培养基内未见细菌生长，为阴性。

5. 糖发酵试验

将大肠杆菌、变形杆菌、未知菌各接种 1 管葡萄糖发酵培养基，接种后，轻轻摇动试管，使其混合均匀，并防止气泡进入倒置的杜氏小管。将大肠杆菌、变形杆菌、未知菌各接种 1 管乳糖发酵培养基，操作同上。

在 37 ℃下培养 24 h,观察各管颜色变化及杜氏小管中有无气泡产生。

6. 硫化氢试验

将大肠杆菌、变形杆菌、未知菌分别穿刺接种于柠檬酸铁铵半固体培养基,在 37 ℃下培养 24 h,观察结果。

(三)注意事项

(1)以上各项试验均应设置相应的阴性对照。

(2)糖发酵培养基在配制过程中应注意避免气泡产生。

(3)滴加吲哚试剂后注意试管应静置,不能摇动。

第四章
细菌药物敏感性试验

第一节　纸片扩散法

一、主要试剂与器材

1. 菌种

金黄色葡萄球菌、大肠埃希菌等 6～8 h 肉汤培养物。

2. 试剂

普通琼脂平板、肉汤培养基、抗生素药敏纸片。

3. 器材

普通恒温培养箱、接种环、涂布棒、酒精灯、试管、无菌小镊子、无菌吸管等。

二、操作方法

(一)原理

纸片扩散法的应用十分广泛，其优点在于成本低廉、药物选择灵活、操作简便、结果直观明显，缺点是精确度稍差，通常做定性实验用。另外，试验本身受许多因素的影响，必须通过实施质控监测，即将质控菌株与检测菌在平行条件下进行药敏试验，质控菌株的抑菌圈符合预期范围，药敏试验结果才可信。

纸片扩散法是将含有定量抗菌药物的纸片贴在已经接种测试菌的琼脂平板上，纸片中的药物不断向纸片周围区域扩散，形成递减的浓度梯度，在纸片周围抑菌浓度范围内的细菌生长被抑制，形成透明的抑菌圈，抑菌圈的大小反映测试菌对测定药物的敏感程度，并与该药物的最低抑菌浓度呈负相关，即抑菌圈越大，最低抑菌浓度越小。

(二)步骤

(1)先于皿底注明细菌、时间，分区标明纸片代号。用吸头吸取适量的细菌肉汤培养物，用涂布棒在营养琼脂平板表面均匀涂布。

(2)待表面稍干后,用镊子(经酒精灯火焰烧灼)将不同药物药敏纸片等距离摆放在营养琼脂平板表面,再放入 37 ℃培养箱中培养。一般每个平板贴 5 个药片为宜。

(3)培养 18～24 h 后,观察结果。

(4)结果判定。药敏纸片周围可出现直径不等的抑菌圈(图 4-1),用尺子测量其直径。对照细菌对抗生素敏感性参照表进行结果判定。

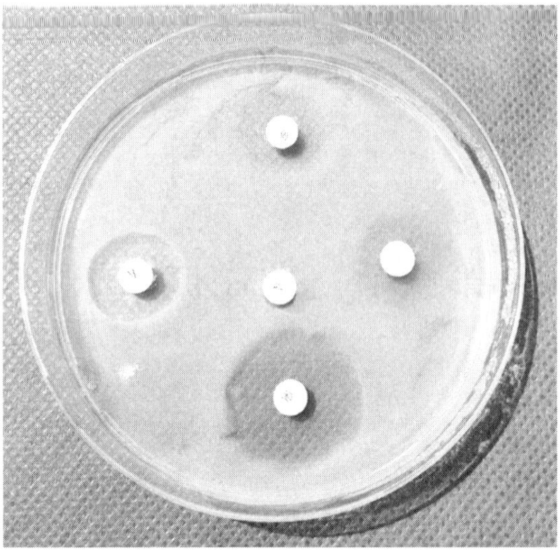

图 4-1 青霉素和链霉素等几种抗菌药物对一分离株大肠杆菌的药敏结果

用标准的参考菌(金黄色葡萄球菌 ATCC 25923)按上述标准方法平行测定药物敏感性,对照菌株的敏感度应落在表 4-1 规定的范围内。如果对照菌株的结果落在范围之外时,应寻找造成误差的原因,不能发出报告,待复查准确后再行报告。

表 4-1 部分药敏试验纸片判定标准与其相应的 MIC 近似值

抗菌药物	纸片含量	抑菌圈直径/mm			最低抑菌浓度/(μg/mL)	
		耐药	中毒敏感	敏感	耐药	敏感
青霉素	10 U	≤11	12～28	≥29	≥0.2	≤0.1
链霉素	10 μg	≤11	12～14	≥15	≥15	≤6
氯霉素	30 μg	≤12	13～17	≥18	≥25	≤12.5
红霉素	15 μg	≤13	14～17	≥18	≥8	≤2
庆大霉素	10 μg	≤12	13～14	≥15	≥8	≤4
卡那霉素	30 μg	≤13	14～17	≥18	≥25	≤6
四环素	30 μg	≤14	15～18	≥19	≥12	≤4
多黏菌素 B	300 U	≤8	9～11	≥12	≥50 U	—
磺胺	300 μg	≤12	13～16	≥17	≥350	≤100

注:MIC 为最低抑菌浓度(minimum inhibitory concentration)。

第二节　细菌琼脂稀释法药物敏感性试验

一、主要试剂与器材

1. 菌种

金黄色葡萄球菌、大肠埃希菌等 18～24 h 培养物。

2. 试剂

普通营养琼脂平板、环丙沙星标准品(100 mg/支)、无菌蒸馏水、无菌生理盐水等。

3. 器材

普通恒温培养箱、无菌试管、天平、0.5 麦氏比浊管、微量移液器、无菌吸管等。

二、操作方法

(一)原理

将不同浓度的抗菌药物分别混匀于琼脂平板培养基中，配制出含各种浓度药物的平板，然后定量接种细菌，孵育后观察细菌在含不同浓度药物的平板上的生长情况，以抑制细菌生长的平板所含的药物浓度测得最低抑菌浓度。

(二)步骤

1. 制备不同浓度的抗菌药物

称量 51.2 mg 的环丙沙星标准品至 10 mL 无菌蒸馏水中，配制浓度为 5 120 μg/mL 的贮存液。按照表 4-2 的方法，将贮存液稀释成 1.25～640 μg/mL 共 10 个浓度的应用液。

表 4-2　琼脂稀释法药敏试验抗菌药物的稀释方法

环丙沙星溶液				水/mL	应用液浓度/(μg/mL)	终浓度/(μg/mL) 1:10 琼脂稀释
步骤	浓度/(μg/mL)	来源	取药体积/mL			
1	5 120	贮存液	1	7	640	64
2	640	步骤 1	2	2	320	32
3	640	步骤 1	1	3	160	16
4	640	步骤 1	1	7	80	8
5	80	步骤 4	2	2	40	4
6	80	步骤 4	1	3	20	2
7	80	步骤 4	1	7	10	1
8	10	步骤 7	2	2	5	0.5
9	10	步骤 7	1	3	2.5	0.25
10	10	步骤 7	1	7	1.25	0.125

2. 营养琼脂稀释平板制备

将 2 mL 不同浓度的环丙沙星溶液分别加入融化并冷却至 50 ℃左右的 18 mL 营养琼脂中，混匀后倾注到直径为 90 mm 的无菌平皿内，使环丙沙星终浓度为 0.125～64 μg/mL。

3. 待测菌悬液的稀释

挑取金黄色葡萄球菌、大肠埃希菌等 18～24 h 培养的 3～5 个菌落，用无菌生理盐水配制成 0.5 麦氏浊度的菌悬液（10^8 CFU/mL），然后用生理盐水 1∶10 稀释，使细菌含量为 10^7 CFU/mL。

4. 接种琼脂稀释平皿

用微量移液器取 2 μL 菌液首先接种生长对照平皿，然后按含环丙沙星浓度由低到高地进行平板接种，最后接种第二个对照平皿，每个接种点最终接种菌量为 10^4 CFU/mL。

5. 孵育

待接种点干燥后，将平板置于 37 ℃培养箱中培养 18～24 h 后观察结果。

6. 结果判定

将孵育后平板置于深色不反光表面观察，生长对照平板上的所有细菌均应生长，形成直径 5～8 mm 的菌斑。含环丙沙星平板上以完全抑制菌落生长的最低药物浓度为环丙沙星对待测菌的 MIC。标准菌株金黄色葡萄球菌 ATCC 29213 对环丙沙星的 MIC 为 0.12～0.5 μg/mL，大肠埃希菌 ATCC 25922 对环丙沙星的 MIC 为 0.004～0.015 μg/mL。金黄色葡萄球菌、大肠埃希菌对环丙沙星的 MIC 解释标准见表 4-3。

表 4-3 金黄色葡萄球菌、大肠埃希菌的 MIC 解释标准 μg/mL

抗菌药物	MIC 解释标准		
	S	I	R
环丙沙星（对金黄色葡萄球菌）	≤1	2	≥4
环丙沙星（对大肠埃希菌）	≤0.25	1	≥2

第三节 细菌肉汤稀释法药物敏感性试验

一、主要试剂与器材

1. 菌种

金黄色葡萄球菌、大肠埃希菌等 18～24 h 培养物。

2. 试剂

普通营养肉汤、环丙沙星标准品（100 mg/支）、无菌蒸馏水、无菌生理盐水等。

3. 器材

普通恒温培养箱、无菌试管、天平、0.5 麦氏比浊管、微量移液器、无菌吸管等。

二、操作方法

(一)原理

用营养肉汤将抗菌药物做不同浓度的稀释后再接种一定浓度的待测菌,定量测定抗菌药物抑制或杀灭待测菌的最低抑菌浓度或最低杀菌浓度。

(二)步骤

1. 制备不同浓度的抗菌药物

称量 51.2 mg 的环丙沙星标准品至 10 mL 无菌蒸馏水中,配制浓度为 5 120 μg/mL 的贮存液。按照表 4-4 配制成浓度梯度为 0.125～64 μg/mL 的 10 种不同浓度的环丙沙星药物。

表 4-4　肉汤稀释法药敏试验抗菌药物的稀释方法

环丙沙星溶液				营养肉汤/mL	应用液浓度/(μg/mL)	终浓度/(μg/mL) 1∶10 琼脂稀释
步骤	浓度/(μg/mL)	来源	取药体积/mL			
1	5 120	贮存液	1	7	640	64
2	640	步骤 1	2	2	320	32
3	640	步骤 1	1	3	160	16
4	640	步骤 1	1	7	80	8
5	80	步骤 4	2	2	40	4
6	80	步骤 4	1	3	20	2
7	80	步骤 4	1	7	10	1
8	10	步骤 7	2	2	5	0.5
9	10	步骤 7	1	3	2.5	0.25
10	10	步骤 7	1	7	1.25	0.125

2. 待测菌悬液的稀释

挑取金黄色葡萄球菌、大肠埃希菌等 18～24 h 培养的 3～5 个菌落,用无菌生理盐水配制成 0.5 麦氏浊度的菌悬液(细菌含量 10^8 CFU/mL),然后用营养肉汤 1∶10 稀释。

3. 待测菌的接种

取无菌试管 10 支排成一排,共排 6 排,分别加入上述制备好的不同浓度的环丙沙星溶液 2 mL,每排中另加 2 个试管,分别加 2 mL 不含抗生素的营养肉汤,作为生长对照和无菌对照。用微量移液器取 0.1 mL 菌液依次由低浓度到高浓度加样。使每管的最终菌液浓度为细菌含量 10^5 CFU/mL,生长对照管中细菌接种方法相同,无菌对照管中不加细菌。

4. 孵育

将接种好的稀释管塞上塞子,置于 37 ℃培养箱中培养 18～24 h 后观察结果。

5. 结果判定

首先观察生长对照孔，必须出现明显的浑浊，然后观察试验管，以无细菌生长的清亮透明管的最低药物浓度为抗菌药物对待测菌的 MIC。金黄色葡萄球菌、大肠埃希菌对环丙沙星的 MIC 解释标准详见表 4-3。

第五章
细胞培养与病毒分离

第一节　原代细胞单层培养及新城疫病毒分离

一、主要试剂与器材

1. 动物

孵育 9～11 d 鸡胚。

2. 试剂

Hank's 液、0.25%胰酶、细胞生长液(0.5%水解乳蛋白 88 mL、双抗 1 mL、犊牛血清 10 mL,用 5.6% $NaHCO_3$ 0.8～1 mL 调节 pH 至 7.2)、细胞维持液(0.5%水解乳蛋白 95 mL、双抗 1 mL、犊牛血清 3 mL,用 5.6% $NaHCO_3$ 0.8～1 mL 调节 pH 至 7.2)等。

3. 器材

CO_2培养箱、无菌小剪、镊子、平皿、吸管、滴管、三角烧瓶、链霉素小瓶、血细胞计数器、离心机、水浴箱、消毒棉球、40 孔聚苯乙烯微量培养板或细胞培养管等。

二、操作方法

(一)原理

动物(包括脊椎动物和无脊椎动物)的组织自机体取出后,经胰酶或其他细胞分散剂消化处理,得到单个细胞悬液。以一定量接种到特定容器中,加入细胞生长所必需的营养液,置合适温度中经过一段时间的培养,分散的单个细胞即贴附玻壁,开始分裂增殖并逐步长成均匀致密的单层细胞。

组织来源很多,如猴肾、地鼠肾、鸡胚、人胚肾及蚊子等,下面仅通过鸡胚单层细胞培养,了解新城疫病毒细胞接种技术。

(二)步骤

1. 取鸡胚

用碘酒棉球消毒气室端卵壳,再以酒精棉脱碘,然后以无菌镊子打开气室端卵壳,除去壳膜，换一把小镊子取出鸡胚胎，置于平皿中。

2. 剪碎、洗涤

先除去鸡胚的头、爪、内脏，用 Hank's 液洗涤一次，然后用小剪刀将鸡胚剪成 1～2 mm 大小的碎块，加入 Hank's 液约 10 mL，冲洗组织块，静置 1～2 min，用毛细吸管吸去液体，同上法再洗涤 2 次，将血细胞充分洗去。

3. 消化

将已洗净的组织置于三角烧瓶内，加入 0.25%胰酶溶液 10～15 mL，37 ℃水浴 30 min，消化期间应振荡 2～3 次。由于胰酶的作用使大量细胞游离，液体变浑浊。

4. 分散细胞

取出消化瓶，以吸管反复冲打组织块，直至肉眼看不见组织块，全部成为分散细胞为止。将细胞悬液用四层纱布过滤，滤液经 1 000 r/min 离心 5 min 后，吸去上清液，加入营养液 5 mL，制成均匀分散的细胞悬液。

5. 细胞计数

取 0.1 mL 细胞悬液加入小试管中，再加入 0.9 mL Hank's 稀释液，混匀后吸出少量悬液滴入血细胞计数板中，用低倍镜计数，并按下列公式计算出每毫升细胞数。

$$每毫升细胞数=(4\ 大格细胞总数/4)\times 10^4\times 稀释倍数$$

6. 细胞分装及培养

按计数所得的细胞数，用培养液将细胞稀释成 1×10^6 个/mL，接种 40 孔聚苯乙烯微量培养板或细胞培养管中，40 孔每孔 0.1/mL(含 10 万个细胞)，加盖盖好，静置平放于 CO_2 培养箱中 37 ℃培养，细胞管每管分装 0.7 mL(含 70 万个细胞)，用胶塞塞紧，静置斜放使与平面呈 5°角，置 37 ℃ CO_2 培养箱中培养 24～48 h。然后在低倍镜下观察，可见生长成单层的鸡胚成纤维细胞。

7. 新城疫病毒接种及病毒对细胞致病变作用(CPE)观察

在低倍镜下，选择生长致密、成单层的细胞培养管或 40 孔细胞培养板，吸去培养液；培养管每管加 0.1 mL(细胞培养板每孔 0.025 mL)的新城疫病毒液，置于 37 ℃ CO_2 培养箱中使病毒吸附 30 min，然后吸除病毒接种物，加入维持液，每管 0.7 mL 或每孔 0.2 mL，置于 37 ℃ CO_2 培养箱中培养。每天取出低倍镜下观察有无细胞病变出现(如细胞变圆、堆积及脱落)。同时设置不接种病毒的细胞作为对照组。

细胞病变程度的判断标准可根据出现病变的细胞在整个单层中所占面积的比例进行判定。参考标准如下：

＋：开始出现病变至有 25%细胞发生病变。

＋＋：有 25%～50%的细胞发生病变。

＋＋＋：有 50%～75%的细胞发生病变。

＋＋＋＋：有 75%～100%的细胞发生病变。

判定时必须对整个细胞单层进行全面的观察，然后加以判定，不能只看几个视野。因有些病毒感染可引起特殊的细胞病变，所以，根据病毒所引起的病变特点可进行初步判断，以缩小鉴定范围。

第二节　传代细胞培养

一、主要试剂与器材

1. 细胞

BHK-21 细胞(幼仓鼠肾传代细胞)。

2. 试剂

Hank's 液、0.25%胰酶、细胞生长液(含 10%犊牛血清、200 U/mL 青霉素和链霉素的 DMEM)、细胞维持液(含 2%～5%犊牛血清、200 U/mL 青霉素和链霉素的 DMEM)等。

3. 器材

CO_2培养箱、100 mL 细胞培养瓶、吸管、吸球、96 孔细胞培养板、加样器、吸头等。

二、操作方法

(一)原理

体外培养的原代细胞或细胞株要在体外持续地培养就必须传代,以便获得稳定的细胞株或得到大量的同种细胞,并维持细胞种的延续。培养的细胞形成单层汇合以后,由于密度过大、生存空间不足而引起营养枯竭,应将培养的细胞分散,从容器中取出,以 1∶2或 1∶3以上的比率转移到另外的容器中进行培养,即为传代培养。

细胞“一代”指从细胞接种到分离再培养的期间,与细胞世代或倍增不同。在一代中细胞增殖 3～6 次。细胞传代后,一般经过三个阶段:游离期、指数增生期、停止期。

从动物及人某些组织,特别是肿瘤组织,经多次传代可建立传代细胞系,这种细胞能无限地传代,某些传代细胞对病毒敏感范围较广,可用于病毒的分离鉴定。

(二)步骤

(1)将成片细胞的生长液倒掉,用 Hank's 液洗涤一次。

(2)加入适量的 0.1%～0.25%胰酶液,37 ℃ 孵育 1 min。

(3)将细胞培养瓶倒放,细胞在上,胰酶在下,37 ℃继续孵育 5～10 min。

(4)将胰酶液倒掉,再加入原量的生长液,用 10 mL 吸管吹打分散细胞。

(5)用生长液按原量 3～4 倍稀释,即一瓶细胞能传 3～4 瓶。

(6)病毒接种及 CPE 观察。

①取已长成单层细胞的培养瓶 2 支,用无菌毛细滴管吸去管中液体。

②用无菌的 1 mL 吸管吸取稀释的伪狂犬病病毒液 0.1 mL,加入一支单层细胞培养瓶中;另一支加入 0.1 mL 营养液(作为对照,不接种病毒)。细胞培养瓶平放,使其接触整个细胞层,置于 37 ℃孵育 15～30 min。

③取出单层细胞瓶,每支瓶中加入营养液 0.9 mL,盖紧后置于 37 ℃ CO_2培养箱中培养

1～2 d。

④取出细胞瓶，在低倍显微镜下观察，注意是否出现 CPE（图 5-1、图 5-2）。

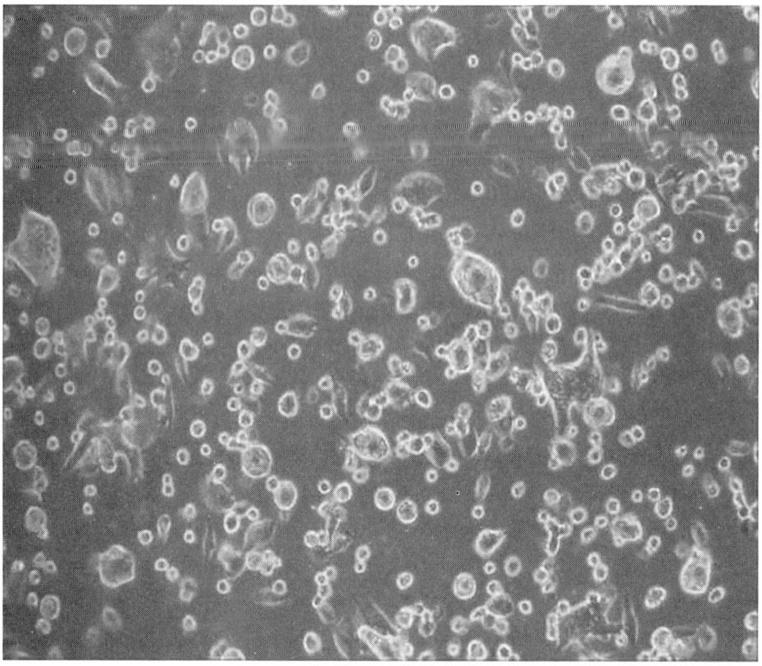

图 5-1　接种伪狂犬病病毒的 BHK-21 细胞

（引自齐新永，2017）

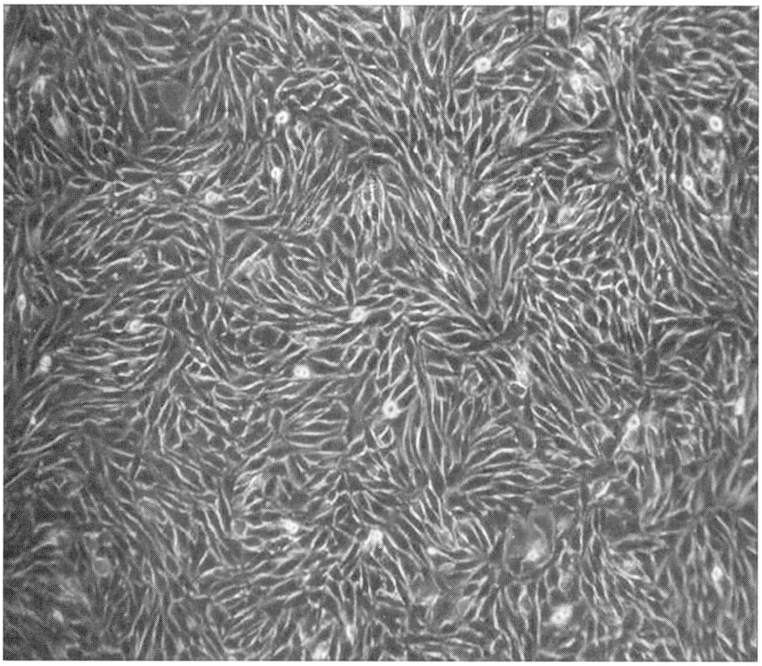

图 5-2　未接种病毒的正常 BHK-21 细胞

（引自齐新永，2017）

第六章
疾病诊断

第一节　疾病流行数据收集与分析

疾病流行数据收集与分析是人们研究动物疾病发展规律的主要方法，其目的在于揭示动物疾病在畜禽群中发生的特征，阐明其发病的原因和规律，以做出正确的判断，迅速采取有效的措施，控制动物疾病的发生。

疾病流行数据的收集与分析是认识动物疾病流行规律的两个相互联系的阶段。数据收集是查明动物疾病在畜禽群中发生的地点、时间、畜群分布、流行条件等，这是认识动物疾病的感性阶段；数据分析是将调查资料归纳整理，进行全面的综合分析，查明流行的原因和条件，找出流行的规律。数据收集是数据分析的基础，数据分析是数据收集的深入。

一、疾病流行数据收集

疾病流行数据收集主要是通过流行病学调查来完成的，根据调查对象和目的的不同，一般可以分为个例调查、暴发调查、观察调查（也称流行情况调查或现况调查）、回顾性调查和前瞻性调查。其中个例调查与现况调查是发生疫情时最基本和最常用的调查。数据收集要具有真实性、系统性和完整性。

流行病学调查的主要方法包括几下几种。

（一）询问调查

询问调查是疾病调查的一种最简单而又基本的方法。必要时可组织座谈，调查对象主要是畜主、兽医工作者、当地有关人员等。调查结果按统一的规定和要求记录在调查表上。询问时要耐心细致，态度亲切，边提问边分析，但不要按主观意愿做暗示性提问，力求使调查的结果客观真实。询问时要着重问清：患病动物的现病史、既往史、饲养管理条件、使役防疫情况，以及疾病是否传染给其他畜禽等。

（二）现场察看

现场察看是对病畜周围进行调查的方法。调查者应仔细察看动物卫生、地理地形和气候条件等特点，以便进一步了解流行发生的经过和关键问题所在。在进行现场察看时，可以根据疾病种类不同有侧重点地调查。发生肠道类动物传染病时，应特别注意饲料的来源和质量，水源和卫生条件，粪便和尸体的处理情况；发生由节肢动物传播的动物传染病时，应注意调查当地节肢动物种类、分布、生态习性和感染等情况。

（三）实验室检查

实验室检查目的是准确诊断、发现隐性传染源、证实传播途径、摸清畜禽群免疫状态和有关病因等。通常需要对可疑患病畜禽应用微生物学、血清学、变态反应、尸体剖检等各种诊断方法进行检查；对有污染嫌疑的各种因素（如水、饲料、土壤、畜禽产品、节肢动物或野生动物等）进行微生物学和理化检查，以确定可能的传播媒介或传染源；有条件的地区，可对疫区畜禽群体进行免疫水平测定。

（四）统计学方法

在调查中涉及许多有关疫情的数量资料，需要找出其特点，进行分析比较，因此要应用统计学方法。在流行病学分析中常用的频率指标有发病率、死亡率、患病率、感染率、携带率等。

二、疾病流行数据分析

疾病流行数据分析是针对明确研究问题、具有明确目的、采用特定方法对疾病流行数据进行统计整理、统计描述、统计推断和总结。流行病学研究的问题涉及疾病分布、病因与危险因素、诊断、预防和治疗效果评价等。疾病流行数据分析的根本是正确地回答有意义的问题，而不是统计学数字游戏。

（一）疾病流行数据分析的内容

疾病流行数据分析的内容主要包括描述研究对象的数量变动、变量分类和数据整理、描述和比较组间基线资料、估计结局事件发生频率、估计效应大小及其可信区间、识别和控制混杂、识别和测量效应修饰作用、识别和测量剂量反应关系等。

（二）常规收集的疾病流行数据分析

1. 常规数据分析的特殊性

常规数据分析的特殊性有以下 3 点。

（1）对研究问题的设定和对分析结果真实性的评估。

（2）由于没有预先设定研究问题，可研究的问题取决于资料内容和性质。

（3）设计框架不清楚或不完善，存在多种偏倚，结果真实性较差或不确定。

2. 常规数据分析的具体步骤

常规数据分析的具体步骤主要包括：分析数据的时间框架和变量的特征；提出可探索的问题，确定最终研究的问题；与最佳研究设计比较，检查数据的“研究设计”缺陷；估计必要的指标、其可信区间及其他必要的分析；分析数据中可能存在的其他偏倚，如选择偏倚、信息偏倚和混杂偏倚；综合设计缺陷、偏倚和结果，对研究问题做出结论。

3. 常规数据的特征

(1)数据的时间框架和分类　时间框架是指数据的时间特征,主要分为随访数据(队列数据)和非随访数据(现况数据)。现况数据主要探索患病动物现况、服务情况和诊断准确性,偶尔用于初步探索病因、疗效和不良反应。队列数据可用于大多数临床问题的探索。

(2)变量的特征和分类　按照临床特征可将常规数据中的变量分为治疗措施、诊断结果、病因/危险因素、预后因素、结局、服务相关因素(如药价等)。

变量决定可能的研究问题。例如,数据中无治疗信息,则无法研究疗效和副作用;无诊断结果,则无从研究诊断准确性;无结局信息,则不能研究疗效、预后因素、危险因素。

4. 形成研究问题

根据数据的变量特征,初步形成可研究问题的范围。欲进行诊断准确性研究,数据库里必须有检查结果和疾病诊断信息。研究副作用,基线资料中必须有治疗信息,随访资料中必须有副作用的信息。评估疗效,基线资料中必须有治疗的信息,随访资料中必须有结局信息。研究危险因素,基线资料中必须有可疑病因的信息,随访资料中必须有有关疾病的信息。

5. 估计相应的指标

根据研究目的以及最佳研究设计,就能够确定需要估计的指标。现况研究中,只需要估计有关变量的均数和百分数;评估治疗效果时,主要估计治疗对结局作用的大小;评估诊断的准确性,主要估计灵敏度和特异度;研究副作用,主要估计治疗对不良结局作用的大小值。

6. 评估数据中的偏倚

分析常规数据时,针对偏倚需考虑以下几个问题。

(1)设计框架中,是否具有病因(或治疗)、结局和混杂因素的信息,结局的测量是否发生在病因或治疗发生后的一段时间内。

(2)是否存在选择偏倚:数据代表性及失访率等。

(3)是否存在信息偏倚。

(4)是否存在混杂偏倚:有关混杂因素的基线信息是否完整。

7. 临床研究结果的解释

(1)观察指标的意义:缓解症状还是减少死亡。

(2)效应的大小及其可信区间。

(3)结果的真实性。

(4)结果的外推性。

疾病流行数据分析是在调查所得资料的基础上,找出动物疾病流行过程的本质和相关因素。应认真对资料去粗取精、去伪存真、由此及彼、由表及里,系统整理,综合分析,得出流行过程的客观规律,由感性认识上升到理性认识,为制订有效的防治措施提供科学依据,从而又转过来为实践服务。实践工作中调查与分析是相互渗透、紧密联系的,疾病调查是为疾病流行特点分析积累材料,而分析是从调查材料中找出规律,同时又为下一次调查提出新的任务,如此循序渐进,指导防疫工作的不断完善。

第二节 临床症状的观察

一、全身状态的检查

(一)精神状态

【检查方法】主要观察动物的神态,根据动物面部表情、眼和耳的活动及其对外界刺激的各种反应、举动而判定。

【正常状态】健康动物表现为头耳灵活,眼睛明亮,反应迅速,动作敏捷,毛、羽平顺有光泽。幼龄动物则显得活泼好动。

【病理状态】精神异常可表现为抑制或兴奋。

(1)抑制状态　一般动物表现为双耳耷拉,头低下,眼半闭,行动迟缓或呆然站立,对周围淡薄而反应迟钝,重则可见嗜睡甚至昏迷。而禽类则表现为羽毛蓬松,垂头缩颈,两翅下垂,闭目呆立。可见于各种发热性疾病、消耗性疾病和衰竭性疾病等。

(2)兴奋状态　轻者左顾右盼,惊恐不安,竖耳刨地;重则不顾障碍前冲后退,狂躁不驯或挣扎脱缰。牛可哞叫或摇头乱跑;猪则有时伴有痉挛与癫痫样动作,严重时可见攀登饲槽,跳越障碍,甚至攻击人畜。可见于脑及脑膜炎、中暑及某些中毒性疾病。

(二)营养、发育与躯体结构

1. 营养

【检查方法】主要根据肌肉的丰满度、皮下脂肪的蓄积量及被毛情况而判定。确切测定应称量体重。

【正常状态】营养良好的健康动物肌肉丰满、皮下脂肪充盈、骨骼棱角不显露、被毛光顺。

【病理变化】

(1)营养不良　动物表现消瘦,骨骼表露明显,被毛粗乱无光,皮肤松弛缺乏弹性。常见于消化不良、长期腹泻、代谢障碍、慢性传染病和寄生虫病等。

(2)营养过剩　即肥胖,表现体内中性脂肪积聚过多,体重增加。多数因营养水平过高、运动不足或内分泌紊乱而引起。如肥胖母牛综合征、肾上腺皮质功能亢进、甲状腺功能减退等。

2. 发育

【检查方法】主要根据骨骼的发育程度及躯体的大小而确定。必要时应测量体长、体高、胸围等体尺。

【正常状态】健康动物发育良好,体躯发育与年龄相称,肌肉结实,体格健壮。

【病理变化】发育不良的病畜,多表现为躯体矮小,发育程度与年龄不相称,在幼畜多呈发育迟缓甚者发育停滞。

3. 躯体结构

【检查方法】主要观察病畜的头、颈、躯干及四肢、关节各部的发育情况及其形态比例关系。

【正常状态】健康动物的躯体结构紧凑而匀称，各部的比例适当。

【病理变化】

(1)单侧耳，眼睑、鼻唇松弛、下垂而致头面歪斜，是面部神经麻痹的表现。

(2)头大颈短、面骨膨隆、胸廓扁平，腰背凹凸、四肢弯曲关节粗大多为骨软症或幼畜佝偻病的特征。

(3)腹围极度膨大、肋部胀满提示反刍动物的瘤胃臌气或马骡的肠臌气。

(4)马因鼻唇部浮肿而引起类似河马头样病变形态，常为出血性紫癜(血斑病)的特征。

(5)猪的鼻面部歪曲、变形，提示传染性萎缩性鼻炎等。

(三)肢势与步态

【检查方法】主要观察病畜表现的肢态特征。

【正常肢势】健康动物肢态自然，且不同种类动物通常各有特点。马多站立，常轮流歇其后蹄，偶尔卧下，但闻吆喝声而起；牛站立时常低头，食后喜四肢集腹下而卧，起立时先起后肢，动作缓慢；羊、猪于食后好躺卧，生人接近时迅即起立、逃避。

【异常状态】典型的异常肢态常见的有以下几种。

(1)全身僵直　表现为头颈挺伸，肢体僵硬，四肢关节不能屈曲，尾根挺起，典型的木马样肢势，可见于破伤风。

(2)异常站立肢势

①病马两前肢交叉站立而长时间不改换，提示脑室积水；鸡呈两腿前后叉开，常为鸡马立克病的特征。

②病畜单肢悬空或不敢负重，提示肢蹄疼痛；两前肢后踏、两后肢前伸或四肢集向腹下均为多肢疼痛的表现，典型病例应注意蹄叶炎。

(3)站立不稳

①躯体歪斜或四肢叉开、依墙靠壁而站立，常为共济失调与躯体失去平衡的表现，可见于脑病或中毒。

②鸡呈扭头曲颈，甚至躯体滚转，应注意新城疫、维生素 B_1 缺乏症或呋喃类药物中毒。

(4)骚动不安　马骡可表现为前肢刨地、后肢踢腹、回视腹部、伸腰摇摆、时起时卧、起卧滚转、呈犬坐姿势或呈腹朝天等；牛、羊可见后肢蹴腹动作。骚动不安肢势是腹痛病的特有表现。

(5)异常躺卧肢势

①病畜躺卧而不能起立，常见于多肢的瘫痪或疼痛性疾病以及重度软骨症；如伴有痉挛与昏迷常提示为脑及脑膜的重度疾病(包括侵害中枢神经系统的传染病)或中毒性疾病的后期，也可见于某些代谢紊乱性疾病(如母牛的产后瘫痪及醋酮血病、新生仔猪的低血糖症等)。

②时呈犬坐姿势而后躯轻瘫，主要提示脊髓损伤性疾病，在马尚应注意肌红蛋白尿症。

(6)步态异常

①跛行。跛行是动物躯干或肢蹄发生结构性或功能性障碍引起的肢势或步态的异常。可见于口蹄疫、腐蹄病、乳腺炎、维生素缺乏、钙磷等矿物质缺乏等。

②步态不稳。四肢运动不协调或呈蹒跚、踉跄、摇摆、跌晃而似醉酒状，多为中枢神经系统疾病或中毒，也可见于重病后期的垂危病畜。

二、体温、脉搏及呼吸数的测定

体温、脉搏和呼吸数是动物生命活动的重要生理指标。正常情况下，除外界气候及运动等环境条件的暂时性影响外，一般均维持在一个较为恒定的范围之内。但在病理过程中，受病原因素影响将发生不同程度和形式的变化。

(一)体温的测定

体温测定用特制的兽用体温计，一般以动物直肠内温度为标准。各种健康动物的正常体温见表 6-1。

表 6-1 健康动物的正常体温 ℃

动物种类	正常体温范围	动物种类	正常体温范围
猪	38.0～39.5	马	37.5～38.5
奶牛	37.5～39.5	骡	38.0～39.0
黄牛	37.5～39.0	山羊	38.0～40.5
水牛	36.0～38.5	绵羊	38.0～40.0
犬	37.5～39.5	猫	38.0～39.5
兔	38.5～39.5	鸡	40.0～42.0
鸭	41.0～43.0	鹅	40.0～41.5

健康动物的体温因品种和个体不同而有一定的差异，同时受一些因素的影响而出现生理性的变化，但其温差变动在 1 ℃以内。例如：幼龄动物体温比成年动物高；雌性动物体温比雄性动物略高；一般母畜在妊娠后期及分娩前体温稍高；高产乳牛比低产乳牛稍高；动物在兴奋、运动与使役以及采食、咀嚼活动后，体温会暂时性升高。此外，早晨的体温稍低，午后稍高；动物在炎热的烈日下曝晒或圈舍内动物密度过高、通风不良等，体温可上升；而冬季放牧露营时，体温可稍低。

【测定方法】

测温时，先将被检动物适当地保定；再将体温计水银柱甩至 35 ℃以下；用酒精棉球擦拭消毒，并涂以润滑剂后，再徐徐插入肛门至直肠内，并将附有的尾毛夹夹于尾根部的被毛上；经 3～5 min 后取出，用酒精棉球拭净粪便或黏液后读取度数。用后甩下水银柱并放于消毒瓶内备用。

【注意事项】

(1)体温计用前应统一进行检查、验定，以防有过大的误差。

(2)对门诊病畜，应使其适当休息并安静后再测定。

(3)对病畜应每日定时(上午与下午各 1 次)进行测温，并逐日记录绘成体温曲线表。

(4)测温时应注意人、畜安全。通常对病畜进行必要的保定；体温计的玻璃棒插入的深度要适宜(一般大动物可插入其全长的 2/3，小动物则不宜过深)。

(5)注意因测温的方法不当而发生的误差。例如：用前应将体温计的水银柱甩至最低刻度以下；测温时间不可短于温度计所要求的时间（如 3 min 计则不少于 3 min）；须进行灌肠、直肠检的病畜应在处置前测温；直肠有多量宿粪的病畜，勿将体温计插入宿粪中，而应排出积粪后再测定。

（6）遇有直肠发炎、频繁下痢或肛门松弛的母畜，为较准确地测量体温，宜测阴道的温度，但应注意，通常阴道的温度较直肠稍低（低 0.2～0.5 ℃）。

【病理变化】

1. 体温升高

体温升高又称发热，是指体温高于正常范围。常见于许多传染病和某些炎症的病程中。

（1）发热程度　根据体温升高的程度，将发热分为微热、中热、高热和极高热 4 种。体温升高 0.5～1.0 ℃，称为微热，仅见于感冒等局限性炎症；体温升高 1～2 ℃，称为中热，见于支气管肺炎、支气管炎、急性胃肠炎及某些亚急性传染病过程中；体温升高 2～3 ℃，称为高热，多见于急性感染性疾病与广泛性的炎症，如猪瘟、巴氏杆菌病、败血性链球菌病、流行性感冒、急性胸膜炎与腹膜炎等；体温升高 3 ℃以上，称为极高热，可见于某些严重的急性传染病，如猪丹毒、炭疽、脓毒败血症等。

（2）热型　在发热过程中，将每天上午、下午测得的体温在特制的表格里记录下来，连成的曲线，称为热曲线。热曲线的特点称为热型。兽医临床上常见的热型有下列几种。

①稽留热。稽留热是指体温升高到一定程度，并持续数天或更长时期，且每日昼夜的温差很小（一般在 1.0 ℃以内），而不降至常温的热型（图 6-1）。可见于猪瘟、炭疽、大叶性肺炎、流行性感冒等。

②弛张热。弛张热是指体温升高，昼夜间有较大的升降变动（常在 1.0 ℃以上），而不降至常温的热型（图 6-2）。可见于败血症、小叶性肺炎等。

③间歇热。在持续数天的发热后，经过一段时间后体温下降至正常温度，再过一段时间又重新升高，如此以一定间隔时间而反复交替出现发热的现象，称为间歇热（图 6-3）。可见于慢性结核病、血孢子虫病及马传染性贫血等。

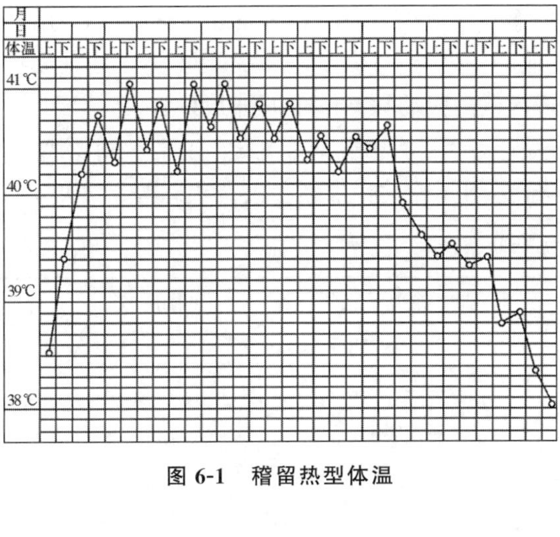

图 6-1　稽留热型体温

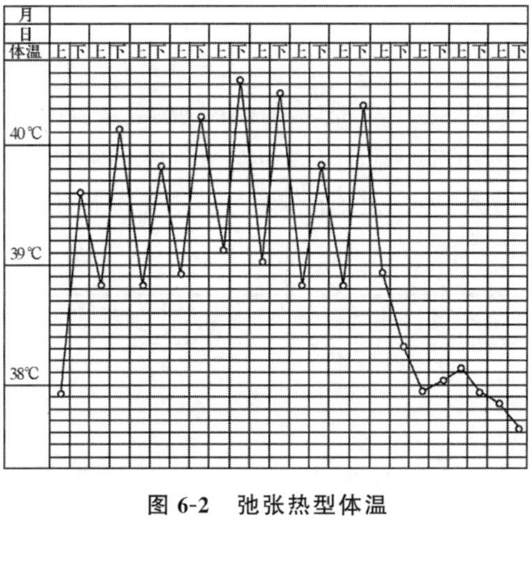

图 6-2　弛张热型体温

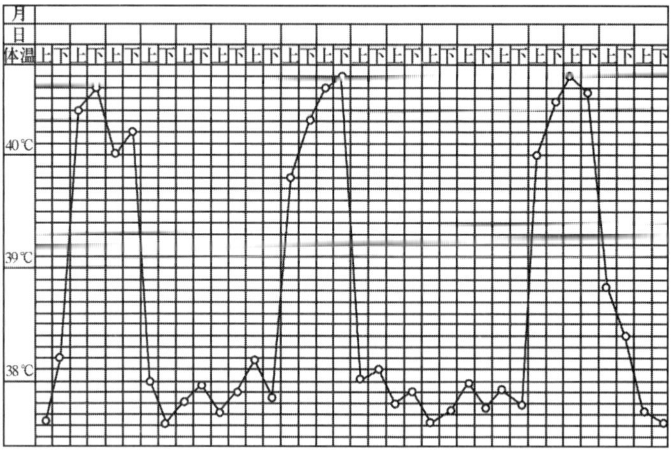

图 6-3 间歇热型体温

④不定型热。不定型热是指体温热曲线变化没有规律,温差有时极其有限,有时波动很大的热型。可见于传染性胸膜炎、非典型腺疫等。

2. 体温降低

体温降低即体温低于正常范围。临床上多见于贫血、休克、大失血、严重营养不良及濒死期的动物等。体温长时间低于 36 ℃,同时伴有发绀、末梢发凉、高度沉郁或昏迷等,多提示预后不良。

(二)脉搏数的测定

【测定方法】测定每分钟脉搏的次数,以“次/min”表示。

牛通常检查尾动脉,检查者站在牛的正后方,一只手(左手)握住尾梢部抬起牛尾,右手拇指放于尾根部的背面,用食指、中指放在距尾根 10 cm 左右处的尾的腹面正中尾动脉处,用手指轻压即可感知。马属动物可检颌外动脉,检查者站在马头一侧,一只手握住笼头,另一只手拇指置于下颌骨外侧,食指、中指伸入下颌骨内侧,在下颌骨的血管切迹处,前后滑动,发现动脉血管后,用手指轻压即可感知。猪、羊、犬和猫可在后肢股内侧的股动脉处检查,检查者用一只手(左手)握住动物的一侧后肢的下部,检手(右手)的食指及中指放于股内侧的股动脉上,拇指放于股外侧。

【正常状态】健康动物每分钟的脉搏数较为恒定,其参考范围见表 6-2。正常脉搏数受许多因素影响,如品种、性别、年龄、饲养管理、外界温度、生产性能、紧张和兴奋状态等。

表 6-2 健康动物脉搏数 次/min

动物种类	脉搏数	动物种类	脉搏数
奶牛	60～70	猪	60～80
水牛	30～50	犬	70～120
黄牛、肉牛	50～80	猫	110～130
鹿	40～80	兔	120～140
绵羊、山羊	70～80	马	35～45
鸡(心率)	120～200	驴	40～50

【注意事项】

(1)脉搏检查应待动物安静后再行测定。

(2)一般应检测 1 min;如动物不安静宜测 2～3 min 再取其平均值。

(3)当动脉脉搏过于微弱不感于手时,可依心跳次数代替。

【病理变化】

(1)脉搏数增多是心脏活动加快的表现。可见于多数的发热性病、心脏病(如心衰、心肌炎、心包炎)、呼吸器官疾病、各型贫血、伴有剧烈疼痛的疾病(如马腹痛症、四肢疼痛性疾病)、严重贫血性疾病以及某些中毒性疾病等。

(2)脉搏数减少是心动徐缓的指征。主要见于某些脑病(如脑肿瘤、脑脊髓炎)及中毒性疾病(如洋地黄),也可见于胆血症(如胆道阻塞性疾病)以及垂危病畜等。

(三)呼吸数的测定

呼吸数是测定动物每分钟的呼吸次数,以"次/min"表示。健康动物的呼吸数,受某些生理性因素和外界条件的影响,可引起一定的变动。例如:幼畜比成年动物稍多;妊娠的母畜可增多;运动、使役、兴奋时可增多;品种、营养情况也有影响;当外界温度过高时,某些动物(特别水牛、绵羊、肥猪等)可引起显著增多;在海拔 3 000 m,气温 20 ℃以上时,马、骡的呼吸数可增加 2～3 倍。此外应注意动物的体位,如当乳牛饱食后取卧位时,可见其呼吸数明显增多。

【测定方法】

一般可根据胸腹部的起伏动作而测定,检查者立于动物的侧方,注意观察其腹胁部的起伏,一起一伏为一次呼吸。在寒冷季节也可观察呼出气流来测定。鸡的呼吸数,可观察肛门下部的羽毛起伏动作来测定。

【正常状态】

健康动物每分钟的呼吸数较为恒定,其参考范围见表 6-3。

表 6-3　健康动物呼吸数　　次/min

动物种类	呼吸数	动物种类	呼吸数
奶牛、黄牛、肉牛	10～30	猪	18～30
水牛	10～50	犬	10～30
鹿	15～25	猫	10～30
绵羊、山羊	12～30	兔	50～60
鸡	15～30	马	8～16

【注意事项】

(1)检查呼吸数时宜于动物休息、安静时检测。一般宜测 1 min 的次数或测 2 min 再取平均值。

(2)观察动物鼻翼的活动或以手放于其鼻前感知气流的测定方法不够准确,应注意。必要时可以听取肺部呼吸音或喉、气管呼吸音的次数代替。

【病理变化】

(1)呼吸数增多　凡是能引起动脉脉搏数增多的疾病,多数也能引起呼吸数增多。可见于呼吸器官特别是支气管、肺、胸膜的疾病(如肺炎、肺水肿);多数的热性病;心脏衰弱及贫血、失血性疾病;膈的运动受阻(如膈麻痹、膈破裂),腹压显著升高(如胃肠臌气、腹水)或胸壁疼痛(如胸膜炎、肋骨骨折)的病理过程;脑及脑膜充血、炎症的初期等。

(2)呼吸数减少 主要由于呼吸中枢高度抑制而引起,常见于颅内压的显著升高(如脑炎、脑肿瘤、慢性脑积水)、某些中毒(如麻醉药中毒)与代谢紊乱。当上呼吸道高度狭窄时,由于每次吸气的持续时间过长,也可引起呼吸数的减少。

三、被毛和皮肤的检查

(一)鼻盘、鼻镜及鸡冠的检查

【检查方法】检查牛、猪、犬时,要特别注意牛鼻唇镜、猪鼻盘(又称吻突)及犬鼻镜的观察;而检查鸡时则应注意冠及肉髯的观察。主要注意检查其颜色、温度、湿度等。

【正常状态】健康牛、猪的鼻镜或鼻盘均湿润,并附有少许小而密集的水珠,触之有凉感。鸡的冠及肉髯的颜色要符合品种特征,质地柔软,触之有温感。

【病理变化】牛鼻镜干燥、增温时多为热性病或前胃弛缓的表现,严重者可出现龟裂;猪鼻盘干燥,热感一般为病态,多见于热性病。在治疗过程中,鼻镜或鼻盘由干变湿,常为病情好转的征象。在观察猪的鼻盘时,尚应注意其颜色,可反应血液循环状态及血液运输氧的能力,乏氧或亚硝酸盐中毒时,常可见到鼻盘发绀的现象。

鸡冠和肉髯正常为鲜红色,当患高致病性禽流感、新城疫等疾病时可呈蓝紫色;颜色变淡多为营养不良和贫血的表现;如出现疱疹,常提示患有鸡痘。

(二)被毛的检查

【检查方法】检查时应注意观察被毛的清洁度、光泽、分布状态、完整性及与皮肤结合的牢固性等。

【正常状态】健康动物的被毛整洁、平顺而富有光泽、生长牢固,动物多于每年春、秋两季脱换新毛,而家禽多于每年秋末换羽。

【病理变化】被毛蓬松粗乱、失去光泽、易脱落或换毛季节推迟,多是营养不良和慢性消耗性疾病的表现。局部被毛脱落,多见于湿疹和毛癣、疥螨等皮肤病。

检查被毛时,还要注意被毛的污染情况。当病畜下痢时,肛门附近、尾部及后肢等可被粪便污染。马骡腹痛病时,起卧、滚转被毛也会被泥土污染。

(三)皮肤的检查

主要通过视诊和触诊进行,宜注意其颜色、温度、湿度、弹性及疱疹等病变。

1. 颜色

【检查方法】主要观察白色或浅色皮肤的动物,其他颜色的皮肤因有色素而不易观察。

【病理变化】猪皮肤上出现的小点状出血(指压不褪色)多见于败血性疾病,如猪瘟;而出现较大的红色充血性疹块(指压褪色),常提示为猪丹毒。猪亚硝酸盐中毒时,皮肤可呈青白或蓝紫色。皮肤发绀,多见于心脏衰弱、呼吸困难及某些中毒;仔猪耳尖、鼻盘发绀又常见于慢性副伤寒。雏鸡胸腹、腿侧、翼部皮下呈淡绿色(渗出性素质)及其周边呈红紫蓝色,见于雏鸡硒及维生素 E 缺乏症。

2. 温度

【检查方法】检查皮温，用手背触诊为宜。对马可触摸耳根、颈部及四肢；牛、羊可检查鼻镜（正常时发凉）、角根（正常时有温感）、胸侧及四肢；猪可检查耳及鼻端；禽类可检查肉髯。

【病理变化】全身皮温增高，常见于热性病；局限性皮温增高是局部发炎的表现。全身皮温降低，常为体温过低的标志，可见于衰竭症、大失血及牛的生产瘫痪等；局限于一定部位的冷感，可见于该部的水肿或外周神经麻醉。皮温分布不均而耳根、鼻端及四肢末梢冷厥，主要提示为末梢循环障碍。

3. 湿度

皮肤湿度与汗腺的分布及分泌状态有关。马属动物汗腺最发达，其次为羊、牛、猪、犬和猫，禽类无汗腺。

【检查方法】主要通过视诊及触诊进行。

【病理变化】

（1）出汗　少量出汗多表现在耳根、肘后及鼠蹊部，轻者触之有湿润感；较重者可见这些部位的被毛湿漉漉的并呈卷束状；大量出汗则可见汗液滴流，甚至汗如雨下。出汗可见于发热病、剧痛性疾病、有机磷中毒、内分泌失调（如甲状腺功能亢进、糖尿病）以及伴有高度呼吸困难的疾病等。另外，动物大剂量注射拟胆碱药、肾上腺素或水杨酸等均可引起全身出汗。当动物虚脱、胃肠或其他内脏破裂及濒死期时，则多为大量冷汗且黏腻如油，提示循环衰竭，多预后不良。

（2）皮肤干燥　又称少汗或无汗。表现为被毛粗乱无光，缺乏黏滞感，牛鼻唇镜、猪吻突及肉食动物的鼻端干燥。多见于发热性疾病及各种原因引起的机体脱水。

4. 弹性

【检查方法】检查皮肤弹性的部位，马在颈侧，牛在最后肋骨后部，小动物可在背部。检查方法是将该处皮肤做一皱襞提起后再放开，观察其恢复原状的情况。

【正常状态】健康动物放手后立即恢复原状，老年动物的皮肤弹性略差。

【病理变化】皮肤弹性降低，表现为放手后恢复很慢，可见于营养不良、脱水及皮肤病等。

5. 疹疱

【检查方法】注意观察体表被毛稀疏部位，检查时要特别注意眼、唇周围及蹄部、趾间等处。

【病理变化】牛、羊、猪的皮肤疱疹性病变，应特别注意口蹄疫、猪传染性水疱病及痘病；犬发生犬瘟热时皮肤出现小脓疱。

（四）皮下组织的检查

【检查方法】用触诊配合视诊进行检查，发现皮下或体表有肿胀时，应注意肿胀部位的大小、形态，并触诊判定其内容物性状、硬度、温度、移动性及敏感性等。

【病理变化】常见的肿胀有炎性肿胀、浮肿、气肿、血肿、淋巴外渗、疝及肿瘤等。

（1）皮下浮肿　表面扁平，与周围组织界线明显，压之如生面团状，留有指压痕，且较长时间不易恢复，触之无热、无痛感；而炎性肿胀则有热、痛感，无指压痕。

浮肿可因重度营养不良、心脏疾病、局部静脉或淋巴液回流受阻及微血管损伤等原因引起。马、骡的心性、营养性及肾性浮肿，其常发部位为胸下、腹下、阴囊、阴筒及四肢下部或少见于眼睑；牛、羊则多发生在下颌间隙及颈下、胸垂，除以上原因外，常见于牛的创伤性心包炎及寄生虫病，特别是肝片吸虫病；猪可见于眼睑或面部，常见于猪水肿病；雏鸡皮下淡绿色水肿见于硒及维生素 E 缺乏症。

(2)皮下气肿　边缘轮廓不清，触诊时有捻发音(沙沙声)，压之有向周围皮下组织窜动的感觉。颈侧、胸侧、肘后的皮下气肿，多为窜入性且局部无热、痛反应；当气肿疽(牛、羊)、恶性水肿(马)等厌氧菌感染时，气肿局部并有热痛反应且局部切开后可流出混有泡沫的腐臭液体。

(3)脓肿、血肿及淋巴外渗　外形多呈圆形突起，触之有波动感，多因局部创伤或感染而引起，可行穿刺鉴别之。

(4)疝　触之有波动感，可通过查疝环及整复试验而与其他肿胀相区别。猪常发生阴囊疝及脐疝；大动物多发腹壁疝，常因创伤而继发。

四、眼结膜的检查

【检查方法】首先观察眼睑有无肿胀、外伤及眼分泌物的数量、性状。然后再打开眼睑进行检查(图 6-4)，主要注意观察眼结膜的颜色。

1　　　　2

1. 马结膜　2. 牛巩膜

图 6-4　眼结膜的检查

检查马的眼结膜时，通常检查者立于马头一侧，一只手持缰绳，另一只手食指第一指节置于上眼睑中央的边缘处，拇指放于下眼睑上缘，其余三指屈曲并入于眼眶上面作为支点，食指向眼窝略加压力，拇指则同时拨开下眼睑，即可使结膜露出。

检查牛的眼结膜时，主要观察其巩膜的颜色及其血管情况，检查时可一只手握牛角，另一只手握住其鼻中隔并用力扭转其头部，即可使巩膜露出；也可用双手握牛角并向一侧扭转，使牛头偏向侧方；欲检查牛眼睑时，可用一只手握住缰绳基部或鼻中隔，另一只手操作与检查马的方法相同。

检查羊、猪、犬等中小动物的眼结膜时，可用两手拇指分别打开其上、下眼睑。

【正常状态】健康马的眼结膜呈淡红色；牛的颜色较马稍淡，呈淡粉红色，但水牛则较深呈潮红；猪、羊的眼结膜也呈粉红色。犬的眼结膜为淡红色，但很易因兴奋而变为红色。

【病理变化】眼结膜颜色的变化可表现为以下几方面。

(1)潮红(发红)　潮红(发红)是充血的征兆。单眼的潮红，可能系局部的炎症所致；双眼均潮红，多标志全身的循环状态出了问题。弥漫性潮红常见于热性病、肺炎、肠臌气等；树枝状充血，多见于伴有血液循环障碍的一些疾病。

(2)苍白　苍白是贫血的征象。可见于各种类型的贫血，如马传染性贫血或仔猪贫血、血孢子虫病或锥虫病、大失血及内出血、牛的血红蛋白尿病等。

(3)黄染　黄染主要是胆色素代谢障碍的表现。可见于肝脏病（如肝炎）、胆道阻塞（如肝片吸虫病）及溶血性病（如新生幼畜溶血病、血孢子虫病）等。

(4)发绀　呈不同程度的蓝紫色，可见于乏氧（如肺炎时）、循环障碍及某些中毒等。

(5)出血　结膜上出现出血点或出血斑，是出血性素质的特征，在马多见于传染性贫血、焦虫病及血斑病。

【注意事项】

(1)检查眼结膜，最好在自然光线下进行，灯光下对黄色则不易识别。

(2)眼结膜受压迫或摩擦时易引起充血，因此不宜进行反复检查。

(3)要对两侧眼结膜进行对照检查，并注意区别是由眼的局限性疾病，还是全身性疾病或其他疾病所引起。

五、体表浅在淋巴结的检查

淋巴结是机体的屏障机构。淋巴结的检查，在诊断疾病特别是传染病上有很大的意义。

【检查方法】检查体表浅在淋巴结，主要进行触诊。检查时，应注意其大小、形状、硬度、敏感性及皮下的移动性。

牛常检查下颌、肩前、髂下、乳房淋巴结等（图 6-5）。

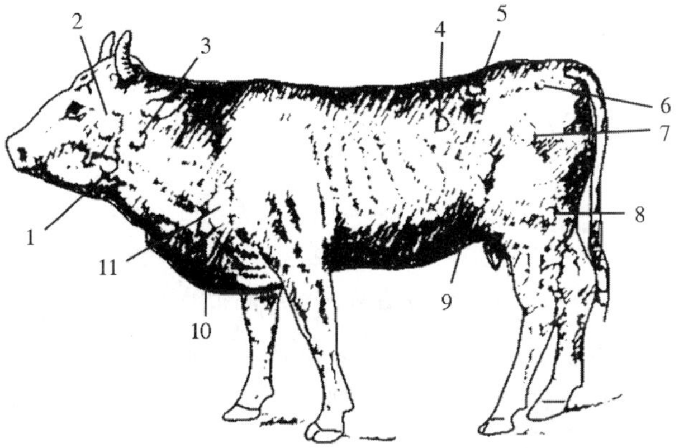

1.颌淋巴结　2.耳下淋巴结　3.颈上淋巴结　4.髂上淋巴结　5.髂内淋巴结　6.坐骨淋巴结
7.髂外淋巴结　8.腘淋巴结　9.髂下淋巴结　10.颈下淋巴结　11.肩前淋巴结

图 6-5　牛的体表浅在淋巴结位置

猪可检查腹股沟浅淋巴结。

马常检查下颌淋巴结（位于下颌间隙，正常时呈扁平分叶状；较小，不坚实，可向周围滑动）。检查时，一只手持笼头，另一只手伸于下颌间揉捏或擦压。

【病理变化】

(1)急性肿胀　表现淋巴结体积增大，并有热、痛反应，常较硬；有时可有波动感。多见于马驹腺疫，也可见于炭疽，牛患泰勒氏焦虫病时全身淋巴结可呈急性肿胀。

(2)慢性肿胀　多无热、痛反应，较坚硬，表面不平，且不易向周围移动。常见于马鼻疽、副鼻窦炎、结核病及牛淋巴细胞性白血病等。

六、各器官/系统疾病的综合症候群

(一)循环器官/系统疾病

循环器官疾病的综合症候群为：患畜无力、多汗、气喘、可视黏膜发绀、静脉淤血及皮下浮肿等，是循环器官疾病的重要启示。

(二)呼吸器官/系统疾病

呼吸器官疾病的综合症候群为：呼吸活动加快，不同类型及不同程度的呼吸困难、呼吸形式和呼吸节律的改变、黏膜发绀并伴有咳嗽和鼻液等。

(三)消化器官/系统疾病

消化功能障碍，可见有饮食的减少或废绝、采食方式的异常、咀嚼的困难或费力、吞咽障碍、呕吐、便秘或腹泻。

(四)泌尿、生殖系统疾病

排尿活动异常与泌尿功能障碍，尿液数量及性质的改变，泌尿器官检查的临床所见，相应的整体状态变化。

(五)神经系统疾病

兴奋、昏睡、昏迷等神经状态的异常，盲目运动或共济失调的行为表现，痉挛与麻痹等运动功能障碍。

(六)血液系统及造血系统疾病

贫血，以皮肤、黏膜的苍白为特征；溶血性疾病，在皮肤、黏膜苍白带黄的同时，常有血红蛋白尿；出血性素质则可见皮肤、黏膜的出血点。血液及造血器官疾病的诊断，除上述临床症状作为提示的线索外，通常必须进行血液学的实验室诊断才能明确其原因、类型及程度等。

(七)物质代谢紊乱性疾病

营养消瘦与发育迟滞，异食与消化功能紊乱，同时伴有生产能力的降低及运动功能障碍。

(八)中毒性疾病

消化系统消化功能紊乱：减食甚至拒食，流涎、呕吐，咀嚼或吞咽障碍，腹泻并粪中混有黏液、脓血等。

神经系统：兴奋、狂躁或昏迷，痉挛或麻痹，共济失调或盲目运动等症状。

心脏功能紊乱：心率改变或心律不齐。

泌尿功能紊乱：多尿、少尿及闭尿，或血尿、血红蛋白尿。

血液循环障碍或血红蛋白变性：呼吸困难，皮肤、黏膜可见明显的发绀。

肝脏功能紊乱：黄疸。

一般体温不高或呈体温低，区别于多数发热性传染病。

（九）皮肤疾病

脱毛、落屑、皮肤增厚并缺乏弹性，皮肤、黏膜的发疹或形成疱疹（如红斑、结节、丘疹、水疱或脓疱等），出现溃疡、烂斑、结痂或龟裂等表皮病变；多数伴有痒感，啃咬病变部位，或向周围物体上摩擦。同时，常可见有整体状态及某些内脏器官的变化。

第三节　病理解剖与常见病变识别

一、动物的病理解剖

（一）病理解剖的基本程序

动物种类不同，其剖检术式和方法也不尽相同，但一般检查程序基本上是相似的，应了解病死动物的基本情况，包括尸僵程度、腐败程度、病史、流行病学情况、死亡时间、死前症状、采取过的防疫、治疗措施以及治疗效果等，同时做好记录。检查时按照由表及里、由浅及深的顺序进行：判定营养状况，进行皮肤和可视黏膜的检查→剥皮及皮下组织、体表淋巴结检查→体腔和内脏检查、组织病理学和病原学检验材料的采集、内脏剖检→肌肉、关节、骨骼检查→脑部检查，概括起来，可分为外部检查和内部检查两大部分。

1. 外部检查

确定营养状态，之后检查皮肤，可视黏膜有无贫血、充血、淤血、出血、黄疸、溃疡、外伤、脱毛、皮癣等变化；天然孔的开闭情况、有无分泌物及分泌物性状；蹄部及口唇有无外伤、水疱、糜烂、溃疡；皮下有无气肿（触摸时有捻发音）、水肿（触摸时有捏粉样感或波动感）；尸僵、尸斑以及腐败程度等。死于肌肉收缩活动较剧烈的疾病（如破伤风）尸僵发生快而显著，死于败血症（如炭疽）及伴有肌肉发生变性坏死的疾病，尸僵不明显。如需要采集天然孔分泌物或体表组织等病料，应在外部检查时采取。

2. 内部检查

重点检查各种组织器官的形状、大小、色泽、弹性、硬度、切面情况、有无充血、出血和炎性渗出等。剥皮时（猪剖检时一般不剥皮）检查皮下脂肪多少、性状和色泽，皮下组织湿润或干燥程度，有无液体浸润，肌肉有无出血、充血、变性坏死以及色泽变化等情况；皮下浅表部位淋巴结的形状、大小、硬度、色泽以及切面是否正常，有无异常变化；检查皮下血管充盈度及血管断端流出的血液性状；打开腹腔检查有无积液以及液体的数量、浑浊程度、有无异味、出血、纤维蛋白以及其他异物等；各器官位置是否正常，肠系膜有无出血、纤维素性渗出、粘连等；打开胸腔，检查有无积液及其性状、肋骨硬度、弹性，胸膜的色泽，有无出血、纤维素附着、粘连等变化；

胸腔器官的位置、颜色、大小是否正常；剪开心包，检查心包液的数量和性状。最后检查其他各器官，心脏、肺、肝、胃、肠、肾、脾、脑、鼻腔、颈部、盆腔及肌肉等，都要检查到。如果需要进行病理组织学和病原学检查，或需要将病变典型的组织器官制作病理标本，内部检查时要注意采取所需的病料或组织器官。

(二)猪、牛、羊、禽的病理解剖要点

1. 猪的病理解剖

(1)剖检术式

剖检时常采取背卧位，一般不剥皮。自颈下正中线沿腹部白线至耻骨前缘切开胸部皮肤及皮下组织和腹壁，深浅要适度，防止割破脏器。开胸时再切断两侧肋骨与肋软骨的接合部，掀开胸壁即可。需要检查脑组织时，将头部皮肤肌肉剥离，暴露颅骨，在两则沿眼睛至寰枕关节各锯一条线，再沿两条线的前端点的连线横锯颅骨，掀起颅盖骨即可。如需要采集脑脊液，应在开颅前自寰枕关节处用注射器采取。检查鼻腔时，从 2～3 臼齿之间将头部横向锯断。

(2)病理解剖要点

①皮肤检查：因为猪的许多疾病在皮肤上都有特征性的病理变化(如急性猪瘟、亚急性猪丹毒、猪肺疫、猪弓形体病、猪链球菌病)，所以体表检查很重要，对黑毛色的猪尤其要仔细。体表太脏影响检查时，可在体表初步检查完后用水冲去污物，暴露出皮肤的自然状态后再认真检查。

②头、蹄检查：检查鼻吻部、耳壳、眼睛、蹄壳、趾间以及关节的外部形状和活动状态，注意有无红斑、丘疹、水疱、溃疡、充血、发绀、肿胀、僵硬、变形等变化。检查头颈部皮下组织、下颌淋巴结、扁桃体及附近组织，对局限性咽喉炎性炭疽病、猪肺疫等的检出具有重要的参考意义。

③胃肠检查：切开腹腔后，首先应注意腹腔液的数量、透明或浑浊程度、颜色等，之后检查浆膜、网膜、肠系膜色泽是否正常，有无充血、出血、炎症、炎性渗出、脓肿、肿瘤、结节、粘连、寄生虫等，然后再检查肠系膜淋巴结、腹腔脏器。外部检查完后，剖开胃肠检查黏膜有无充血、出血、溃疡、糜烂、肿胀、炎性渗出物、寄生虫、肿瘤等变化，同时还要注意胃肠内容物的性质、数量、质地、颜色、气味、成分等有无异常。

④肝脏检查：注意检查肝脏的色泽、大小、硬度、边缘厚薄以及质地、被膜、胆囊的性状；横切肝脏，检查切面色泽、血液性状，有无外翻或隆起、出血、变性、坏死、脓肿、肿瘤、寄生虫以及钙化结节等病变；剖检肝门淋巴结有无异常。

⑤脾脏检查：主要检查其大小、色泽、硬度、边缘厚薄、有无梗死以及被膜有无增厚、有无绒毛样增生物等变化，切开脾脏检查切面色泽、含血量多少以及脾髓有无软化等。猪的某些疾病脾脏往往也有特征性变化，如败血性炭疽时脾高度肿胀，紫黑色、柔软；急性猪丹毒时脾肿大，呈樱桃红色；急性猪瘟、猪链球菌病时脾脏边缘常发现突出表面的暗红色或紫红色出血性梗死灶，大小自扁豆至杏仁大，切面暗红，中心淡黄，呈顶尖向里、底边朝外的三角形。

⑥肺脏检查：打开胸腔后先检查胸腔内液体及浆膜性状，检查要点同腹腔检查。注意检查肺脏的大小、色泽，有无充血、出血、肿大，触检有无水肿、气肿、空洞、结节等；剖开肺脏、气管，检查血液量多少、有无炎性渗出物，渗出物的性状、结核或寄生虫结节、脓肿、坏疽、肿瘤等。

肺脏的某些病理变化可对疾病的诊断提供有益的提示。如猪瘟时的小点状出血；肺内有纤维素性渗出物或发生肺肝（肉）变，可见于猪肺疫、胸型猪瘟以及其他原因引起的大叶性肺炎等；霉形体肺炎时可见到肺胰样变；肺水肿且有许多小点状坏死，见于弓形虫病，粟粒性干酪样结节见于肺结核等。

⑦心脏检查：先检查心包是否正常，剖开心包检查心包液数量多少及性状、有无炎性渗出物（如纤维素）；注意检查心外膜有无出血；剖开心室检查心腔内残留血液的数量、凝固状态、颜色，心内膜有无出血，心肌有无变性坏死、寄生虫、肿瘤等，瓣膜有无增生；检查冠状沟脂肪的数量、性状、有无出血等。如心外膜上的小点状出血可提示猪瘟、猪链球菌病、猪繁殖与呼吸综合征等；心肌的条纹状变性坏死（即虎斑心）可见于恶性口蹄疫等；心腔内瓣膜上的菜花样增生物，可见于慢性猪丹毒；剖检心肌还有助于发现囊尾蚴、神经鞘瘤等。

⑧肾脏检查：注意检查其大小、色泽、形状、硬度等，观察有无软化、肿大、变形等变化；沿大缘轻轻切开包膜，检查其是否容易剥离；然后观察肾表面是否平滑、有无充血、出血、梗死、结节、斑痕、囊泡、肿瘤以及寄生虫等。

⑨泌尿生殖系统检查：检查时要注意将骨盆腔内器官和外部的生殖器官结合起来进行。如果子宫内有胎儿时，还应对子宫内膜、胎膜、羊水、胎盘和胎儿及其内脏器官等进行认真检查。

2. 牛、羊的病理解剖

(1)解剖术式

牛、羊同属反刍动物，都有4个胃，占据左侧腹腔的大部分及右侧中下部，其中瘤胃最大，故剖检时一般采取左侧卧位。除有烈性传染病可疑时，一般都要剥皮，剥皮前先用水或消毒液喷洒体表。为便于检查，可卸除右侧前、后肢。开腹时沿耻骨前缘至髋关节向上至腰荐部，再向前至肋骨，沿肋骨弓后缘向下至剑状软骨做一弧形切口，掀开腹壁即可。开胸检查时，先沿肋骨弓后缘分离横膈膜，沿胸下右胸肋关节处切开，再锯断胸椎和肋骨连接，掀起胸壁即可。开颅时，先自眼眶后缘横向锯开，再在两侧沿第一条锯线之端点和角根连线纵向锯开，最后沿两角之间的中点和第一条锯线之中点的连线纵向锯开，用力向外掰动两角，即可暴露脑组织。

(2)病理剖检要点

①体表检查：注意可视黏膜有无苍白、黄染、充血、出血，皮肤有无水肿（浮肿），天然孔穴有无流血、分泌物，蹄部有无水疱、破溃、糜烂、肿胀、化脓（蹄部肿胀化脓可见于腐蹄病，即坏死杆菌病）；有无尸僵不全、腹部膨胀和皮下局灶性浮肿等。如怀疑有炭疽或其他人兽共患烈性传染病的可能时，要先行耳尖采血，涂片镜检，确认为阳性者不得进行剖检，对尸体及场地按动物防疫法有关规定进行处理。

②鼻镜、口腔检查：牛有许多疫（疾）病都有鼻唇镜或口腔的病理变化，如口蹄疫时在内唇、齿龈、舌面、颊部黏膜出现水疱；牛恶性卡他热、传染性鼻气管炎时鼻镜及鼻黏膜发生溃疡、糜烂、结痂；牛黏膜病时在内唇、门齿齿龈、颊部、舌面发生的散在糜烂和溃疡等。

③皮下检查：对皮下脂肪、体表淋巴结、血管充盈情况、血液性状等进行检查，检查有无皮下水肿、气肿、蜂窝织炎、牛皮蝇蚴寄生、乳腺炎等。

④胃肠脾检查：腹腔、胃肠内容物和脾的检查要点同猪。不同之处是牛羊有四个胃，羊内脏较小，可一次性取出检查；牛胃肠大，剖检时须分段结扎后取出检查。结扎一般按先中间后

两端的顺序进行，结扎部位依次为回盲口下 15 cm 处、十二指肠的空肠曲（左肾下、靠近结肠处）、骨盆腔内直肠起始端、皱胃（真胃）幽门后的十二指肠起始部和瘤胃贲门前 5 个部位。每个部位都要进行双结扎，然后从中间切断，依次取出小肠、大肠、肝、胰、十二指肠、四个胃，逐段检查。在牛，尚应注意检查瓣胃有无阻塞，内容物是否干涸；网胃内有无异物（如铁钉、铁丝、缝针、玻璃片）和刺伤、穿孔等。如有刺伤和穿孔，应同时检查横膈肌和心包有无创伤性网胃心包炎。

肝脏、肾脏、心脏、肺脏、泌尿生殖系统的检查要点同猪。

3. 鸡的病理解剖要点

鸡属鸟类，与哺乳动物相比，有许多独特的解剖学特点，故剖检程序和要求也不相同。由于鸡羽毛多，剖检时要先用消毒液或水浸湿，以防羽毛飞扬。

①体表检查：首先，观察羽毛状况，羽毛粗糙或脱落，常为慢性病或外寄生虫病表现。但有些品种的鸡后背部的羽毛大多脱落，脱毛部分的皮肤呈深红色或黄白色（因品种而异），这属于正常现象，要注意和病理原因引起的脱毛相区别；毛囊呈结节状者应注意皮肤型马立克病；雏鸡白痢和有腹泻症状的疾病，泄殖孔周围的羽毛常被粪便污染甚至封住。其次，注意检查肉髯的颜色、大小，体表有无痘疹、出血、结节，骨关节有无肿大变形。最后，检查胸肌和龙骨状况，如鸡结核病时胸肌萎缩，龙骨嵴突出；软骨病时龙骨弯曲；等等。

②气囊检查：气囊为鸟类动物所特有，鸡也有较发达的气囊。剖检时采取背卧位，用力向两侧拉开两肢，使其与腹部皮肤绷紧，在肢与腹之间轻轻切开皮肤即可见到气囊，注意检查气囊弹性、透明度、有无浑浊、水肿、积血、炎性渗出液、干酪样附着物以及有无霉菌生长等。

③口腔、喉头、气管、食管、嗉囊黏膜和内容物的检查：剥开皮肤，从嗉囊前剪断食管和气管，用小剪刀沿气管方向纵剪至喙角，并用同样方法剪开食管，分别检查口腔、咽、喉、气管、食管等部黏膜，观察有无充血、出血、肿胀、溃疡、伪膜及分泌物等。多处黏膜发生角质化是维生素 A 缺乏的症状；喉头、气管黏膜出血或有纤维素沉着，可见于黏膜性鸡痘、出血性纤维素性喉气管炎、纤维素性支气管炎等；横剪鼻孔前的上颌，挤压鼻部检查分泌物性状。

④内脏检查：肝脏检查时应注意马立克病和淋巴细胞白血病时的肿瘤结节、结核病结节、沙门菌病肉芽肿、巴氏杆菌病（禽霍乱）小点坏死等；肺应注意有无结节（如霉菌性结节）或肺炎灶；剖开肌胃和腺胃，剥去肌胃的角质膜，观察有无出血、溃疡等变化，检查腺胃乳头、腺胃与肌胃连接处、盲肠与直肠连接处有无出血、溃疡、坏死及其他变化。新城疫时发生的腺胃乳头小点出血和固膜性肠炎是此病的典型病变；禽流感时腺胃、肌胃也有小点状出血；禽伤寒时小肠显著充血肿胀，并有小点状出血。观察肾脏是否肿大，色泽和切面是否正常；卵巢是否变形、变色、变硬，有无大小不等的结节、弥散性增生等。

⑤神经检查：腰荐神经丛、坐骨神经和臂神经丛是鸡马立克病侵犯的重要部位，常造成神经纤维不对称性肿胀增生。在髋结节稍后方凹陷处，使刀与鸡背部正中线呈 40°角左右切开皮肤和肌肉，可见从坐骨孔出来一粗一细两条神经伸向肢部；用同样方法切开另一侧，对比观察有无局限性或弥漫性变粗、肿胀、色灰白或灰黄等变化。

⑥法氏囊检查：在泄殖孔上方做环形切开，取出法氏囊，检查其有无浆膜下水肿、肿大、增生、萎缩变小甚至消失以及发黄或出血；切开法氏囊，观察皱襞肿胀或萎缩情况，检查有无黏膜出血，腔内有无浑浊的黏液或干酪样渗出物等，以判断有无鸡传染性法氏囊病、马立克病和淋

巴白血病等。

(三)病理解剖检查应注意的事项

(1)剖检人员在接到有畜禽异常死亡的报告后,要做好进行病理学解剖检查的准备,备好解剖器械、采集病料的器皿、防护服、靴帽、消毒药、解剖记录表等。

(2)根据流行病学调查情况和死前临床表现决定是否需要进行病理剖检。动物死亡后尸体腐败过程很快,所以解剖要及时,以防止尸体自身变化对解剖结果的影响。死亡时间过长,已出现尸斑或有腐败迹象的尸体一般不再适宜剖解。

(3)注意自我防护,穿戴好工作服、帽子、口罩、胶靴、防护手套。剖检过程中不慎割破或刺破防护手套时,要立即更换,剖检完后要及时对手部进行消毒。如果伤及手部皮肤,应立即清洗、消毒和包扎。

(4)如果没有专门的解剖场所,应选择远离畜(禽)舍、畜群、交通要道、水源,地势较高,干燥硬实和比较偏僻的地方,而且便于剖检后尸体的无害化处理和以后的动物防疫安全。解剖最好在自然光线下进行,以便于正确判断组织器官的色泽。如果剖检处地面松软或浮土较多,可铺一层干净的编制物,待剖检完后一并销毁。

(5)剖检过程中要保持剖面视野清晰,避免拉锯式切割;器官一般沿长轴纵向剖开,使暴露面积达到最大;切开组织器官或病变组织时,防止血液、渗出液、脓汁等污染面过大;未经检查的组织器官不得用水冲洗。

(6)剖检过程力求全面、客观、详尽,避免先入为主的主观臆断。也就是说,剖检的目的不是用看见的病理变化来验证检查者头脑中已经形成的结论,而是用解剖检查得到的所有病理变化来推断动物患的是何种疫(疾)病。

(7)剖检后要做好动物防疫安全工作,剖检的尸体要按规定进行消毒、深埋处理,不能随便抛弃。解剖器械、工作服、靴子、场地及可能被污染的物品、用具等都要进行认真消毒。

(8)剖检前或剖检过程中应考虑是否需要进行病理组织学和病原学诊断。如果需要,在剖检的同时,要根据诊断需要采集相应的病料。对于病理变化很典型的组织器官,如需要制作病理标本,也应一并采集。

(9)病理剖检过程及结果均应详细记录,最好能请有摄影经验的人对有病理变化的组织器官进行拍照。

(四)病理剖检记录的编写

动物病理剖检记录是疾病诊断的重要依据,也是重要的病理学研究及档案资料,还可以作为法律上的重要旁证,因此必须重视病理剖检记录的编写。

剖检记录包括以下 4 个部分。

1. 概况

动物的主人(送检人)姓名、送检单位与地址、动物种类、性别、年龄、特征、临床摘要和诊断、死亡时间、剖检地点、剖检时间等,剖检人以及现场主要参加人姓名都需要完整登记并签名。

2. 剖检所见病变

尸体外表和内脏器官眼观病变，记录时应力求客观全面，简明扼要。病变描述切忌病理术语，应仔细观察组织器官和病变的色泽、形状、体积、位置、重量、质地、气味等，尽可能准确地予以描述，如色有主次浓淡、形有方圆点片、体有大小厚薄、位有表里深浅、量有多少轻重、质有硬软松实、气有酸败腥臭等，做到对病变进行定位、定量、定性的描述，避免使用概念模糊和易引发歧义的描述。

3. 病理解剖诊断

根据病理解剖结果，结合病史、临床症状、流行病学调查，进行综合分析和推理判断，分清主次，找出病变内在关系，提出患病动物诊断病名和死亡原因，并用解剖学术语概括各器官病变性质，如小叶性肺炎、肝脂肪变性、纤维素性心包炎、坏死性纤维素性肠炎等，最后提出处理意见或建议。

4. 疾病确诊

在病理解剖诊断的基础上，如果还进行了病理组织学、病原学和血清学等实验室检验，应对各种检查方法的结果进行综合分析，得出最后的诊断结论，写出诊断报告。诊断报告是给动物主人或所属单位的诊断结果通知单，其组成包括概述中所登记的内容和剖检结论。诊断报告应尽快做出，难以提出准确诊断结论的，可写使动物死亡的疑患疾病。诊断报告一式两份，经主检人签名，注明时间并加盖检疫单位检疫（验）专用章后，一份送达报检单位，一份由检疫单位存档。

二、常见病变的识别

（一）充血

眼观：体积肿大，色泽鲜红，温度升高，机能增强。

镜检：微动脉和毛细血管扩张，毛细血管数量增多且充满血液。还可见渗出的中性粒细胞和浆液。（图 6-6 至图 6-15）

图 6-6　仔猪水肿病（眼睑充血水肿）

图 6-7　兔耳充血

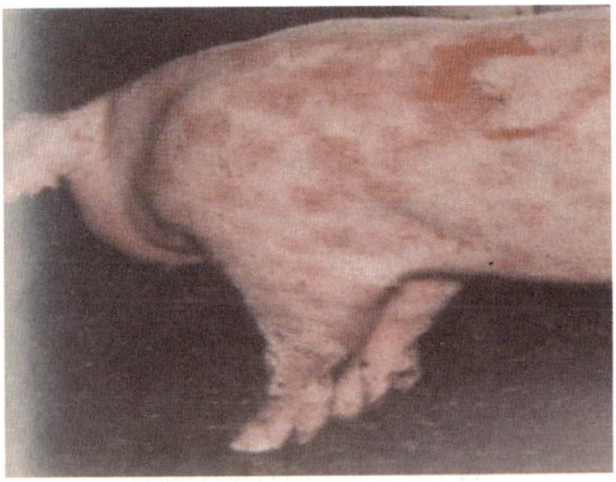

图 6-8　猪丹毒(皮肤充血)

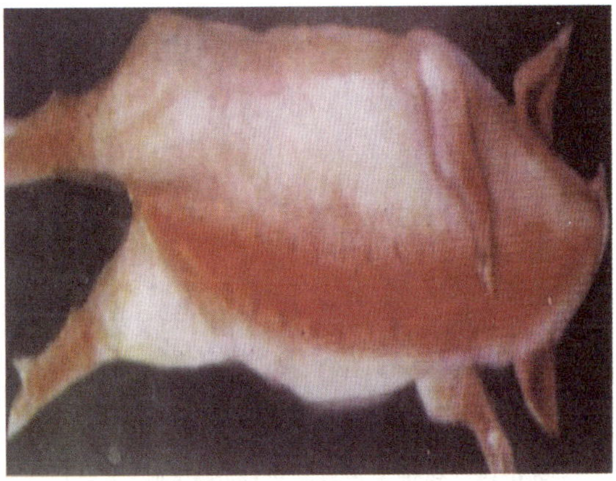

图 6-9　猪丹毒(皮肤弥漫性充血)

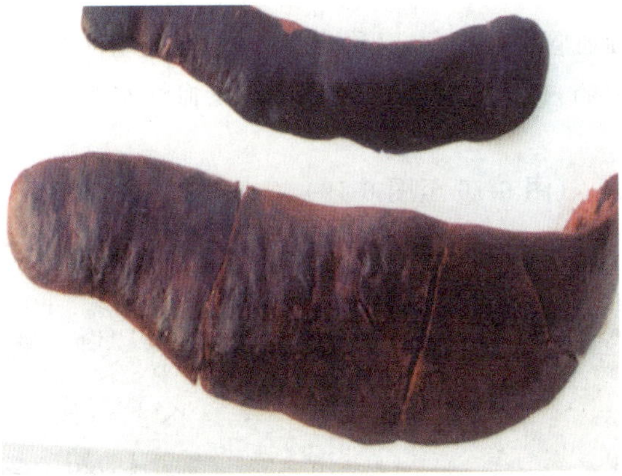

图 6-10　猪肺疫(脾充血肿大)

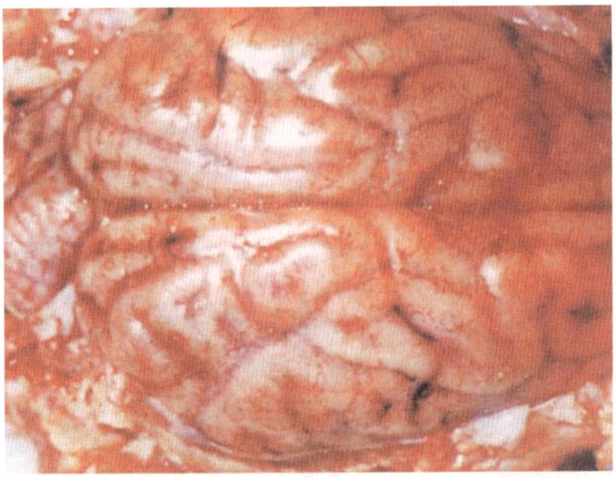

图 6-11　猪链球菌[脑(膜)充血、出血]

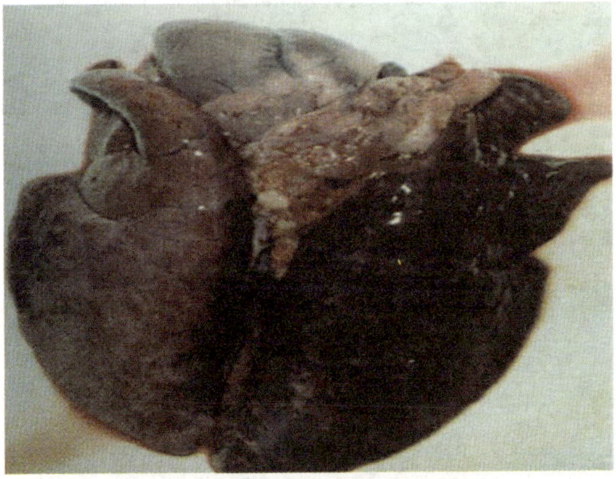

图 6-12　链球菌病(肺充血、出血)

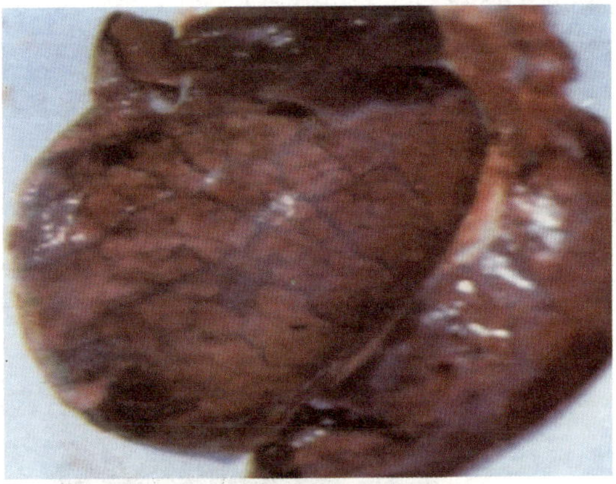

图 6-13　猪丹毒(肺充血、水肿)

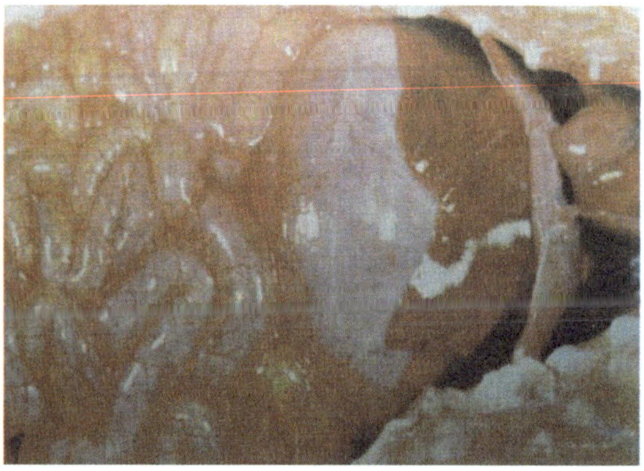

图 6-14 猪传染性胃肠炎(肠壁充血、出血)

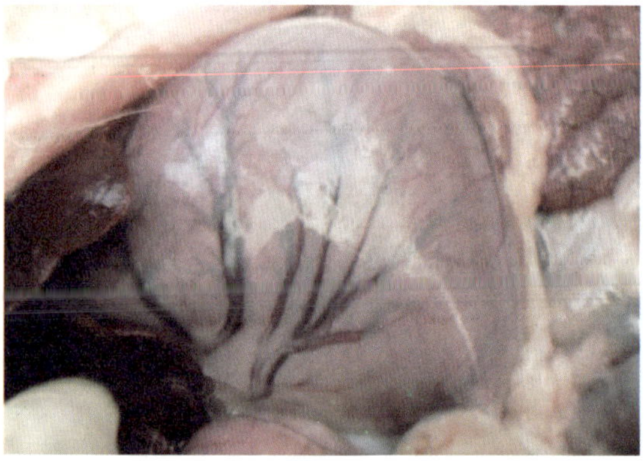

图 6-15 猪丹毒(胃黏膜充血)

(二)淤血

淤血是静脉回流受阻，血液淤积在静脉和毛细血管中的现象，又称为静脉充血、被动性充血。

眼观：体积肿大，色泽暗红，温度降低，代谢减弱，机能下降。慢性者出现淤血性水肿、淤血性出血、淤血性硬化。

镜检：小静脉和毛细血管扩张，其中充满血液。(图 6-16 至图 6-19)

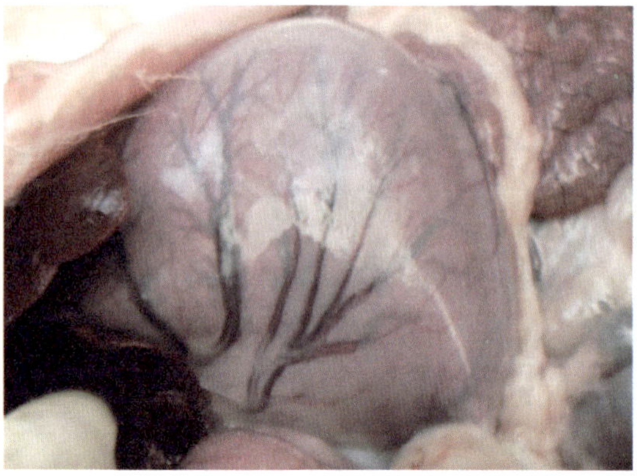

图 6-16 胃肠淤血

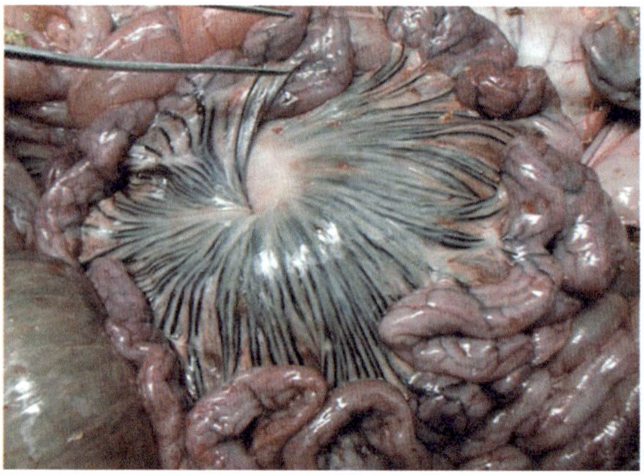

图 6-17 肠淤血

图 6-18 猪丹毒(肾淤血)

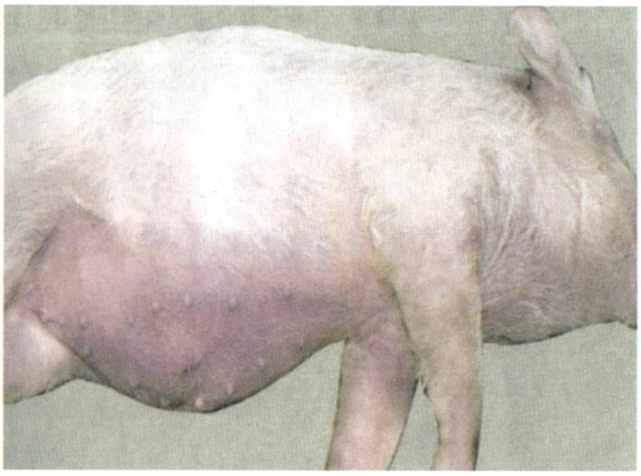

图 6-19 链球菌病(皮肤淤血)

(三)出血

血液自心、血管腔外出,称为出血。流出的血液逸入体腔或组织内者,称为内出血,血液流出体外称为外出血。(图6-20至图6-38)

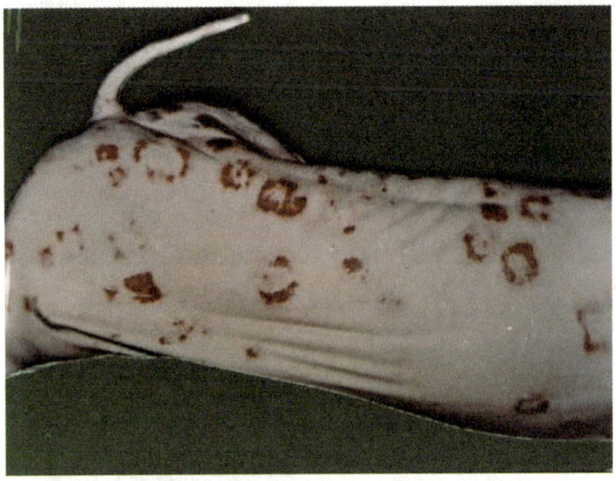

图6-20　皮肤出血

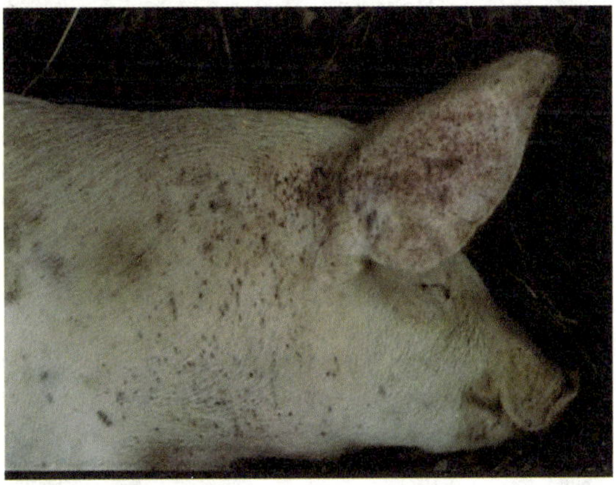

图6-21　急性猪瘟(出血)

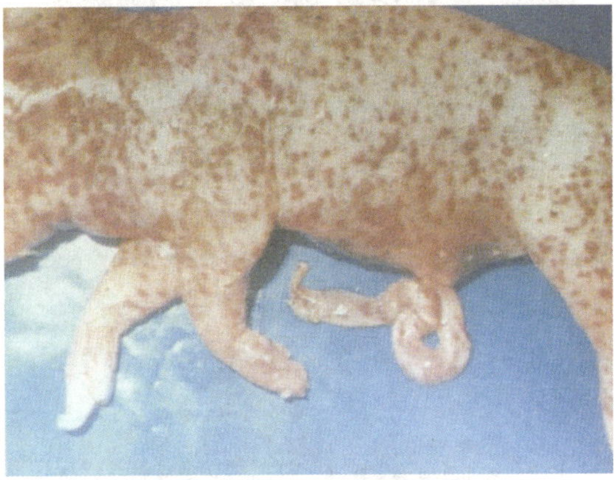

图6-22　初生仔猪皮肤出血

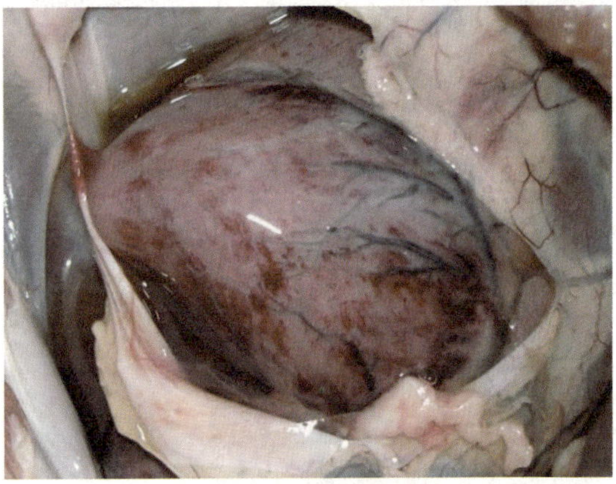

图6-23　猪心外膜出血

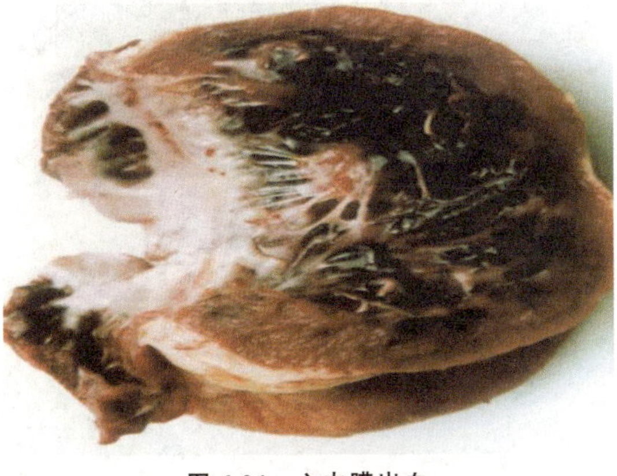

图6-24　心内膜出血

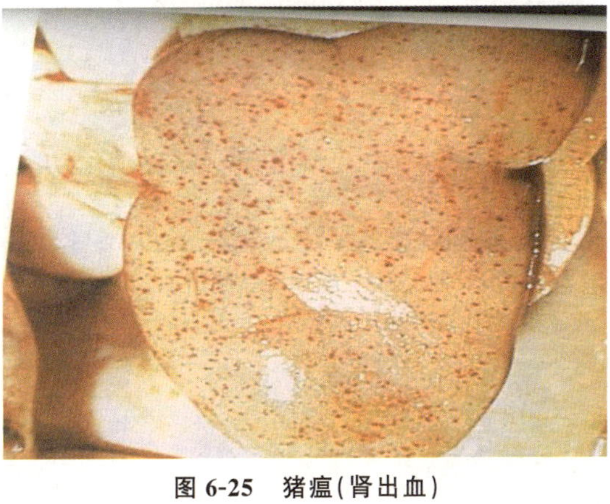

图6-25　猪瘟(肾出血)

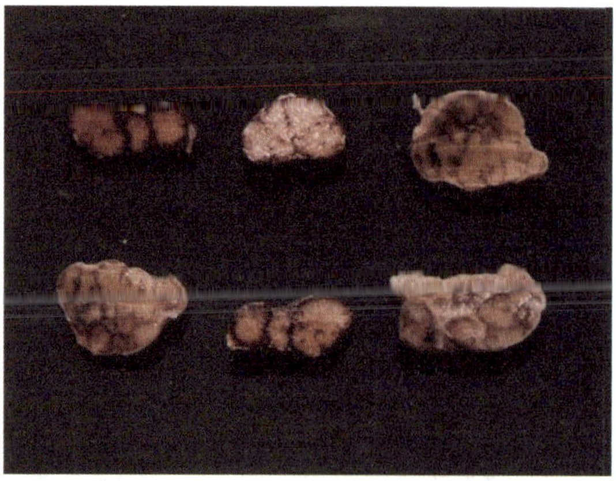

图 6-26 猪瘟(淋巴结周边出血)

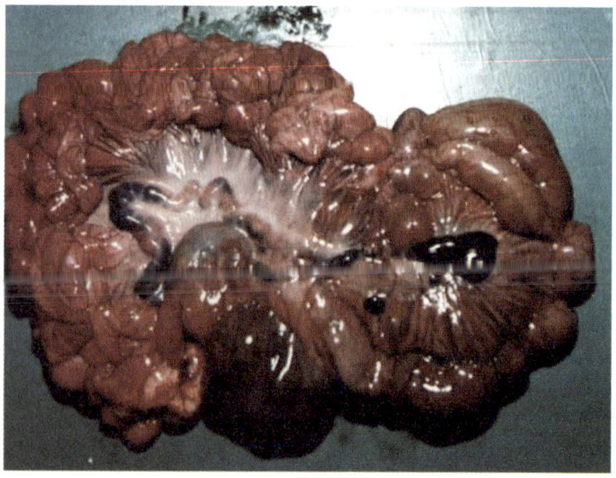

图 6-27 猪瘟(肠系膜淋巴结出血)

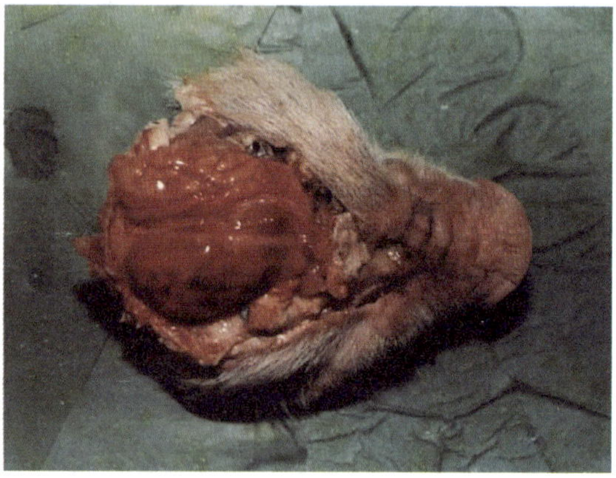

图 6-28 猪链菌病(脑膜出血)

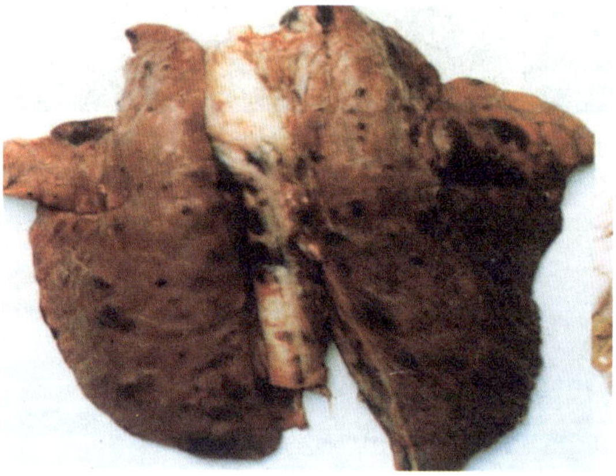

图 6-29 猪瘟(肺出血)

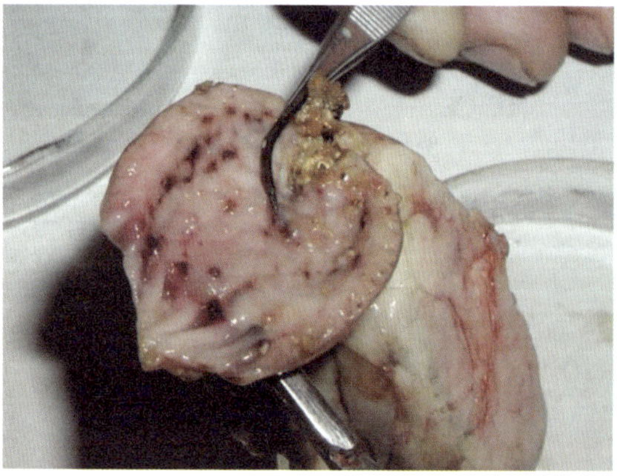

图 6-30 鸡腺胃黏膜出血

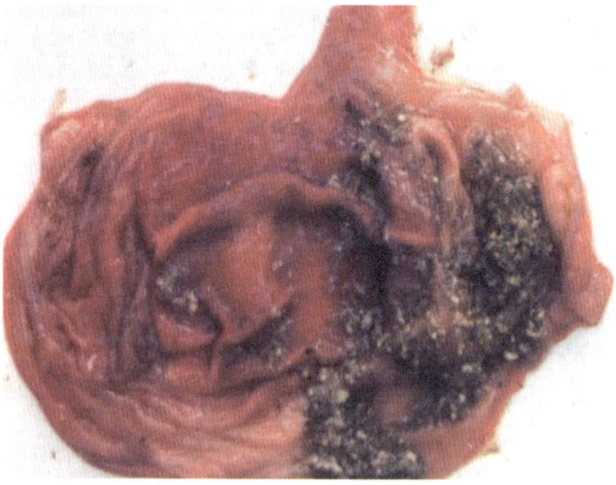

图 6-31 胃黏膜出血

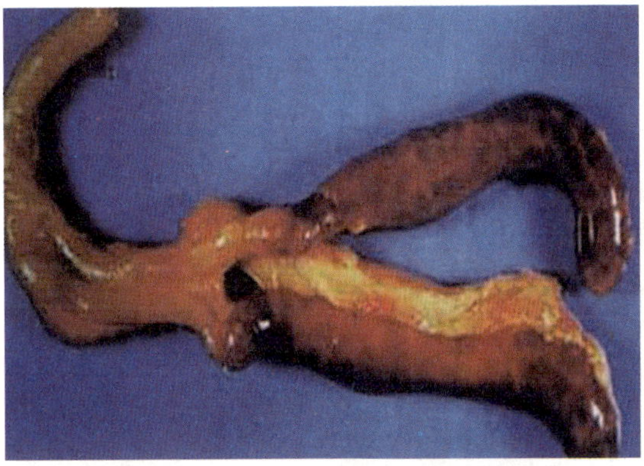

图 6-32 鸡球虫病(十二指肠出血)

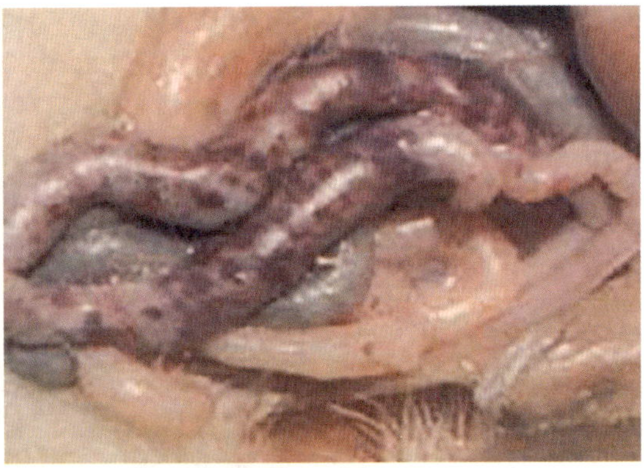

图 6-33 鸡球虫病(盲肠出血)

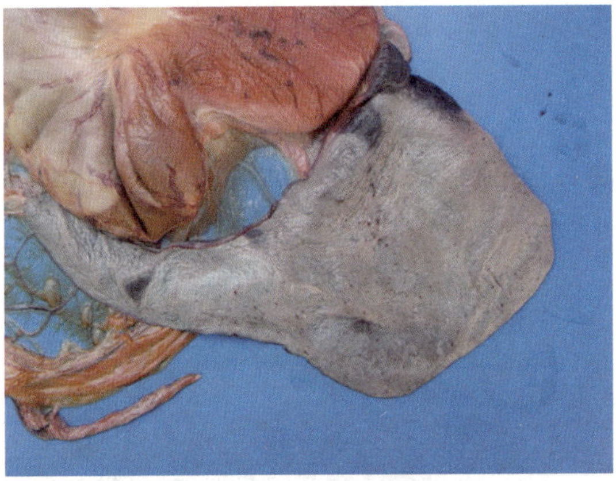

图 6-34 马(脾出血)

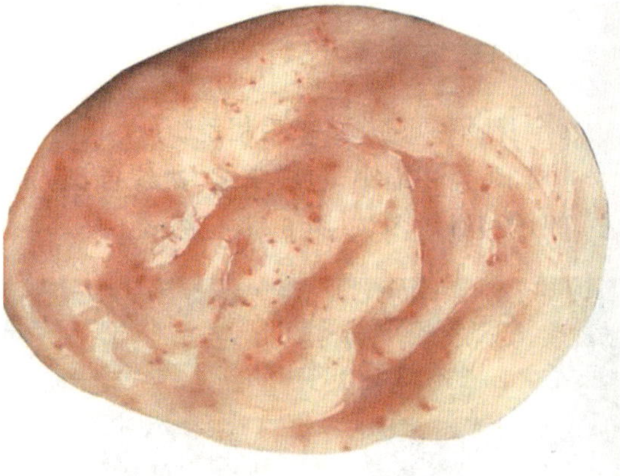

图 6-35 猪瘟(膀胱黏膜点状出血)

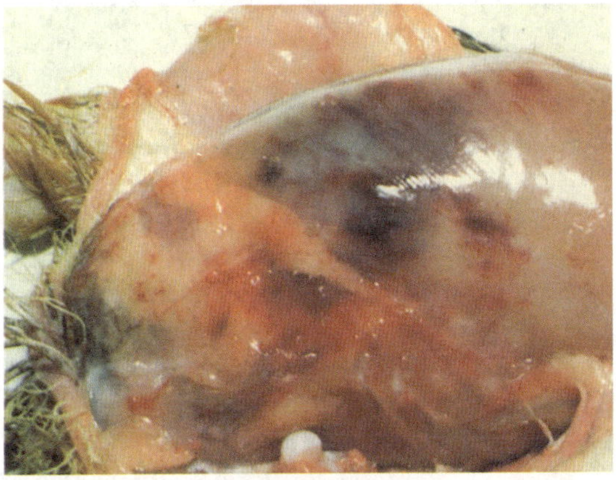

图 6-36 鸡传染性法氏囊病(腹部肌肉出血)

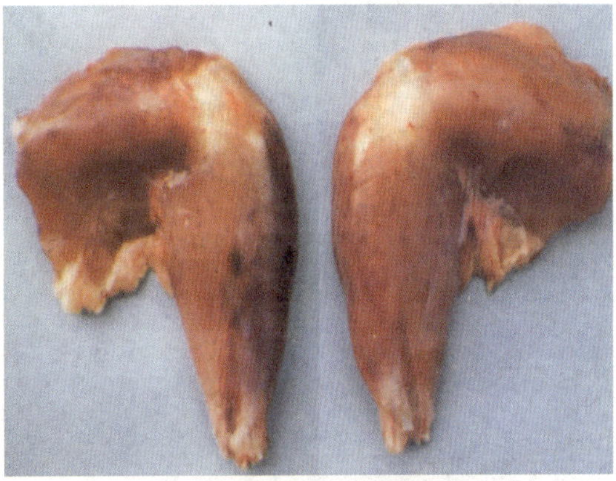

图 6-37 鸡传染性法氏囊病(腿肌出血)

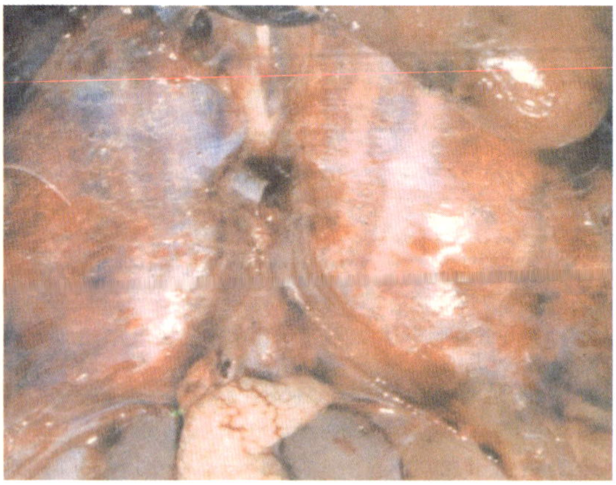

图 6-38 禽霍乱(浆膜出血)

(四)萎缩

全身:消瘦、贫血,被毛粗乱。

局部:体积缩小,包膜皱缩,边缘钝圆,重量减轻,质地坚韧。镜下实质细胞减少,体积缩小,间质相对增多。(图 6-39 至图 6-44)

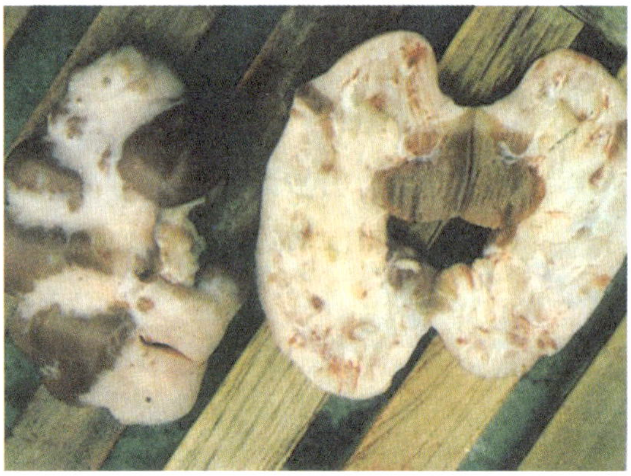

图 6-39 肾萎缩

图 6-40 固缩肾

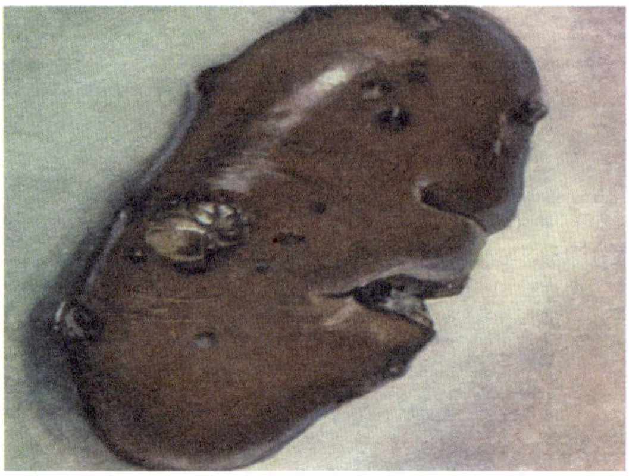

图 6-41 肾囊肿

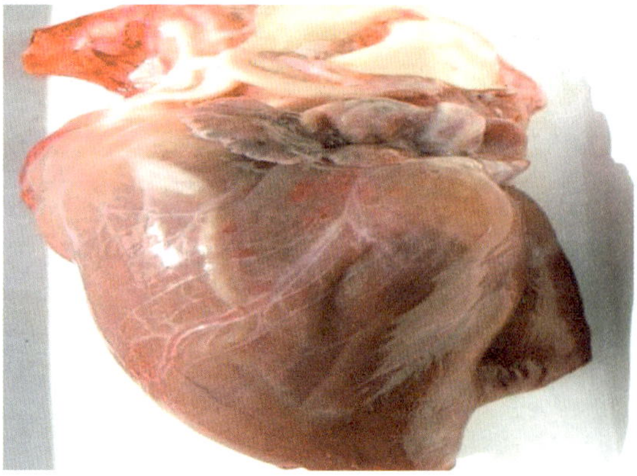

图 6-42 羊心冠脂肪胶样萎缩

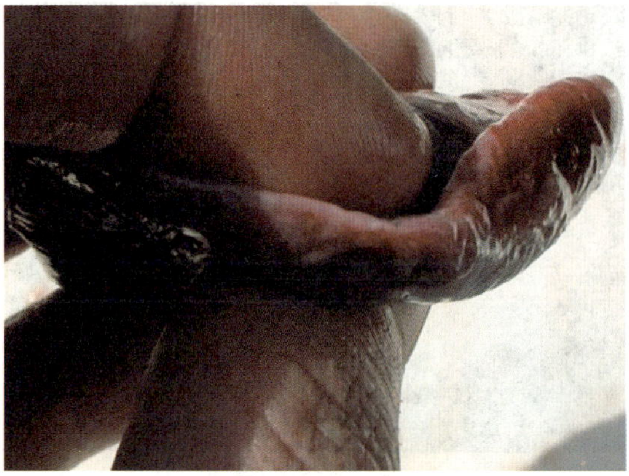

图 6-43　羊脾萎缩

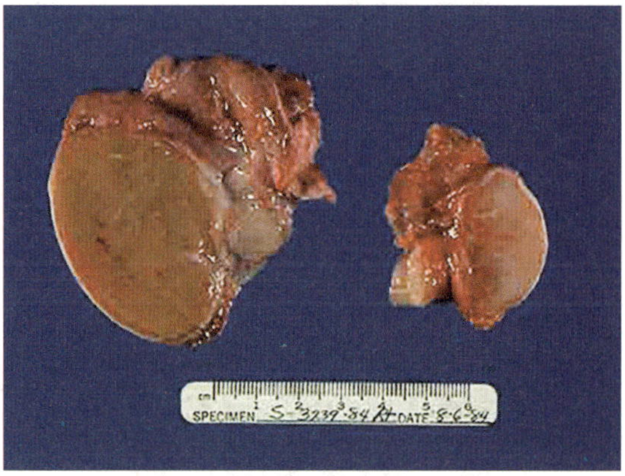

图 6-44　睾丸萎缩(左正常,右萎缩)

(五)变性

机体细胞及间质出现异常物质或正常物质增多的现象称为变性。

类型:细胞肿胀(细胞水肿:颗粒变性→水泡变性)、脂肪变性、透明变性(玻璃样变性)、淀粉样变性、黏液样变性、纤维素样变性。

结局与影响:可恢复,导致机能降低;严重者可转变为坏死、纤维化等。(图 6-45 至图 6-50)

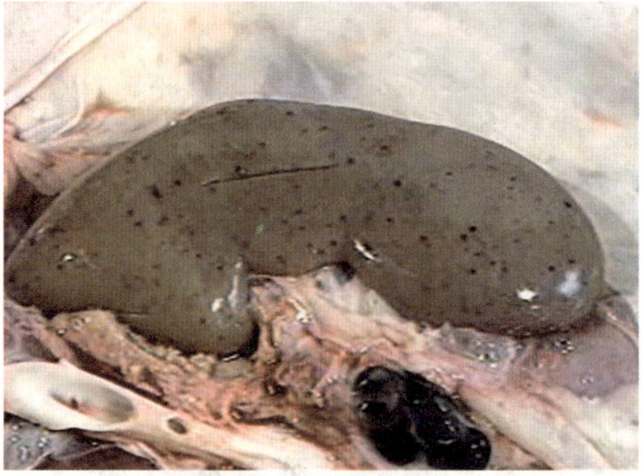

图 6-45　肾颗粒变性

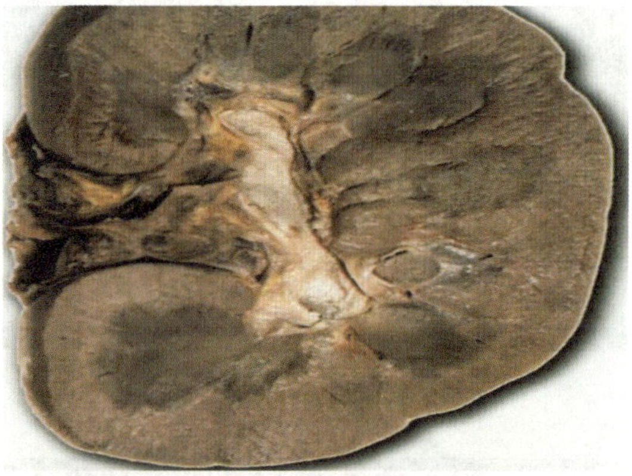

图 6-46　肾水样变性

图 6-47　肝水样变性

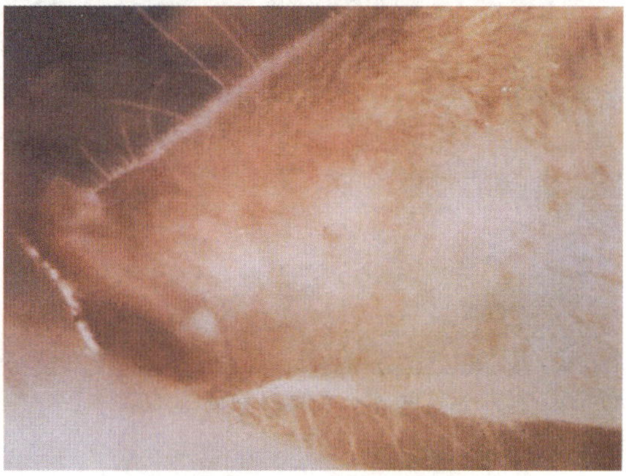

图 6-48　皮肤水泡变性

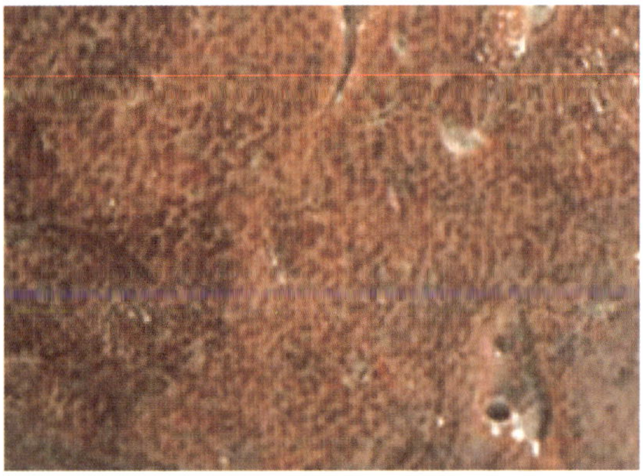

图 6-49 槟榔肝

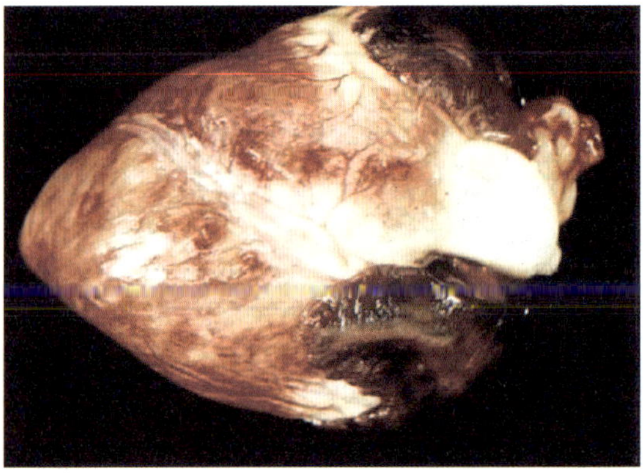

图 6-50 口蹄疫(虎斑心)

(六)肿瘤

肿瘤是指在致瘤因素作用下,机体局部组织细胞发生异常增生所形成的肿块,分为良性肿瘤和恶性肿瘤。(图 6-51 至图 6-55)

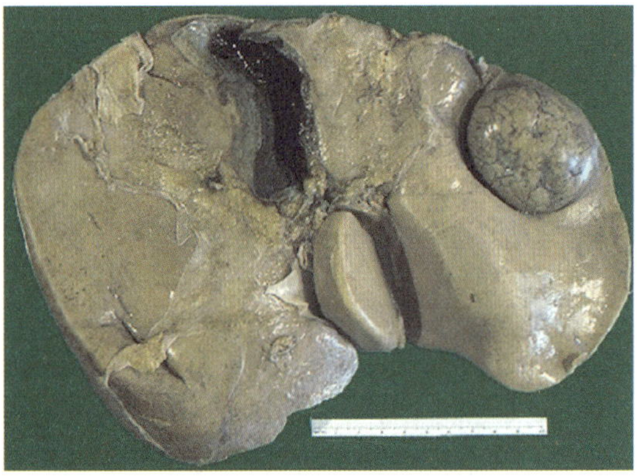

图 6-51 肝脏腺瘤

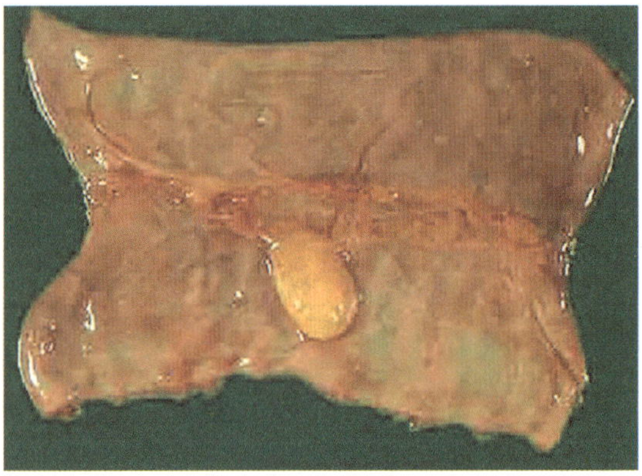

图 6-52 小肠浆膜脂肪瘤

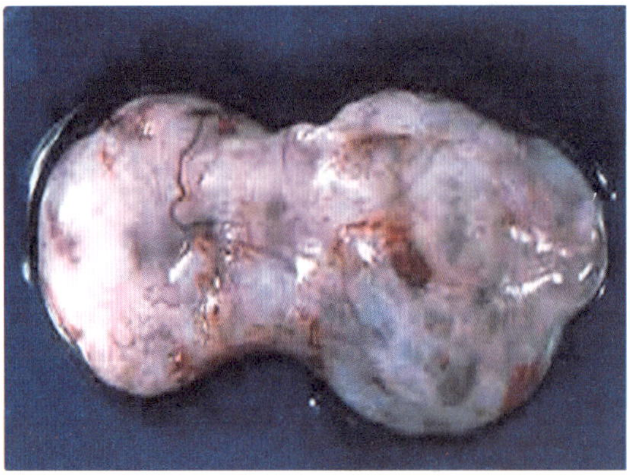

图 6-53 神经鞘瘤

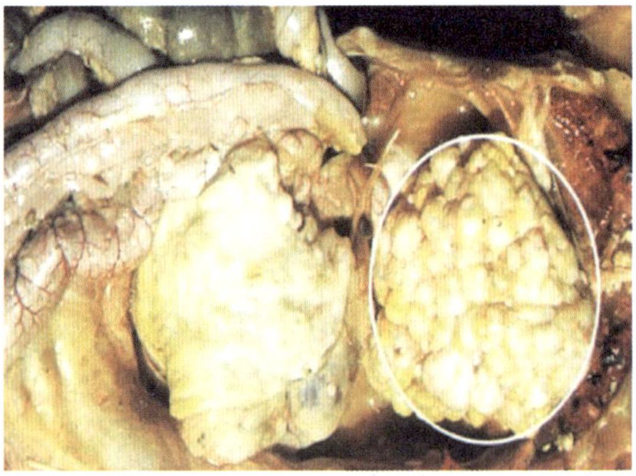

图 6-54 鸡马立克病(卵巢有结节菜花状肿瘤)

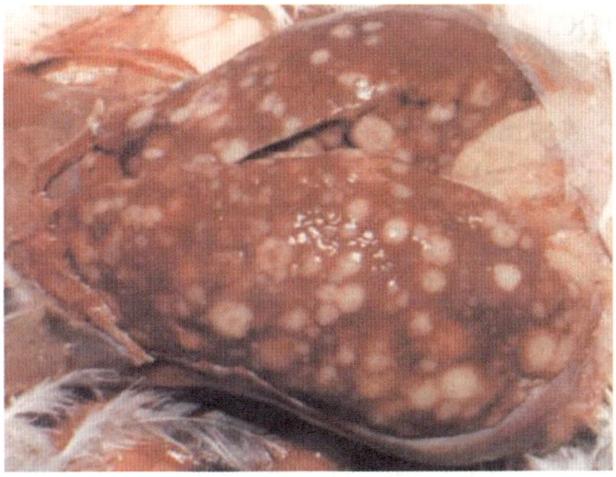

图 6-55　鸡马立克病(肝脏肿瘤)

第四节　实验室检查报告解读

一、血液常规检查报告解读

患病动物在疾病的发展过程中通常会出现血液成分的变化,因此,血象变化可以反映疾病的相关情况,可为疾病的诊断提供佐证。目前,血液常规检查已广泛应用于动物诊疗行业,完整的血象检查可反映动物的健康和疾病状况。

血象检测指标变化的临床意义解读如下。

(一)白细胞计数(WBC)及白细胞分类计数(DC)

1. 白细胞计数(WBC)

健康动物的白细胞总数在一个动态范围内,如表 6-4 所示。

表 6-4　常见健康动物的白细胞总数参考值

动物品种	白细胞计数正常值(10^9 个/L)
豚鼠	7.0～19.0
家兔	6.0～13.0
犬	6.0～17.0
猫	9.0～24.0
绵羊	6.0～12.0
山羊	6.0～15.0
猪	17.0～19.0

结果偏高:可能为机体感染发炎、白血病、组织坏死等;但妊娠及激烈运动过后也会偏高。

结果偏低:可能为病毒感染、再生障碍性贫血及自体免疫性疾病。

2. 白细胞分类计数(DC)

白细胞分为中性粒细胞、嗜酸性粒细胞、嗜碱性粒细胞、淋巴细胞及单核细胞 5 种。健康动物的各类白细胞所占总数的比重(%)在一个动态范围内,如表 6-5 所示。

表 6-5 常见动物白细胞分类计数正常指标参考值 %

动物	嗜碱性粒细胞	嗜酸性粒细胞	中性粒细胞	淋巴细胞	单核细胞
豚鼠	0.7	4.0	42.0	49.0	4.3
家兔	5.0	2.0	46.0	39.0	8.0
犬	0.7	5.1	68.0	21.0	5.2
猫	0.1	5.4	59.5	31.0	4.0
绵羊	0.0	3.0	34.7	60.3	2.0
山羊	0.2	4.2	38.4	55.1	2.1

异常结果临床意义如下。

(1)中性粒细胞 偏高,可能发生一般的细菌性感染、炎症或骨髓增殖症。偏低,可能发生病毒性感染、严重的细菌感染、再生障碍性贫血、某些损害骨髓的药物的副作用。

(2)嗜酸性粒细胞 偏多,可能发生过敏、寄生虫感染、各种过敏性皮炎、恶性肿瘤或白血病。减少,见于伤寒和副伤寒感染、长期应用糖皮质激素、大手术、烧伤等应激状态。

(3)嗜碱性粒细胞 偏多,可能发生慢性粒细胞性白血病、骨髓增殖性疾病。减少,因其外周血中含量很低,故其数量下降无临床意义。

(4)单核细胞 增多,可能机体处于急性细菌感染的恢复期、单核细胞性白血病。减少,因其外周血中含量很低,故其数量下降无临床意义。

(5)淋巴细胞 增多,可能感染滤过性病毒或结核菌。减少,可能发生免疫缺陷病、再生障碍性贫血。

注意:在急性感染症的初期,中性粒细胞显著增加时,淋巴细胞百分比会相对减少。

3. 白细胞计数的数据临床分析与解读

(1)炎症的诊断 单独或者同时出现持续中性粒细胞增多症、单核细胞增多症以及中性粒细胞核左移(未成熟中性粒细胞数量增多),表明存在炎症。

白细胞总数只反映了骨髓生成与组织利用之间的平衡;在炎症反应中,白细胞总数可能降低、正常或者升高。中性粒细胞增多,也表明存在炎症。

(2)炎症性质的判断

①典型急性炎性白细胞象的特征。出现伴有杆状中性粒细胞增多的中性粒细胞增多症、淋巴细胞减少症以及不同程度的单核细胞增多症。中性粒细胞增多症,反映了犬、猫骨髓内存在巨大的储存池,且从骨髓进入血液的中性粒细胞数量要多于血液内进入组织的量。

核左移量表明骨髓中性粒细胞储存池耗竭,且随之释放一些幼稚细胞进入循环。

淋巴细胞减少症,反映存在应激,应激是急性炎症过程中一个常见的并发症。

存在单核细胞增多症时,反映了机体对吞噬作用的需求或组织坏死。

②慢性炎症特征。

a)显著白细胞增多症，伴随显著的中性粒细胞增多以及核左移、中毒性粒细胞以及单核细胞增多。最常见于严重的局部化脓灶，通常伴发炎症性贫血和高球蛋白血症。

b)白细胞计数正常到轻微升高，特征为中性粒细胞计数正常到轻微升高、无核左移、淋巴细胞计数正常以及单核细胞增多。中性粒细胞计数正常至轻微升高，反映了骨髓生成与组织需求之间达到了新的平衡，该平衡是由于骨髓对组织损伤部位释放的细胞因子(生长因子)产生应答反应，导致中性粒细胞生成增加而引起的。缺乏核左移表明骨髓生成的中性粒细胞已经满足了组织增加的需求。正常淋巴细胞计数反映了应激和抗原刺激对淋巴细胞数量的影响达到了平衡。单核细胞增多症反映了机体对吞噬作用的需求或组织坏死。

③典型重度炎症特点。中性粒细胞数量减少、核左移、淋巴细胞减少症以及不定量的单核细胞增多症。中性粒细胞数量减少表明骨髓生成跟不上组织需求。核左移表明骨髓中性粒细胞储存池的耗竭。淋巴细胞减少症反映了应激的存在。存在单核细胞增多症时，表明存在组织坏死或机体对吞噬作用的需求。

(3)与应激反应的关联　应激通常会导致轻微的淋巴细胞减少症。还可能出现嗜酸性粒细胞减少症、轻度中性粒细胞增多症以及轻微的单核细胞增多症，但不是都会出现，也没有特异性。

(4)组织坏死的白细胞变化特征　单核细胞增多症，表明存在组织坏死或机体对吞噬作用的需求。单核细胞增多症可发生于急性、慢性炎症或者坏死。

(5)全身性过敏反应的白细胞变化特征　持续性嗜酸性粒细胞增多症和/或嗜碱性粒细胞增多症，表明存在全身性过敏反应。

病因包括：全身某个部位的寄生虫性疾病，如心丝虫病、跳蚤叮咬引起的皮炎、犬过敏性气管支气管炎(肺部呈现嗜酸性粒细胞浸润)、猫哮喘、过敏性胃肠炎、全身性肥大细胞增多症、猫弥散性嗜酸性肉芽肿综合征。只寄生于肠道的寄生虫疾病(如鞭虫)不会引起嗜酸性粒细胞增多症。

(6)全身性毒血症的白细胞变化特征　血涂片上出现中毒性粒细胞(中性粒细胞出现中毒颗粒、空泡变性和退行性的改变)表明存在全身性毒血症。中毒性白细胞通常与细菌感染有关。另外，大面积的组织坏死也可引起类似变化。

(二)红细胞参数检测

红细胞检测参数包括红细胞计数(RBC)、血红蛋白测定(Hb)、血细胞比容(HCT)、平均红细胞体积(MCV)、平均红细胞血红蛋白含量(MCH)、平均红细胞血红蛋白浓度(MCHC)、红细胞分布宽度(RDW)。

1.结果判断

(1)红细胞计数(RBC)　偏高时可能患红细胞增多症，偏低时可能为各种类型的贫血。

(2)血红蛋白测定(Hb)　血红蛋白存在于红细胞中，是运送氧气的物质，以提供体内所必需的氧。雌性受妊娠的影响，血红蛋白普遍比雄性低。高值时可能为红细胞增多症，心输出量减少；低值时可能为低血色素性贫血或缺铁性贫血。当动物贫血时血红蛋白和红细胞减少程度不一样。如严重的低色素性贫血时，血红蛋白减少比红细胞更加明显；而大红细胞性贫血时，红细胞的减少比血红蛋白明显。

(3)血细胞比容(HCT)　指红细胞在血中所占体积的百分比，更能正确地了解贫血的程度。高值时可能有脱水症或红细胞增多症；低值时则可能有贫血。

(4)平均红细胞体积(MCV) 代表红细胞的平均体积。高值时表示红细胞过大，见于缺乏维生素 B_{12} 和叶酸的贫血、巨红细胞症；低值时表示红细胞较小，见于缺铁性贫血、地中海型贫血以及慢性疾病造成的贫血。

(5)平均红细胞血红蛋白含量(MCH) 代表红细胞中血红蛋白平均含量，其临床意义可参 MCHC。平均红细胞血红蛋白浓度(MCHC)代表红细胞中血红蛋白的浓度平均值，作为对血红蛋白检验值的佐证。除了遗传性球形红细胞症外，MCHC 不大于 36 g/dL；MCHC 降低则见于缺铁性贫血和地中海型贫血。

(6)红细胞体积分布宽度(RDW) 当红细胞大小相差较大时，RDW 会上升，可作为诊断贫血的参考。

2. 临床分析与解读

(1)再生障碍性贫血的红细胞参数变化 识别再生性贫血时，观察血涂片是非常关键的第一步。血涂片上多染性红细胞增多就表明存在红细胞再生。可通过网织红细胞绝对计数来确诊再生性。

(2)失血性贫血与溶血性贫血的参数变化差异 病史、症状以及临床检查是鉴别诊断的关键。大多数失血性贫血可通过该方法识别。高血红蛋白血症以及血红蛋白尿表明溶血。极高的网织红细胞计数是溶血的高度提示。如果疑似溶血，应观察红细胞形态变化，查看是否存在溶血性疾病特有的异常红细胞，包括球形红细胞、海因茨小体、裂细胞、病原(血巴尔通体、巴贝西虫)、血影细胞、偏心细胞。

(3)再生障碍性贫血的判断 炎症疾病引起的贫血是犬猫最常见的贫血，且可通过血象推测确诊。其特点包括：轻度到中度的正细胞正色素性贫血；炎性白细胞象；铁缺乏可引起小红细胞性低色素性非再生性贫血，可通过血象以及血涂片推测确诊。巨幼红细胞性贫血(核成熟缺陷性贫血)通常会在循环中出现巨幼红细胞，也能见于血涂片，需经骨髓检查确诊。

骨髓纤维变性引起的非再生性贫血具有以下特征：异形红细胞症，伴有泪滴形红细胞和卵形红细胞；白细胞减少症；血小板反应不定。需经骨髓组织病理学检查确诊。

其他所有非再生性贫血都没有特异性的血象检验结果，必须通过骨髓检查来确诊。

(4)红细胞总数增加的临床意义

①相对红细胞增多。脱水是最常见的因素，呈现红细胞总数增加、总蛋白增加和血清生化出现脱水特征。

②绝对红细胞增多。一是原发性的红细胞增多症，由骨髓增生性疾病导致，其特点有：组织氧饱和度(正常的动脉血气)正常，促红细胞生成素水平正常。二是继发性红细胞增多症，导致心血管疾病、肺病、肾病、肾肿瘤(原发性的或者转移性的)和库欣综合征。

(三)血小板计数(PLT)

血小板的定量检测就是测定血小板的数量，而血小板的定性检测是指血小板的形态检查。

1. 结果判断

值增高时可能与红细胞增多症、慢性骨髓性白血病、骨髓纤维化、脾脏切除、慢性感染症或急性感染恢复期有关。血小板值过低时可能有出血倾向和凝血不良的再生障碍性贫血。

2. 临床分析与解读

(1)血小板增多

①原发性血小板增多症是血小板性白血病的一个特点，或者是由其他骨髓增生性疾病引起的。

②反应性血小板增多症，可见于脾切除术、兴奋、运动、骨折、高水平的循环糖皮质激素、失血后(24 h后，或更长时间后)、骨髓纤维变性和缺铁性贫血。

(2)血小板减少

①消耗性血小板减少症通常与炎症、DIC和传染性疾病(如埃利希体病以及其他蜱传染的疾病)有关。其特点包括：炎症白细胞象，轻度到中度的血小板减少症，裂细胞(犬)，正常数量的骨髓前体。

②反应性血小板减少症通常与肝脾肿大有关。

③再生障碍血小板减少症通常与骨髓前体的减少有关。

④消耗性血小板减少症是免疫介导性的，它可以单独发生也可以并发于免疫介导性溶血性贫血。常见特点包括显著的血小板减少症(<50 000个/μL)和骨髓前体数量正常至增加。

(3)血小板形态异常　出现大量小的血小板(微血小板)表明可能是免疫介导性血小板减少症的早期阶段。

以巨型血小板数量大量增加为特征的血小板大小不等症，表明骨髓生成血小板增加。通常见于反应性血小板减少症和再生性贫血。

含有少量大颗粒的颗粒性血小板，表明血小板发育异常，须做骨髓检验。检查血小板内的巨大颗粒，确定是否为一些潜在的包涵体，如埃利希体。

二、尿液常规检查报告解读

(一)尿胆原

正常参考值：阳性(+)。

1. 尿内尿胆原增多

尿内尿胆原在生理情况下仅有微量，在饥饿、食后、运动等情况时稍有增加，但如尿液稀释4倍以上仍呈阳性，表示尿胆原增多，为病理指征。常见于：

(1)肝功能受损，如肝脏疾病、心力衰竭等。

(2)体内胆红素生成过多，多见于内出血或各种溶血性疾病。

(3)从肠管回吸收的尿胆原增加，多见于顽固性便秘、肠梗阻的患病动物。

2. 阴性(－)

见于梗阻性黄疸。

(二)尿胆红素

正常参考值：阴性(－)。

1. 阳性

胆管阻塞，见于胆石症、胆道肿瘤、胆道蛔虫、胰头癌等；肝细胞受损，如肝癌、肝硬化、急慢性肝炎、肝细胞坏死等。

2. 阴性

肝性和阻塞性黄疸合并严重肾损伤时，尿内胆红素则呈阴性反应。单纯溶血性黄疸则为阴性反应。

(三)酮体

正常参考值：阴性(—)。

阳性，见于奶牛酮病、真胃变位、酸中毒、呕吐、腹泻、中毒、伤寒、肺炎、败血症、急性风湿热等。此外，饥饿、分娩后摄入过多的脂肪和蛋白质等也可出现阳性。

(四)潜血

正常参考值：阴性。

阳性：见于尿路损伤、尿路炎症、尿路结石、尿路肿瘤等。

(五)蛋白质

正常参考值：阴性。

阳性：见于下列各种因素。

1. 肾脏疾病

各种急性和慢性肾小球肾炎、急性肾盂肾炎、多发性骨髓瘤及各种原因引起的肾病综合征等；汞、铅等中毒引起肾小管上皮细胞损伤也可见阳性。

2. 泌尿系统感染

如肾炎、肾盂肾炎、肾结核、膀胱炎、尿道炎等。

3. 其他疾病

如心脏功能不全、高血压性肾病、糖尿病性肾病、甲状腺功能亢进、系统性红斑狼疮、败血症、白血病等。

(六)亚硝酸盐

正常参考值：阴性。

阴性提示尿液当中存在革兰氏阴性杆菌的感染。只有革兰氏阴性杆菌感染，才会代谢产生亚硝酸盐。见于泌尿系统的感染，如肾盂肾炎、输尿管炎症、膀胱炎症、尿道炎症等。

(七)白细胞

正常参考值：阴性。

增高多见于尿路感染，如急性肾小球肾炎、肾盂肾炎、膀胱炎、尿道炎、尿道结核等。

(八)葡萄糖

正常参考值:阴性。

阳性:最常见的疾病是糖尿病,因为机体血糖升高,超过肾糖阈而引起尿糖,出现定性试验阳性。其他内分泌系统疾病,如甲状腺功能亢进、垂体前叶机能亢进、胰腺炎、严重肾功能不全等。此外,颅脑外伤、脑血管损伤、脑震荡、急性心肌梗死等,也可出现应激性糖尿。

注意,短时间内过多食入高糖物质后,也可产生一过性血糖升高,致尿糖阳性。

(九)比重

正常参考值:牛,1.025～1.050;猪,1.018～1.022;羊,1.015～1.065;家兔,1.010～1.050;犬,1.015～1.045;猫,1.015～1.060。幼畜的尿比重偏低,尿比重受年龄、饮水量和出汗的影响。尿比重的高低,主要取决于肾脏的浓缩功能,故测定尿比重可作为肾功能检查项目之一。

1.尿比重偏低

尿比重偏低见于慢性肾盂肾炎、尿崩症、慢性肾小球肾炎、急性肾功能衰竭的多尿期等。

2.尿比重增高

尿比重增高见于糖尿病、高热、呕吐、腹泻、脱水、休克、急性肾小球肾炎及心力衰竭等。

(十)pH

正常参考值:肉牛,7.7～8.7;山羊,8.0～8.5;猪,5.5～6.5;犬、猫,5.0～7.0。尿的酸碱度在很大程度上取决于饮食种类、服用的药物及疾病类型。

1.尿 pH 低于正常值

尿 pH 低于正常值,常见于酸中毒、糖尿病、痛风、白血病或服酸性药物(如氯化铵)。

2.尿 pH 高于正常值

尿 pH 高于正常值,多见于碱中毒、膀胱炎或服用碳酸氢钠等碱性药物等。

三、粪便常规检查报告解读

动物的粪便检查可以反映其肠道内部的生理及病理状况,如肠道菌群活跃度、寄生虫感染情况、消化产物状态等,对寄生虫病、消化功能紊乱等疾病的诊断有重要参考价值。

(一)消化产物

消化产物是指动物摄入食物后,经过胃肠道消化后所代谢的产物(也有未消化吸收的产物),主要的消化产物有脂肪、肌纤维、淀粉。

1.脂肪

脂肪呈无色透明或淡黄色,由于表面张力作用,通常呈球形。有时样品中液体成分发生流动时,较大的脂滴流经过狭窄的通道可发生变形,应与气泡相区别。在显微镜下,气泡不易变形且折射率较大，边缘清晰。

正常：当动物正常摄入饮食的时候，粪便中不会出现或者很少出现脂肪滴。

异常：粪便中出现很多脂肪滴，见于肝胆疾病、胃肠消化吸收机能不良。动物一次性摄入过多脂肪或应用了油类泻剂也可造成。

2. 肌纤维

肌纤维在低倍镜下似蜡样，呈较鲜明的黄色，形状不定，消化较充分时，内部结构较均匀，消化不充分时，在高倍镜下可见内部未消化的肌丝和横纹。以肉类为主食的动物（如犬、猫）粪便中有时可见，如大量出现，见于消化不良或摄入过多。

3. 淀粉

淀粉镜下颗粒细小，呈球形，有时数个淀粉球聚集成团，经碘染色呈棕黑色或蓝紫色。部分植物细胞内也含大量淀粉成分，经碘染色后呈蓝紫色。大量出现见于消化不良或摄入淀粉过多。

（二）体细胞

体细胞主要是动物体内的细胞由于一些病理原因脱落而通过胃肠道排出，可以在粪便检查中检出，并可帮助诊断疾病。

1. 红细胞

红细胞抵抗力弱，在肠道中易被消化、腐败而破坏。粪便中正常形态的红细胞可见于后部肠道近期出血，如异物损伤、感染性大肠炎导致的出血等；前部肠道出血，粪便中红细胞形态常变形，破坏严重。

2. 白细胞

粪便中的白细胞或脓细胞来自肠壁的渗出，常混杂于大量黏液中，聚集成团。低倍镜观察，如未经碘染色，有时不易发现。有大量白细胞或脓细胞的存在，提示可能发生严重的肠胃炎或体内炎症。

3. 上皮细胞

在粪检中，如上皮细胞增多，见于消化道的损伤、炎症，常常和白细胞一起出现。

（三）寄生虫

大部分体内寄生虫及虫卵都能通过粪便排出而能被检测出来，对于动物寄生虫病的诊断具有重要价值。

1. 球虫

球虫卵囊呈卵圆形，无色、壁薄而光滑、单层卵囊内有 2 个到多个孢子囊。当动物有水样粪便、便血，即可怀疑球虫的存在。球虫常常寄生在动物肠道黏膜上皮内。镜检时，可在脱落的黏膜及黏液内大量发现。寄生虫感染动物，可引起腹泻、肠道炎，长期可引起严重贫血和营养不良。

2. 滴虫

滴虫虫体呈立体的纺锤形或梨形，常有4～6根鞭毛，分别向头、尾两侧伸出，体形大小与贾第虫相仿或稍小，通常没有包囊阶段。在生理盐水稀释的样品中运动活跃，但由于其折射率与背景的折射率相似，肉眼观察发现较困难，须在高倍镜下仔细鉴别。常感染犬、猫等，致腹泻。滴虫感染的腹泻，粪便内常见白细胞大量渗出。

3. 蛔虫

粪便镜检常见其虫卵。蛔虫卵呈球形或椭球形，卵壳厚，多层，外层粗糙，表面凸凹不平，原无色，常被粪便内胆色素染为黄色至棕绿色，卵壳内为球形细颗粒的胚细胞，极少含有粗大颗粒，有时因卵壳颇厚而不易辨认其内部构造。有时见患病动物吐出或随粪便排出虫体，虫体长5～18 mm，白色，线状。

四、血液生化检查报告解读

生化检查是指用生物化学的方法对机体进行检查。正确、全面地判读生化指标数据，有助于了解动物的肝脏、肾脏、心脏、胰腺、胃肠道、尿道、胰岛、甲状腺、甲状旁腺、肾上腺、垂体等器官的机能状况，对相关脏器疾病的诊断具有重要参考价值。依据单项指标或少数几项指标的异常是不能确定病理情况的，要得出准确的疾病结论，须结合临床检查、其他实验室检查、影像学检查等资料，进行综合分析判断。

（一）丙氨酸氨基转移酶（ALT）

ALT是谷氨酸和丙酮酸之间的转氨酶，旧称谷丙转氨酶，主要存在于肝脏、心脏和骨骼肌中。肝细胞或某些组织损伤或坏死，都可导致血液中的谷丙转氨酶升高。临床上有很多疾病可引起转氨酶异常。ALT升高的原因很多，包括急性软组织损伤及严重的创伤、剧烈运动或运动过度、感染性疾病（如肺炎、结核）、心脏疾病（如心力衰竭、心肌炎）、胆囊炎、应用一些药物等非肝脏因素。所以临床生化检查见到ALT的轻度增高不应只怀疑肝脏问题，要综合考虑动物病情并全面分析化验单。

ALT主要大量存在于肝脏细胞的细胞浆中，其浓度高于血清的1 000～3 000倍。故肝细胞的轻度损伤就可使其升高，极其敏感。但ALT的降低目前未证实其有临床意义。

（二）天冬氨酸氨基转移酶（AST）

AST存在各组织细胞中，旧称谷草转氨酶，肌肉组织中含量很高，其中心肌细胞中的含量明显高于肝脏细胞，所以AST伴随CK（肌酸激酶）的明显升高常提示骨骼肌损伤或心脏疾病。此外，能引起ALT升高的非肝脏因素均能引起AST升高，近有报道称大量食用动物性脂肪也能引起ALT升高。

肝内的AST有两种同工酶，分别存在于肝细胞胞浆内（sAST）和肝细胞线粒体内（mAST）。所以当肝脏轻度损伤时，肝细胞只是胞浆破裂，胞浆中的ALT和sAST都进入血液，引起血清ALT及AST同时基本等比例升高。而当肝有严重损伤时，细胞线粒体破裂，mAST释放入血，此时血清中AST值为sAST与mAST的总和，故AST升高的比例要高于

ALT,升高的比例越高,提示肝损伤的程度越重。

(三)总胆红素(TBIL)

TBIL 是直接胆红素和间接胆红素的总和,正常血清中的胆红素基本是来自衰老的红细胞破碎后产生出来的血红蛋白衍化而成,在肝内经葡萄糖醛酸化的称为直接胆红素,未在肝内经葡萄糖醛酸化的称为间接胆红素。总胆红素升高的原因包括溶血性疾病、微生物感染引起间接胆红素过多,来不及被肝脏转化为直接胆红素和胆汁而引起单纯因间接胆红素升高导致直接胆红素升高。肝病时,胆红素不能转化为胆汁或因肝细胞肿胀而导致肝内胆汁淤积引起直接胆红素和间接胆红素同时升高造成肝细胞性黄疸。发生胆囊炎、总胆管阻塞时,胆汁排入十二指肠障碍而引起阻塞性黄疸。

因犬、猫被毛长度及皮肤颜色不同,临床一般通过眼结膜、瞬膜和口腔黏膜的颜色观察来判断。一般 30 mmol/L 以下的黄疸不宜用肉眼察觉,称为隐性黄疸。怀疑隐性黄疸时,可通过尿液化验来进行判断。当发生轻度溶血时,肝脏将间接胆红素转化成直接胆红素的能力可在一定范围内增强,所以这时血清胆红素水平不会上升。但在发生中度或重度溶血时,大量红细胞破碎导致进入血清中的间接胆红素过多,肝脏来不及转化而导致血清总胆红素水平轻中度升高。犬的埃利希氏体、支原体感染,猫的传染性腹膜炎也能引起肝前性黄疸。

肝细胞性黄疸时直接胆红素和间接胆红素均升高。当怀疑发生肝细胞性黄疸时,要结合 ALT、AST、ALP 指标及各项临床症状做出诊断。要知道犬、猫的肝脏疾病在一半以上的病例中是不引起黄疸的。肝细胞性黄疸时总胆红素的高低在一定程度上是与肝病的严重程度成正比的,当总胆红素值显示为重度黄疸时,ALT、AST 值升高不多被称为胆酶分离。胆酶分离的原因是肝细胞严重受损,间接胆红素不能被转化,胆汁大量在肝内淤积,而具有活性的肝细胞数量很少,受损后释放的酶也相应减少,往往提示极严重的肝损伤、肝硬化中晚期以及肝衰竭。

梗阻性黄疸是指肝细胞具备将间接胆红素结合为直接胆红素及产生胆汁的能力,但胆汁排出受阻,所以直接胆红素升高,间接胆红素正常或轻度升高。胆结石、寄生虫、肝脏肿瘤、胆囊肿瘤、胰腺肿瘤造成的胆管阻塞及压迫是主要病因。此时,ALT 一般轻度升高,AST 轻度升高或正常,ALP 明显升高。

总胆红素降低一般提示缺铁性贫血、缺锌或仪器误差。

(四)乳酸脱氢酶(LDH)

LDH 是一种糖酵解酶,几乎存在于所有组织细胞的细胞质内,催化乳酸和丙酮酸的相互转换。在无氧酵解时,催化丙酮酸接受由 3-磷酸甘油醛脱氢酶形成的氢,形成乳酸。LDH 由 5 种同工酶组成,同工酶分布有明显的组织特异性,因此可根据其组织特异性来协助诊断疾病,目前国内兽医临床上还未开展利用电泳法或酶联免疫法测定同工酶。由于 LDH 几乎存在于所有细胞中,且在机体组织中的活性普遍很高,所以血清 LDH 的增高对任何单一组织或器官都是非特异的,无明确诊断意义。

(五)碱性磷酸酶(ALP)

ALP 由 6 种同工酶组成,广泛存在于机体各组织中,肝、肾、骨骼、肠道、胎盘及某些肿瘤组织内都存在，但主要存在于肝脏和骨骼中。在犬、猫幼龄阶段的骨骼发育期、骨折愈合期、妊娠期均可引起ALP轻度的生理性增高。骨软化症、佝偻病、骨质疏松、骨肿瘤、肝脓肿、肝硬化、肝肿瘤、甲亢时ALP轻度至中度增高。肝外胆道阻塞、胆囊疾病、胆汁淤积型肝炎时肝细胞过度产生ALP，经淋巴道和肝窦进入血液，同时由于胆汁排泄障碍，反流入血，引起血清ALP明显升高。

在犬、猫临床上，ALP升高所提示的临床意义不完全相同。在犬提示肝脏疾病、库欣综合征、糖皮质激素或抗癫痫药物使用。在猫提示糖尿病、胆管炎、胆管性肝炎、肝脂变、甲亢等。在犬甲状腺功能减退时，ALP可能轻度下降。

（六）肌酸激酶（CK）

CK可在体内催化肌酸和磷酸肌酸之间的相互转化，广泛存在于心肌和骨骼肌中，脑、胃肠道、前列腺、肺等组织中也有分布。CK有3种同工酶。人医用CK-MB的浓度来诊断心肌疾病，但在兽医临床尚未开展。在兽医临床中CK的明显升高主要提示心肌、骨骼肌或脑组织的病变。

（七）γ-谷氨酰转肽酶（GGT）

GGT是将其他氨基酸转化为谷氨酸的酶，广泛分布于机体各组织中，但在肾、胰腺、肝脏中分布的较多。GGT轻中度升高提示各种情况的肝炎、脂肪肝、胰腺炎（犬）、胰腺癌、糖皮质激素或巴比妥类药物的使用。GGT重度升高提示胆囊炎、胆道阻塞、胆汁淤积性肝炎引起的阻塞性黄疸，原发和继发性肝癌。GGT高于正常值4倍以上时要考虑肝癌或严重的肝胆感染，尤其在犬。

（八）总蛋白（TP）

TP是指肝脏产生的清蛋白和含量极少的纤维蛋白原、α球蛋白、β球蛋白、凝血酶原、凝血因子，浆细胞产生的γ球蛋白共同组成的复杂混合物。TP的升高常见于各种原因引起的脱水、中毒、休克、慢性感染、淋巴肉瘤、浆细胞瘤等。TP降低主要见于各种原因引起的清蛋白下降。

（九）清蛋白（ALB）

ALB是机体维持血浆胶体渗透压的主要力量，它能转运胆红素、长链脂肪酸、胆汁酸盐、前列腺素、类固醇和部分药物及重金属离子，还具有一定的球蛋白保护作用。ALB升高主要见于急性重度脱水和休克，但这在临床上并不常见，因为ALB的升高引起血浆胶体渗透压升高，扩容的血浆使ALB得数值降为正常。ALB降低分为两种原因：第一为合成不足，长期饥饿、营养不良、肠道吸收不良等原因引起的原料不足或严重的肝病导致的ALB产生不足或停止；第二为过度流失，肾小球病变、肾病、蛋白丢失性肠病、大量炎症性胸腹腔渗出均能导致ALB的丢失性降低。

（十）球蛋白（GLOB）

机体球蛋白包括α球蛋白、β球蛋白及γ球蛋白，且以γ球蛋白为主，另两种球蛋白的含量极低。因为纤维蛋白原、凝血酶原和凝血因子所占的比重太小，所以兽医临床上血清球蛋白的数值是TP减去ALB所得。球蛋白的升高在犬常见于全身性慢性感染，如全身性脓皮症、艾利希氏体、心丝虫、蠕形螨、慢性跳蚤过敏等；还可见于淋巴肉瘤、浆细胞瘤、多发性骨髓瘤等高蛋白血症及自身免疫病。在猫较为常见，机体携带非自限性病毒时均能引球蛋白同程度的升高。球蛋白降低一般不会出现在猫。在成年犬可能与慢性失血、蛋白丢失性肠病、重度肝病及肾病有关，但后两者不常见。

(十一)清蛋白∶球蛋白(A/G)

TP高，A/G低是由于球蛋白偏高，原因有慢性炎症、免疫性疾病、多发性骨髓瘤、红斑狼疮等。TP低，A/G低是由于清蛋白偏低，见于肾病、营养不良等能够引起清蛋白流失的疾病。如果A/G低并且清蛋白低，球蛋白高的话，提示严重肝病，如严重肝脓肿、肝脂变(猫)、中重度的肝纤维化、肝癌晚期。

(十二)尿素氮(BUN)

BUN是机体内氨在肝中代谢产生的，主要通过肾脏排出体外。BUN升高临床上称为氮质血症，分为肾前性、肾中性、肾后性3种。肾前性见于充血性心力衰竭、高热、休克、消化道出血、脱水、严重感染、糖尿病酮症酸中毒、严重的肌肉损伤、应用糖皮质激素或四环素、阿蒂森氏症、高蛋白饮食、肝肾综合征等因素；肾中性常见于急性肾炎、慢性间质性肾炎、严重肾盂肾炎、先天性多囊肾和肾肿瘤等肾脏疾病引起的肾功能障碍；肾后性见于各种原因导致的尿路梗阻使肾小球滤过压降低，常见于尿道结石、难产、便秘、前列腺肿瘤、盆腔肿瘤、双侧输尿管结石等因素。血中BUN降低常见于过量摄入水分、蛋白质摄入过少、应用促蛋白合成的同化激素、妊娠晚期及严重的肝脏疾病。

(十三)肌酐(CREA)

肌酐是机体肌肉代谢的产物。在肌肉中，肌酸主要通过不可逆的非酶脱水反应缓缓地形成肌酐，再释放到血液中，随尿排泄。因此血中肌酐的量与体内肌肉总量关系密切，不易受饮食影响。肌酐是小分子物质，可通过肾小球滤过，在肾小管内很少吸收，每日体内产生的肌酐，几乎全部随尿排出，正常时一般不受尿量影响。肌酐升高的主要原因为肾功能不全，当肾功能下降至正常的1/4～1/3时血肌酐开始上升。在严重感染、剧烈运动、生长激素过盛、糖尿病、维生素C的大量使用时也可引起血中CREA升高。肌酐的降低见于妊娠晚期、严重的肌营养不良、重度的充血性心衰、应用雄性激素或噻嗪类利尿药等。

(十四)血钙(Ca)

血钙以离子钙和结合钙两种形式存在，血浆钙中只有离子钙才直接起生理作用。离子钙降低神经肌肉应激性的作用，当离子钙过低时神经肌肉应激性升高，可发生手足搐搦。过高时可使神经、肌肉兴奋性降低，表现为乏力、呕吐、对外界刺激漠然、腱反射减弱，严重时可出现精神障碍、木僵和昏迷。另外高钙血症时，心肌兴奋性、传导性降低，高钙血症还会对肾脏产生损害。血清钙大于 4.5 mmol/L 可发生高钙血症危象，动物易死于心搏骤停、坏死性胰腺炎和肾衰等。

高血钙常见于维生素 D 中毒、补钙过量、原发性甲亢、肾衰引起的继发性甲旁亢、高蛋白血症、芽生菌病、体温过低、淋巴肉瘤（犬）、大量进食植物（猫）。低血钙常见于妊娠及哺乳期、幼龄动物快速生长期、低蛋白血症、肾衰、甲亢（猫）、急性坏死性胰腺炎、甲状旁腺机能减退等。

（十五）血磷（P）

血磷主要是指血中的无机磷，它以无机磷酸盐的形式存在。血浆中钙与磷的浓度保持着一定的比例关系。高血磷可引起厌食、骨骼异常及疼痛、血管及软组织钙化、诱发甲状腺旁腺功能亢进等问题。血磷常见的升高原因有肾衰、维生素 D 摄入过多、快速生长期、甲状腺旁腺功能减退、溶骨性疾病。低血磷可引起动物贫血、无力、惊厥，常见原因有碱中毒、糖尿病酮症酸中毒治疗时胰岛素过量，静脉使用葡萄糖过量、产后瘫痪、甲状腺旁腺功能亢进、维生素 D 缺乏。

（十六）血糖（GLU）

血糖升高由糖尿病、紧张（猫）、肾衰竭、库欣综合征、甲亢、孕激素过多、生长激素过多、药物（葡萄糖、糖皮质激素、孕激素、甲状腺素）等引起。血糖下降的原因有小型幼龄动物的消化道疾病（常引起癫痫）、饥饿、严重的败血症、肝功能不全、阿蒂森氏症、垂体机能减退、胰岛素治疗过量。

（十七）淀粉酶（AMY）

血清淀粉酶主要来源于胰腺，另外近端十二指肠、肺、子宫、泌乳期的乳腺等器官也有少量分泌。血清淀粉酶在急性胰腺炎及慢性胰腺炎的急性发作，胰腺损伤期升高 2～3 倍（主要在犬）；肾衰竭、胰腺囊肿、胰腺肿瘤时中度升高；肝脏疾病及胃肠道疾病（如肠梗阻、肠管坏死、便秘、胃肠穿孔、腹膜炎等）、应用噻嗪类药物、糖皮质激素及羟乙基淀粉也可引起血清淀粉酶升高。

血清淀粉酶的下降无重要的临床意义，有报道见于重症糖尿病、严重的肝脏疾病、胰腺肿瘤的术后。

（十八）脂肪酶（LIPA）

血清脂肪酶的升高主要见于急性胰腺炎、胰腺癌。急性胰腺炎时血清淀粉酶升高持续的时间较短，而脂肪酶升高持续时间很长，故临床诊断意义较大。另外肠梗阻、十二指肠穿孔、胆总管阻塞也能引起血清脂肪酶升高。

（十九）总胆固醇（CHOL）

胆固醇广泛存在于动物体内，尤以脑及神经组织中最为丰富，在肾、脾、皮肤、肝和胆汁中含量也高，是机体组织细胞不可缺少的重要物质，不仅参与形成细胞膜，而且是合成胆汁酸、维生素 D 以及甾体激素的原料。血清胆固醇升高可见于糖尿病、单纯的阻塞性黄疸、肥胖、高脂肪饮食、甲减、库欣综合征、肾病综合征等疾病。血清胆固醇降低可见于严重的营养不良、恶性肿瘤、肝细胞严重受损、蛋白丢失性肠病等。

第五节　常见疾病鉴别诊断

常见疾病鉴别诊断插图

一、常见消化机能紊乱的疾病鉴别诊断

（一）吞咽障碍症状为主的常见疾病鉴别

疾病名称	鉴别要点			建立诊断
	症状特点	临床检查	辅助检查	
咽炎	特征：咽部敏感，吞咽障碍，流涎。如咽背、咽后淋巴结发生肿胀则有呼吸困难表现。 表现：采食、咀嚼慢，吞咽障碍，常出现伸颈、流涎。咽部触诊敏感。常呕吐，可伴有咳嗽，流大量唾液。	咽部触诊：敏感，咽部肿胀；视诊：吞咽困难，逆呕水料。 重者：精神沉郁，体温升高，咽部肿胀，呼吸困难，尤其是发生蜂窝织炎时体温升高较明显。	咽喉镜检查：观察咽部黏膜的病理变化，确定疾病性质。	依据咽部触诊敏感，咽部肿胀，吞咽困难，逆呕水料可建立诊断。
喉炎	喉部黏膜发生的炎症。严重喉炎可压迫咽部导致吞咽障碍。症状：喉部敏感、咳嗽、流鼻液，重症可见呼吸困难，甚至窒息。	外部观察：喉部肿胀，触诊热、痛。 内部观察：喉黏膜充血、潮红。 听诊：喉部有啰音。	喉镜检查：喉黏膜充血、潮红，有炎性分泌物。	依喉部敏感、咳嗽、听诊有啰音可建立诊断
食管阻塞	突然由口鼻流出带有饲料的涎沫，连续咳嗽，气促喘粗，不断做呕吐或吞咽动作，严重病例，将舌头伸于口外呼吸。进食时吞咽困难，不断伸颈摇头，或头向左右摆动。	若吞食后立即由口鼻反流，则为颈段食管阻塞，触诊颈部食管常可触及阻塞物。 如果吃草料时仍可吞咽，不久由口鼻中流出，则阻塞发生在食管的下部尤其是在胸部食管。此时，还可看到左颈静脉沟处出现膨大的食管，有时还可见蠕动，可听到液体流动声。	X线检查：可见食管内有异物阴影。 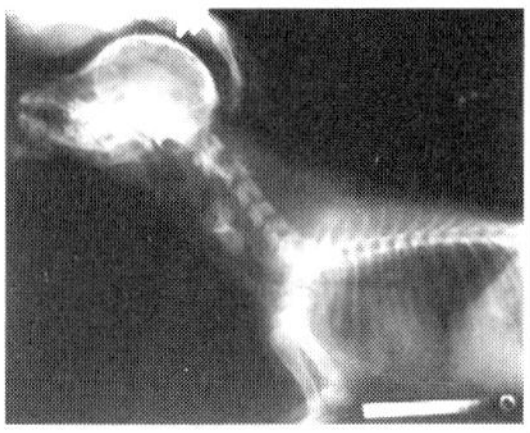 颈段食管内异物 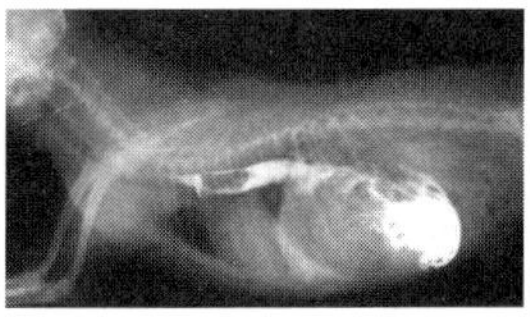 胸段食管内异物	依据突发流涎、咽下困难、痛苦不安表现，结合食管探诊、X线检查可建立诊断。

续表

疾病名称	鉴别要点			建立诊断
	症状特点	临床检查	辅助检查	
食管痉挛	为食管壁肌肉强烈挛缩所致。主要以胸痛、吞咽困难为主要表现。慢性病例，多在进食时出现间歇性吞咽困难、反流和呕吐。	在左颈静脉沟处触诊可摸到管壁紧张呈索状的食管，用水合氯醛解痉后，则可缓解。	X线造影检查。 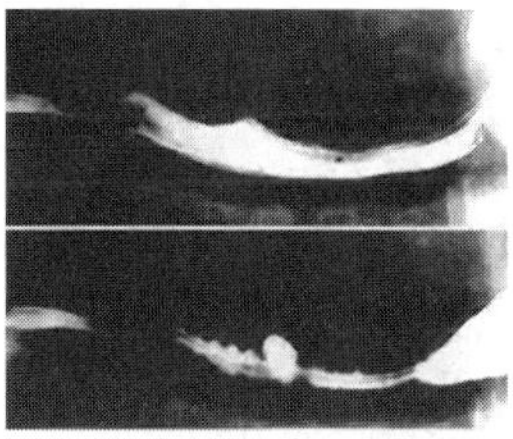 弥漫性食管痉挛 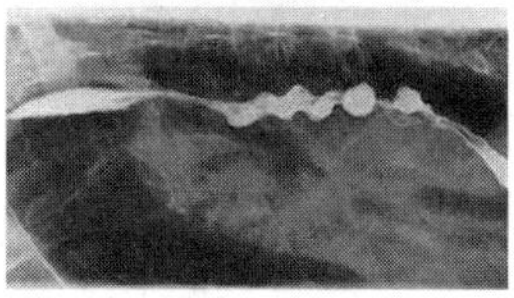 食管痉挛	食管的炎症、食管黏膜的损伤、冷热对食管的刺激、胃食管反流病，以及支配食管的迷走神经的疾病均可导致食管痉挛。
食管狭窄	食管因炎性肿胀、肿瘤或外力压迫所致管腔狭窄。以进行性的食物反流、吞咽困难和营养不良为主要特征。	胃管探查：粗的胃导管不能通过食管，细的胃导管则可以通过。 饲喂观察：粗料不能咽下，但可咽下饮水及稀料。	X线造影检查。 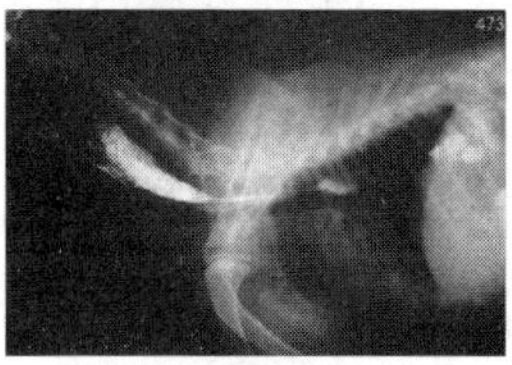 食管狭窄	依临床特征，结合食管造影检查可建立诊断。
食管扩张	局部食管平滑肌失去张力，形成膛室，进食后饲料易堆积于该部，常反复发生。	饲喂观察，可见动物在食管局部反复发生料水滞留。	X线造影检查。 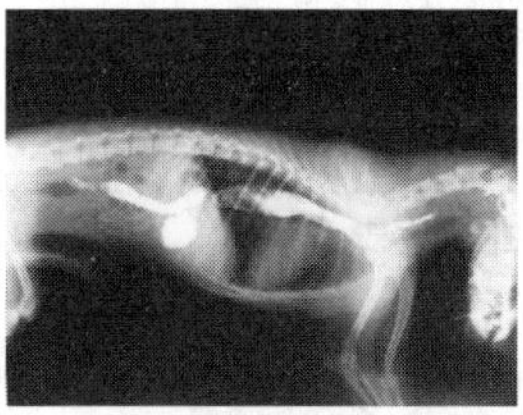 食管扩张	依局部反复发生阻塞、料水滞留，结合造影检查可建立诊断。

(二)呕吐症状为主的常见疾病鉴别

疾病名称	鉴别要点			建立诊断
	常见疾病及症状特点	临床检查	辅助检查	
中毒性疾病	**食盐中毒：** 因食入过多的钠盐而引起的中毒。特征（猪）：脱水、肌颤、抽搐、口吐白沫。	剖检：胃肠黏膜充血、出血、炎症；脑脊髓水肿。	病理切片检查：可见脑血管“袖套”现象。	依据过食钠盐病史、临床有脱水、肌颤、抽搐等脑水肿症状可建立诊断。

续表

疾病名称	鉴别要点			建立诊断
	常见疾病及症状特点	临床检查	辅助检查	
	猪 急性病例：脱水，呕吐，烦渴，黏膜充血，少尿。神经症状：兴奋，冲撞，吐白沫。体温正常。末期：倒地，呈游泳状，很快虚脱、昏迷，死亡。病程多在1～2 d内。 慢性中毒：多在1～2个月后发生。多于暴饮后突发脑水肿。主要表现为兴奋，转圈，点头，哼叫，仰翻，最终死于呼吸衰竭。病程一般为数小时至三四天。 不典型性：轻度呼吸困难，犬坐姿势，呼吸迫促，抗生素治疗无效，1～2 d死亡。主要病变为胃底黏膜严重淤血。 **家禽** 急性中毒：脱水，烦渴，废食，常伴下痢。神经症状：委顿，运动失调，腿无力或麻痹。呼吸困难，多死于呼吸衰竭。		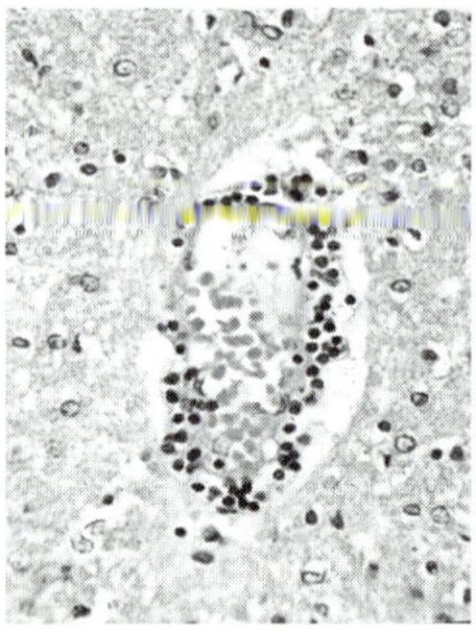	
	有机磷中毒： 特征：流涎、呕吐、腹泻、肌肉震颤、瞳孔缩小。 轻度中毒（毒蕈碱样症状）：以M-胆碱能神经过度兴奋为主，病畜食欲减退、废绝，出现恶心，大量流涎，呕吐，腹泻，排稀软粪便。 中度中毒：除上述症状外，还有烟碱样（N-胆碱能神经过度兴奋）症状：骨骼肌兴奋，尤其是肘后、股前肌肉震颤明显，重则全身抽搐、痉挛。后转为麻痹，多因呼吸麻痹而窒息死亡。	剖检病变：胃肠黏膜充血，胃内容物有大蒜臭味；肺充血水肿。	血检：血中胆碱酯酶活性<50%。	依据临床特征，结合血清胆碱酯酶活性检查可建立诊断。

续表

疾病名称	鉴别要点			建立诊断
	常见疾病及症状特点	临床检查	辅助检查	
	重度中毒：呈中枢神经中毒症状，动物昏迷、抽搐，发热，粪尿失禁，全身震颤，瞳孔缩小。心跳加快，突然倒地，很快死亡。			
	有机氟中毒： 动物突发痉挛，狂奔，嚎叫，瞳孔散大，很快死亡。	剖检病变：主要为胃肠炎、心肌炎及脑水肿；心包积液，心肌变性脆弱，心外膜或心内膜出血，心房有紫黑色凝固不良的淤血；两肺尖叶水肿；胃内容物充满，胃底、小肠黏膜广泛出血；肝小叶有成片出血点，膀胱黏膜充血；脑膜充血或出血，大脑脑回变浅，淤血。	有机氟实验室检验： 1. 胃内容物各1份，分别做羟肟酸反应、奈氏试剂反应和显微结晶反应，3种不同方法检测，可发现有氟乙酰胺的存在。 2. 取膀胱内尿液各1份进行测定，尿样含氟量分别为24、27、27.5和28.4 mg/kg。由此可确定为氟乙酰胺中毒。	依据临床特征、病变，结合毒物检查可建立诊断。
脑部疾病	**脑炎：** 一般脑症状：初期沉郁。有时突然发作，兴奋不安。最终，陷入抑制。 感觉检查：兴奋期感觉过敏，皮肤感觉异常，剧痛，瞳孔缩小；抑制期则相反。 症状：因脑组织病变，而出现。 痉挛：眼球震颤、斜视；牙关紧咬，轧齿；头颈强直，头后仰或向一侧反张。 麻痹：舌垂脱、吞咽障碍、流涎；面神经麻痹，口唇歪斜或下垂。另外还可出现单瘫或偏瘫。	精神、意识、感觉异常；运动异常。	脑脊液检查：浑浊，含蛋白质、细胞较多；如中性粒细胞、微生物出现则为化脓性炎症。	依临床有精神、运动异常症状，结合脑脊液检查可建立诊断。
	脑震荡： 脑部受到外力的撞击而导致的损伤，这种损伤包括：脑震荡、脑挫裂伤、颅内出血、脑干损伤、弥散性轴索损伤等。	病史调查，是否存在头部外伤史。 患畜有不安、站立不稳、呕吐动作。	1. X线平片 判断骨折、颅缝分离、颅内积气、颅内异物。 2. CT扫描 十分重要的手段，可以显示血肿、挫伤、水肿的存在及范围，也可看到	依脑部外伤史、临床有呕吐、头痛症状，结合脑部CT检查可建立诊断。

续表

疾病名称	鉴别要点			建立诊断
	常见疾病及症状特点	临床检查	辅助检查	
	脑震荡是属于最轻的脑损伤，一般症状不严重，主以头疼、头晕、恶心、呕吐等症状为特征。		骨折、积气等，必要时可多次动态扫描，以追踪病情变化。但后颅窝部位常有伪影干扰，显像欠佳。	
胃部疾病	**胃炎：** 精神委顿；食欲减退，喜饮；常呕吐或逆呕；脱水，尿少，便干。慢性：食欲不定，异食，易疲劳，有舌苔，粪便多干，渐消瘦，多发展为胃溃疡。	胃部触诊敏感，或可引起动物呕吐；胃部听诊：胃蠕动音亢进。	胃镜检查：可见胃黏膜充血、潮红，慢性者可见黏膜粗糙、增生，有的可见糜烂、溃疡。	依据临床症状，结合胃镜检查可建立诊断。
	急性胃扭转： 食后突发，腹痛，剧烈呕吐，腹围急剧扩大，胃内气体快速集聚，胃内压增加，休克。	视诊：腹围增大；腹部触诊：敏感，腹壁高度紧张；叩诊：胃部有明显鼓音。	X线检查：显示胃腔显著增大，气体充满整个胃部（左侧位）。 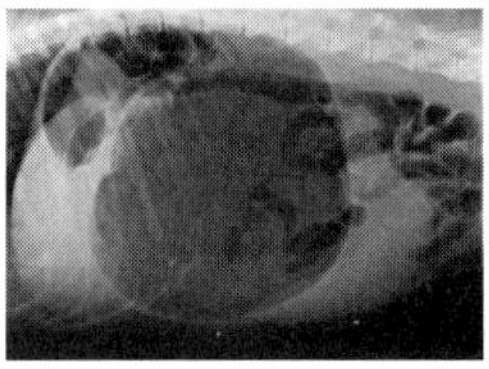	依据临床症状，结合X线检查可建立诊断。

（三）腹泻症状为主的常见疾病鉴别

疾病名称	鉴别要点			建立诊断
	常见疾病及症状特点	临床检查	实验室检查	
传染性疾病	**仔猪黄痢：** 为新生仔猪的一种急性、高度致死性疾病，以腹泻、排黄色液状粪便为特征。 主要发生于1周龄内，1～3日龄内仔猪最多，生后8～12 h即可发病，在自繁自养猪场，尤为头胎母猪所产的仔猪较多发生。 最急性者，出生后0.5～3 d，不见下痢、突然死亡；其他相继发病，可见水样、黄色液状粪便，内含凝乳小片，迅速消瘦、脱水，衰竭死亡，但一般不发热。	剖检病变：主要见于肠道。小肠（尤为十二指肠）呈急性卡他性炎症，肠系膜淋巴结肿大，充血、多汁。肝、肾有凝固性小坏死灶。	分离培养：将濒死或死亡不久的仔猪小肠前、中、后段内容物（有时可用新鲜粪便）接种于麦康凯平板，挑取红色菌落做生化、溶血等试验。 其他检查：小肠组织病理学检查、新鲜粪便电镜检查。	依据临床症状、剖检病变，结合细菌学检查可建立诊断。

续表

疾病名称	鉴别要点			建立诊断
	常见疾病及症状特点	临床检查	实验室检查	
	仔猪白痢： 2～3 周龄仔猪常发的一种以排泄灰白色带腥臭糊状粪便为特征的疾病。发生较黄痢为普遍，死亡率较低。 病猪突然腹泻，排出灰（乳）白色腥臭糊状粪便，脱水，消瘦，成为僵猪，较少死亡，体温食欲变化不大。	剖检病变：胃内积食少，肠呈卡他性炎症，结肠内容物乳白色、糨糊状。	同仔猪黄痢。	依据发病日龄、临床症状、剖检病变，结合细菌学检查可建立诊断。
	仔猪副伤寒： 由沙门菌引起的一种传染病，主要侵害 2～4 月龄仔猪、无明显季节性。 急性型初期便秘、后下痢、排恶臭血便；腹下、耳尖、四肢末端、嘴、尾尖等身体远端皮肤呈红色，后期变为青紫色；体温升高，慢性者便秘与下痢交替进行，粪便呈灰色淡黄或暗绿色。	剖检病变： 急性型：脾肿大，暗蓝色，质地呈橡皮样；肝、肾不同程度肿大、充血、出血；全身黏膜都有不同程度的出血点；肠系膜淋巴结呈现索状肿大充血，切面呈大理石纹路状，肠道黏膜发生卡他性炎症，肠壁变厚，出现溃疡层。 亚急性型和慢性型：纤维素性坏死性肠炎，肠道的肠壁增厚，尤其以结肠和盲肠最为严重其表面出现弥漫性的坏死，表面呈豆腐渣样外观，剖开时见到边缘不规则的圆形或不规则形、大小不一的溃疡灶。在病程较长的病死猪的肠道中充满大量的坏死灶，肠道的系膜淋巴结肿大，出现干酪样的外观。脾脏轻微的肿大，其网状组织增殖，肝脏可见灰黄色的、米粒状坏死灶。	分离培养：急性病例可从实质器官分离出病原菌，慢性病例不易成功。采病猪肠系膜淋巴结、肝脏、脾脏样本做组织涂片，经革兰氏染色镜检，可见短粗而两端椭圆的革兰氏阴性小杆菌。取病猪肠系膜淋巴结和肝脏样本，分别接种于麦康凯琼脂和 SS 琼脂平板培养基上，放入 37 ℃ 恒温箱中培养 24 h 后，可见在麦康凯琼脂培养基上形成圆形、表面光滑、半透明湿润的灰白色菌落，边缘整齐；SS 琼脂平板上形成淡黄色、圆形、表面光滑且湿润的小菌落。根据培养特征，初步诊断为沙门菌感染。培养成功后将培养基中的单个菌落进行革兰氏染色处理，然后在显微镜下观察，可看到无芽孢、无荚膜且两端钝圆的革兰氏阴性短杆菌。同时，可对分离钝化的菌株进行生化鉴定，将生化鉴定结果与沙门菌的生化特性进行对比。	依据临床症状，结合细菌学检查可建立诊断。
	猪梭菌性肠炎： 也称仔猪红痢，由 C 型产气荚膜梭菌引起的 1 周龄内仔猪高度致死性肠炎。 临床以呕吐、排红色稀粪、肠坏死为特征。	剖检病变：主要在空肠和回肠，空肠呈深红色，肠腔充满含血的液体，肠系膜淋巴结鲜红色。病程稍长的病例，发生非出血性坏死性肠炎，肠壁变厚，黏膜上附有灰黄色坏死性假膜，特别是坏死肠段的肠浆膜面和肠系膜布满大小不一的气泡。	分离培养：取坏死肠节段黏膜刮皮经适当处理后，接种血液平皿进行厌气培养，可分离出该菌。毒素的鉴定采用小白鼠中和实验（20 g 左右的小白鼠）。	依据临床症状、剖检病变，结合细菌学检查可建立诊断。

续表

疾病名称	鉴别要点			建立诊断
	常见疾病及症状特点	临床检查	实验室检查	
	猪传染性胃肠炎： 猪的一种急性肠道传染病，其病原体为冠状病毒科的猪传染性胃肠炎病毒。临床特征为水样腹泻、呕吐和脱水、可发生于各种年龄的猪。 2 周龄以内的仔猪感染后，12～24 h 会出现呕吐，继而出现严重的水样或糊状腹泻，粪便呈黄色，常夹有未消化的凝乳块，恶臭。体重迅速下降。仔猪明显脱水。发病 2～5 d 死亡，死亡率达 100%。 2～3 周龄的仔猪，死亡率在 0～10%。	剖检病变： 胃：充满凝乳块，胃黏膜充血。 小肠：充满气体，肠壁弹性下降，管壁变薄，呈透明或半透明状；肠内容物呈泡沫状、黄色、透明。 组织病变：小肠绒毛萎缩变短、脱落，绒毛高度和腺窝的深度由正常的 7∶1降至 1∶1。 肠上皮细胞变性，黏膜固有层内可见浆液性渗出和细胞浸润。	1. 直接免疫荧光检查 小肠黏膜触片荧光抗体检查，小肠黏膜上皮细胞浆中有大量的病毒颗粒。 2. 电子显微镜检查 将 TGE 感染猪小肠黏膜及内容物制成的乳剂或制备粪便稀释液，3 000 r/min离心 30 min 取上清液，用磷钨酸负染技术，在电镜下观察，可见到冠状病毒粒子。	依据临床症状、剖检病变及直接免疫荧光检查可建立诊断。
	猪流行性腹泻： 由肠致病性的 PED 病毒引起的一种以腹泻、呕吐和脱水为主要特征的猪肠道传染病。 症状：水样或稀糊状腹泻，在腹泻时也可能出现呕吐，其临床症状与猪传染性胃肠炎相似但程度较轻。在一些种猪场，所有年龄的猪都可发病，发病率高达 100%；1 周龄以上仔猪在持续 3～4 d 腹泻后可能会死于脱水，平均死亡率为 50%～90%，而部分康复猪会出现发育受阻变成僵猪；育肥猪的死亡率为 1%～3%。通常死亡的猪只剖检可见背部肌肉坏死，而对猪只发生急性背肌坏死的发病机理尚不清楚。 PED 潜伏期初生猪为 24～36 h；育肥猪 2 d 以上。年龄较大的猪感染后出现食欲不振、呕吐、腹泻，而一些成年猪可能只表现沉郁、厌食和呕吐，一般经 4～5 d 即可好转。	剖检病变：小肠扩张，肠腔内充满黄色液体，小肠黏膜、肠系膜充血。个别猪小肠黏膜有轻度点状出血，其他实质性器官均未见有肉眼病变。 显微病变：小肠上皮细胞变性，肠绒毛变短，绒毛高度与隐窝深度之比从正常的 7∶1减到 3∶1，而结肠上皮细胞没有发生变性。	1. 直接免疫荧光抗体法 2. 微量血清中和试验 3. ELISA 间接法	依据临床症状、剖检病变结合实验室检查可建立诊断。 与猪传染性胃肠炎区别：症状比后者轻，在同窝猪群中传播的速度比猪传染性胃肠炎慢得多。病猪只在腹泻初期或在腹泻出现以前，会发生急性死亡。

续表

疾病名称	鉴别要点			建立诊断
	常见疾病及症状特点	临床检查	实验室检查	
	猪痢疾： 俗称血痢，由猪痢疾密螺旋体引起的猪的一种危害严重的肠道传染病，特征为大肠黏膜发生卡他性、出血性炎症，进而发展为纤维素性、坏死性肠炎。 1.超急性感染 很少或未见下痢而在几小时内死亡。 2.急性感染 多数病猪先排黄至灰色软粪，厌食。部分病猪体温可升高至 40～40.6 ℃。经几小时或几天后，粪便中常有血斑或大量黏液。当疾病进一步发展，粪便呈粥样或水样，内含血液、黏液和黏膜。病猪弓背，后部常被粪便沾污。后期，病猪脱水、渴饮欲增加、衰弱、共济失调和消瘦。 3.慢性感染 病猪的粪便混有黑色血液。长期可致生长发育不良。重可死于脱水和营养不良。 哺乳仔猪的易感性较低，病情较轻，粪便内血液和黏液也较少。	1.外观检查 死猪消瘦，毛粗乱而沾有粪便、显著脱水。 2.剖检病变 局限于大肠，在回首连接处界限清晰。急性期肠壁水肿性肥厚，充满显著，结肠失去典型的皱状。黏膜表面呈暗红色，覆含有血斑的黏液。肠内溶物柔软至水样不等。急性期过后，肠壁水肿减少，黏膜表面纤维素性渗出物增加，形成含血液的纤维素性假膜。	1.分离培养 选取含有黏液的粪便或者将病变的大肠组织结扎后完整取出进行细菌分离培养。 2.涂片镜检 取患病猪只粪便上的黏液或者肠道组织，用生理盐水稀释后的压滴样本，在显微镜暗视野下观察，可以发现螺旋状的病原微生物。 3.微量凝集试验 将患病猪只血清用 1% 浓度的犊牛血清溶液稀释，在 56 ℃的温度条件下水浴 30 min 灭活后通过使用微量反应板进行倍数比例稀释，在 38 ℃的条件下反应 16～24 h 即可。检测发现若凝集效价小于 1∶32 则可以判断为阳性；若凝集效价大于 1∶16，则可以判断为阴性。	依据临床症状、剖检病变，结合实验室检查可建立诊断。
	犬细小病毒病： 各种年龄的犬均可发生，3～4 月龄离乳幼犬和青年犬多发。主要表现急性出血性腹泻、呕吐、沉郁、发热、白细胞减少等综合症状。 精神：病犬突然发病，精神沉郁，体温升高、呕吐，体质迅速衰弱。	病理剖检：病变主要见于小肠下段，特别是空肠和回肠更为显著。胃、小肠出血，小肠浆膜暗红色。肠黏膜广泛性充血、出血，黏膜坏死，脱落，肠内容物呈水样并混有血液和黏液，肠系膜淋巴结充血、出血、肿胀。	1.血液学检查 白细胞总数明显减少。 2.犬细小病毒胶体金快速诊断试纸检测 用棉签蘸取病犬的粪便或呕吐物浸入装有生理盐水的塑料管中混匀，将 3～4 滴上清液滴于试纸反应孔内，静置 3～5 min，如 C 和 T 对应处均出现红线为阳性。	依据临床症状、剖检病变及 CPV 胶体金快速诊断试纸检测可建立诊断。

续表

疾病名称	鉴别要点			建立诊断
	常见疾病及症状特点	临床检查	实验室检查	
	消化道：发生腹泻，呈喷射状向外排出。粪便黄色或灰色，覆以多量黏液和肠黏膜，接着排出带血呈番茄汁样稀粪，具有难闻的恶臭味。	病理组织学检查：可见小肠黏膜上皮坏死，脱落，绒毛萎缩，隐窝萎缩或上皮变性。		
寄生虫病	**球虫病：** **鸡球虫病：**以柔嫩艾美耳球虫的致病力最强，寄生于盲肠，俗称盲肠球虫病。21～50日龄雏鸡多发。病初羽毛竖立，缩颈、呆立，以后由于肠上皮细胞的大量破坏和机体中毒，病情转重，出现共济失调，腹泻带血等症状，死亡率高，甚至全群覆没。 **仔猪球虫病：**又称“十日龄腹泻”，主要引起仔猪10 d左右发病，排酸奶样臭便，后期排暗红色腥臭粪便。	外观病变：死鸡消瘦，黏膜和鸡冠苍白或发青。泄殖腔周围羽毛被粪便污染，往往带有血液。 内脏病变：主要在肠管。 柔嫩艾美耳球虫：主要侵害盲肠，急性型时两根盲肠显著肿大，是正常的3～5倍，肠内充满凝固的或新鲜的暗红色血液，肠上皮变厚并有糜烂。直肠黏膜可见有出血斑。 毒害艾美耳球虫、巨型艾美耳球虫：损害小肠中段，肠管扩张、肥厚、变粗，有严重的坏死，肠管中有凝固血块，使小肠在外观上呈淡红色或黄色。 堆型艾美耳球虫：十二指肠和小肠前段出现大量淡灰色斑点，排列成横行，外观呈阶梯样。	粪便虫卵检查：取少量病变肠部黏液，放在清洁的玻璃片上，滴上生理盐水混匀，盖上盖片，镜检。	依据临床症状、剖检病变、结合粪便虫卵检查可建立诊断。
	绦虫病： 羔羊和犊牛感染以及成年牛羊严重感染时症状明显，表现为消化紊乱，经常腹痛、肠臌气和下痢，粪便中常混有脱落的节片。日见消瘦、贫血，有的出现痉挛、转圈等神经症状。病的初期，羔羊和犊牛还有食欲降低，而饮欲增加的现象。病的末期，患畜因衰竭而卧地不起，空口咀嚼，口吐白沫，反应迟钝或消失。最后因恶病质衰竭而死亡。	病畜精神不振。食欲减退，喜欢饮水。常伴发腹泻，有时便秘与腹泻交替发生。粪便中混有乳白色的孕卵节片。 羔羊，迅速消瘦，被毛粗乱，失去光泽。	粪便检查：取病羊新鲜粪便，可在粪表面发现黄白色长约1 cm、圆柱状的孕卵节片。 剖检：小肠内发现有黄白色带状虫体。	依据临床症状、剖检病变、结合粪便虫卵、虫体检查可建立诊断。

续表

疾病名称	鉴别要点			建立诊断
	常见疾病及症状特点	临床检查	实验室检查	
肠炎	肠黏膜及其深层组织发生的重剧性炎症。以腹痛、腹泻、脱水及自体中毒为特征。症状表现为：剧烈腹泻，粪便稀薄，常混有黏液、血液及脱落的坏死组织碎片等，有时混有脓汁，恶臭难闻。猪多见呕吐。多继发电解质紊乱、代谢性碱中毒、心力衰竭而死亡。	视诊：食欲紊乱，舌苔变化。 排粪及粪便检查：排粪次数增多，稀软或呈水样；恶臭，带血、黏液、黏膜碎片等。 饲料调查：品质不良或霉变。	血、粪、尿检查及饲料调查。	依据临床症状、粪便观察、血常规检查、饲料调查可建立诊断。

二、常见呼吸机能异常的疾病鉴别诊断

(一)咳嗽症状为主的常见疾病鉴别

疾病名称	鉴别要点			建立诊断
	症状特点	临床检查	辅助检查	
传染性支气管炎	本病由鸡传染性支气管炎病毒引起鸡的一种急性、高度接触传染性的呼吸道疾病。以咳嗽、喷嚏、气管啰音为特征。在产蛋鸡群可导致产蛋下降和质量不佳，在肾病病变表现肾肿大，有尿酸盐沉积，幼鸡可发生死亡，降低体重和饲料效果。 1.雏鸡：咳嗽、喷嚏、气管啰音、喘息、流鼻涕，个别鸡窦肿胀，流泪，病雏怕冷，互相拥挤在一起，死亡率达30%～50%。 2.中雏：突出症状是啰音，伴有一定程度的咳嗽和喘息，一般只有抓鸡贴耳听或夜深人静时才听得到“丝伊丝伊”声，这种年龄死亡率明显下降，可能出现增重减慢或减重现象，这对饲养肉用鸡者威胁很大。	1.主要病变见于呼吸器官，气管、支气管、鼻腔、窦内有浆液性，卡他炎症或干酪样渗出物。 2.气囊肥厚含有干酪样物质。 3.部分病鸡气管或支气管中有黄白色的干酪样栓子。 4.在有些鸡大的支气管周围有小灶性肺炎。 5.产蛋母鸡腹腔内可以发现液状卵黄物质，卵泡充血，异常卵泡，卵泡破裂等。 6.当鸡被侵害肾脏毒株感染时，肾肿大出血，多数呈斑驳状的“花肾”。肾小管，输尿管常充满尿酸盐结晶。	病毒分离鉴定：取肺、支气管，制成悬浮液，加双抗过夜，接种鸡胚，37 ℃培养32～36 h，取出活胚冷冻致死，无菌吸取鸡胚液（尿液和羊水）10倍稀释后再接种鸡胚，剩下的鸡胚孵育7 d，检查IB的典型病变，特别注意肾中尿酸盐的存在。连续3～5代，收集鸡胚液接种7日龄内雏鸡，18～36 h可出现气管啰音，同型抗血清可抑制致病作用，鸡胚也可做中和试验。用尿囊液沉淀物做荧光染色，电镜检查。 干扰试验：鸡胚先接种IBV，再接种NDV-B1株，可干扰B1株产生血凝素，这种干扰作用可被同型特异抗血清所抑制，故可用于诊断。	依据临床症状、剖检病变及血清学检查可建立诊断。

续表

<table>
<tr><th rowspan="2">疾病名称</th><th colspan="3">鉴别要点</th><th rowspan="2">建立诊断</th></tr>
<tr><th>症状特点</th><th>临床检查</th><th>辅助检查</th></tr>
<tr><td></td><td>3. 成年产蛋鸡：产蛋量低，有时达 50% 以上，不可孵化数增加，孵化率下降 7%，较少死亡。产软壳蛋，畸形蛋和粗壳蛋，蛋的质量下降，蛋白稀薄如水样，蛋黄和蛋白分离，蛋白粘在壳膜表面。
4. 肾型毒株感染鸡：呼吸道病状轻微或不出现，或呼吸病状消失后，病鸡沉郁、持续排白色或水样下痢、迅速消瘦、饮水量增加。</td><td></td><td>血清学试验：琼脂扩散试验、病毒中和试验。</td><td></td></tr>
<tr><td>传染性喉气管炎（喉气管型）</td><td>本病由传染性喉气管炎病毒引起鸡的一种急性、呼吸道传染病。本病的特征是呼吸困难、咳嗽和咳出含有血液的渗出物。剖检时可见喉头、气管黏膜肿胀、出血和糜烂，在病的早期患部细胞可形成核内包涵体。本病传播快，死亡率较高。
症状：是由高度致病性病毒株引起的，其特征是呼吸困难，抬头伸颈，并发出响亮的喘鸣声，表情极为痛苦，有时蹲下，身体就随着一呼一吸而呈波浪式的起伏；咳嗽或摇头时，咳出血痰，血痰常附着于墙壁、水槽、食槽或鸡笼上，个别鸡的喙有血染。将鸡的喉头用手向上顶，令鸡张开口，可见喉头周围有泡沫状液体，喉头出血。若喉头被血液或纤维蛋白凝块堵塞，病鸡会窒息死亡，死亡鸡的鸡冠及肉髯呈暗紫色。死亡鸡体况较好，死亡时多呈仰卧姿势。</td><td>剖检病变：
在喉和气管内有卡他性或卡他出血性渗出物，渗出物呈血凝块状堵塞喉和气管。或在喉和气管内存有纤维素性的干酪样物质。呈灰黄色附着于喉头周围，很容易从黏膜剥脱，堵塞喉腔，特别是堵塞喉裂部。干酪样物从黏膜脱落后，黏膜急剧充血，轻度增厚，散在点状或斑状出血，气管的上部气管环出血。鼻腔和眶下窦黏膜也发生卡他性或纤维素性炎。黏膜充血、肿胀，散布小点状出血。
有些病鸡的鼻腔渗出物中带有血凝块或呈纤维素性干酪样物。产蛋鸡卵巢异常，出现卵泡变软、变形、出血等。</td><td>1. 鸡胚接种　取病鸡的喉头、气管黏膜及分泌物，无菌处理后接种于 9～11 胚龄鸡胚绒毛尿囊膜上，病毒可生长繁殖，使鸡胚在接种后 4～5 d 死亡，胚体变小，绒毛尿囊膜增生和坏死，形成灰白色的斑块病灶。
2. 包涵体检查　取发病后 2～3 d 的喉头黏膜上皮或有灰白色坏死斑的绒毛尿囊膜做包涵体检查，可见核内包涵体。
3. 中和试验　用抗体和病毒混合后置于 37 ℃的环境中温育 1 h，而后用这种混合物接种 9～12 日龄的鸡胚，在经过 48 h 的孵化后，观察结果，如果尿囊膜上没有痘斑，则表明抗体能够中和病毒，说明鸡感染本病。</td><td>依据临床症状、剖检病变及实验室检查可建立诊断。</td></tr>
</table>

续表

疾病名称	鉴别要点			建立诊断
	症状特点	临床检查	辅助检查	
羊支原体肺炎	又称羊传染性胸膜肺炎，是由支原体所引起的一种高度接触性传染病，其临床症状为高热，咳嗽，胸和胸膜发生浆液性和纤维素性炎症，取急性和慢性经过，病死率很高。潜伏期短者 5～6 d，长者 3～4 周，平均 18～20 d。根据病程和临床症状，可分为最急性、急性和慢性 3 型。 最急性：病初体温升高，可达 41～42 ℃，极度委顿，食欲废绝，呼吸急促而有痛苦的鸣叫。数小时后出现肺炎症状，呼吸困难，咳嗽，并流浆液带血鼻液，肺部叩诊呈浊音或实音，听诊肺泡呼吸音减弱、消失或呈捻发音。12～36 h 内，渗出液充满病肺并进入胸腔，病羊卧地不起，四肢直伸，呼吸极度困难，每次呼吸则全身颤动；黏膜高度充血，发绀；目光呆滞，呻吟哀鸣，不久窒息而亡。病程一般不超过 4～5 d，有的仅 12～24 h。 急性：最常见。病初体温升高，继之出现短而湿的咳嗽，伴有浆性鼻漏。4～5 d 后，咳嗽变干而痛苦，鼻液转为黏液-脓性并呈铁锈色，高热稽留，食欲锐减，呼吸困难和痛苦呻吟，眼睑肿胀，流泪，眼有黏液-脓性分泌物。口半开张，流泡沫状唾液。头颈伸直，腰背拱起，腹肋紧缩，最后病羊倒卧，极度衰弱委顿，有的发生臌胀和腹泻，甚至口腔中发生溃疡，唇、乳房等部皮肤发疹，濒死前体温降至常温以下，病期多为 7～15 d，有的可达 1 个月。幸而不死的转为慢性。孕羊大批(70%～80%)发生流产。 慢性：多见于夏季。全身症状轻微，体温降至 40 ℃左右。病羊间有咳嗽和腹泻，鼻涕时有时无，身体衰弱，被毛粗乱无光。	剖检病变：多局限于胸部。 胸腔常有淡黄色液体，间或两侧有纤维素性肺炎；肝变区凸出于肺表，颜色由红色至灰色不等，切面呈大理石样。 胸膜变厚而粗糙，上有黄白色纤维素层附着，直至胸膜与肋膜，心包发生粘连。 心包积液，心肌松弛、变软。 急性病例还可见肝、脾肿大，胆囊肿胀，肾肿大和膜下小点溢血。	病原分离鉴定：取肺组织样品进行分离培养。革兰氏染色镜检可见有多形态的菌体，颜色为红色，多为小球状。 血清学试验：可用补体结合反应，多用于慢性病例。羊支原体特异性基因片段 PCR 检测。	依据临床症状、剖检病变及 PCR 检测可建立诊断。

续表

疾病名称	鉴别要点			建立诊断
	症状特点	临床检查	辅助检查	
喉炎	喉部黏膜发生的炎症。临床以喉部敏感、咳嗽、流鼻液为特征。重可致吞咽障碍、窒息。	喉部视诊：喉部黏膜充血，肿胀，分泌物增多，有时可见脓性。 喉部触诊：肿胀，疼痛，升温。 喉部听诊：有啰音，早期、末期为干性啰音；中期为湿性啰音；慢性则因炎性增生出现狭窄音。	喉镜检查：直接观察喉部黏膜病变情况。	依据临床症状、喉部触诊听诊，结合喉镜检查可建立诊断。
支气管炎	支气管黏膜表层或深层发生的炎症。 急性型：不定型热，剧烈咳嗽，流大量鼻液，肺部叩诊无明显异常，肺部听诊啰音。毛细支气管炎则可致中高热、呼吸困难，甚至窒息。 慢性：病程较久，消瘦，体质低下。鼻液时多时少；长期咳嗽，多为干咳，听诊常有干性啰音。受刺激可引发剧烈咳嗽。抗病力低，常发生其他感染。	体温测量：大气管炎症，体温变化不大，或呈低热；细支气管炎症，呈中热或高热。 肺部听诊：初期可见肺泡音强、粗厉，后出现干性啰音，渗出物逐渐增多稀薄，则呈湿性啰音。如细支气管发炎，则为捻发音。	X线检查：肺纹理增粗。	依据临床症状、肺部听诊结合X线检查可建立诊断。

(二)呼吸困难症状为主的常见疾病鉴别

疾病名称	鉴别要点			建立诊断
	症状特点	临床检查	辅助检查	
猪肺疫	猪肺疫又称锁喉风，由多杀性巴氏杆菌引起的猪肉的一种呼吸道传染病。主要特征是：最急性型呈败血症变化，咽喉部急性肿胀，高度呼吸困难。急性型呈纤维素性胸膜肺炎。慢性型主要表现慢性肺炎或慢性胃肠炎。症状如下： 1. 最急性型　有“锁喉风”“清水喉”“箭喉”之称，常不见症状，突然发病，隔夜死亡。病程稍长者，体温上升、脉搏增数、呼吸极度困难、发绀、犬坐式、喘鸣音、	剖检病变： 1. 最急性型　败血症变化，全身黏膜、浆膜、皮下、心包、心外膜、胃肠黏膜出血，脾、淋巴出血，肺水肿。咽峡炎：咽喉部及周围结缔组织炎性水肿，切开时流出淡黄色胶冻状水肿液。 2. 急性型　败血症变化及由多发性支气管肺炎发展而来的纤	分离培养：败血型从心、肝、脾或体腔渗出物，其他类型从有病变部位、渗出物、脓汁等处取材，进行细菌学检查。血液/血清的培养基生长良好，形成灰白色、湿润、边缘整齐、表面光滑闪亮的露珠样小菌落，不溶血。 染色镜检：病料涂片做碱性亚甲基蓝或	依据临床症状、剖检病变结合细菌学检查可建立诊断。

续表

疾病名称	鉴别要点			建立诊断
	症状特点	临床检查	辅助检查	
	口鼻流出泡沫，颈部、咽喉部炎性肿胀，病死率100%。 2.急性型：以纤维素性胸膜肺炎为特征，高热（41 ℃）、短咳、流黏脓涕，脓性结膜炎、呼吸困难，触有疼痛听有啰音、摩擦音。初便秘，后腹泻，皮肤可能有小点出血。 3.慢性型：慢性肺炎、慢性胃肠炎、关节炎3种类型，如表现持续性咳嗽、呼吸困难，常食欲不振、腹泻、营养不良，间有关节炎。	维素性胸膜肺炎（坏死性肺炎）；肺不同程度坏死区，周围水肿气肿，切面呈大理石花斑外观。心包、胸膜纤维素性炎症，心包、胸腔积液，胸膜纤维素附着，甚至与肺粘连。 3.慢性型：纤维素性坏死性胸膜肺炎，坏死区扩大，包囊形成空洞。	瑞氏染色，小球杆状、短杆状，两端钝圆，无芽孢，无鞭毛，可见明显两极着色，新分离强毒菌株有荚膜。	
猪支原体性肺炎	国内称为猪气喘病，或称为猪地方流行性肺炎，是由猪肺炎支原体所引起的猪的一种慢性呼吸道传染病。主要症状为咳嗽和气喘，生长缓慢成为僵猪。特征病变是在肺的尖叶、心叶、中间叶和膈叶前缘呈"肉样"或"虾肉样"变化。 症状特点： 1.急性型　常见于新发病的猪群，尤以仔猪和妊娠、哺乳母猪多见。最引人注目的症状是喘气、张口、伸舌，口鼻流泡沫，呼吸数可达60～120次，偶尔咳嗽，体温一般正常，病死率较高。 2.慢性型　老疫区常见，架子猪、肥育猪、后备猪多发生。咳嗽是主要表现，反复干咳、频咳为特征，在清晨进食或活动时最为明显。呼吸困难则罕见。体温、食欲无大影响，猪群常大小不均，发育缓慢。慢性病程可达数月之久。 3.隐性型　猪只偶尔有上述症状，但发育良好，用X线检查或剖检时，可见有肺炎病灶。该型在老疫区的猪群中占有一定数量。	剖检病变： 病变局限于肺。肺的心叶、尖叶、中间叶及膈叶前下缘呈现融合性支气管炎变化。病健部界线分明，左右对称，硬度增加，呈梅红色（暗红色），俗称"肉变"，切开常流出带泡沫的液体。随着病程延长或病情加重，病变的颜色转为浅红色、灰白色或灰红色，半透明状程度减轻，称"胰变"或"虾肉样变"。肺门、纵隔淋巴结水肿。急性病例严重水肿、充血、气肿。	X线检查：对隐性猪，早期病猪均可确诊，病猪的肺野心侧区和心膈角区呈现不规则云絮状的阴影，密度中等，边缘模糊，肺野的外周区无明显的变化。但对阴性猪应隔2～3周后再复检。 血清学检验：间接血凝、凝集、琼扩、微量补反及荧光抗体等。	依据临床症状、剖检病变结合血清学检验可建立诊断。

续表

疾病名称	鉴别要点			建立诊断
	症状特点	临床检查	辅助检查	
亚硝酸盐中毒	动物因食入含过多的硝酸盐或亚硝酸盐的料水而引起的中毒。 症状特点： 可视黏膜发绀，呼吸困难，迅速窒息死亡。本病多在饱食后很快发生，又称“饱潲病”。 初期，可视黏膜苍白，体温稍有下降，很快出现缺氧症状。呼吸困难，气喘，眼睑、结膜、口鼻黏膜等处发绀；肌肉震颤，步态不稳，衰弱无力；阵发性痉挛，抽搐，急性者数十分钟内很快死亡。	剖检病变：血液呈酱油色，如水样，凝固不良。肺、心有出血点，肌肉、肝、肾呈酱油色。	毒物检验 亚硝酸根检查：格瑞氏法、联苯胺冰醋酸法，如试剂中滴入待检液后颜色变红，则为阳性。 高铁血红蛋白检查：滴加 1% 氰化钾溶液，血液由暗红很快转为鲜红。	依据临床症状、剖检病变，结合毒物检验可建立诊断。
大叶性肺炎	大叶性肺炎是指整个肺叶或大片肺叶发生的纤维素性炎症，又称纤维素性肺炎、格鲁布性肺炎。临床以稽留热型、出现铁锈色鼻液、肺部叩诊出现大片浊音区、病理变化呈定型经过为特征。症状特点： 突发高热，呈稽留热型，一般可持续 6～9 d。流鼻液：发病 2～3 d 后出现铁锈色，后变为脓性，常含小气泡（1～2 d 后）。咳嗽：多呈低、痛、间歇性咳嗽，呼吸增快，呈混合性呼吸困难。末期，高度沉郁，衰竭，卧地，呆滞，哀鸣。很快死亡。病程 7～9 d。	肺部叩诊：发病后 1～2 d 为鼓音，3～4 d 出现明显大片浊音区，维持 3～5 d 后恢复。 肺部听诊：充血期（1～2 d），粗厉；渗出期，捻发音；肝变期，肺泡音消失；消散期，出现水泡音，渐转变为正常。	血液常规检查：白细胞总数升高，达 2 万个/m^3；血沉加快。 X 射线检查：肺部出现大面积白色阴影。 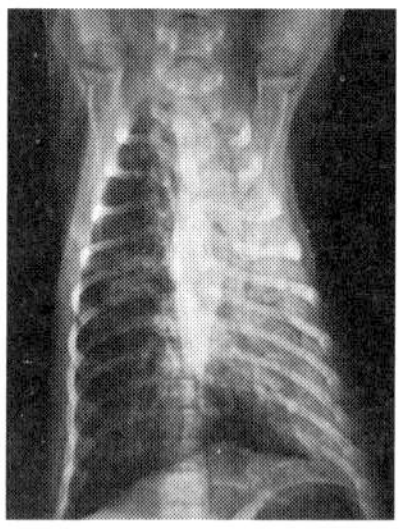	依据临床症状、肺部检查，结合 X 线检查可建立诊断。
毛细支气管炎	毛细支气管黏膜表层或深层发生的炎症。鼻液少，黏稠，多脓性。症状特点： 精神高度沉郁，食欲减退。体温中热至高热；咳嗽低，带痛，呈尖厉狭窄音或粗厉捻发音；呼吸困难，常呈呼气性呼吸困难；脉搏增数；后期明显发绀。重症病例可因窒息死亡。	体温测量：体温明显升高，呈中到高热。 肺部听诊：干性啰音，小水泡音，或近似捻发音。 肺部叩诊：可见局部过清音。	X 线检查：肺纹理增粗，肺野模糊，肺界扩大。 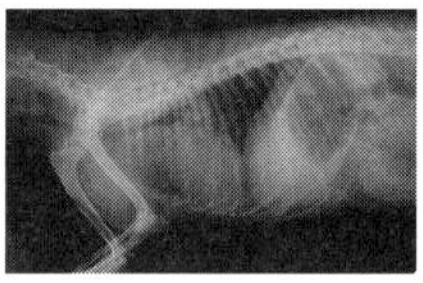	依据临床症状、肺部检查，结合 X 线检查可建立诊断。

三、引起皮肤病变的常见疾病鉴别诊断

疾病名称	鉴别要点			建立诊断
	症状特点	临床检查	辅助检查	
猪丹毒	猪丹毒是由猪丹毒杆菌引起的猪的一种急性或慢性传染病。急性型呈败血症症状，亚急性型在皮肤上出现紫红色疹块，慢性型常发生心内膜炎、关节炎及皮肤坏死。症状特点： 1. 急性型　较多见。初期个别猪无症状突然死亡，大多以发热（42～43 ℃）稽留，寒战，食欲下降，结膜充血，两眼清亮有神，很少有分泌物，粪便干硬，粟状（后期可能下痢），呼吸迫促，黏膜发绀。耳尖、鼻端、腹、腿内侧皮肤出现大小、形状不一的红斑，指压褪色，病程 2～4 d，病死率达 80%～90%。 2. 亚急性型（荨麻疹型）　除轻微表现急性败血症症状外，其特征是在皮肤上出现疹块，俗称“打火印”，疹块大小、形状不一，数量不等，菱形多见，可出现于胸、腹、肩、背、四肢等处，色紫红，稍突起，可于数日内消退，自行恢复。 3. 慢性型　常见的有慢性关节炎、慢性心内膜炎和皮肤坏死。关节的损害最常见于肘、髋、跗、膝、腕关节，受害关节肿胀，跛行；病猪生长缓慢，消瘦。慢性心内膜炎型通常不表现临床症状，常无先兆，突然倒地死亡或在宰后检查时发现；也有呈进行性消瘦，喜卧厌走，强行运动时见心率加快，呼吸迫促，听诊有心杂音。皮肤坏死常发生于背、肩、耳、蹄、尾部，局部皮肤变黑，干硬如革，最后脱落遗留斑痕。	剖检病变： 1. 急性型　主要为败血症的变化，全身淋巴结肿胀充血，切面多汁，常见小点出血，脾脏充血性肿大，呈樱桃红色（被膜紧张，边缘钝圆，质地柔软，呈暗红色，脾髓易于刮下），肾常发生出血性肾小球肾炎变化，肿大，色暗红、皮质部有小红点，称为“大红肾”。胃肠道有卡他性或出血性炎症，以胃或十二指肠较明显。肺淤血、水肿。 2. 亚急性型　以皮肤上出现疹块为特征，内脏变化与急性型略同。 3. 慢性型　关节炎病例可见关节肿大，关节囊内充满多量浆液、纤维素性渗出物，滑膜充血，水肿，病程较长者，肉芽组织增生，关节囊肥厚。心内膜炎，在房室瓣形成各种灰白色的菜花形疣状物，使瓣口狭窄，变形，闭锁不全。	1. 细菌学检查　取肾、脾、肝、淋巴组织，疹块部的渗出液，心内膜组织，关节液。镜检、培养、实验动物接种试验。 2. 血清学诊断　包括免疫荧光、凝集反应、补反、间接血凝，其中以直接荧光抗体实验敏感，主要用于慢性病例的诊断。血清培养凝集实验：将黄牛制备的高免血清经 56 ℃ 30 min 灭菌后，用马丁肉汤稀释成（1∶10）～（1:640），而后各接种病猪耳静脉血各一滴，36 ℃ 静置 12 h，可见到明显凝集现象，滴度可达 1:（320～640），检出率为 90.3%。	依据临床特征症状、剖检病变，结合细菌学检查可建立诊断。

续表

疾病名称	鉴别要点			建立诊断
	症状特点	临床检查	辅助检查	
猪链球菌病	猪链球菌病是由多种链球菌引起的一些疾病的总称，其中以颌下、咽部、颈部淋巴结的化脓性炎症最为常见。以链球菌性败血症和链球菌性脑膜炎病死率最高。也可引起多发关节炎，心内膜炎、乳腺炎、皮下脓肿等疾病。 最急性的突然发病，往往不见症状或仅停食一两顿，高热(41～42 ℃及以上)，腹下有紫红斑。突然死亡(似丹毒的败血型)。 急性病程 2～4 d，体温 41～42 ℃，稽留，眼结膜充血、流泪、有浆液性鼻漏(水样)，便秘，少数在病后期皮肤(耳尖、四肢末端、腹下)有出血斑点。 慢性型(关节炎型)：病中后期主要表现为一肢或多肢关节肿痛，病猪跛行。 脑膜脑炎型：可由多种链球菌(α、β、γ)所引起，多见于 4～8 周龄哺乳或断奶仔猪，也可发生于较大的猪，哺乳仔猪发病常与母猪带菌有关。病猪体温升高，不食，很快出现神经紊乱症状，共济失调，后肢摇摆不稳，盲目运动或转圈运动，全身痉挛，眼凝视，最后衰竭，侧卧，四肢不断划动，经 30～36 h 死亡，有的可转为慢性，生长不良，关节肿胀。 淋巴结脓肿：主要由 E 群链球菌引起，以淋巴结化脓性炎症、形成脓肿为特征。	剖检病变： 1. 急性败血型　呈现出血性败血症变化，与最急性猪瘟相似。 2. 脑膜脑炎型　脑膜充血、出血，白质、灰质均有小点出血，脑脊髓液浑浊，增量，有多量白细胞。心包、胸、腹腔纤维素性炎症，肺、胆囊、胃室、头颈水肿，肠系膜水肿。肿大的关节腔内常有黄色胶样液体或纤维素性物质。 3. 慢性型　心内膜炎时，心瓣膜增厚，表面粗糙，在瓣膜上有菜花样赘生物，常见于二尖瓣或三尖瓣。关节炎时，关节囊内有黄色胶样液体或纤维性脓性物质。	微生物学检查：分别采取内脏、血液、脑脊髓液、关节液、脓汁进行镜检，分离培养，实验动物接种等。	依据临床症状、剖检病变，结合微生物学检查可建立诊断。

续表

疾病名称	鉴别要点			建立诊断
	症状特点	临床检查	辅助检查	
猪附红细胞体病	哺乳仔猪：5 d 内发病症状明显，新生仔猪出现身体皮肤潮红，精神沉郁，哺乳减少或废绝，急性死亡，一般 7～10 日龄多发，体温升高，眼结膜皮肤苍白或黄染，贫血症状，四肢抽搐、发抖、腹泻、粪便深黄色或黄色黏稠，有腥臭味，死亡率在 20%～90%，部分很快死亡。大部仔猪临死前四肢抽搐或划地，有的角弓反张。部分治愈的仔猪会变成僵猪。 育肥猪：根据病程长短不同可分为 3 种类型。急性型病例较少见，病程 1～3 d。亚急性型病猪体温升高，达 39.5～42 ℃。病初精神委顿，食欲减退，颤抖转圈或不愿站立，离群卧地。出现便秘或拉稀，有时便秘和拉稀交替出现。病猪耳朵、颈下、胸前、腹下、四肢内侧等部位皮肤红紫，指压不褪色，成为“红皮猪”。有的病猪两后肢发生麻痹，不能站立，卧地不起。部分病畜可见耳郭、尾、四肢末端坏死。有的病猪流涎，心悸，呼吸加快，咳嗽，眼结膜发炎，病程 3～7 d，或死亡或转为慢性经过。慢性型患猪体温在 39.5 ℃左右，主要表现贫血和黄疸。患猪尿呈黄色，大便干如栗状，表面带有黑褐色或鲜红色的血液。生长缓慢，出栏延迟。 母猪：症状分为急性和慢性两种。急性感染的症状为持续高热(体温可高达 42 ℃)，厌食，偶有乳房和阴唇水肿，产仔后奶量少，缺乏母性。慢性感染猪呈现衰弱，黏膜苍白及黄疸，不发情或屡配不孕，如有其他疾病或营养不良，可使症状加重，甚至死亡。	皮肤病变：皮肤及黏膜初期黄染，后期苍白。 剖检病变：血液稀薄、色淡、不易凝固，全身性黄疸，皮下组织水肿，多数有胸水和腹水。心包积水，心外膜有出血点，心肌松弛，色熟肉样，质地脆弱。肝脏肿大变性呈黄棕色，表面有黄色条纹状或灰白色坏死灶。胆囊膨胀，内部充满浓稠明胶样胆汁。脾脏肿大变软，呈暗黑色，有的脾脏有针头大至米粒大灰白(黄)色坏死结节。肾脏肿大，有微细出血点或黄色斑点，有时淋巴结水肿。	血液镜检：附红细胞体感染后 7～8 d。取高热期的病猪血一滴涂片，生理盐水 10 倍稀释，混匀，加盖玻片，放在 400～600 倍显微镜下观察，发现红细胞表面及血浆中有游动的各种形态的虫体，附着在红细胞表面的虫体大部分围成一个圆，呈链状排列。红细胞呈星形或不规则的多边形。 血片染色：血涂片用吉姆萨染色，放在油镜暗视野下检查发现多数红细胞边缘整齐，变形，表面及血浆中有多种形态的染成粉红色或紫红色的折光度强的虫体。 血清学检查：包括 IHA 试验、补体结合试验（CFT）或 ELISA 方法，血清学诊断方法只适用于群体检查。 生物学诊断：PCR 检测方法，采用 PCR 诊断试剂盒。	依据临床症状、剖检病变，结合血液镜检可建立诊断。

续表

疾病名称	鉴别要点			建立诊断
	症状特点	临床检查	辅助检查	
猪瘟	由猪瘟病毒引起的猪的一种高度接触性传染性、致死性传染病，其特征为高热稽留，小血管变性引起广泛出血，梗死和坏死，发病率和死亡率都很高。 1.最急性型　突然发病，高热稽留，皮肤、黏膜发绀、有出血点，与其他急性败血症类似，1～8 d病程。 2.急性型 (1)体温41 ℃或更高，稽留、畏寒、白细胞数减少。 (2)眼有多量黏性、脓性分泌物，清晨可见两眼粘封。 (3)先便秘，后腹泻，时有呕吐。 (4)皮肤病初充血，发绀，出血，鼻端、耳、四肢、腹下、会阴等处明显。 (5)公猪包皮积尿、有些仔猪可见神经症状，磨牙、运动障碍，痉挛(病程10～20 d)。 3.亚急性型　较缓和，病程可达30 d。 4.慢性型 (1)消瘦，贫血，衰弱，常伏卧，行走无力，时有轻热，咳嗽，食欲时好时差，便秘与腹泻交替。 (2)有时皮肤出现紫斑或结痂，病程100 d以上(国外分为3期)。 5.温和型　由低毒株引起，是非典型猪瘟，也有划归为慢性型。皮肤无出血，死亡多是幼猪，通过易感猪传代后，毒力增强，则引起典型猪瘟症状与病变。 (1)体温一般40～41 ℃，少数41 ℃以上，鼻干、口渴、减食，尿黄。 (2)便秘呈长期性，粪便混有血液、黏液或伪膜。 (3)部分病猪四肢下及腹下呈淤血斑，为“紫斑蹄”“紫斑症”。	剖检病变： 1.急性型、亚急性型猪瘟　呈现多发性出血为特征的败血症变化。如全身皮肤、黏膜、皮下出血。 淋巴结：水肿，周边出血，呈大理石样或血瘤。 脾：不肿大或轻度肿大，边缘梗死，稍突出，紫黑色(猪瘟所特有)。 肾：针尖大小出血斑，皮质严重，有时在髓质或肾盂、肾乳头，称“雀斑肾”，色淡。 其他：喉头、胆囊、膀胱黏膜等处针尖状出血。 2.慢性型猪瘟　坏死性肠炎，一般见于回肠末端、盲肠、结肠。炎症从淋巴滤泡开始，向外发展，形成纽扣状肿(坏死)，呈褐色或黑色，中央低陷，突出黏膜面，同心轮层状，有的脱落。肋骨末端与软骨交界处骨化障碍，可见黄色骨化线。多有纤维素性肺炎。 3.温和型猪瘟　扁桃体充血、水肿、化脓型坏死、溃疡。脾梗死、胆囊肿胀，出血、溃疡，胃底有片状充血、出血。 4.繁殖障碍型　经先天感染，死产胎儿	免疫学检验：目前市场销售的试剂有ELISA诊断试剂盒、猪瘟正向间接血凝试剂、免疫酶染试剂、免疫金标快速诊断试纸条等。检测血清抗体可为猪瘟免疫提供依据。 抗原检测：对冰冻切片做直接荧光抗体(FA)试验是最常用的检查HCV抗原的方法。扁桃体是首选病料，因为它是HCV最早繁殖的部位。	依据临床特征症状、剖检病变，结合免疫学检验可建立诊断。

续表

<table>
<tr><th rowspan="2">疾病名称</th><th colspan="3">鉴别要点</th><th rowspan="2">建立诊断</th></tr>
<tr><th>症状特点</th><th>临床检查</th><th>辅助检查</th></tr>
<tr><td></td><td>(4)耳朵、尾巴干枯，甚至坏死脱落，称为“干耳病”“干尾巴”。
(5)口腔、咽喉、软腭、扁桃体出现坏死点或溃疡，称为“烂喉病”。
(6)发育停滞，后肢瘫痪，行站不稳，部分猪跗关节肿大。
6.繁殖障碍型(迟发性)
(1)母猪妊娠时感染低毒，胎盘感染可致流产、死胎、木乃伊胎，畸形胎，弱仔，后者有些可存活半年。新生仔猪发病死亡、先天性震颤。
(2)先天感染的外观正常仔猪，隐性、病毒持续感染，可呈终生性病毒血症，长期带毒。</td><td>全身水肿，头、肩、前肢状似水牛，胸、腹水增多，头、四肢畸形；小脑、肺发育不全，肝坏死灶，表皮出血；弱仔死亡后可见内脏器官和皮肤出血。</td><td></td><td></td></tr>
<tr><td>猪繁殖与呼吸综合征</td><td>又称“猪蓝耳病”，是由猪繁殖与呼吸综合征病毒(PRRSV)引起猪的一种繁殖障碍和呼吸道症状的传染病。
1.成年猪　多数感染后不表现症状，呈亚临床症状。
2.成年母猪　精神倦怠，食欲不振，发热，体温升高至40.0～40.5 ℃，严重时食欲废绝，精神沉郁。
少部分猪双耳、阴门、尾巴、腹部、鼻孔等体表及乳房皮肤发绀。
妊娠后期发生早产、流产、死胎、木乃伊胎及弱仔等繁殖障碍。
母猪流产后2～3周开始康复，但间情期延长或不孕，产后无乳，胎衣不下等。
3.仔猪　1个月内严重。呼吸困难，腹式呼吸；食欲不振；体温升高至40～41 ℃。肌肉震颤，后肢麻痹，共济失调，嗜睡。多数患猪耳部、吻、鼻盘、生殖道等处皮肤发绀；也可见顽固性腹泻，眼睑水肿。死亡率高达80%。常继发猪瘟、附红细胞体等病，如果治疗不及时，猪只死亡率较高。</td><td>剖检病变：
1.鼻孔有泡沫；气管、支气管充满泡沫；肺间质性肺炎，呈“胸腺样”和“肝样”，不能萎陷。
2.淋巴结显著肿大，色深。
3.胸腹腔和心包积水。
4.死胎及生后不久死亡的弱仔猪，可见颌下、颈下和腋下水肿，胸腹腔内有暗红色积液。</td><td>1.病毒分离鉴定　取可疑病猪血清或死亡胎儿的体液和肺，接种猪肺泡巨噬细胞或猴肾传代细胞，再以IFA检测病毒抗原。
2.血清学试验　免疫过氧化物酶单层细胞试验、IFA、ELISA和阻断ELISA试验。
3.RT-PCR　直接检测病料中的PRRSV。
4.统计学调查　急性暴发时，流产或早产超过8%，死胎率大于20%，仔猪新生后第1周死亡率大于25%，这3项若有2项出现于14 d内，则成立。</td><td>依据临床特征症状、剖检病变，结合免疫学检验、统计学调查可建立诊断。</td></tr>
</table>

续表

疾病名称	鉴别要点			建立诊断
	症状特点	临床检查	辅助检查	
	4.公猪　食欲不振，精神沉郁，厌食，呼吸困难和运动障碍。性欲减弱，精液质量下降。 5.育肥猪　临床症状不明显，有时厌食和轻度呼吸困难，部分猪耳尖皮肤出现发绀，易继发感染，生长缓慢。			
圆环病毒病	猪圆环病毒病是指以2-型圆环病毒为主要病原，单独或继发/混合感染其他致病微生物的一系列疾病的总称。主要有猪断奶后多系统衰竭综合征（PMWS）、皮炎肾病综合征（PDNS）、猪呼吸道疾病综合征（PRDC）、繁殖障碍、先天性震颤、肠炎等。 PDNS症状：全身皮肤出现疹块，呈圆形或不规则的隆起，红色或紫色。 PMWS症状：生长发育不良，消瘦，皮肤苍白，肌肉衰弱无力，精神差，食欲不振，呼吸困难。有20%的病例出现贫血、黄疸，具有诊断意义，但慢性病例难以察觉。	剖检病变： 1.大体　尸体消瘦，皮肤苍白，有不同程度贫血和黄疸。 2.淋巴结　肿大4～5倍，在胃、肠系膜、气管等淋巴结较重，切面呈均质苍白色。 3.肺　有散在隆起的橡皮状硬块。严重病例肺泡出血，在心叶和尖叶有暗红色或棕色斑块。 4.胃肠　胃在靠近食管区常有大片溃疡形成。盲肠和结肠黏膜充血和出血点，回肠有花斑状。少数病例见盲肠壁水肿而明显增厚。 5.其他　脾肿大，切面呈肉状。肾苍白有散在白色病灶，被膜易于剥落，肾盂周围组织水肿。肝花斑状，萎缩。	1.病毒分离鉴定　从PMWS暴发流行时采集样品，制成悬液接种PK15等细胞。但PCV2在细胞培养中的生长不出现细胞病变，通常需要应用病毒特异性抗体才能证实病毒的复制。可检测病毒的特异性抗原或特异性DNA。 2.血清学方法　可用间接荧光抗体技术或竞争ELISA方法检测。 3.显微镜检查　可观察到病猪的脾、淋巴结等组织细胞核内堆积大量的无囊膜病毒粒子。	依据临床特征症状、剖检病变，结合免疫学检验可建立诊断。
黄曲霉毒素中毒	动物因食入被黄曲霉毒素污染的料、水而引起的中毒性疾病。本病以肝脏损害，肝功能障碍，肝细胞变性、坏死、出血、增生为特征。 家畜：消化紊乱，食少，饮多，长期腹泻，生长停滞。黏膜出血、	剖检病变： 1.急性中毒　肝脏肿大，弥漫性出血或坏死，肠道黏膜出血、肾肿大、苍白。 2.慢性中毒　肝呈黄色，表面不平，有白色点状坏死灶。	毒素检验：胶体金免疫层析技术。如样品中的黄曲霉素B1含量大于灵敏度，检测线在规定时间内不显颜色，结果为阳性。反之，检测线显红色色带，结果为阴性。	依据临床特征症状、剖检病变，结合毒素检验可建立诊断。

续表

疾病名称	鉴别要点			建立诊断
	症状特点	临床检查	辅助检查	
	水肿；便血；皮肤出血，紫斑；阴门黏膜水肿。肝损伤，黄疸；消瘦，腹腔积液。神经症状为不安，痉挛，角弓反张，最终昏迷、死亡。 家禽：精神沉郁，脱毛。食少腹泻，粪便带血；神经症状为鸣叫，角弓反张。 急性死亡率为 80%～90%，慢性可致肝癌。成禽：慢性，消瘦，贫血，长期可致肝癌。			
弓形虫病	由刚地弓形虫引起的一种原虫病，又称弓形体病。 我国猪弓形虫病分布十分广泛，全国各地均有报道，各地猪的发病率和病死率均很高，发病率可高达 60% 以上，病死率可高达 64%。10～50 kg 的仔猪发病尤为严重。多呈急性经过。病猪突然废食，体温升高至 41 ℃ 以上，稽留 7～10 d。呼吸急促，呈腹式或犬坐式呼吸；流清鼻涕；眼内出现浆液性或脓性分泌物。常出现便秘，呈粒状粪便，外附黏液，有的患猪在发病后期拉稀，尿呈橘黄色。少数发生呕吐。患猪精神沉郁，显著衰弱。发病后数日出现神经症状，后肢麻痹。随着病情的发展，在耳翼、鼻端、下肢、股内侧、下腹等处出现紫红斑或间有小点出血。有的病猪在耳壳上形成痂皮，耳尖发生干性坏死。最后因呼吸极度困难和体温急剧下降而死亡。孕猪常发生流产或死胎。有的病猪发生视网膜脉络膜炎，甚至失明。有的病猪耐过急性期而转为慢性，外观症状消失，仅食欲和精神稍差，最后变为僵猪。	剖检病变：病猪全身淋巴结肿大，切面外翻，有粟粒大灰白色和灰黄色坏死灶及大小不等的出血点。 肺肿大、暗红色、间质增宽水肿，表面有针尖或粟粒大小出血点和灰白坏死灶。 肝肿大，有针尖或粟粒，甚至黄豆大的灰白色或灰黄色坏死灶。肾黄褐色，表面有粟粒大的灰白色坏死灶和针尖大出血点。胃底部出血、溃疡，胃壁轻度水肿，结肠肿胀、充血、潮红。	间接血凝试验：实验主要通过红细胞吸附弓形虫特异性抗原，检测血清中有抗弓形虫抗体。 间接 ELISA（酶联免疫吸附试验）：检测猪抗弓形虫 IgG。 GICA（胶体金免疫层析）技术：用于检测猫弓形虫抗体，胶体金免疫层析技术操作简单、携带方便、检测过程短，是临床检测中理想检测方法。	依据临床特征症状、剖检病变，结合血清学检验可建立诊断。

续表

疾病名称	鉴别要点			建立诊断
	症状特点	临床检查	辅助检查	
螨虫病	犬螨病多发生于头、颈、尾部。幼犬症状严重，先发生于鼻梁、颊部、耳根及腋间等处，然后扩散至全身。起初皮肤发红，出现红色小结节，以后变成水泡，水泡破溃后，流出黏稠黄色油状渗出物，渗出物干燥后形成鱼鳞状痂皮，患部剧痒，病犬常以爪抓挠患部或其他物体上摩擦，因而出现严重脱毛。若继发感染后可出现小脓疱。随着病情的继续发展，病变部位不断扩大，可能蔓延到全身。由于螨分泌毒素的刺激，使患部的皮肤发生剧烈的痒觉和炎症。由于皮肤发炎和奇痒，病犬烦躁不安，影响进食和休息，日渐消瘦，特别严重者可衰竭而死。 猪、羊等感染螨虫，症状类似。	皮肤病变：皮肤表面出现红色小结节、水泡；或破溃，流黏稠黄色油状渗出物；或表面形成鱼鳞状痂皮；患部严重脱毛。重症病例，皮肤出现大量小脓疱。	皮肤刮取物：在患部与健康部位的交界处采取，先剪去被毛，再用外科刀刮取，刮取的病料可用以下方法进行检查。 1. 镜检　将病料置于玻璃器皿中，器皿再置于黑布上，用放大镜或低倍显微镜观察，可发现移动的灰白色小虫体。 2. 经碱软化后镜检　将病料置于 5%～10% NaOH 溶液中煮沸 12 h，使痂皮软化溶解后，静置 20 min，再取沉淀物涂片镜检，若有螨虫，即可确诊。	依据临床特征症状、皮肤病变，结合皮肤刮取物镜检可建立诊断。
维生素 B_5 缺乏症	多发于仔猪，食欲下降，严重腹泻。皮肤粗糙，从头、颈部出现斑块状病变，逐渐蔓延至身体两侧，病部皮肤增厚，干燥开裂，结黑色痂皮，局部常脱毛。逐渐消瘦死亡。	视诊：皮肤粗糙。 剖检病变：可见胃、十二指肠出血，大肠溃疡，回肠、大结肠局部坏死。		根据临床特征，结合饲料调查可建立诊断。

四、引起神经机能紊乱的常见疾病鉴别诊断

疾病名称	鉴别要点			建立诊断
	症状特点	临床检查	辅助检查	
禽流感	该病的潜伏期较短，一般为 4～5 d。因感染禽的品种、日龄、性别、环境因素、病毒的毒力不同，病禽的症状各异，轻重不一。 最急性型：由高致病力流感病毒引起，病禽不出现前驱症状，发病后	最急性型：死亡的病禽常无眼观变化。 急性型：可见头部和颜面浮肿，冠、肉髯肿大达 3 倍以上；皮下有黄色胶样浸润、出血，胸、腹部脂肪有紫红色出血斑。心包积水，心外膜有点状或条纹状坏死，心肌	1. 病原分离　用棉花或其他材料制成拭子，活禽多从喉头、气管或泄殖腔中采集病料，死禽采集气管、肺、肝、脾、肾等组织。将病料经生理盐水及双抗处理后制成 10% 悬液，经离心后取上清液 0.1 mL 尿囊接	根据流行特点、临床症状、剖检变化，可以做出初步诊断。结合血清学检查、RT-PCR 检查可进一步确诊。

续表

疾病名称	鉴别要点			建立诊断
	症状特点	临床检查	辅助检查	
	急剧死亡，死亡率可达90%～100%。 急性型：为目前世界上常见的一种病型。病禽表现为突然发病，体温升高，可达42 ℃以上。精神沉郁，肿头，眼睑周围浮肿，肉冠和肉垂肿胀、出血甚至坏死，冠发紫。采食量急剧下降。病禽呼吸困难、咳嗽、打喷嚏，张口呼吸，突然尖叫。眼肿胀流泪，初期流浆液性带泡沫的眼泪，后期流黄白色脓性分泌物，眼睑肿胀，两眼突出，肉髯增厚变硬，向两侧开张，呈“金鱼头”状。也有的出现抽搐，头颈后扭，运动失调，瘫痪等神经症状。	软化。病禽腿部肌肉出血，或有出血点或出血斑。消化道变化表现为腺胃乳头水肿、出血，肌胃角质层下出血，肌胃与腺胃交界处呈带状或环状出血。十二指肠、盲肠扁桃体、泄殖腔充血、出血；肝、脾、肾脏淤血肿大，有白色小块坏死；呼吸道有大量炎性分泌物或黄白色干酪样坏死；胸腺萎缩，有程度不同的点状、斑状出血；法氏囊萎缩或呈黄色水肿，有充血、出血。母鸡卵泡充血、出血，卵黄液变稀薄；严重者卵泡破裂，卵黄散落到腹腔中，形成卵黄性腹膜炎，腹腔中充满稀薄的卵黄。输卵管水肿、充血，内有浆液性、黏液性或干酪样物质。公鸡睾丸变性坏死。	种9～11日龄的鸡胚，经传1～2代后，用血凝试验检查病毒量。 2.血清学诊断 (1)琼扩试验(AGP)：最常用的是免疫双扩试验。 (2)血凝试验和血凝抑制试验：可证实流感病毒的血凝活性及排除新城疫病毒。 (3)间接酶联免疫吸附抑制试验。 3.分子诊断技术　可用RT-PCR技术。	
新城疫	潜伏期2～18 d，自然感染多为4～5 d。 最急性型：头夜不异常，凌晨已死亡，不见特征性症状。 急性型：体温升高达44 ℃，嗜睡，昏睡，鸡冠、肉髯发绀，呼吸紊乱，咳嗽、啰音、喘气、呼吸困难，嗉囊、口积液，常见严重下痢、淡绿色甚至血染稀便，甩头发出“咯咯”声，常从口腔内流出灰黄色恶臭黏液。少数幸存者后期见神经症	剖检病变： 1.亚洲型 全身黏膜、浆膜出血(心冠、卵泡脂肪)腺胃乳头，肌胃角质层下出血，肠黏膜(十二指肠、小肠、空肠)出血，肠黏膜水肿，纤维素性坏死，溃疡，盲肠扁桃体肿胀出血坏死，肺淤血，水肿。 2.其他型 主要病变见于呼吸道；黏膜出血、水肿，有卡他性或浆液性渗出物，幼禽常见气囊炎，气囊膜	1.病毒分离鉴定　应在潜伏期或临床病例的早期采样(从感染后3～5 d禽的呼吸道分泌物或肺组织)，全身症状严重的病例，从脾、血液、扁桃体采样，还可从泄殖腔或脑组织采样。种蛋须来自健康母鸡，无NDV抗体(否则，缓发型毒株不能致死鸡胚，速发型毒株虽能致死鸡胚，但胚液HA凝集效价很低或阴性)，强、中毒株常使鸡胚36～96 h死亡，	根据症状、病变和流行特点，可做出初步诊断，但温和型较难做出确切诊断，没有神经症状时，可能与其他呼吸道疾病混淆。实验室诊断有助于确诊。

续表

疾病名称	鉴别要点			建立诊断
	症状特点	临床检查	辅助检查	
	状,阵发性痉挛,角弓反张,肌肉震颤,翅腿麻痹,死亡率达90%～100%。 亚急性型或慢性型:以神经症状为明显,反复发作,尤为受惊时更为明显。 含母源抗体的(或抗体在高峰时接种疫苗)雏鸡群仍可发生ND,但发病率和死亡率均要低,以呼吸系统和神经系统症状为主,特别常见斜颈,有免疫力的产蛋鸡,可出现产蛋下降,无色壳蛋、畸形蛋。	增厚,内有卡他性或干酪样渗出物。	胚液凝集效价较高;弱毒株不能使鸡胚死亡,但胚液能凝集红细胞。可疑病料如不使鸡胚死亡,应用尿囊液和鸡胚组织制作悬液,盲传鸡胚3代,还可用细胞培养物(CEF、CEK)来进行。 2.血凝抑制试验　通常是将待检血清做倍比稀释,再加入定量HAU病毒混合,最后加入定量红细胞。操作简便,重复性好。 3.中和试验　用恢复期血清和已知NDV混合,使病毒感染能力被中和,可用鸡、鸡胚、细胞(蚀斑法)等具有感受性的宿主来进行。	
鸭瘟	本病又名鸭病毒性肠炎,是由鸭瘟病毒引起的鸭、鹅等雁形目禽类的一种急性、败血性及高度致死性传染病。 病鸭精神不振,体温明显升高,往往可超过43℃,呈现高热稽留。缩颈,食欲减退至停止采食,但饮欲增强。双翅下垂,双腿无力,步态不稳,有的瘫痪。头颈部出现肿胀,严重时可见头颈粗细相同。眼睑发生水肿,流泪,眼部分泌物呈浆液性,后变黏稠或脓样物,黏着污物在眼周。鼻部有浆液性或者脓样分泌物流出,在形成干酪样结痂后会	剖检病变: 剖检发现皮肤上散布有出血斑生水肿,皮肤紧张,触摸有波动感。将其切开可见淡黄色的液体流出。 口腔黏膜,覆盖有淡黄褐色的假膜,将其剥离可在表面看到出血或者溃疡。 食管黏膜,表面部覆盖有草黄色或者灰黄色、小斑块状的假膜结痂,有时黏膜表面会覆盖有大块膜,剥离可见出血点或者浅溃疡面。 腺胃、十二指肠以及肠黏膜等都有出血现象。 法氏囊肿大、出血。 产蛋鸭,有时还会伴有	1.病毒分离鉴定　无菌采集病死鸭的内脏组织,匀浆后取上清液,无菌处理后通过尿囊腔或绒尿膜途径接种9～14日龄非免疫鸭胚和9～11日龄鸡胚。如病料中含有鸭瘟病毒,则部分鸭胚在接种后4～6 d死亡。剖检胚胎时,常见肝脏坏死及出血。但是鸭胚死亡率的高低、死亡时间的长短、肝脏病变出现频率的高低,都与不同的毒株、毒力大小、接种剂量以及鸭胚是否含有母源抗体等密切相关。有资料报道肝脏病变出现频率与死亡时间的关系是:接	根据临床症状以及病变特征可以进行初步诊断。确诊须通过实验室检测,包括病毒分离鉴定、中和试验、血清学试验等。

续表

疾病名称	鉴别要点			建立诊断
	症状特点	临床检查	辅助检查	
	导致鼻孔阻塞，从而出现呼吸困难。眼结膜发生充血、出血。排出灰白色或者青绿色稀粪。肛门周围羽毛沾污或结块，严重的肛门肿胀外翻，翻开肛门，泄殖腔黏膜充血、出血、水肿，表面有一层黄绿色或灰褐色假膜不易剥离。	卵泡破裂，导致整个腹腔被污染，出现腹膜炎。	种病毒后，第6天活胚肝病变率＞第6天死胚＞第5天死胚＞第4天死胚；而接种病料后的鸡胚发育正常。也可将病料接种鸭胚成纤维细胞培养，根据细胞病变或病毒空斑的产生做初步诊断。对培养物可用已知的鸭瘟血清做中和试验，即可确诊。 2.易感雏鸭接种试验　将病料或病毒的分离物(尿囊液或细胞培养上清)无菌处理后，接种于1日龄非免疫健康雏鸭，肌内注射，每只0.2 mL。攻毒后3～12 d内注意观察是否出现该病的特征症状和病理变化。 3.血清学诊断　用于诊断鸭瘟的血清学方法有中和试验、琼脂扩散试验、ELISA和Dot-ELISA等。	
鸭疫里氏杆菌病	本病又称鸭传染性浆膜炎、新鸭病、鸭疫综合征，是由鸭疫里氏杆菌引起的一种接触性传染病。 病鸭精神萎靡，食欲不振。眼、鼻分泌物增加，两侧鼻窦部肿胀，挤压鼻窦见干酪样物质。重则有明显神经症状：步态不稳，共济失调。有些病鸭头颈震颤，患头颈歪向一边，部分患病番鸭以嘴抵地，头颈抽搐，脚蹼底部、跗关节部表面龟裂。多数病鸭腹泻，粪便呈浅绿色，严重消瘦。	剖检病变： 心脏：呈现纤维素性心包炎渗出。 肝脏：肝肿大，质脆，病后期肝脏出现萎缩；有纤维素性渗出物包裹，有严重的肝周炎；个别患病番鸭肝脏表面有散在性针头大小的灰白色坏死点。 少量病死鸭有气囊炎：气囊周边出现纤维素性渗出物。 脾脏：肿大，出现斑驳状。 肺部：有化脓性纤维素包裹，个别发现有脑膜炎。	1.细菌分离鉴定　采集部分病死鸭的肝脏、心脏及脾脏等组织于无菌培养皿中用经过无菌处理的接种棒接种于胰酶大豆琼脂平板(TSA)，置于10% CO_2培养箱中37 ℃培养24 h，观察菌落可见表面光滑、突起、直径1.5 mm的圆形露珠样小菌落，斜射光下观察可见有淡绿色荧光。 2.麦康凯琼脂培养　将病死雏鸭的骨髓、脾脏、肝脏等病料接种于麦康凯琼脂平板，普通培养	通过流行病学调查、发病鸭群临床症状观察、剖检实质器官病理变化以及实验室血清型鉴定、生化试验等可建立诊断。

续表

疾病名称	鉴别要点			建立诊断
	症状特点	临床检查	辅助检查	
			箱 37 ℃培养 24 h 后观察有无细菌生长。 3. 血清型鉴定　在无菌处理过的载玻片上用移液器加 50 μL 蒸馏水，用接种棒取少许经麦康凯琼脂培养的纯培养物与蒸馏水混匀，滴加未稀释的鸭疫里氏杆菌标准阳性血清 50 μL，将载玻片轻轻反复摇动，20 s 后观察，发现标准阳性血清与纯培养物混合出现清晰的乳白色凝集块。	
仔猪水肿病	仔猪水肿病是由病原性大肠杆菌产生的毒素引起的疾病。 特征：发病突然，头部水肿，共济失调，惊厥和麻痹，剖检可见胃壁和肠系膜显著水肿。有些呈季节性，多发于春秋两季（4—5 月份，9—10 月份），散发，一般不传染同栏猪。 症状：突然发作，出现运动失调，肌肉震颤，叫声嘶哑，后肢或全身瘫痪，或是盲目乱冲，圆周运动等神经症状。多数出现眼睑、面部、下颌间隙等处水肿。体温不高或低于常温。	剖检病变： 面部、眼睑、胃（大弯部）水肿。肠系膜、胆囊、肠系膜淋巴结、喉头、肺、脑等组织水肿，胸、腹腔、心包均积有多量胶冻状液体。有的病例无水肿，但内脏出血变化明显，常见出血性胃肠炎。	病理组织学病变： 小肠卡他性炎症，肠系膜淋巴地结充血。 胃壁强烈水肿，厚度在 1.5 cm，黏膜下层结缔组织结构疏松，淋巴管极度扩张，胃黏膜脱落。 大脑出现非化脓性脑炎，血管壁增厚，结构模糊，有时出现胶质细胞结节，呈脑软化病变。	依据临床症状、剖检病变、病理组织学检查可建立诊断。
猪伪狂犬病（仔猪）	4 周龄内：4～5 日龄仔猪几天内全窝发病，死亡率 90%以上；3～4 周龄的死亡率有所降低。病初高热（41～42 ℃），不食，呕吐，下痢，呼吸困难，大量流涎，精神高度沉郁，昏睡，病程不超过 3 d。部分猪有神经症	尸体剖检：鼻腔卡他或化脓性炎症；皮下可见广泛的出血性水肿；支气管大量气泡状液体，肺水肿、出血或散在小坏死灶；肝、脾和肾脏有小点出血、白色坏死灶；胃肠卡他性炎症，脑膜充出血，脑脊髓液增多。	1. 实验动物接种试验将病死动物的水肿液、脊髓或脑组织制成乳剂，1～2 mL 皮下接种家兔或猫，2～5 d 后接种部位出现剧痒，最后家兔麻痹而死。 还可接种 8～12 g 刚断乳的小鼠，可引起有规	临床综合诊断：仔猪神经症状、2 周龄内高死亡率，母猪繁殖障碍，结合病变可初步诊断。确诊须结合实验室检验。

续表

<table>
<tr><th rowspan="2">疾病名称</th><th colspan="3">鉴别要点</th><th rowspan="2">建立诊断</th></tr>
<tr><th>症状特点</th><th>临床检查</th><th>辅助检查</th></tr>
<tr><td></td><td>状，阵发性痉挛，运动神经障碍，共济失调，四肢麻痹，侧卧呈划水状，倒地抽搐。最后衰竭死亡。2 月龄以上猪，症状较轻或呈隐性。
断奶至 4 月龄：似感冒，神经症状较少出现，极少数猪发热、咳嗽、便秘、呕吐、肌震颤、运动失调等。
妊娠母猪：可引起流产（头月）、死产、木乃伊胎（中后期），流产死胎发生率高达 50%，生下弱仔，表现呕吐、腹泻，痉挛，角弓反张，很快死亡（24～36 h）。</td><td>组织切片：弥漫性非化脓性脑炎，有“血管套”，在大脑的神经细胞和星状细胞内能看到为数不多的核内包涵体。</td><td>律性死亡并可连续传代；接种 9～11 胚龄鸡胚绒毛尿囊膜，3～4 d 后，出现白色痘斑，鸡胚头部有小点出血。
2. 病毒分离　常用家兔、猪肾、鸡胚成纤维细胞，可致细胞病变。
3. 荧光抗体检查　可用于组织切片或冰冻切片或细胞培养物的检查。此法简单、快速、准确，多用扁桃体、间脑、嗅球、小脑制作，在神经节细胞的胞浆核内均可见荧光。
4. 血清学试验　血清中和试验、乳胶凝集试验和 ELISA 试验最为常用，等分子诊断方法也有很好的效果。</td><td></td></tr>
<tr><td>仔猪蓝耳病</td><td>本病是由猪繁殖与呼吸综合征病毒（PRRS）引起猪的一种繁殖障碍和呼吸道症状的传染病。
1 月龄内仔猪发病严重。呼吸困难，腹式呼吸；食欲不振；体温升高至 40～41 ℃。肌肉震颤，后肢麻痹，共济失调，嗜睡。多数患猪耳部、吻、鼻盘、生殖道等处皮肤发绀；也可见顽固性腹泻，眼睑水肿。死亡率高达 80%。常继发猪瘟，附红细胞体等病，如果治疗不及时，猪只死亡率较高。</td><td>1. 鼻孔有泡沫；气管，支气管充满泡沫；肺间质性肺炎，呈“胸腺样”和“肝样”，不能萎陷。
2. 淋巴结显著肿大，色深。
3. 胸腹腔和心包积水。
4. 死胎及生后不久死亡的弱仔猪，可见颌下、颈下和腋下水肿，胸腹腔内有暗红色积液。</td><td>1. 统计学检查　急性暴发时，流产或早产超过 8%，死胎率大于 20%，仔猪新生后第 1 周死亡率大于 25%。
2. 血清学试验　免疫过氧化物酶单层细胞试验、IFA 试验、ELISA 试验和阻断 ELISA 试验，呈阳性。
3. RT-PCR　直接检测病料中的病毒，呈阳性。</td><td>根据母猪妊娠后期发生流产，新生仔猪死亡率高，以及临床症状和间质性肺炎病变可初步做出诊断。确诊须进一步做实验室检查。</td></tr>
</table>

续表

疾病名称	鉴别要点			建立诊断
	症状特点	临床检查	辅助检查	
羊快疫	羊快疫是由梭状芽孢杆菌属的腐败梭菌引起的、以真胃呈出血性炎症为特征的一种急性致死性传染病。 初期：精神正常，食欲良好，有个别羊出现精神沉郁，离群呆立，喜卧，不愿站立和行走。表现为站立不稳，行走失调的情况。 后期：病羊鼻镜干燥和反刍停止，有的病羊粪便还带有血液，体温略有升高。病羊有时突然死亡，在死亡前可见有呼吸频率紊乱，后躯移动出现不同程度的困难，四肢和身体主要部位均出现有僵硬的变化，最后鼻和嘴也变得僵硬，病羊出现类似于游泳的神经症状，直至出现死亡。在死亡时，可见病羊的口腔和鼻腔内有大量泡沫状的液体流出。	剖检病变： 全身淋巴结出现不同程度的肿大和出血，尤其是在颈部淋巴结部位表现非常严重。胸腔、心包积液，呈淡黄色，置于空气中积液很快凝集。心脏内膜和外膜下均有明显的出血点，呈散在；肺脏肿大，外观呈现肉样变；肝脏出现肿大，外观呈熟肉样，质脆易碎。肾脏表面和内部均有散在的点状出血。肠道黏膜不同程度的出血，尤其是在空肠段出血较明显。肠系膜淋巴结有数量不等的出血和肿大。真胃黏膜出血、坏死和溃疡。	1.组织涂片镜检　采集病羊脏器组织用于涂片，可观察到两端钝圆单个或短链状的粗大菌体，革兰氏染色呈阳性反应。 2.分离培养　采集样品后，使用厌氧培养法进行分离培养。 3.动物试验　通过将采集的组织样品制成悬液，给小鼠肌内注射，若小鼠 24 h 内死亡，采集病料进行分离培养，涂片、镜检判定。	依据临床症状、剖检病变及细菌分离培养结果可建立诊断。
脑炎型犬瘟热	犬瘟热，又名犬麻疹、犬瘟等，是由犬瘟热病毒引起的犬科、鼬科、浣熊科的一种急性、高度接触性、致死性传染病。主要发生于 3～12 月龄的幼犬，以复相热型、鼻炎、支气管炎、小叶性肺炎、重度胃肠炎和神经症状为特征。 脑炎性犬瘟，大多在上述症状 10 d 左右出现。临床上以脚垫角化、鼻部角化的病例引起神经	1.临床检查　体温升高，抽搐，共济失调。 2.剖检病变　上呼吸道黏膜、肺、眼结膜呈卡他性或化脓性炎及黏液性或出血性肠炎，有些病例皮肤出现水疱性、脓性或增生性皮炎（硬肉趾病）。具有特征的病变为胸腺萎缩呈胶冻样，肾上腺皮质部变性。	1.病理组织学检查　在呼吸道、消化道、泌尿道上皮细胞中可见到胞质内或核内包涵体。 2.犬瘟热 CDV 试纸检测　准备 3 根棉签分别蘸取犬的眼睛及结膜分泌物、犬的唾液和犬的鼻涕；将 3 根棉签单独或一起放进试纸包内的稀释液，搅拌，搅匀后静置 1 min；用吸管吸取稀释液上半部分液体，滴入试纸检测孔三四滴，等	依据流行病学、症状、剖检，结合实验室检查可建立诊断。

续表

疾病名称	鉴别要点			建立诊断
	症状特点	临床检查	辅助检查	
	性症状的多发。由于犬瘟热病毒侵害中枢神经系统的部位不同，症状有所差异。病毒损伤于脑部，表现为癫痫、转圈、站立肢式异常、步态不稳、共济失调、咀嚼肌及四肢出现阵发性抽搐等其他神经症状。预后多以死亡告终，死亡率可达80%～90%。存活的犬只多有癫痫样后遗症。		5 min后观察，出现两道杠即为感染犬瘟病毒。	
食盐中毒	因食入过多的钠盐而引起的中毒。 **猪** 急性病例：脱水，呕吐，烦渴，黏膜充血，少尿。神经症状兴奋，冲撞，吐白沫。体温正常。末期倒地，呈游泳状，很快虚脱、昏迷、死亡。病程多在1～2 d内。 慢性中毒：多在1～2个月后发生。多于暴饮后突发脑水肿。主要表现为兴奋，转圈，点头，哼叫，仰翻，最终死于呼吸衰竭。病程一般为数小时至三四天。 不典型性：轻度呼吸困难，犬坐姿势，呼吸迫促，抗生素治疗无效，1～2 d死亡。主要病变为胃底黏膜严重淤血。 **家禽** 急性中毒：脱水，烦渴，废食，常伴下痢。神经委顿，运动失调，腿无力或麻痹。呼吸困难，多死于呼吸衰竭。	剖检病变：胃肠黏膜充血、出血、炎症；脑脊髓水肿。 饲料调查：料中食盐含量为0.3%～0.5%及以上。	病理切片检查：可见脑血管"袖套"现象。	依据过食钠盐病史、临床有脱水、肌颤、抽搐等脑水肿症状可建立诊断。

续表

疾病名称	鉴别要点			建立诊断
	症状特点	临床检查	辅助检查	
中暑	中暑是日射病、热射病的合称。 1. 日射病：初沉郁，四肢无力，倒地；恐惧，有时多汗；后出现心力衰竭，呼吸衰竭；末期散瞳、抽搐，重则死亡。 2. 热射病：体温剧升，皮温高，直肠内温度灼手；剧烈喘息，后晕倒，全身无力。 猪可见呕吐、战栗；羊可见恐惧不安。禽则虚弱无力，共济失调。 本病发展急剧，可因脑出血而猝死；一般1～2 d，陷入衰弱、脱水、虚脱死亡。 重剧病例，多因脑部受损而愈后不良。	1. 视诊：患畜精神沉郁，并可见神经症状。 2. 体温测量：显著升高，高达41～42 ℃及以上。		依据环境调查及病史可确诊。 鉴别高热性疾病：炭疽、猪瘟、猪繁殖与呼吸综合征等，此类病不仅高热，还有很强的传染性、高病死率，且有全身多脏器出血现象。中暑则不具此特点。
维生素 B_1 缺乏症	雏禽：多发性神经炎，麻痹，腿屈曲，翅下垂，坐地，头后仰，呈"观星姿势"。 成年鸡：鸡冠发绀，肌肉麻痹。1～2 周死亡。 犊牛：多在 30 d 以内，21 日龄左右发生。食欲减退，脱水。神经症状主要表现：兴奋、痉挛发作、惊厥、四肢抽搐、倒地、眼球震颤甚至失明、牙关紧闭、角弓反张。	剖检病变：小公鸡睾丸发育不良，母鸡卵巢萎缩。 饲料调查：料中缺乏维生素 B_1，主要存在于种子的外皮和胚芽中。青绿饲料、酵母、米糠、发芽的种子中含量最高。长期高温、水浸损耗，或单一精料。		依据临床特征，结合饲料调查可建立诊断。

五、常见泌尿机能异常的疾病鉴别诊断

疾病名称	鉴别要点			建立诊断
	症状特点	临床检查	辅助检查	
尿石症	因尿液中可溶性盐类发生结晶、析出形成凝结物,刺激尿路黏膜,引起尿路出血、炎症或阻塞的疾病。特征是尿频、尿痛、血尿,重可导致尿闭。 尿石细小且量少,一般无明显症状。体积较大则表现明显症状,具体表现与部位有关。 肾盂结石:呈肾盂肾炎症状,体温升高,血尿,肾区敏感,可见尿闭。 输尿管结石:刺激黏膜或堵塞输尿管,患畜剧烈疼痛,双侧堵塞则可发生尿闭。直肠检查可见阻塞部近肾端输尿管紧张充盈,远肾端则柔软空虚。 膀胱结石:多有尿频或血尿,膀胱敏感性升高。公牛包皮周围常附有干燥细沙样物质。 结石在膀胱颈部,有明显的疼痛,排尿障碍,尿频或无尿排出,排尿时呻吟,腹壁抽缩。 尿道结石:不完全阻塞时,尿痛,尿淋漓,时有血尿。完全阻塞时,尿闭、肾性腹痛,拱背缩腹,频频举尾,但无尿可排,可致膀胱破裂,继发尿毒症。	患畜有尿痛、血尿、排尿障碍,结石所在部位触诊敏感。膀胱结石可触及多少、大小不等的硬固物体。尿道结石可伴尿道路炎症状,局部肿胀,尿频、尿痛、血尿,甚至不能排尿。	X线检查:可看到发生部位、大小、数量、形状不等的致密阴影。	依据临床有尿频、尿痛、血尿、排尿障碍等特征症状、尿液变化,结合X线检查可建立诊断。
膀胱炎	膀胱黏膜或黏膜下层发生的炎症。特征为:尿中出现较多膀胱上皮、脓细胞、血液及磷酸铵镁结晶。尿频尿痛,每次尿量减少,多呈点滴状流出,疼痛不安。若膀胱颈部黏膜肿胀或括约肌痉挛,引起尿闭。直肠检查或外部触诊膀胱高度充盈。久则可破,痛感突然解除,不久病情迅速恶化。全身症状通常不明显,当炎症蔓延至深部组织,则可出现发热。严重出血性膀胱炎,可引起贫血。慢性病例,病程较长,症状较轻,无明显排尿困难。	视诊:尿频,尿痛。 直肠检查或外部触诊:膀胱敏感。	1.尿液检查　尿液浑浊、尿沉渣中可见大量白细胞、红细胞、膀胱上皮或脓球。碱性尿还可见到尿酸盐及磷酸盐的结晶。 2.B超检查　膀胱壁增厚,黏膜不光滑,图像边缘毛糙。	依据症状特征、尿液检查及B超检查可建立诊断。

第七章
疫苗和兽药的使用

第一节　疫苗的选择与使用

一、疫苗的分类

疫苗是指以天然的或人工改造的微生物（细菌、病毒、支原体）、寄生虫及其组分（蛋白质、核酸）或产物（毒素）、模拟抗原等为材料，采用生物学、分子生物学或生物化学、生物工程等相关技术制成的，用于预防动物疫病或有目的地调节动物生理功能的一类兽医生物制品。

疫苗接种动物体后，能刺激动物免疫系统产生特异性免疫应答，继而使动物体主动产生相应免疫力，所以又称为主动免疫制品。根据分类依据的不同，可对疫苗进行多种不同的分类。

（一）根据疫苗制备方法分类

根据疫苗制备方法分类，疫苗分为常规疫苗和新型疫苗。

1. 常规疫苗

常规疫苗又称传统疫苗，是指以传统的方法，用细菌、病毒培养液或其他病原微生物制成的弱毒疫苗或灭活疫苗。包括灭活疫苗、活疫苗、类毒素、寄生虫疫苗等。

(1)灭活疫苗　灭活疫苗又称死疫苗，是选用免疫原性强的病原微生物（如细菌、病毒等）经人工培养后，用物理或化学方法将其灭活（将病原微生物杀死，使其丧失毒性、致病性，但保留免疫原性）制成的疫苗。如猪链球菌病灭活疫苗（图 7-1）、猪口蹄疫灭活疫苗、猪细小病毒灭活疫苗、猪伪狂犬病灭活疫苗、猪传染性胸膜肺炎灭活疫苗、猪繁殖与呼吸综合征灭活疫苗、新城疫油乳剂灭活苗、禽流感油乳剂灭活苗、传染性法氏囊病油乳剂灭活苗、减蛋综合征油乳剂灭活苗、兔瘟灭活疫苗等。灭活疫苗的优点是使用安全，免疫可靠，便于保存

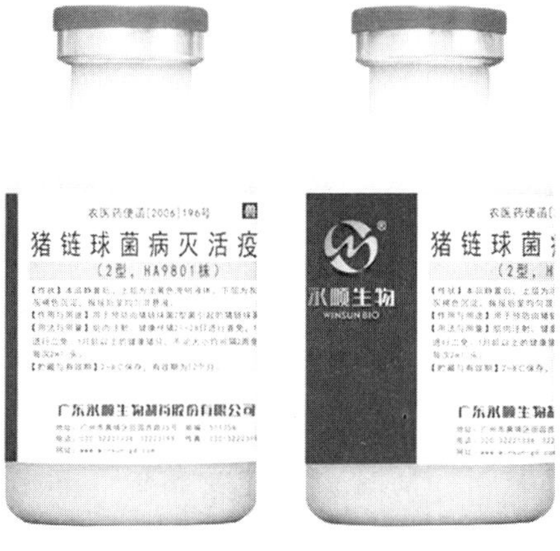

图 7-1　猪链球菌病灭活疫苗

和运输，易于制成联苗或多价苗，研制周期短等；缺点是不能在动物体内增殖，使用剂量大，产生免疫力较慢，维持时间较短，需多次免疫，免疫途径必须注射，需要佐剂来增强灭活疫苗的免疫效果。目前，灭活疫苗多制成湿苗。

（2）活疫苗　活疫苗又称弱毒疫苗，过去活疫苗可分为强毒活疫苗和弱毒活疫苗。强毒活疫苗曾在早年应用并发挥过一定作用，但因存在散播病原的危险性，故已不用。现今活疫苗主要指弱毒活疫苗，是通过人工诱变获得的弱毒株或者是筛选的自然减弱的天然弱毒株或者是失去毒力的无毒株，经培养增殖后所制成的疫苗。如猪瘟活疫苗（图 7-2）、猪丹毒-猪肺炎二联活疫苗、仔猪副伤寒活疫苗、山羊痘活疫苗、鸡痘活疫苗、马立克病疫苗、新城疫低毒力活疫苗等。活疫苗的优点是能在动物体内进行一定程度的增殖，免疫使用剂量小，产生免疫力快，维持时间较长，生产成本低，产量高等；缺点是具有毒力返祖和散毒的危险，运输和保存条件要求高等。目前，活疫苗多制成冻干苗。灭活疫苗与活疫苗是目前使用较为广泛的疫苗。

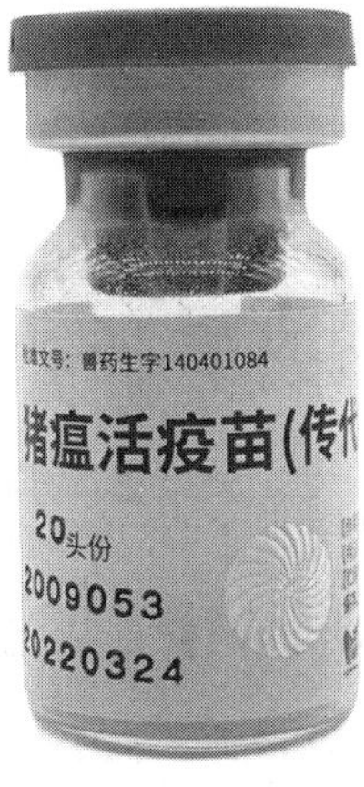

图 7-2　猪瘟活疫苗

（3）类毒素　类毒素又称脱毒毒素，是指细菌生长繁殖过程中产生的外毒素，经化学药品（甲醛）处理后，成为无毒性而保留免疫原性的生物制剂。动物接种后能产生自动免疫，也可用于注射动物制备抗毒素血清，如破伤风类毒素和明矾沉降破伤风类毒素等。

（4）寄生虫疫苗　由于寄生虫大多有复杂的生活史，同时虫体抗原又极其复杂，且有高度多变性，迄今仍无理想的寄生虫疫苗。多数研究者认为，只有活的虫体才能诱使机体产生保护性免疫，而死虫体则无免疫保护作用。目前，市场上有羊棘球蚴病基因工程亚单位疫苗、鸡球虫病三价活疫苗（图 7-3）、犬猫弓形虫病疫苗等寄生虫疫苗出售。

2. 新型疫苗

新型疫苗主要是指利用基因工程技术制备的疫苗，包括基因工程亚单位疫苗、基因工程活载体疫苗、基因缺失苗和核酸疫苗。通常将合成肽苗、抗独特型疫苗、转基因植物可食疫苗以及微胶囊疫苗等包括在新型疫苗范畴。

（1）基因工程亚单位疫苗　基因工程亚单位疫苗是将病原体免疫保护基因克隆于原核或真核表达系统，实现体外高效表达，获得重组免疫保护蛋白，所制造的一类疫苗。其关键是重组表达蛋白应颗粒化。目前，该类疫苗尚不多，人乙肝病毒重组蛋白疫苗、子宫颈癌乳头状瘤状病毒亚单位疫苗和猪圆环病毒乙型基因工程亚单位疫苗（图 7-4）实现了大规模生产。

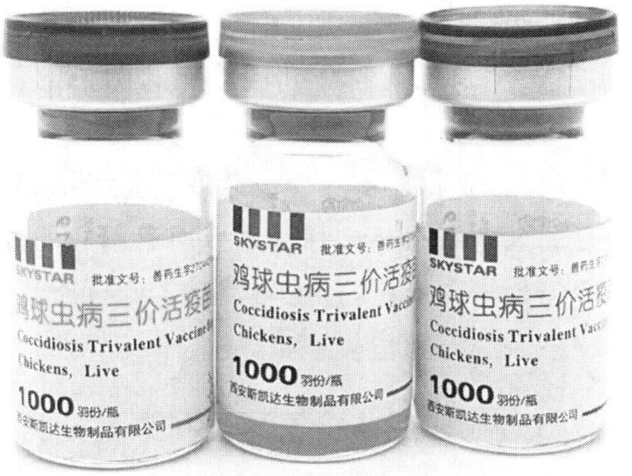

图 7-3　鸡球虫病三价活疫苗

图 7-4　猪圆环病毒 2 型基因工程亚单位疫苗

(2)基因工程活载体疫苗　它主要以弱毒为载体通过基因工程方法使之携带并表达某种特定病原体的主要免疫原基因，构成重组病毒或细菌，经培养后制备的疫苗。商品化的载体活疫苗主要以痘病毒、火鸡疱疹病毒、新城疫病毒、大肠杆菌和沙门菌载体为主。

(3)基因缺失苗　它是将病原菌或病毒致病力相关的基因删除后构成的活疫苗，是野毒株发生定向缺失性突变的活苗。缺损病毒株难以自发地恢复成强毒株，但并不影响其增殖和复制，且保持其良好的免疫原性，从而制备成免疫原性好且十分安全的基因缺失苗，而且缺失的基因及其编码产物可作为一种用于区别免疫与自然感染动物的鉴别诊断标志。基因缺失苗具有良好应用前景。如猪伪狂犬病活疫苗(HB-98 株)就是基因缺失疫苗，疫苗中的伪狂犬病病毒 HB-98 株缺失了 TK、GB 基因，见图 7-5。

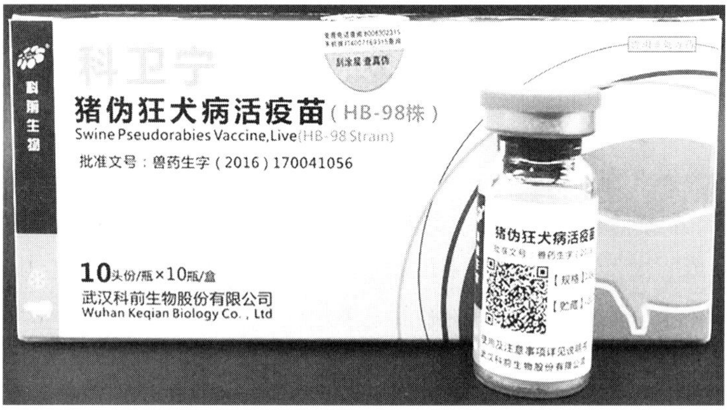

图 7-5　猪伪狂犬病活疫苗

(4)核酸疫苗　核酸疫苗又称 DNA 疫苗或基因疫苗，是将编码某种抗原蛋白的基因置于真核细胞表达系统的控制下，构成重组表达质粒 DNA，将其通过肌内注射或基因枪等方法注射到动物体内，通过宿主细胞的转录翻译系统合成抗原蛋白，从而诱导宿主产生对抗原蛋白的免疫应答，以达到预防和治疗疾病的目的。该类疫苗具有所有类型疫苗的优点，有很大应用前景。

(5)合成肽疫苗　合成肽疫苗是指根据病原微生物中保护性抗原的氨基酸序列，人工合成免疫原性多肽并连接到载体蛋白后制成的疫苗。该类疫苗性质稳定、无病原性，能够激发动物的免疫保护性反应，且可将具有不同抗原性的短肽段链接到同一载体蛋白上构成多价苗。但其缺点是免疫原性较差，合成成本高。如猪口蹄疫 O 型合成肽疫苗(图 7-6)。

(二)根据疫苗抗原种类和数量分类

根据疫苗抗原种类和数量分类，疫苗分为单价疫苗、多价疫苗和多联疫苗。

1. 单价疫苗

利用同一种微生物菌(毒)株或同一种微生物中的单一血清型菌(毒)株的增殖培养物制备的疫苗称为单价疫苗。单价疫苗对单一血清型微生物所致的疫病有免疫保护效力。但单价疫苗仅能对多血清型微生物所致疾病中的对应血清型有保护作用,而不能使免疫动物获得完全的免疫保护。前者如新城疫疫苗(Ⅰ系苗、Ⅱ系苗、La Sota 系疫苗),都能使接种鸡获得完全的免疫保护;后者如猪口蹄疫 O 型灭活疫苗(图 7-7),是由 O 型口蹄疫病毒强毒株培养灭活后制造而成,对由 A 型口蹄疫病毒引起的猪口蹄疫则无免疫保护作用。

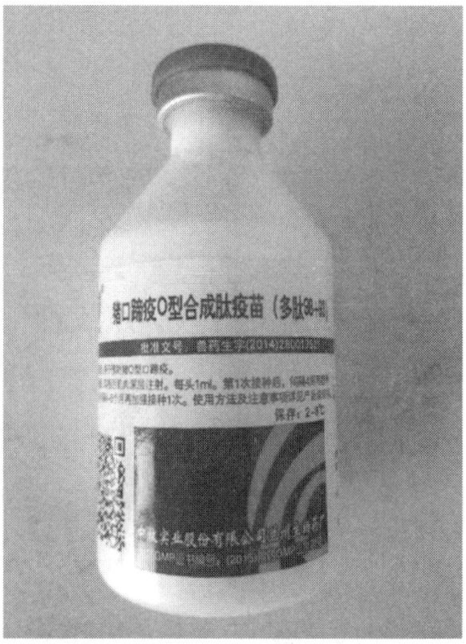

图 7-6　猪口蹄疫 O 型合成肽疫苗

2. 多价疫苗

多价疫苗是指用同一种微生物中若干血清型菌(毒)株的增殖培养物制备的疫苗。多价疫苗能使免疫动物获得完全的保护力,且可在不同地区使用。如猪口蹄疫 O 型、A 型二价灭活疫苗(图 7-8),仔猪大肠杆菌病三价灭活疫苗。

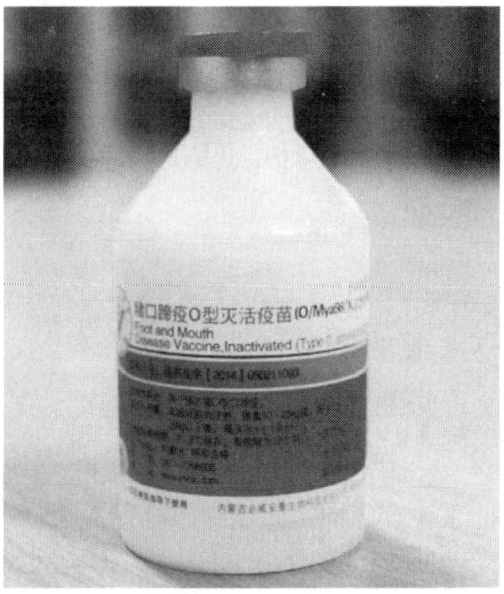

图 7-7　猪口蹄疫 O 型灭活疫苗

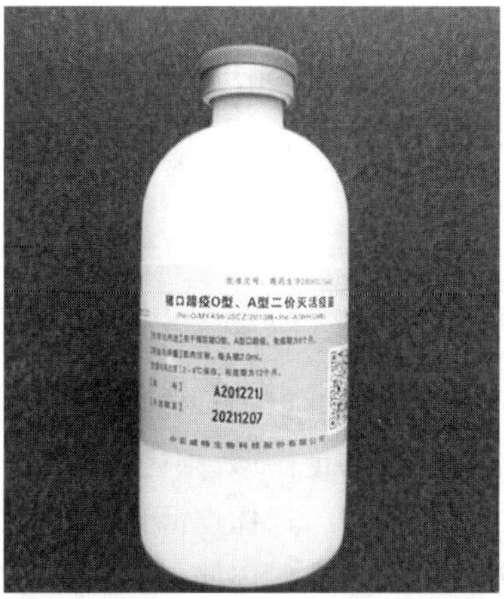

图 7-8　猪口蹄疫 O 型、A 型二价灭活疫苗

3. 多联疫苗

多联疫苗是指利用不同种微生物的增殖培养物,按免疫学原理和方法组合而成的疫苗。动物接种后,能产生对相应疾病的免疫保护,具有减少接种次数和使用方便等优点,是一针防多病的生物制剂。如猪瘟、猪丹毒、猪多杀性巴氏杆菌病三联活疫苗(图 7-9),新城疫、禽流感二联灭活疫苗等。

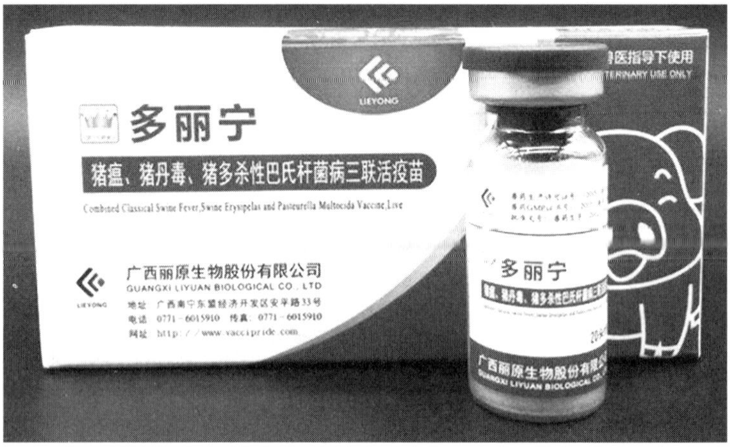

图 7-9 猪瘟、猪丹毒、猪多杀性巴氏杆菌病三联活疫苗

疫苗除上述分类方法之外，还可根据组织来源及制造方法分类，分为动物培养疫苗（组织苗）、鸡胚培养疫苗（鸡胚苗）和细胞培养疫苗（细胞苗）。还可根据疫苗接种方式分类，分为注射苗、口服苗、滴鼻点眼苗、气雾苗等。

二、疫苗免疫方法及免疫效果监测

(一)疫苗免疫方法

疫苗免疫方法很多，主要有注射免疫法、经口免疫法、皮肤刺种法、点眼与滴鼻法、气雾免疫法、擦肛免疫法等数种。

1. 注射免疫法

注射免疫法适用于各种灭活苗和弱毒苗的免疫接种。根据疫苗注入的部位不同，又可分为皮下注射、皮内注射、肌内注射、胸腔注射、穴位注射等。以注射的方法免疫动物，疫苗接种剂量准确、免疫密度高、效果确实可靠，在实践中应用广泛。

(1)皮下注射　选择皮薄、被毛少、皮肤松弛、皮下血管少的部位。大家畜宜在颈侧中 1/3 部位；猪在耳根后或股内侧；犬和羊宜在股内侧；兔在耳后；家禽在颈部背侧上 1/3 处，针头自头部刺向躯干部。注射部位消毒后，注射者右手持注射器，左手食指与拇指将皮肤提起呈三角形，使之形成一个囊，沿囊下部刺入皮下约注射针头的 2/3，将左手放开后，再推动注射器活塞将疫苗徐徐注入。然后用酒精棉球按住注射部位，将针头拔出。图 7-10 为鸡的皮下注射示意图，图 7-11 为鸭的皮下注射示意图。

(2)皮内注射　目前，只适用于羊痘疫苗和某些诊断液等。选择皮肤致密、被毛少的部位，马的皮内接种采用颈侧、眼睑部位，牛、羊除颈侧外，可在尾根或肩胛中央部位，猪大多在耳根后，鸡在肉髯部位。注射部位如有被毛的应先将其剪去，用酒精棉球消毒后，左手将皮肤捏起形成皮褶，或以左手绷紧固定皮肤，右手持注射器，使针头斜面向上，几乎与注射皮肤平行刺入 0.5 cm 左右，即可刺入皮肤的真皮层中。应注意刺时宜慢，以防刺出表皮或深入皮下。同时，注射药液后在注射部位有一小包，且小包会随皮肤移动，则证明确实注入皮内，然后用酒精棉球消毒皮肤针孔及其周围。皮内注射法的优点是使用疫苗少，注射局部副作用小，相同剂量疫苗产生的免疫力比皮下接种高。

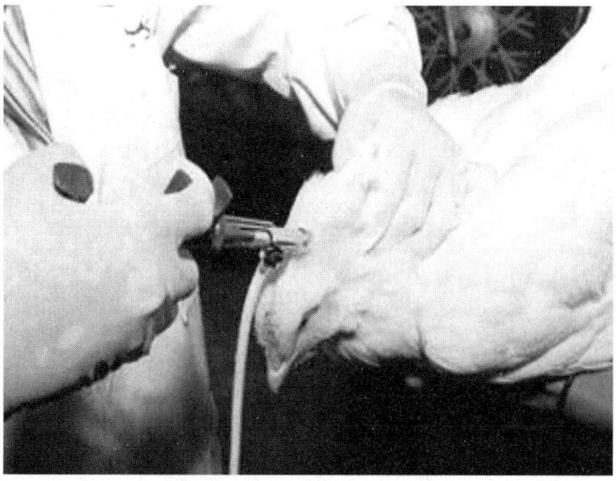

图 7-10　鸡的皮下注射

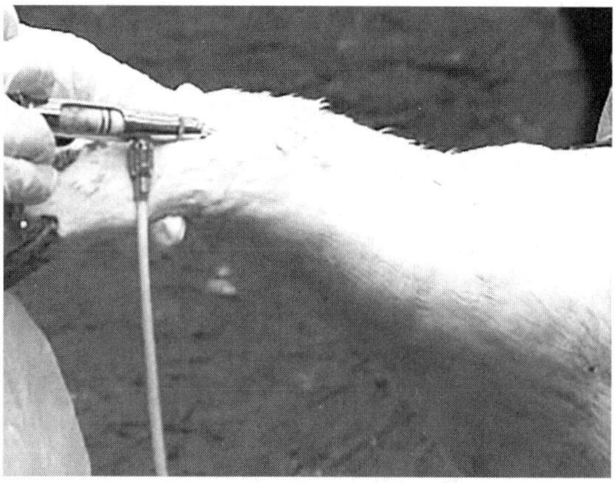

图 7-11　鸭的皮下注射

(3)肌内注射　多用于弱毒疫苗的接种。肌内注射操作简便、应用广泛、副作用较小,药液吸收快,免疫效果较好。应选择肌肉丰满、血管少、远离神经干的部位。牛、马、羊注射部位在颈侧中部上 1/3 处,猪选择耳根后,注射时避开耳道。禽宜在胸肌或大腿外侧肌肉。注射者用注射器吸取疫苗,将注射器内的气体排出。

鸡胸部肌内注射操作方法:保定人员一只手抓住双翅,另一只手抓住双腿,将鸡固定,将胸部向上,平行抓好。注射者注射部位消毒,右手持注射器,与鸡胸骨成平行方向,针头与胸肌成 45°角,在胸部中 1/3 处向背部方向刺入胸部肌肉,缓慢注入疫苗。注射完毕,用灭菌干棉球按住注射部位,将针头拔出。

家畜肌内注射操作方法:左手固定注射部位,右手拿注射器,针头垂直刺入肌肉内,然后用左手固定注射器,右手将针芯回抽一下,如无回血,将药慢慢注入,若发现回血,应变更位置。若动物不安或皮厚不易刺,可将针头取下,用右手拇指、食指和中指捏紧针尾,对准注射部位迅速刺入肌肉,然后接上注射器,注入药液。图 7-12 为猪肌内注射部位标示,图 7-13 为猪肌内注射部位图解,图 7-14 和图 7-15 分别为肥猪和仔猪肌内注射演示。

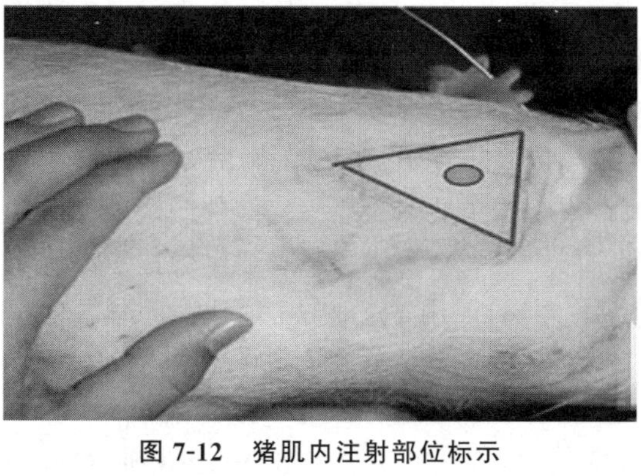

图 7-12　猪肌内注射部位标示

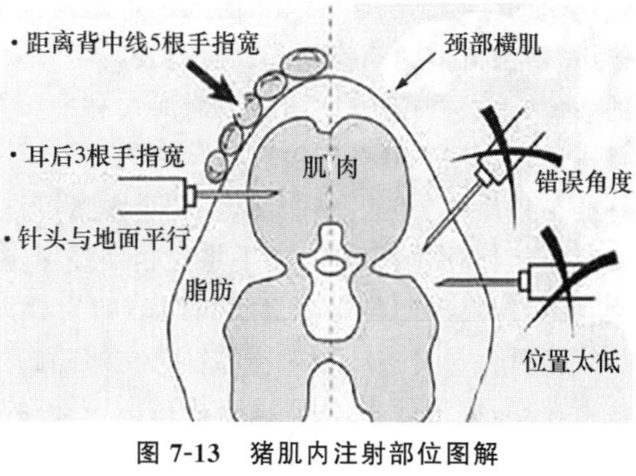

图 7-13　猪肌内注射部位图解

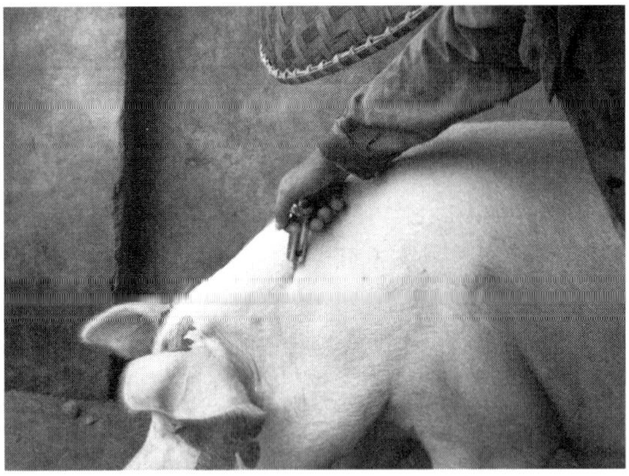

图 7-14 肥猪肌内注射演示

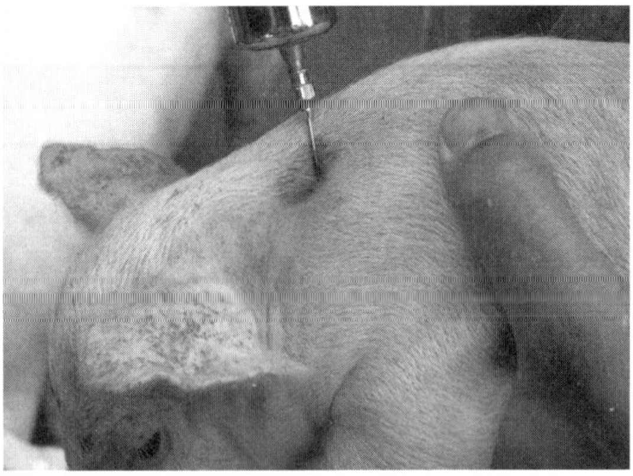

图 7-15 仔猪肌内注射演示

(4)胸腔注射 目前,胸腔注射仅见于猪气喘病弱毒苗的免疫,它能很快刺激胸部的免疫器官产生局部的免疫应答,直接保护被侵器官。但免疫时需要保定猪只,免疫刺激大,免疫技术要求较高。注射具体操作方法:疫苗按瓶签规定的头份数,用灭菌生理盐水稀释成1头份/mL。将猪固定好,在右侧肩胛骨后缘向后2～4根肋骨找准注射部位,对注射部位进行消毒,将针头垂直插入(如不小心将针头插到肋骨条上,可以使针头微微倾斜便可顺利刺入),进针后若有空洞感,说明已刺透胸腔壁,即可将猪气喘病弱毒苗徐徐注入,每头注射1 mL,注射完毕,拔出针头,用灭菌干棉球按压片刻即可。图7-16为猪胸腔注射位置标示。

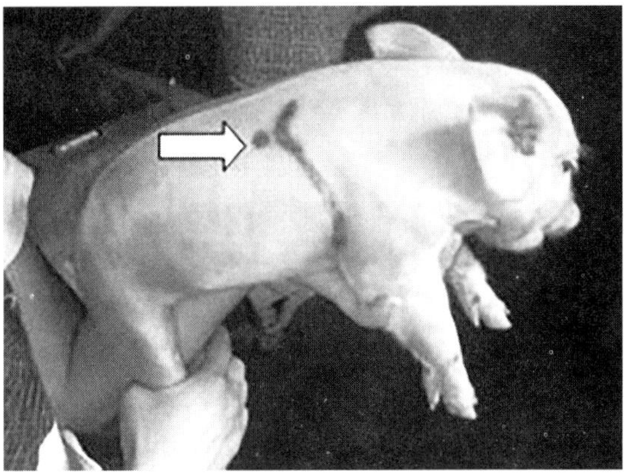

图 7-16 猪胸腔注射位置标示

(5)穴位注射 穴位免疫注射是近年来应用于兽医临床的一种新方法,它主要是将具有免疫作用的生物制剂(如疫苗)注入一定的穴位中,从而借助疫苗对穴位的刺激,放大疫苗的免疫作用,增强机体的免疫功能。研究表明后海穴(交巢穴)、风池穴、足三里穴能显著地提高抗体的效价,放大疫苗的免疫作用,后海穴是临床上进行穴位免疫常用的穴位。猪传染性胃肠炎、猪流行性腹泻二联灭活疫苗(图7-17)等免疫接种时,多采用后海穴注射,能诱导机体产生较好的免疫反应。"后海穴"又名"交巢穴",也称"地户穴",位于肛门与尾根之间的凹陷处。后海穴免疫接种具体操作为:助手将仔猪倒提保定,捏住尾巴。大猪及成年猪一般侧卧保定。确定接种部位,在肛门与尾根之间的凹陷即为后海穴(图7-18)。用75%酒精棉球消毒后海穴部位。接种人员持连续注射器的针头在凹陷的中央顺脊柱方向平行刺入一定深度后,注入疫苗,注射完毕,拔出针头,用灭菌干棉球按压接种部位。注射疫苗的进针深度按猪龄大小为0.5～4 cm,3日龄仔猪为0.5 cm,随猪龄增大则进针深度加大,成年猪为4 cm。注意事项:给妊娠母猪接种疫苗时,要进行适当保定,以避免引起机械性流产。后海穴位接种时,针头保持与脊柱平行或稍偏上,以免将疫苗注入直肠内。用过的疫苗瓶、器具和未用完的疫苗等应进行无害化处理。

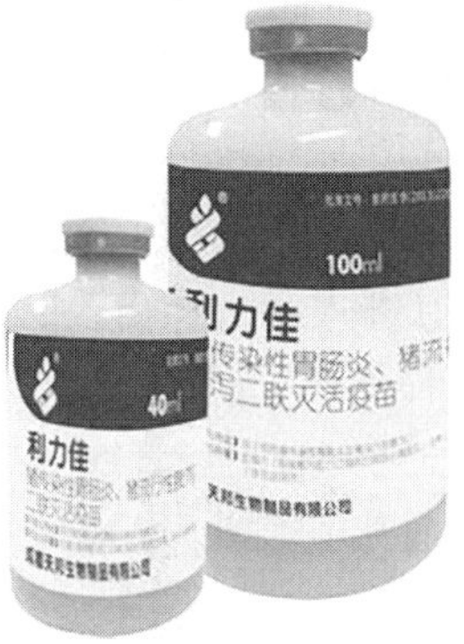

图 7-17　猪传染性胃肠炎、猪流行性腹泻二联灭活疫苗

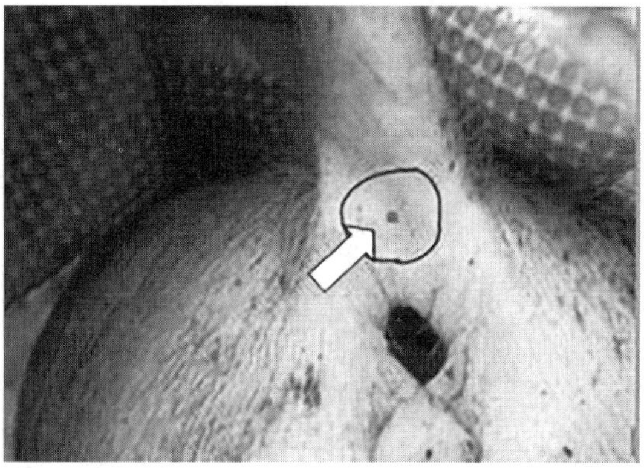

图 7-18　猪后海穴注射部位(箭头所指处)

2. 经口免疫法

经口免疫即将疫苗均匀地混于饲料或饮水中经口服后而使动物获得免疫,可分为饮水、滴口、拌料 3 种方法。饮水、拌料免疫效率高、省时省力、操作方便,能使全群动物在同一时间内共同被接种,对群体的应激反应小,但动物群体的抗体滴度往往不均匀,免疫持续期短,免疫效果常受到其他多种因素的影响。

(1)饮水免疫　饮水免疫时,应按畜禽数量和畜禽平均饮水量,准确计算疫苗用量。用于口服的疫苗必须是高效价的活苗,可增加疫苗用量,一般为注射剂量的 2～5 倍。例如,鸡饮水免疫(图 7-19)时,稀释疫苗的用水量应根据鸡的大小来确定,一般为鸡日饮水量的 30%,疫苗用量高于平均用量的 2～3 倍,保证所有的鸡同时喝到疫苗水。具体可参照如下用水量:1～2 周龄每只 8～10 mL;3～4 周龄每只 15～20 mL;5～6 周龄每只 20～30 mL;7～8 周龄每只 30～40 mL;9～10 周龄每只 40～50 mL。疫苗混入饮水后,必须迅速口服,保证在最短的时间内摄入足量疫苗。因此,免疫前应停饮一段时间,具体停水时间长短可灵活掌握,一般在天气炎热的夏秋季节或饲喂干料时停水时间可适当短些,在天气寒冷的冬春季节或饲喂湿料时停水时间可适当长些,使动物在施用饮水免疫前有一定的口渴感,确保动物在 0.5～1 h 内将疫苗稀释液饮完。稀释疫苗的水,可用深井水或凉开水,饮水中不应含有游离氯或其他消毒剂。此外饮水器要保持清洁干净,不可有消毒剂和洗涤剂等化学物质残留。饮水的器皿不能是金属容器,可用瓷器和无毒塑料容器。稀释疫苗宜将疫苗开瓶后倒入水中搅匀。为有效地保护疫苗的效价,可在加入疫苗前往疫苗稀释液中加入 2%～3% 鲜牛奶或 0.2%～0.3% 的脱脂奶粉混合使用。混有疫苗的饮水以不超过室温为宜,应注意避免疫苗暴露在阳光下,如在炎热季节给动物施用饮水免疫时,应尽量

图 7-19　鸡群饮水免疫

避开高温时进行。为保证动物充分吸收药物，在饮水免疫后还应适当停水 1～2 h。此外，动物在饮水免疫前后 24 h 内，其饲料和饮水中不可使用消毒剂和抗菌素类药物，以防引起免疫失败或干扰机体产生免疫力。

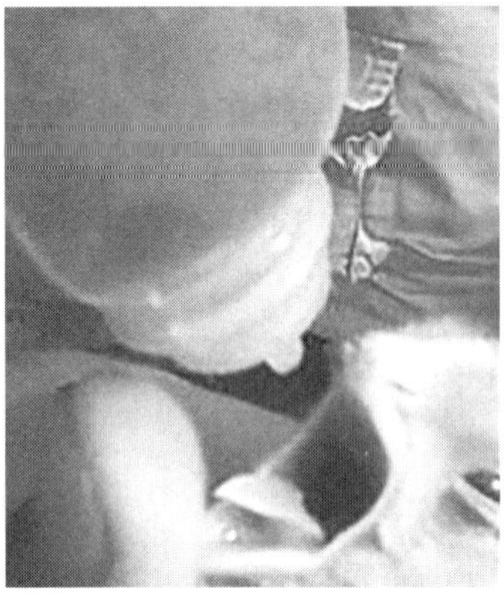

图 7-20 雏鸡滴口免疫
（引自胡新岗，2021）

（2）滴口免疫 按照要求将稀释之后的疫苗滴于家禽口中（图 7-20），使疫苗通过消化道进入家禽体内，从而产生免疫力的免疫接种方法。滴口免疫操作时，先按规定剂量用适量生理盐水或凉开水稀释疫苗，充分摇匀后用滴管或一次性注射器吸取疫苗，然后将鸡腹部朝上，食指托住头颈后部，大拇指轻按前面头颈处，待张口后在口腔上方 1 cm 处滴下 1～2 滴疫苗溶液即可。滴口免疫时需注意：第一，确定稀释量，普通滴瓶每毫升水有 25～30 滴，差异较大，所以必须事先测量出每毫升水的滴数，然后计算出稀释液用量，最好购买正规厂家生产的疫苗专用稀释液及配套滴瓶；第二，稀释液可选用疫苗专用稀释液或灭菌生理盐水；第三，疫苗稀释后必须在 0.5～1 h 内滴完；第四，防止漏滴，做到只只免疫；第五，要注意经常摇动疫苗，以保持疫苗的均匀；第六，在滴口免疫前后 24 h 内停饮任何有消毒剂的水。

（3）拌料免疫 生产中采用拌料免疫的有新城疫Ⅰ系、Ⅱ系苗和鸡球虫苗。注意拌料要均匀，并现配现用。拌疫苗的饲料温度以室温为宜，不可直接撒在地面上，且应避免日光照射。直接拌料：将新城疫疫苗按规定剂量溶解于水，混匀后拌碎米或玉米粉或鸡颗粒料，早晨鸡空腹时一次喂给，让鸡采食。对大小不一和吃食较少的鸡，可在第二天重复饲喂 1 次，以确保鸡吃进足够的剂量。免疫前应计算鸡群实际需要饲料粮，防止饲料不足或过剩。喷雾拌料：将按规定剂量稀释后的球虫疫苗悬液倒入干净的农用喷雾器或加压式喷雾器中，称取适量的饲料放入料盘中，把球虫疫苗均匀地喷洒在饲料上，喷洒时需要不时摇晃喷雾器，至少来回喷两次，每喷一次都要充分拌料。将拌有疫苗的料平均分配到每个料盘，让鸡自由采食，全部吃干净需 4～5 h。注意倒拌有疫苗料之前不要刻意断料，倒料前只把料盘中的剩料倒干净即可，以免“抢食”造成每只鸡免疫剂量不均匀。

3. 皮肤刺种法

此法适用于新城疫Ⅰ系弱毒疫苗、鸡痘弱毒疫苗等的接种。家禽一般采用翼膜刺种法，在家禽翅膀内侧无血管处的“三角区”刺种。按瓶签注明羽份，用生理盐水稀释疫苗，用刺种针蘸取疫苗，刺针（图 7-21）针尖向下，使药液自然下垂，轻轻展开鸡翅，从翅膀内侧对准翼膜（图 7-22）用力垂直刺入并快速穿透，使针上的凹槽露出翼膜。小鸡 1 针，大鸡 2 针。刺种 5～7 d 后及时检查接种部位“结痂”情况，以评价免疫效果。刺种后凡是接种部位没有结痂的鸡群，都要及时进行重新刺种。注意事项：每次刺种针蘸苗都要保证凹槽能浸在疫苗液面以下，出瓶时将针在瓶口擦一下，将多余疫苗擦去。在针刺过程中，要避免针槽碰上羽毛以免疫苗溶液被擦去，也应避免刺伤骨头和血管。每 1～2 瓶疫苗就应换用一个新的刺种针，因为针头在多次使用后会变钝，针头变钝意味着需要加力才能完成刺种，这可能使一些疫苗在针头穿入表皮之前被抖落。

图 7-21　疫苗刺种针

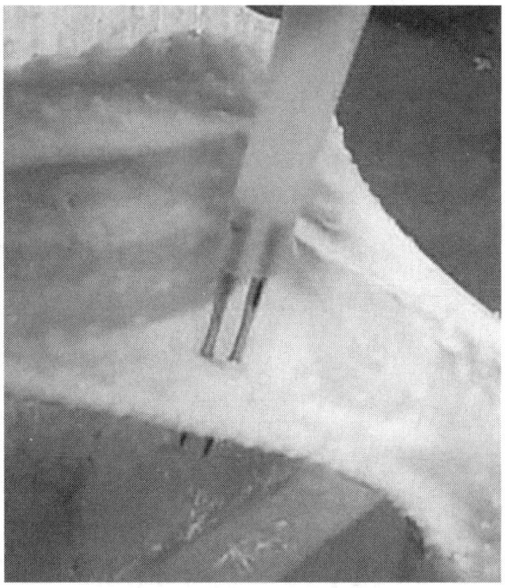

图 7-22　鸡翼膜刺种

4. 点眼与滴鼻法

禽类眼部具有哈德氏腺，鼻腔黏膜下有丰富的淋巴样组织，对抗原的刺激都能产生很强的免疫应答反应。操作时，用乳头滴管或无针头注射器吸取疫苗，将禽眼或鼻孔向上，呈水平位置，滴头离眼或鼻孔 1 cm 左右，滴于眼或鼻孔内（图 7-23）。这种方法多用于雏禽，尤其是雏鸡的首免。利用点眼或滴鼻法接种时应注意：接种均使用弱毒苗，如果有母源抗体存在，会影响病毒的定居和刺激机体产生抗体，此时可考虑适当增大疫苗接种量。滴鼻点眼时，要等待疫苗进入鼻腔、眼睛内才能放开雏鸡。滴鼻时，可用固定雏鸡的左手食指堵着非滴鼻侧的鼻孔，加速疫苗的吸入。生产中也可以用能安装滴头的塑料滴瓶盛装稀释好的疫苗，装上专用滴头后，挤出滴瓶内部分空气，迅速将滴瓶倒置，使滴头向下，拿在手中呈垂直方向轻捏滴瓶，进行点眼或滴鼻，疫苗瓶在手中应一直倒置，滴头保持向下（图 7-24）。为减少应激，最好在晚上或光线稍暗的环境下接种。

图 7-23　鸽滴鼻免疫

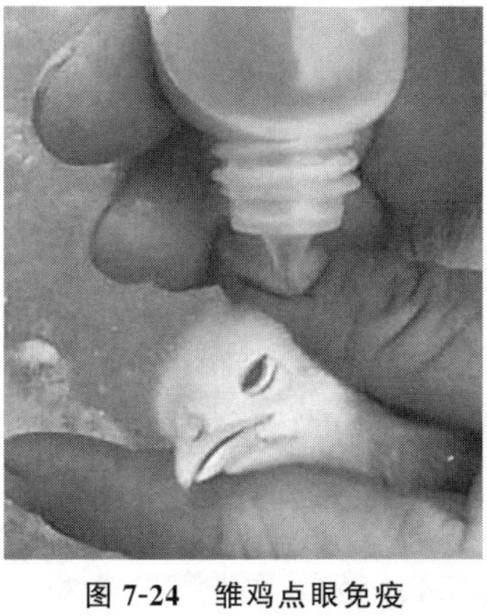

图 7-24　雏鸡点眼免疫

5. 气雾免疫法

将稀释的疫苗在气雾发生器的作用下喷雾射出去，使疫苗形成 5～100 μm 的雾化粒子，其中雾粒直径约为 60 μm 称为粗滴气雾免疫，雾粒直径为 5～22 μm 称为细滴气雾免疫。雾化粒子均匀地浮游于空气中，动物随着呼吸运动，将疫苗吸入而达到免疫。气雾免疫分为气溶胶免疫和喷雾免疫两种形式，其中气溶胶免疫最为常见。气雾免疫法不但省力，而且对少数疫苗特别有效，适用于大群动物的免疫。进行气雾免疫时，将动物赶入圈舍，关闭门窗，尽量减少空气流动，喷雾完毕后，动物在圈内停留 10～20 min 即可放出。

气雾免疫不宜用于 30 日龄内的雏鸡和存在慢性呼吸道病的鸡群，以免诱发呼吸道疾病。气雾粒子为 60 μm 左右时，一般停留在雏鸡的眼和鼻腔内，很少发生慢性呼吸道病，适宜对 6 周龄以内的小雏鸡进行气雾免疫。而对 12 周龄雏鸡气雾免疫时，气雾粒子取 10～30 μm 为宜。在鸡头上 1.5 m 左右喷雾，呈 45°角，使雾粒刚好落在家禽的头部。喷完后要最大限度地降低通风换气量，以保证气雾免疫效果，同时也要防止通风不良而造成窒息死亡。图 7-25 为羊群气雾免疫，图 7-26 为鸡群气雾免疫。小日龄雏鸡喷雾时，可打开出雏器或运雏箱，使其排列整齐。平养的肉鸡，可集中在鸡舍一角；或把鸡舍分成两半，中间设一栅栏并留门，从一边向另一边驱赶肉鸡，当肉鸡分批通过栅栏门时喷雾；接种人员还可在鸡群中间来回走动喷雾疫苗，至少来回 2 次。笼养蛋(肉)鸡，直接在笼内一层层地循序进行喷雾。

图 7-25　羊群气雾免疫

图 7-26　鸡群气雾免疫

6. 擦肛接种法

本法仅用于接种传染性喉气管炎的强毒型疫苗。操作时，一名免疫人员应一手将鸡倒提，用手握腹，使肛门黏膜翻出，另一名免疫人员用消毒的棉签、毛笔或小刷蘸取疫苗，直接涂擦在肛门黏膜上。擦肛后 4～5 d，可见泄殖腔黏膜潮红，否则应重新接种。

(二)免疫效果监测

有计划地开展免疫效果监测，可以及时掌握免疫效果，确定免疫是否成功，确定再次接种疫苗的时间，指导养殖场与养殖户科学免疫、有效防控。特别是强制免疫动物疫病，重大动物疫病，免疫之后更需有计划地进行免疫效果监测，如免疫不成功，需及时补免，保证有效预防动物疫病，严防重大动物疫情发生。通过对抗体水平整齐程度的检测，还可以对某些疫病的诊断提供参考。

常采用的免疫效果监测方法是，动物接种疫苗一定时间后，采集免疫动物血样，检测血清中的免疫抗体，通过免疫抗体水平来评价免疫效果。如农业农村部 2022 年 1 月 4 日发布的《国家动物疫病强制免疫指导意见（2022—2025 年）》规定，动物疫病强制免疫的目标要求为，强制免疫动物疫病的群体免疫密度应常年保持在 90％以上，应免畜禽免疫密度应达到 100％，高致病性禽流感、口蹄疫和小反刍兽疫免疫抗体合格率常年保持在 70％以上。动物疫病强制免疫的主要任务之一就是评估免疫效果。各省份要加强免疫效果监测评价，坚持常规监测与随机抽检相结合，对畜禽群体抗体合格率未达到规定要求的，及时组织开展补免。

1. 采血

（1）采血前的准备工作　防护服、无粉乳胶手套、防护口罩、灭菌剪刀、镊子、手术刀、注射器、针头、记号笔、签字笔、空白标签纸、胶布、抗凝剂、75％酒精棉球、碘酊棉球、15 mL 的离心管、1.5 mL EP 管、冰袋、冷藏容器、消毒药品、血清采样单和调查表等。

（2）采血时间　一般免疫注射后 21 d 的动物方可采血检测，如高致病性禽流感、猪瘟等。但也有特殊的，如猪口蹄疫、小反刍兽疫、猪繁殖与呼吸综合征是免疫后 28 d 采血检测，动物布鲁氏菌病是免疫后 4 周采血检测，棘球蚴病是免疫后 7 d 采血检测。

（3）采血方法　对动物采血部位的皮肤先剃（拔）毛，1％～2％碘酊消毒，75％的酒精棉球由内向外螺旋式脱碘消毒，待干燥后采血。采血可用采血器或真空采血管。采血方法推行生猪站立式或仰卧式前腔静脉采血（图 7-27、图 7-28）、牛羊站立式颈静脉采血、禽类翅静脉采血（图 7-29），采血过程严格无菌操作，并按要求做好编号。

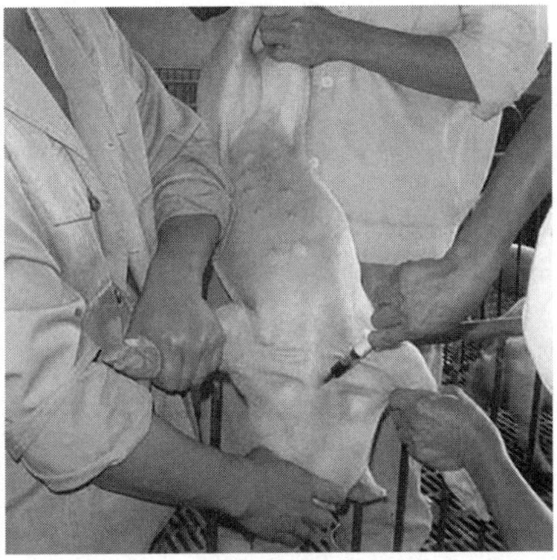

图 7-27　小猪的保定和前腔静脉采血

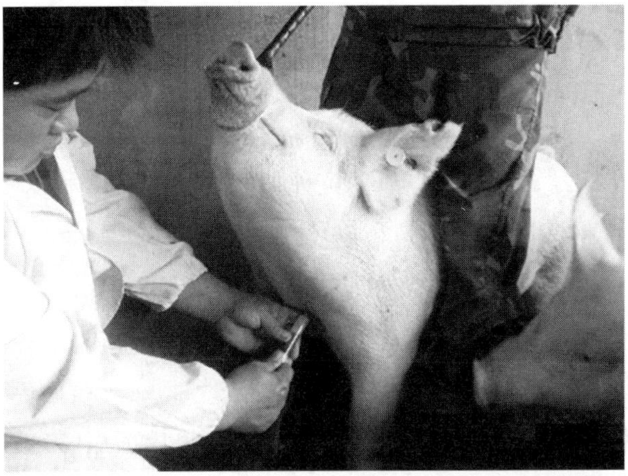

图 7-28　生猪的前肢立式保定和前腔静脉采血

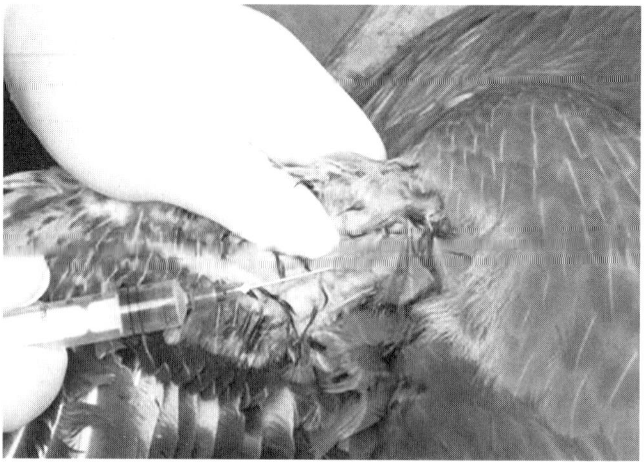

图 7-29 鸡翅静脉采血

(4)采血数量 单一病种抗体监测的每头(只)采集 2～3 mL 全血,多病种抗体检测的每头(只)采集 5～10 mL 全血。

(5)全血保存 采集好的全血转入盛血试管,斜面存放,室温凝固后直接放在盛有冰块的保温箱,送实验室。从全血采出到血清分离出的时间不超过 10 h。血清样品装于小瓶时应用铝盒盛放,盒内加填塞物避免小瓶晃动,若装于小塑料离心管中,则应置于塑料盒内。

2. 血清分离与保存

(1)血清的分离、保存及运送 用作血清样品的血液中不加抗凝剂,血液在室温下静置 2～4 h(防止曝晒),待血液凝固,有血清析出时,用无菌剥离针剥离血凝块,然后置 4 ℃冰箱过夜,待大部分血清析出后取出血清,必要时可低速离心(1 000*g* 离心 10～15 min)分离出血清。若需长时间保存,则将血清置 20 ℃以下保存,但要尽量避免反复冻融。样品容器上贴详细标签。

(2)血清编号及采样单填写 采血时应按《动物血清采样单》的内容详细填写采样单,采样单一式三份,一份由被采样单位保存,一份由送检单位保存,一份由检测单位保存。

动物血清采样单的内容一般包括样品编号、动物种类、用途(如种用、蛋用)、日龄(月龄)、耳标号、免疫情况(如疫苗种类、生产厂家、产品批号、免疫剂量、免疫时间等)、动物健康状况、采集地点(如乡镇、村、养殖场、屠宰场、市场、畜主等)、抽样比例、市场样品来源地、备注等。

3. 免疫抗体检测方法与免疫效果评价

检测方法主要有血凝试验(HA)和血凝抑制试验(HI)、酶联免疫吸附试验(ELISA)、正相间接血凝试验、虎红平板凝集试验等。一般根据免疫抗体效价及免疫合格个体数量占免疫群体总数的比例来评价免疫效果。布鲁氏菌病、猪繁殖与呼吸综合征是根据免疫后的抗体转阳率评价免疫效果。一些主要动物疫病免疫抗体检测方法及免疫效果评价方法如下。

(1)高致病性禽流感

检测方法:采用 GB/T 18936—2020《高致病性禽流感诊断技术》规定的血凝试验(HA)和血凝抑制试验(HI)方法检测高致病性禽流感病毒 H5 和 H7 亚型抗体。

免疫效果评价：免疫 21 d 后，HI 抗体效价不低于 1∶16（2^4 或 4 $\log_2$）判定为个体免疫合格。免疫合格个体数量占免疫群体总数不低于 70%的，判定为群体免疫合格。

（2）口蹄疫

检测方法：采用 GB/T 18935—2018《口蹄疫诊断技术》规定的方法进行抗体检测。使用灭活疫苗免疫的，采用液相阻断 ELISA、固相竞争 ELISA 检测免疫抗体；使用合成肽疫苗免疫的，采用 VP1 结构蛋白抗体 ELISA 检测免疫抗体。

免疫效果评价：猪免疫 28 d 后，其他家畜免疫 21 d 后，抗体效价达到以下标准的判定为个体免疫合格。

液相阻断 ELISA：牛、羊等反刍动物抗体效价$\geqslant 2^7$，猪抗体效价$\geqslant 2^6$。

固相竞争 ELISA：抗体效价$\geqslant 2^6$。

VP1 结构蛋白抗体 ELISA：按照方法或试剂使用说明判定阳性。

免疫合格个体数量占免疫群体总数不低于 70%的，判定为群体免疫合格。

（3）小反刍兽疫

检测方法：采用 GB/T 27982—2011《小反刍兽疫诊断技术》规定的 ELISA 方法进行抗体检测。

免疫效果评价：免疫 28 d 后，抗体检测阳性判定为个体免疫合格。免疫合格个体数量占免疫群体总数不低于 70%的，判定为群体免疫合格。

（4）布鲁氏菌病

检测方法：采用 GB/T 18646—2018《动物布鲁氏菌病诊断技术》规定的虎红平板凝集试验和 ELISA 方法检测抗体。

免疫效果评价：评估免疫后的抗体转阳率，一般在免疫后 4 周进行抗体检测，A19 疫苗和 M5 疫苗注射免疫的抗体阳转率一般不低于 80%的，S2 疫苗灌服的抗体阳转率各地可根据历年的转阳率情况确定。

（5）猪瘟

检测方法：采用 GB/T 16551—2020《猪瘟诊断技术》规定的 ELISA 方法进行抗体检测。

免疫效果评价：免疫 21 d 后，抗体检测阳性判为个体免疫合格。免疫合格个体数量占免疫群体总数不低于 70%的，判定为群体免疫合格。

（6）猪繁殖与呼吸综合征

检测方法：采用 ELISA 方法进行抗体检测。

免疫效果评价：由于检测的抗体水平与免疫保护效果无直接相关性，抗体检测主要用于评估免疫后抗体转阳率。免疫 28 d 后，抗体阳性个体占免疫群体总数不低于 80%的，判定为群体免疫合格。

（7）新城疫

检测方法：采用 GB/T 16550—2020《新城疫诊断技术》规定的血凝试验（HA）和血凝抑制试验（HI）方法进行抗体检测。

免疫效果评价：HI 效价$>2^5$，判为个体免疫合格。个体免疫抗体合格数量占免疫群体总数不低于 70%的，判定为群体免疫合格。

三、免疫程序的制定

(一)免疫程序的概念

生产上,免疫程序有广义和狭义之分。广义的免疫程序是指根据一定地区或养殖场内不同疫病的流行状况及疫苗特性,为特定动物群制定的免疫接种方案。

主要包括所用各种类疫苗的名称、类型、接种顺序、用法、用量、次数、途径及间隔时间。如以下为针对某商品代肉鸡制定的免疫程序(表 7-1)。表 7-1 中的免疫程序即为广义的免疫程序。

表 7-1 商品代肉鸡免疫程序

接种时间	疫苗名称	用法	用量	备注
1 日龄	马立克病疫苗	皮下注射	每羽 1 羽份	出壳 24 h 内用
4 日龄	新城疫-传支(H120)二联苗	滴鼻或点眼	每羽 1～2 滴	
7 日龄	传染性法氏囊病中等毒力疫苗	滴鼻或点眼	每羽 1～2 滴	
8 日龄	新城疫Ⅳ系苗	饮水或滴鼻点眼	每羽 1.5 倍量饮水或滴鼻点眼 1～2 滴	
15 日龄	H5 亚型禽流感灭活疫苗	皮下或肌内注射	每羽 0.3 mL	
22 日龄	鸡痘活疫苗	翼膜刺种	按规定羽份	
28 日龄	新城疫Ⅳ系苗	饮水免疫	加倍量	
35～40 日龄	H5 亚型禽流感灭活疫苗	皮下或肌内注射	每只 0.5 mL	

狭义的免疫程序指在一个畜禽的生产周期中,为预防某种传染病而制定的疫苗接种规程,其内容包括所用疫苗的品系、来源、用法、用量、免疫时机和免疫次数等。如以下为针对商品猪高致病性猪蓝耳病的免疫程序(表 7-2)。此处的免疫程序即为狭义的免疫程序。

表 7-2 商品猪高致病性猪蓝耳病免疫程序

疫苗品系	免疫时机
活疫苗	断奶前后初免 4 个月后免疫一次
灭活苗	断奶后初免 根据实际情况在初免后 1 个月加强免疫一次

各个国家和地区都重视免疫程序的制定,这不仅是养殖场防疫部门的工作,而且是疫苗生产和研究部门的责任,疫苗的产品说明书上应包括免疫程序和使用方法。

(二)制定免疫程序应考虑的因素

世上没有一成不变而又广泛适用的免疫程序,因为免疫程序本身就是动态的,随着季节、气候、疫病流行状况、生产过程的变化而改变。因此,每个养殖场应根据以上情况制定适合本场的免疫程序,并确保能动态执行。在选用、制定或改进免疫程序时需要全面考虑以下因素。

1. 免疫要达到的目的

不同用途、不同代次的畜禽，其免疫要达到的目的不同。所选用的疫苗及免疫次数也会不同。如生长周期短的商品肉鸡，7～10 日龄时禽流感油佐剂灭活疫苗免疫一次即可。但考虑到对鸡肉产品质量的影响时，可以选用新城疫禽流感重组疫苗免疫，但要分别在 7 日龄、21 日龄时进行两次免疫。

2. 当地疾病流行情况

针对当地流行的疾病种类决定所免疫苗的种类、时间与次数。如鸡传染性喉气管炎表现为区域性流行，没有鸡传染性喉气管炎流行的地区不需进行该疫苗的免疫。

3. 母源抗体情况

当母源抗体水平高且均匀时，推迟首免时间；当母源抗体水平低时，首免时间提前；当母源抗体水平高低不均匀时，需通过加大免疫剂量使所有鸡群均获得良好的免疫应答。

4. 免疫间隔时间

根据免疫后抗体的维持时间决定。一般首免主要起到激活免疫系统的作用，产生的抗体水平低且维持时间短，与二免的间隔时间要短一些；二免作为加强免疫，产生的抗体水平高且维持时间长，与三免的间隔时间可以延长。猪流行性腹泻、猪流感等常在冬季流行，秋冬季节间隔时间就要短一些。

5. 疫苗间的相互干扰

两种及两种以上的疫苗不能在同一天接种，更不能混在一起接种，最好间隔 1 周。如新城疫弱毒疫苗免疫后，紧接着免疫鸡传染性支气管炎或鸡传染性法氏囊病疫苗，都会严重干扰新城疫弱毒疫苗的免疫效果。

6. 疫苗的搭配使用

活苗的优点是抗体产生快，免疫应答全面；灭活苗的优点是产生抗体水平高且维持时间长，不受母源抗体干扰；两者联合使用可以使动物机体产生强大的保护力。最终必须根据免疫效果检测和临床使用效果，及时调整，才能制定科学、有效的免疫程序。

(三)免疫程序示例

1. 商品代蛋鸡免疫参考程序(表 7-3)

表 7-3　商品代蛋鸡免疫参考程序

接种时间	疫苗名称	用法	用量	备注
1 日龄	马立克病疫苗	皮下注射	每羽 1 羽份	出壳 24 h 内用
7 日龄	新城疫-传支(H120)二联苗	滴鼻或点眼	每羽 1～2 滴	
12 日龄	传染性法氏囊病疫苗	滴鼻或点眼	每羽 1～2 滴	
18 日龄	新城疫Ⅱ系和Ⅳ系苗	饮水、滴鼻或点眼	每羽 1.5 倍量饮水、滴鼻或点眼 1～2 滴	Ⅱ系和Ⅳ系同时免疫
22 日龄	鸡痘活疫苗	翼膜刺种	按规定羽份	

续表 7-3

接种时间	疫苗名称	用法	用量	备注
25 日龄	中等毒力传染性法氏囊病疫苗	滴鼻或点眼	每羽 1～2 滴	
31 日龄	传染性喉气管炎冻干苗	滴鼻或点眼	每只 1～2 滴	非疫区不用
35 日龄	传染性鼻炎油乳剂灭活苗	皮下注射	每只 1 羽份	
40 日龄	新城疫-传支(H52)二联苗	滴鼻	每只 1～2 滴	
65 日龄	新城疫Ⅳ系(或Ⅰ系)	饮水或气雾	每只 1.5 倍量饮水	由 HI 滴度水平而定
80 日龄	传染性喉气管炎冻干苗	滴鼻或点眼	每只 1～2 滴	非疫区不用
90 日龄	禽霍乱油乳剂灭活苗	肌内注射	每只 0.5 mL	
110 日龄	传染性鼻炎油乳剂灭活苗	皮下注射	每只 0.5 mL	
115 日龄	新城疫油乳剂灭活苗	皮下或肌内注射	每只 1 mL	可单独注射或用联苗注射
125 日龄	禽流感油乳剂灭活苗	皮下注射	每只 1 羽份	非疫区少用
130 日龄	传染性法氏囊病油乳剂灭活苗	皮下注射	每只 0.5 mL	可单独注射或用二联、三联苗注射
140 日龄	减蛋综合征油乳剂灭活苗	肌内注射	每只 0.5 mL	
300 日龄	新城疫Ⅳ系苗	饮水或气雾	每只 1.5 倍量饮水	由 HI 滴度水平而定

2. 蛋(肉)种鸡免疫参考程序(表 7-4)

表 7-4 蛋(肉)种鸡免疫参考程序

接种时间	疫苗名称	用法	用量	备注
1 日龄	马立克病疫苗	皮下注射	每羽 1 羽份	出壳 24 h 内用
3 日龄	新城疫Ⅳ系苗	滴鼻或点眼	每羽 1～2 滴	
5 日龄	H120 株传染性支气管炎疫苗	饮水或气雾	每羽 1.5 倍量饮水	
12～14 日龄	中等毒力传染性法氏囊病疫苗	滴鼻或点眼	每羽 1～2 滴	
16～18 日龄	病毒性关节炎 1 号苗	皮下注射	每羽 1 羽份	仅供肉种鸡用
20～22 日龄	鸡痘活疫苗	翼膜刺种	按规定羽份	
26～28 日龄	新城疫Ⅳ系(或Ⅰ系)苗	滴鼻或点眼	每羽 1～2 滴	
34 日龄	中等毒力传染性法氏囊病疫苗	滴鼻或点眼	每只 1～2 滴	
35 日龄	传染性鼻炎油乳剂灭活苗	皮下注射	每只 1 羽份	
40 日龄	传染性喉气管炎冻干苗	滴鼻或点眼	每只 1～2 滴	非疫区不用
45 日龄	传染性鼻炎油乳剂灭活苗	皮下注射	每只 1 羽份	
50 日龄	病毒性关节炎 2 号苗	皮下注射	每只 1 羽份	仅供肉种鸡用
90 日龄	禽霍乱油乳剂灭活苗	肌内注射	每只 0.5 mL	

续表 7-4

接种时间	疫苗名称	用法	用量	备注
110 日龄	传染性鼻炎油乳剂灭活苗	皮下注射	每只 0.5 mL	
115 日龄	新城疫油乳剂灭活苗	皮下或肌内注射	每只 1 mL	可单独注射或用联苗注射
125 日龄	禽流感油乳剂灭活苗	皮下注射	每只 1 羽份	非疫区少用
130 日龄	传染性法氏囊病油乳剂灭活苗	皮下注射	每只 0.5 mL	可单独注射或用二联、三联苗注射
140 日龄	减蛋综合征油乳剂灭活苗	肌内注射	每只 0.5 mL	
300 日龄	新城疫Ⅳ系苗	饮水或气雾	每只 1.5 倍量饮水	由 HI 滴度水平而定

3. 育肥猪免疫参考程序(表 7-5)

表 7-5　育肥猪免疫参考程序

接种时间	疫苗名称	用法	用量	备注
10 日龄	猪链球菌病二价灭活苗	肌内注射	每头 1 mL	
15 日龄	猪水肿病多价灭活苗	肌内注射	每头 2 mL	
20 日龄	猪瘟活疫苗	皮下或肌内注射	每头 4 头份	
28 日龄	猪伪狂犬病灭活苗	肌内注射	每头 2 mL	疫区用
30 日龄	猪传染性萎缩性鼻炎二联灭活苗	皮下注射	每头 0.5 mL	疫区用
35 日龄	仔猪副伤寒活疫苗	肌内注射或口服	每头 1 头份	
40 日龄	猪链球菌病二价灭活菌	肌内注射	每头 2 mL	
50 日龄	猪丹毒-猪肺疫二联活疫苗	肌内注射	每头 1 头份	
55 日龄	猪 O 型口蹄疫灭活苗	肌内注射	每头 2 mL	
60 日龄	猪瘟活疫苗	皮下或肌内注射	每头 4 头份	
65 日龄	猪传染性胸膜肺炎灭活苗	皮下注射	每头 2 mL	
每年 9 月底	猪传染性胃肠炎-猪流行性腹泻二联灭活苗	后海穴注射	每头 1～2 mL	

4. 种猪免疫参考程序(表 7-6)

表 7-6　种猪免疫参考程序

接种时间	疫苗名称	用法	用量	备注
配种前 40 d	猪 O 型口蹄疫灭活苗	肌内注射	每头 2 mL	初产母猪
配种前 35 d	猪细小病毒灭活菌	肌内注射	每头 2 mL	
配种前 30 d	猪链球菌病二价灭活苗	肌内注射	每头 2 mL	
配种前 25 d	猪瘟活疫苗	皮下或肌内注射	每头 4 头份	
配种前 20 d	猪丹毒-猪肺疫二联活疫苗	肌内注射	每头 1 头份	
配种前 15 d	猪传染性胸膜肺炎灭活苗	皮下注射	每头 2 mL	
配种前 10 d	猪繁殖与呼吸综合征灭活苗	肌内注射	每头 2 mL	
产前 30 d	猪伪狂犬病灭活苗	肌内注射	每头 2 mL	
产前 15 d	仔猪大肠埃希菌三价灭活苗	肌内注射	每头 2 mL	

续表 7-6

接种时间	疫苗名称	用法	用量	备注
产后 10 d	猪瘟活疫苗	皮下或肌内注射	每头 4 头份	经产母猪
产后 15 d	猪 O 型口蹄疫灭活苗	肌内注射	每头 2 mL	
产后 20 d	猪链球菌病二价灭活苗	肌内注射	每头 2 mL	
产后 25 d	猪丹毒-猪肺疫二联活疫苗	肌内注射	每头 1 头份	
产后 30 d	猪繁殖与呼吸综合征灭活苗	肌内注射	每头 2 mL	
产前 30 d	猪传染性胸膜肺炎灭活苗	肌内注射	每头 2 mL	
产前 15 d	猪伪狂犬病灭活苗	肌内注射	每头 2 mL	
每年 3 月份和 9 月份各免疫 1 次	猪瘟活疫苗	皮下或肌内注射	每头 4 头份	种公猪
	猪 O 型口蹄疫灭活苗	肌内注射	每头 2 mL	
	猪链球菌病二价灭活苗	肌内注射	每头 2 mL	
	猪丹毒-猪肺疫二联活疫苗	肌内注射	每头 1 头份	
	猪伪狂犬病灭活苗	肌内注射	每头 2 mL	
	猪传染性胸膜肺炎灭活苗	肌内注射	每头 2 mL	
	猪繁殖与呼吸综合征灭活苗	肌内注射	每头 2 mL	
	猪传染性萎缩性鼻炎二联灭活苗	肌内注射	每头 2 mL	
每年 4 月份免疫 1 次	猪细小病毒灭活苗	肌内注射	每头 2 mL	
	猪乙型脑炎弱毒活疫苗	皮下或肌内注射	每头 2 mL	

第二节 兽药的合理使用

一、兽药使用管理

兽药使用单位或个人，应当遵守国务院兽医行政管理部门制定的兽药安全使用规定，并建立用药记录。

(一)安全用药

安全用药的前提必须是按规定采购和贮藏兽药，兽药使用者必须从取得了《兽药生产许可证》的兽药生产企业或取得了《兽药经营许可证》的经营企业购买兽药。必须对所选兽药的作用、用途、用法、用量、配伍禁忌、休药期和可能出现的毒副作用等进行全面了解，严格按照动物疾病所需兽药的特性，对兽药质量进行认真检查，对处方用兽药和非处方用兽药要严格把关，对用药后的动物要进行详细观察，发现有不良反应的，应及时进行处理。同时，每次用药后，使用者要有详细、真实、准确的记录。用药记录可帮助使用者考核药品质量及在发生有关争议后提供用药情况证明。

有休药期规定的兽药用于食品动物时，饲养者应当向购买者或者屠宰者提供准确、真实的用药记录；购买者或者屠宰者应当确保动物及其产品在用药期、休药期内不被用于食品消费。

(二)禁止使用的兽药

根据《兽药管理条例》(2004 年 4 月 9 日国务院令第 404 号公布，2014 年 7 月 29 日国务院令第 653 号部分修订，2016 年 2 月 6 日国务院令第 666 号部分修订)第三十八条、第三十九条、第四十条、第四十一条、第四十二条、第四十三条，将禁止使用的兽药归纳如下。

(1)禁止使用假、劣兽药以及国务院兽医行政管理部门规定禁止使用的药品和其他化合物。

①假兽药的认定。有下列情形之一的，为假兽药。

a)以非兽药冒充兽药或者以他种兽药冒充此种兽药的。

b)兽药所含成分的种类、名称与兽药国家标准不符合的。

②视为假兽药的规定。有下列情形之一的，按照假兽药处理。

a)国务院兽医行政管理部门规定禁止使用的。

b)依照《兽药管理条例》规定应当经审查批准而未经审查批准即生产、进口的，或者依照本条例规定应当经抽查检验、审查核对而未经抽查检验、审查核对即销售、进口的。

c)变质的。

d)被污染的。

e)所标明的适应证或者功能主治超出规定范围的。

③劣兽药的认定。有下列情形之一的，为劣兽药。

a)成分含量不符合兽药国家标准或者不标明有效成分的。

b)不标明或者更改有效期或者超过有效期的。

c)不标明或者更改产品批号的。

d)其他不符合兽药国家标准，但不属于假兽药的。

(2)禁止在饲料和动物饮用水中添加激素类药品和国务院兽医行政管理部门规定的其他禁用药品。经批准可以在饲料中添加的兽药，应当由兽药生产企业制成药物饲料添加剂后方可添加。禁止将原料药直接添加到饲料及动物饮用水中或者直接饲喂动物。

(3)禁止将人用药品用于动物。

(4)未经执业兽医师开具处方禁止使用兽药处方药。

二、常用药物和配伍

(一)呼吸系统疾病常用药物

1. 常用祛痰药

氯化铵

【应用】临床上常用于呼吸道炎症初期，痰液黏稠不易咳出的病例。也可纠正碱中毒。

【用法与用量】内服：一次量，马 8～15 g，牛 10～25 g，猪 1～2 g，羊 2～5 g，犬、猫 0.2～1 g，2～3 次/d。

2. 常用止咳药

甘草颗粒

【功能】祛痰止咳。

【主治】咳嗽。

【用法与用量】一次量，猪 6～12 g，禽 0.5～1 g。

3. 常用平喘药

氨茶碱

【应用】临床上主要用于缓解支气管哮喘症状，也用于心功能不全或肺水肿的患畜，如牛、马肺气肿，犬的心性气喘症。

【用法与用量】内服：一次量，每千克体重，马、牛 5～10 mg，犬、猫 10～15 mg。肌内注射或静脉注射：一次量，马、牛 1～2 g，猪、羊 0.25～0.5 g，犬 0.05～0.1 g。

【制剂】氨茶碱片、氨茶碱注射液。

4. 常用抗生素

(1)青霉素

【应用】主要用于敏感菌引起的各种感染，如败血症、肺炎、肾炎、乳腺炎、子宫内膜炎、创伤感染、猪丹毒、猪淋巴结肿胀、链球菌病、炭疽、恶性水肿、气肿疽、马腺疫、肠球菌感染性心包炎、梭状芽孢杆菌所致的破伤风和气性坏疽、流行性脑脊髓膜炎、李斯特菌病、放线菌病及钩端螺旋体病等。与抗破伤风血清合用可治疗破伤风。

【用法与用量】肌内注射：一次量，每千克体重，马、牛 1 万～2 万 IU，羊、猪、驹、犊 2 万～3 万 IU，犬、猫 2 万～4 万 IU，禽 5 万 IU，2～3 次/d，连用 2～3 d。乳管内注入：一次量，每乳室，奶牛 10 万单位，1～2 次/d，连用 2～3 d。临用时现用注射用水或灭菌生理盐水溶解，严重病例可用灭菌生理盐水稀释成 1 mL 含 1 万 IU 的溶液，静脉滴注。

【制剂与休药期】注射用青霉素钠(钾)：0 d，弃乳期 3 d。

(2)氨苄西林

【应用】主要用于敏感菌所致的呼吸系统、泌尿系统感染以及革兰氏阳性杆菌引起的某些感染，如驹肺炎、骡肺炎、牛巴氏杆菌病、猪传染性胸膜肺炎、鸡白痢、禽伤寒等。严重感染时，可与氨基糖苷类抗生素合用以增强疗效。

【用法与用量】内服：一次量，每千克体重，家畜、禽 20～40 mg，犬、猫 20～30 mg，2～3 次/d，连用 2～3 d。混饮：每 1 L 水，禽 60 mg(以氨苄西林计)，连用 3～5 d。皮下或肌内注射(混悬注射液)：一次量，每千克体重，家畜 5～7 mg，1 次/d，连用 2～3 d。静脉注射或肌内注射：一次量，每千克体重，家畜 10～20 mg(高剂量用于幼畜和急性感染)，犬、猫 10～20 mg，2～3 次/d，连用 2～3 d。乳管内注入：奶牛每乳室 200 mg，1 次/d，连用 2～3 d。

【制剂与休药期】氨苄西林可溶性粉：鸡 7 d。蛋鸡产蛋期禁用。氨苄西林混悬注射液：牛 6 d，弃乳期 48 h，猪 15 d。注射用氨苄西林钠：牛 6 d，弃乳期 2 d，猪 15 d。

(3)阿莫西林

【应用】本品的作用、应用、抗菌谱与氨苄西林相似，对肠球菌属和沙门菌的作用较氨苄西林强 2～3 倍。细菌对本品和氨苄西林有完全交叉耐药性。

【用法与用量】内服：一次量，每千克体重，犬、猫 10～20 mg，禽 20～30 mg，2 次/d，连用 2～3 d。混饮：每 1 L 水，家禽 60 mg(以阿莫西林计)，连用 3～5 d。肌内注射：一次量，每千克体重，牛 6～10 mg，犬、猫 5～15 mg，1 次/d，连用 5 d。乳管内注入：奶牛，每乳室 200 mg，1 次/d，连用 2～3 d。

【制剂与休药期】注射用阿莫西林钠、阿莫西林可溶性粉：鸡 7 d，蛋鸡产蛋期禁用。

(4)普鲁卡因青霉素

【作用与应用】肌内注射后，局部水解释放出青霉素，缓慢吸收，因此用于慢性和轻度感染，或作为维持剂量用。

【用法与用量】肌内注射：一次量，每千克体重，马、牛 1 万～2 万 IU，羊、猪、驹 2 万～3 万 IU，犬、猫 3 万～4 万 IU，1 次/d，连用 2～3 d。

【制剂与休药期】注射用普鲁卡因青霉素：弃乳期 3 d。普鲁卡因青霉素注射液：牛 10 d，羊 9 d，猪 7 d，弃乳期 48 h。

小贴士：常与硫酸黏菌素合用扩大抗菌谱，可与克拉维酸钾合用增强药效(4∶1)。

(5)头孢噻呋

【应用】动物专用第三代头孢菌素类药物。具有广谱杀菌作用，对多数革兰氏阳性菌和革兰氏阴性菌及产子内酰胺酶的细菌有效。其抗菌活性强于氨苄西林，对链球菌的抗菌作用比氟喹酮类强。敏感菌主要有多杀性巴氏杆菌、溶血性巴氏杆菌、胸膜肺炎放线杆菌、沙门菌、大肠杆菌、链球菌、葡萄球菌等，但某些铜绿假单胞菌、肠球菌耐药。

主要用于治疗革兰氏阳性菌和革兰氏阴性菌引起的感染，如猪肺疫、禽霍乱、牛出血性败血症、猪传染性胸膜肺炎，沙门菌病、大肠杆菌病、乳腺炎等。

【用法与用量】肌内注射：一次量，每千克体重，牛 1.1～2.2 mg，猪 3～5 mg，犬、猫 2.2 mg，1 次/d，连用 3 d。皮下或肌内注射：1 日龄鸡，每只 0.1 mg。

【制剂与休药期】盐酸头孢噻呋注射液：猪 4 d。注射用头孢噻呋：猪 1 d。注射用头孢噻呋钠：牛 3 d，猪 1 d，雏鸡 0 d，弃乳期 12 h。

小贴士：注射剂临床常用黄芪多糖注射液、板蓝根注射液稀释。

(6)头孢喹诺

【应用】为动物专用第四代头孢菌素。具有广谱杀菌作用，对革兰氏阳性菌、革兰氏阴性菌(产 B 内酰胺酶细菌)均有较强活性。其抗菌活性强于头孢噻呋和恩诺沙星。敏感菌主要有金黄色葡萄球菌、链球菌、肠球菌、大肠杆菌、沙门菌、多杀性巴氏杆菌、溶血性巴氏杆菌、胸膜肺炎放线杆菌、克雷伯氏菌、铜绿假单胞菌等。

主要用于治疗敏感菌引起的牛、猪呼吸系统感染及奶牛乳腺炎。如牛、猪溶血性巴氏杆菌或多杀性巴氏杆菌引起的支气管肺炎，猪放线杆菌性胸膜肺炎、渗出性皮炎等。

【用法与用量】肌内注射：一次量，每千克体重，牛 1 mg，猪 1～2 mg，1 次/d，连用 3 d。乳管注入：奶牛，每乳室 75 mg，2 次/d，连用 2 d。

【制剂】硫酸头孢喹诺注射液。

小贴士：油佐剂可与灭活疫苗混合使用以防治细菌感染，降低死淘率。

(7)红霉素

【性状】为白色或类白色结晶或粉末。无臭、味苦，难溶于水。其乳糖酸盐易溶于水，而硫氰酸盐微溶于水。

【作用与应用】本品对革兰氏阳性菌的作用与青霉素相似，但其抗菌谱较青霉素广。对革兰氏阳性菌如金黄色葡萄球菌(包括耐青霉素金黄色葡萄球菌)、肺炎球菌、链球菌、炭疽杆菌、猪丹毒杆菌、腐败梭菌、气肿疽梭菌等有较强的作用；对革兰氏阴性菌如流感嗜血杆菌、脑膜炎双球菌、布鲁氏菌、巴氏杆菌等敏感。此外，对支原体、衣原体、立克次氏体及钩端螺旋体也有效。本品与其他类抗生素之间无交叉耐药性，但与大环内酯类抗生素之间有部分或完全交叉耐药。

主要用于治疗耐青霉素的金黄色葡萄球菌引起的轻、中度感染及对青霉素过敏的病例，如肺炎、败血症、子宫内膜炎、乳腺炎、猪丹毒等。对支原体引起的禽慢性呼吸道病、猪支原体性肺炎也有较好的疗效。

【用法与用量】内服：一次量，每千克体重，仔猪、犬、猫 10～20 mg，2 次/d，连用 3～5 d。混饮：每 1 L 水，禽 125 mg(效价)，连用 3～5 d。静脉注射：一次量，每千克体重，马、牛、羊、猪 3～5 mg，犬、猫 5～10 mg，2 次/d，连用 2～3 d。临用前，先用灭菌注射用水(不可用氯化钠注射液)溶解，然后用 5%葡萄糖注射液稀释，浓度不超过 0.1%。

【制剂与休药期】红霉素片。硫氰酸红霉素可溶性粉：鸡 3 d，蛋鸡产蛋期禁用。注射用乳糖酸红霉素：牛 14 d，羊 3 d，猪 7 d，弃乳期 3 d。

(8)泰乐菌素

【作用与应用】本品为畜禽专用抗生素。对革兰氏阳性菌、支原体、螺旋体等均有抑制作用，对革兰氏阴性菌作用弱。对革兰氏阳性菌作用比红霉素弱，对支原体作用强。此外，对牛、猪、鸡有促生长作用。与其他大环内酯类有交叉耐药现象。

主要用于防治鸡、火鸡等动物的支原体感染，猪的弧菌性痢疾、传染性胸膜肺炎，犬的结肠炎等；也可用于浸泡种蛋预防支原体传播。

【用法与用量】内服：一次量，每千克体重，猪 7～10 mg，犬 10～20 mg，猫、雪貂 10 mg，2 次/d，连用 5～7 d。混饮：每 1 L 水，禽 500 mg(效价)，猪 200～500 mg(治疗弧菌性痢疾)，连用 3～5 d。皮下或肌内注射：一次量，每千克体重，牛 10～20 mg，猪、禽 5～13 mg，猫 10 mg，1～2 次/d，连用 5～7 d。

【制剂与休药期】酒石酸泰乐菌素可溶性粉：鸡 1 d，蛋鸡产蛋期禁用。注射用酒石酸泰乐菌素：猪 21 d。泰乐菌素注射液，猪 14 d。磷酸泰乐菌素预混剂：猪、鸡 5 d。磷酸泰乐菌素、磺胺二甲嘧啶预混剂：猪 15 d。

(9)乙酰异戊酰泰乐菌素

乙酰异戊酰泰乐菌素又称爱乐新、泰万菌素。

【作用与应用】为畜禽专用抗生素，抗菌作用与泰乐菌素相似。主要用于治疗支原体、敏感革兰氏阳性菌引起的感染性疾病，如猪、鸡的支原体病和链球菌病等。

【用法与用量】混饮：每 1 L 水，鸡 200～250 mg，连用 3～5 d。混饲，每 1 000 kg 饲料，猪

1 000 g,连用 7 d。

【制剂与休药期】酒石酸乙酰异戊酰泰乐菌素粉:鸡 5 d,蛋鸡产蛋期禁用。酒石酸乙酰异戊酰泰乐菌素预混剂:猪 3 d。

(10)替米考星

【应用】本品抗菌作用与泰乐菌素相似,对革兰氏阳性菌、某些革兰氏阴性菌、支原体、螺旋体等均有抑制作用,对胸膜肺炎放线杆菌、巴氏杆菌及畜禽支原体具有比泰乐菌素更强的抗菌活性。主要用于防治敏感菌引起的家畜肺炎(如胸膜肺炎放线杆菌、巴氏杆菌、支原体等引起的肺炎)、禽的支原体病及泌乳动物的乳腺炎。

【用法与用量】混饮:每 1 L 水,鸡 75 mg,连用 3 d。混饲:每 1 000 kg 饲料,猪 200～400 g,连用 15 d。皮下注射:一次量,每千克体重,牛 10 mg,仅注射 1 次。乳管注入:每乳室,奶牛 300 mg。

【制剂与休药期】替米考星预混剂:猪 14 d。替米考星溶液:鸡 12 d,产蛋期禁用。替米考星注射液:牛 35 d,泌乳期奶牛和肉牛犊牛禁用。磷酸替米考星预混剂:猪 14 d。

(10)泰地罗新

【应用】泰地罗新为半合成大环内酯类抗生素。泰地罗新主要通过与细菌核糖体 50S 亚基结合,阻止多肽链延长,抑制细菌蛋白质的合成。

泰地罗新可有效抑制猪胸膜肺炎放线杆菌、多杀性巴氏杆菌、副猪嗜血杆菌等引起的猪呼吸道疾病。

【用法与用量】以泰地罗新计。肌内注射:一次量,每千克体重,猪 4 mg,仅用 1 次。

【制剂和休药期】泰地罗新注射液:猪 10 d。

(11)泰拉霉素

【适应证】用于治疗和预防对泰拉霉素敏感的溶血巴氏杆菌、多杀巴氏杆菌、睡眠嗜血杆菌和支原体引起的牛呼吸道疾病,胸膜肺炎放线杆菌、多杀巴氏杆菌和肺炎支原体引起的猪呼吸道疾病。

【用法与用量】皮下注射:一次量,牛每千克体重 2.5 mg(相当于 40 kg 体重 1 mL),一个注射部位的给药剂量不超过 7.5 mL。颈部肌内注射:一次量,猪每千克体重 2.5 mg(相当于 40 kg 体重 1 mL),一个注射部位的给药剂量不超过 2 mL。

【休药期】牛 49 d,猪 33 d。

(12)加米霉素

【应用】用于治疗对加米霉素敏感的溶血性曼氏杆菌、多杀性巴氏杆菌和支原体等引起的牛呼吸道疾病,胸膜肺炎放线杆菌、多杀性巴氏杆菌和副猪嗜血杆菌等引起的猪呼吸道疾病。

【用法与用量】按加米霉素计。皮下注射:一次量,每千克体重,牛 6 mg(相当于每 25 kg 体重注射 1 mL),每个注射部位的给药剂量不超过 10 mL。肌内注射:一次量,每千克体重,猪 6 mg(相当于每 25 kg 体重注射 1 mL),每个注射部位的给药剂量不超过 5 mL。

【剂型和休药期】加米霉素注射液:牛 64 d,猪 27 d。

(13)林可胺类

林可霉素

【应用】抗菌谱与大环内酯类相似。对革兰氏阳性菌如葡萄球菌、溶血性链球菌和肺炎球菌等有较强的抗菌作用，对破伤风梭菌、产气荚膜梭菌、支原体、猪痢疾密螺旋体也有抑制作用，对革兰氏阴性菌无效。主要用于敏感的革兰氏阳性菌，尤其是金黄色葡萄球菌、链球菌、厌氧菌引起的感染，以及猪、鸡的支原体病。与大观霉素合用有协同作用。

【用法与用量】内服：一次量，每千克体重，猪 10～15 mg，犬、猫 15～25 mg，1～2 次/d，连用 3～5 d。混饲：每 1 000 kg 饲料，猪 44～77 g，禽 2.2～4.4 g，连用 1～3 周。混饮：每 1 L 水，猪 40～70 mg 连用 7 d，鸡 20～40 mg 连用 5～10 d。静脉或肌内注射：一次量，每千克体重 10 mg，猪 1 次/d，犬、猫 2 次/d，连用 3～5 d。

【制剂与休药期】盐酸林可霉素片：猪 6 d。盐酸林可霉素可溶性粉、盐酸林可霉素预混剂：猪、鸡 5 d，蛋鸡产蛋期禁用。盐酸林可霉素注射液：猪 2 d。盐酸林可霉素-硫酸大观霉素可溶性粉：猪、鸡 5 d，蛋鸡产蛋期禁用。盐酸林可霉素-硫酸大观霉素预混剂：猪 5 d。

(14)截短耳类抗生素

泰妙菌素

【应用】抗菌谱与大环内酯类相似，对革兰氏阳性菌（包括金黄色葡萄球菌、链球菌）、支原体、猪胸膜肺炎放线杆菌及猪密螺旋体痢疾等均有较强的抑制作用，对支原体的作用强于大环内酯类。对革兰氏阴性菌作用较弱。主要用于防治鸡的慢性呼吸道病，猪支原体肺炎、传染性胸膜肺炎、猪密螺旋体痢疾。低剂量还可促进畜禽生长，提高饲料利用率。与金霉素以 1∶4比例配伍混饲，可增强疗效。

【用法与用量】混饮：每 1 L 水，猪 45～60 mg，连用 5 d；鸡 125～250 mg，连用 3 d。混饲：每 1 000 kg 饲料，猪 40～100 g，连用 5～10 d。

【制剂与休药期】延胡索酸泰妙菌素可溶性粉：猪、鸡 5 d。延胡索酸泰妙菌素预混剂：猪 5 d。

(15)沃尼妙林

【应用】新一代动物专用的截短侧耳素类半合成抗生素。抗菌谱广，对革兰氏阳性菌、部分革兰氏阴性菌和支原体均有效，对金黄色葡萄球菌、链球菌、支原体、胸膜肺炎放线杆菌、结肠菌毛样密螺旋体等均有很强的抑制作用，特别是对支原体属和螺旋体属高度敏感。对革兰氏阴性菌如对大肠杆菌、沙门菌效力较弱。抗菌作用略强于泰妙菌素。主要用于敏感菌引起的感染性疾病，尤其是畜禽呼吸道感染。

【用法与用量】混饲：每 1 000 kg 饲料，猪 75 g，连用 3～5 d。

【制剂与休药期】盐酸沃尼妙林预混剂：猪 1 d。

(16)链霉素

【应用】抗菌谱较广。对结核分枝杆菌的作用是氨基糖苷类中最强的，对大多数革兰氏阴性菌和革兰氏阳性球菌有效。如对大肠杆菌、沙门菌、布鲁氏菌、变形杆菌、痢疾杆菌、鼠疫杆菌、鼻疽杆菌等有较强的抗菌作用。对金黄色葡萄球菌、钩端螺旋体、放线菌也有效。链球菌、铜绿假单胞菌和厌氧菌对本品固有耐药。细菌对本品极易产生耐药性（比青霉素快），且一旦产生，停药后不易恢复。因此，临床上常采取联合用药，以减少或延缓耐药性的产生。

主要用于治疗敏感菌引起的急性感染，如大肠杆菌引起的腹泻、乳腺炎、子宫内膜炎、败血症、膀胱炎等；巴氏杆菌引起的牛出血性败血症、犊牛肺炎、猪肺疫、禽霍乱等；猪的布鲁氏菌病；鸡传染性鼻炎；马志贺氏菌引起的脓毒败血症（化脓性肾炎、关节炎）等。

【用法与用量】肌内注射：一次量，每千克体重，家畜 10～15 mg，家禽 20～30 mg，2 次/d，连用 2～3 d。

【制剂与休药期】注射用硫酸链霉素：牛、羊、猪 18 d，弃乳期 72 h。

(17) 土霉素

【应用】为广谱速效抑菌剂。除对革兰氏阳性菌和革兰氏阴性菌有作用外，对立克次氏体、支原体、衣原体、螺旋体、放线菌和某些原虫也有抑制作用。对革兰氏阳性菌的作用不如青霉素类和头孢菌素类，对革兰氏阴性菌的作用不如氨基糖胺类和酰胺醇类。细菌对本品能产生耐药性，但产生较慢。四环素类之间存在交叉耐药性，对一种药物耐药的细菌通常也对其他同类药物耐药。

主要用于敏感菌引起的各种感染。如大肠杆菌或沙门菌引起的犊牛白痢、羔羊痢疾、仔猪黄痢和白痢、雏鸡白痢等；多杀性巴氏杆菌引起的牛出血性败血症、猪肺疫、禽霍乱等；支原体引起的牛肺炎、猪气喘病、鸡慢性呼吸道疾病等；局部用于坏死杆菌所致各种动物组织的坏死、子宫脓肿、子宫内膜炎。此外，对防治放线菌病、球虫病、钩端螺旋体病等也有一定疗效。

【用法与用量】内服：一次量，每千克体重，猪、驹、羔、犊 10～25 mg，犬 15～50 mg，禽 25～50 mg，2～3 次/d，连用 3～5 d。混饲：每 1 000 kg 饲料，猪 300～500 g(治疗)，连用 3～5 d。混饮：每 1 L 水，猪 100～200 mg，禽 150～250 mg，连用 3～5 d。肌内注射：一次量，每千克体重，家畜 10～20 mg，1～2 次/d，连用 2～3 d。静脉注射：一次量，每千克体重，家畜 5～10 mg，2 次/d，连用 2～3 d。

【制剂与休药期】土霉素片：牛、羊、猪 7 d，禽 7 d，弃蛋期 2 d，弃乳期 3 d。土霉素注射液、长效土霉素注射液、长效盐酸土霉素注射液：牛、羊、猪 28 d，泌乳牛、羊禁用。注射用盐酸土霉素：牛、羊、猪 8 d，弃乳期 48 h。

(18) 多西环素

【应用】抗菌谱与土霉素相似，体内、外抗菌活性较土霉素、四环素强，为四环素的 2～8 倍。与土霉素、四环素等有密切的交叉耐药性。

临床用于治疗畜禽的支原体病、大肠杆菌病、沙门菌病、巴氏杆菌病和鹦鹉热等。本品在四环素类中毒性最小，但有报道，给马属动物静脉注射可致心律不齐、虚脱和死亡。

【用法与用量】内服：一次量，每千克体重，猪、驹、犊、羔 3～5 mg，犬、猫 5～10 mg，禽 15～25 mg，1 次/d，连用 3～5 d。混饲：每 1 000 kg 饲料，猪 150～250 g，禽 100～200 g，连用 3～5 d。混饮：每 1 L 水，猪 100～150 mg，禽 50～100 mg，连用 3～5 d。

【制剂与休药期】盐酸多西环素片、盐酸多西环素可溶性粉：28 d，蛋鸡产蛋期禁用。

(19) 恩诺沙星

【应用】为动物专用广谱杀菌药，对支原体有特效，其抗支原体效力强于泰乐菌素和泰妙菌素。耐泰乐菌素、泰妙菌素的支原体也对其敏感。抗菌作用呈浓度依赖性，血药浓度大于 8 倍 MIC 时可发挥最佳疗效。

临床用于牛、猪、禽、猫、犬和水生动物的敏感菌或支原体所致的消化系统、呼吸系统、泌尿系统、生殖系统及皮肤软组织的各种感染性疾病。如支原体病、巴氏杆菌病、大肠杆菌病、沙门菌病、链球菌病、犬的外耳炎、化脓性皮炎等。

【用法与用量】内服：一次量，每千克体重，牛、猪、犬、猫、兔 2.5～5 mg，禽 5～7.5 mg，

2 次/d，连用 3～5 d。混饮：每 1 L 水，鸡 50～75 mg，连用 3～5 d。肌内注射：一次量，每千克体重，牛、羊、猪 2.5 mg，犬、猫、兔 2.5～5 mg，1～2 次/d，连用 2～3 d。

【制剂与休药期】恩诺沙星片：鸡 8 d，蛋鸡产蛋期禁用。恩诺沙星可溶性粉、恩诺沙星溶液：鸡 8 d，蛋鸡产蛋期禁用。恩诺沙星注射液：牛、羊、兔 14 d，猪 10 d。

(20)沙拉沙星

【应用】为动物专用广谱杀菌药，抗菌谱与二氟沙星相似，对支原体的效果略差于二氟沙星。对鱼的杀鲑产气单胞菌、杀鲑弧菌、鳗弧菌也有效。

临床主要用于猪、鸡的敏感细菌及支原体所致各种感染性疾病。如猪、鸡的大肠杆菌病、沙门菌病、支原体病和葡萄球菌感染等。也用于鱼敏感菌感染性疾病。

【用法与用量】内服：一次量，每千克体重，猪、鸡 5～10 mg，1～2 次/d，连用 3～5 d。混饮：每 1 L 水，鸡 50～100 mg，连用 3～5 d。肌内注射：一次量，每千克体重，猪、鸡 2.5～5 mg，2 次/d，连用 3～5 d。

【制剂与休药期】盐酸沙拉沙星片、盐酸沙拉沙星可溶性粉、盐酸沙拉沙星溶液：鸡 0 d，蛋鸡产蛋期禁用。盐酸沙拉沙星注射液：猪、鸡 0 d，蛋鸡产蛋期禁用。

(21)马波沙星

【应用】诺酮类抗菌药。治疗猪乳腺炎、子宫炎和无乳综合征(MMA)。

【用法与用量】肌内注射：一次量，每千克体重，猪 2 mg，1 次/d，连用 3 d。

【注意事项】对喹诺酮类药物过敏者避免操作使用。

【制剂与休药期】马波沙星注射液：猪 7 d。

(22)磺胺氯哒嗪

【作用与应用】抗菌谱与 SMM 相似，抗菌作用较强，但比 SMM 稍弱。其他作用与 SMM 相似，静脉注射后迅速自血浆消除。主要由肾排泄，肾小管分泌是其一个重要的排泄途径。主要用于畜禽大肠杆菌和巴氏杆菌感染。

【用法与用量】内服：一次量，每千克体重，家畜首次量 50～100 mg，维持量 25～50 mg，1～2 次/d，连用 3～5 d。混饮：每 1 L 水，肉鸡、火鸡 300 mg(以磺胺氯哒嗪钠计)。

【常用制剂和休药期】磺胺氯哒嗪钠可溶性粉：猪 4 d，鸡 2 d，产蛋期禁用。

5. 常用中兽药

(1)荆防败毒散

【主要成分】荆芥、防风、羌活、独活等。

【功能】辛温解表，疏风祛湿。

【主治】①鸡非典型新城疫、禽流感、传染性法氏囊病、大肠杆菌病、禽霍乱等引起鸡高热、精神沉郁、产蛋量减少、冠髯发紫、呼噜、咳嗽、肿脸、甩头、尖叫、流泪、打喷嚏、咳血、排黄绿色稀粪。②多种细菌、病毒引起的卵巢炎、输卵管炎、泄殖腔炎、肠炎及腹泻。③无明显临床症状，仅见产蛋下降的鸡群。④提高采食量，缩短疾病恢复期。⑤可配合疫苗使用，提高抗体水平。

【用法用量】混饲：本品 1 000 g 拌料 250 kg，病重遵医嘱，或用适量沸水浸泡本品 30 min，取上清液稀释至 500 kg，1～2 次/d，集中饮用，药渣拌料，连用 3～5 d。

(2)双黄连可溶性粉

【主要成分】金银花、黄芩、连翘。

【性状】本品为黄色至淡棕黄色的粉末。

【功能】辛凉解表，清热解毒。

【主治】感冒发热。

【用法与用量】每 1 L 水，仔猪 1 g，连用 3 d。

(3)银翘散

【主要成分】金银花、连翘、薄荷、荆芥、淡豆豉等。

【功能】辛凉解表，清热解毒。

【主治】风热感冒，咽喉肿痛，疮痈初起。风热感冒证见发热重，恶寒轻，咳嗽，咽喉肿痛，口干微红，舌苔薄黄，脉象浮数。疮痈初起证见局部红肿热痛明显，兼见发热，口干微红，舌苔薄黄，脉象浮数。

【用法与用量】马、牛 250～400 g，羊、猪 50～80 g，兔、禽 1～3 g。

(4)清瘟解毒口服液

【主要成分】地黄、栀子、黄芩、连翘、玄参等。

【性状】本品为棕黑色的液体，气微，味苦。

【功能】清热解毒。

【主治】外感发热。

【用法与用量】鸡 0.6～1.8 mL，连用 3 d。

(5)清瘟败毒散

【主要成分】石膏、地黄、水牛角、黄连、栀子等。

【功能】泻火解毒，凉血。

【主治】热毒发斑，高热神昏证见大热，躁动，口渴喜饮，发斑。舌绛，脉数。

【用法与用量】马、牛 300～450 g，羊、猪 50～100 g，兔、禽 1～3 g。

(6)金芩蓝口服液

【主要成分】金银花、黄芩、连翘、板蓝根。

【性状】本品为红棕色的液体。

【功能与主治】清热解毒，消肿利咽。主治鸡传染性喉气管炎引起的发热、咳嗽、咽喉肿痛。

【用法与用量】混饮：每 1 L 水，鸡 2 mL，连用 5 d。

(7)板青颗粒

【主要成分】板蓝根、大青叶。

【性状】本品为浅黄色或黄褐色的颗粒，味甜、微苦。

【功能】清热解毒，凉血。

【主治】风热感冒，咽喉肿痛。热病发风热感冒证见发热，口干喜饮，舌薄白，脉浮数。热病发斑证见发热，神昏，皮肤、黏膜发斑或有便血、尿血，舌红，脉数。

【用法与用量】马、牛 50 g，鸡 0.5 g。

(8)甘胆口服液

【主要成分】板蓝根、人工牛黄、甘草、冰片、猪胆粉等。

【性状】本品为棕褐色的液体,有少量轻摇易散的沉淀。

【功能】清热解毒,凉血宣肺,止咳平喘。

【主治】鸡传染性支气管炎与鸡毒支原体感染引起的肺热咳喘。

【用法与用量】混饮:每 1.5 L 饮水,鸡 1 mL,连用 3~5 d。

6. 常见呼吸系统疾病推荐给药方案

(1)风寒感冒治疗原则:辛温解表,疏风散寒,抗菌消炎。

治疗方案:荆防败毒散+卡巴匹林钙+阿莫西林。

(2)风热感冒治疗原则:清热解毒,辛凉解表,抗菌消炎。

治疗方案:银翘散+卡巴匹林钙+多西环素。

(3)肺炎治疗原则:抗菌消炎,制止渗出,解热镇痛。

治疗方案:头孢噻呋+林可霉素+氟尼辛葡甲胺+氯化铵+麻杏石甘汤。

(4)猪肺疫治疗原则:同肺炎。

治疗方案:氟苯尼考+麻杏石甘汤+氯化铵。

(5)副猪嗜血杆菌治疗原则:同肺炎。

治疗方案:泰地罗新+头孢喹诺+麻杏石甘汤+氯化铵。

(6)支原体肺炎治疗原则:抗菌消炎,清热解毒,解热镇痛。

治疗方案:多西环素+头孢噻呋+清瘟败毒散+卡巴匹林钙。

(二)消化系统疾病常用药物

1. 苦味健胃药

(1)大黄

【应用】其作用与用量有密切关系。内服小剂量时,苦味质发挥其苦味健胃的作用;中等剂量时,鞣酸发挥其收敛止泻作用;大剂量时,因蒽醌苷类被吸收,在体内水解成大黄素和大黄酸等,刺激大肠黏膜,使肠蠕动增加,引起下泻。

【用法与用量】内服(末):健胃,一次量,马 10~25 g,牛 20~40 g,羊 2~5 g,猪、犬 0.5~2.0 g;致泻,马、牛 100~150 g,猪、羊 30~60 g,驹、犊 10~20 g,仔猪 2~5 g,犬 2~4 g。内服(大黄苏打片):一次量,猪 5~10 g,羔羊 0.5~2.0 g。

(2)马钱子酊

【应用】内服后,主要发挥苦味健胃作用,常用于治疗消化不良、食欲不振、前胃弛缓、瘤胃积食等。吸收后,可提高脊髓中枢的兴奋性,剂量过大易致中毒。故临床应用时,必须严格控制剂量,连续用药不能超过 1 周,以免发生蓄积中毒。

【用法与用量】内服(酊):一次量,马 10~20 mL,牛 10~30 mL,羊、猪 1.0~2.5 mL,犬 0.1~0.6 mL。内服(流浸膏):一次量,马 1~2 mL,牛 1~3 mL,羊、猪 0.10~0.25 mL,犬 0.01~0.06 mL。

【制剂】马钱子酊。

2. 芳香健胃药

陈皮

【应用】内服后，发挥其芳香性健胃药的作用。能刺激消化道黏膜，增强消化液的分泌及胃肠蠕动，显现健胃祛风的功效。用于消化不良、积食胀气和咳嗽多痰等。

【用法与用量】内服：一次量，马、牛 30～100 mL，羊、猪 10～20 mL，犬、猫 1～5 mL。

【制剂】陈皮酊。

3. 助消化药

乳酶生

【应用】本品是一种活的乳酸杆菌制剂。内服进入肠道后，能分解糖类生成乳酸，使肠内酸度增高，从而抑制肠道腐败杆菌的繁殖，防止蛋白质发酵产气。常用于幼畜消化不良、肠胀气等。

【用法与用量】内服：一次量，驹、犊 10～30 g，羊、猪 2～4 g，犬 0.3～0.58 g，水貂 1～1.5 g，貂 0.3～1 g。

4. 消沫药

二甲硅油

【应用】内服后，能迅速降低瘤胃内泡沫液膜的局部表面张力，使泡沫破裂，融合成大气泡，随嗳气排出，产生消除泡沫作用。其作用迅速，用药 5 min 后起作用，15～30 min 作用最强。常用于治疗瘤胃泡沫性臌胀。

【用法与用量】内服：一次量，牛 3～5 g，羊 1～2 g。

【制剂】二甲硅油片。

5. 泻药

液状石蜡

【应用】内服后，在肠道内不起变化，也不被肠壁吸收，以原形通过肠管，并被覆于肠黏膜表面，阻止肠壁对水分吸收，对肠道黏膜只起润滑和保护作用，并能软化粪块。本品下泻作用缓和，无刺激性，比较安全。适用于治疗瘤胃积食、小肠便秘、大肠阻塞、患肠炎的病畜和孕畜的便秘。

【用法与用量】内服：一次量，马、牛 500～1 500 mL，驹、犊 60～120 mL，羊 100～300 mL，猪 50～100 mL，犬 10～30 mL，猫 5～10 mL，可加温水灌服。

6. 常用抗菌药

(1)氨苄西林

同呼吸系统。

(2)阿莫西林

同呼吸系统。

(3)恩诺沙星

同呼吸系统。

(4)沙拉沙星

同呼吸系统。

(5)多西环素

同呼吸系统。

(6)林可霉素

同呼吸系统。

(7)链霉素

【应用】抗菌谱较广。对结核分枝杆菌的作用是氨基糖苷类中最强的,对大多数革兰氏阴性菌和革兰氏阳性球菌有效。如大肠杆菌、沙门菌、布鲁氏菌、变形杆菌、痢疾杆菌、鼠疫杆菌、鼻疽杆菌等有较强的抗菌作用。对金黄色葡萄球菌、钩端螺旋体、放线菌也有效。链球菌、铜绿假单胞菌和厌氧菌对本品固有耐药。细菌对本品极易产生耐药性(比青霉素快),且一旦产生,停药后不易恢复。临床上常采用联合用药,以减少或延缓耐药性的产生。

主要用于治疗敏感菌引起的急性感染,如大肠杆菌引起的腹泻、乳腺炎、子宫内膜炎、败血症、膀胱炎等;巴氏杆菌引起的牛出血性败血症、犊牛肺炎、猪肺疫、禽霍乱等;猪的布鲁氏菌病;鸡传染性鼻炎;马志贺氏菌引起的脓毒败血症(如化脓性肾炎、关节炎)等。

【用法与用量】肌内注射:一次量,每千克体重,家畜 10～15 mg,家禽 20～30 mg,2 次/d,连用 2～3 d。

【制剂与休药期】注射用硫酸链霉素:牛、羊、猪 18 d,弃乳期 72 h。

(8)卡那霉素

【应用】抗菌谱与链霉素相似,但抗菌活性稍强。对多数革兰氏阴性菌(如大肠杆菌、变形杆菌、沙门菌和巴氏杆菌等)作用强;对结核分枝杆菌和耐青霉素的金黄色葡萄球菌也有效;但对铜绿假单胞菌无效。主要用于多数革兰氏阴性杆菌和部分耐青霉素的金黄色葡萄球菌所引起的感染,如呼吸道、肠道和泌尿道感染等。也可治疗猪气喘病、猪萎缩性鼻炎和鸡慢性呼吸道疾病。

【用法与用量】肌内注射:一次量,每千克体重,家畜 10～15 mg,2 次/d,连用 2～3 d。

【制剂】注射用硫酸卡那霉素、硫酸卡那霉素注射液。

(9)新霉素

【应用】抗菌谱与卡那霉素相似。在本类药物中其毒性最大,一般禁用于注射给药,内服给药后很少吸收,在肠道内呈现杀菌作用。临床主要内服治疗畜禽的肠道感染;子宫或乳管内注入治疗奶牛、母猪的子宫内膜炎和乳腺炎;局部外用(0.5%溶液或软膏)治疗皮肤、黏膜化脓性感染。

【用法与用量】内服:一次量,每千克体重,犬、猫 10～20 mg,2 次/d,连用 3～5 d。混饮:每 1 L 水,禽 50～75 mg,连用 3～5 d。混饲:1 000 kg 饲料,猪、禽 77～154 g,连用 3～5 d。

【制剂与休药期】硫酸新霉素片、硫酸新霉素可溶性粉:鸡 5 d,火鸡 14 d,蛋鸡产蛋期禁用。硫酸新霉素预混剂:猪 0 d,鸡 5 d,蛋鸡产蛋期禁用。

(10)安普霉素

【应用】抗菌谱广,对多数革兰氏阴性菌(如大肠杆菌、沙门菌、巴氏杆菌、变形杆菌、克雷伯氏杆菌等)、部分革兰氏阳性菌、密螺旋体和某些支原体等有较强的抗菌活性。主要用于治疗幼龄畜禽的大肠杆菌、沙门菌疾病。对猪的密螺旋体性痢疾、畜禽的支原体病也有效。猫对本品较敏感,易产生毒性。

【用法与用量】肌内注射:一次量,每千克体重,家畜 20 mg,2 次/d,连用 3 d。混饮:每 1 L 水,禽 250～500 mg,连用 5 d;每千克体重,猪 12.5 mg,连用 7 d。混饲:每 1 000 kg 饲料,猪 80～100 g,连用 7 d。

【制剂与休药期】硫酸安普霉素注射液、硫酸安普霉素可溶性粉:猪 21 d,鸡 7 d,蛋鸡产蛋期禁用。硫酸安普霉素预混剂:猪 21 d。

(11)大观霉素

【应用】对某些革兰氏阴性菌(如布鲁氏菌、克雷伯氏杆菌、变形杆菌、铜绿假单胞菌、沙门菌、巴氏杆菌等)有较强的作用,对革兰氏阳性菌(如链球菌、葡萄球菌)作用较弱,对支原体也有一定的作用。主要用于治疗畜禽的大肠杆菌、沙门菌、巴氏杆菌疾病。常与林可霉素配伍(利高霉素),治疗仔猪腹泻、猪的支原体性肺炎和败血支原体引起的鸡慢性呼吸道疾病。

【用法与用量】内服:一次量,每千克体重,猪 20～40 mg,2 次/d,连用 3～5 d。混饮:每 1 L 水,禽 0.5～1 g,连用 3～5 d。

【制剂与休药期】盐酸大观霉素可溶性粉:鸡 5 d,蛋鸡产蛋期禁用。盐酸大观霉素、盐酸林可霉素可溶性粉。

(12)氟苯尼考

【应用】为动物专用抗生素。抗菌谱与甲砜霉素相似,但抗菌活性优于甲砜霉素。猪胸膜肺炎放线杆菌、溶血性巴氏杆菌、多杀性巴氏杆菌对其高度敏感,对耐甲砜霉素的大肠杆菌、伤寒沙门菌、克雷伯氏杆菌也有效。

主要用于牛、猪、鸡和鱼类的细菌性疾病,如牛的呼吸道感染、乳腺炎,猪传染性胸膜肺炎、黄痢、白痢,鸡大肠杆菌病、禽霍乱,鱼疾病。

【用法与用量】内服:一次量,每千克体重,猪、鸡 20～30 mg,2 次/d,连用 3～5 d;鱼 10～15 mg,1 次/d,连用 3～5 d。混饲:每 1 000 kg 饲料,猪 20～40 g(效价),连用 7 d。混饮:每 1 L 水,鸡 100 mg,连用 3～5 d。肌内注射:一次量,每千克体重,猪、鸡 20 mg,每隔 48 h 1 次,连用 2 次;鱼 0.5～1.0 mg,1 次/d,连用 3～5 d。

【制剂与休药期】氟苯尼考粉:猪 20 d,鸡 5 d,蛋鸡产蛋期禁用。氟苯尼考预混剂:猪 14 d。氟苯尼考溶液:鸡 5 d,蛋鸡产蛋期禁用。氟苯尼考注射液:猪 14 d,鸡 28 d,蛋鸡产蛋期禁用。

(13)乙酰甲喹

【应用】具有广谱抗菌作用,对革兰氏阴性菌的作用强于革兰氏阳性菌,对猪痢疾蛇形螺旋体作用尤为突出。

主要用于猪痢疾(为首选药)及细菌性肠炎,如仔猪黄痢和白痢、犊牛副伤寒、鸡白痢、禽大肠杆菌病。不能用作生长促进剂。

【不良反应】高于治疗量的 3～5 倍,或长期应用,可导致中毒或死亡。家禽敏感。

【用法与用量】内服:一次量,每千克体重,牛、猪、鸡 5～10 mg,2 次/d,连用 3 d。肌内注射:一次量,每千克体重,牛、猪 2.5～5 mg,鸡 2.5 mg,2 次/d,连用 3 d。

【制剂与休药期】乙酰甲喹片、乙酰甲喹注射液:牛、猪 35 d。

(14)硝基咪唑类

地美硝唑

【应用】具有广谱抗菌和抗原虫作用。主要有抗组织滴虫、纤毛虫、阿米巴原虫作用,对厌氧菌、大肠弧菌和猪痢疾蛇形螺旋体也有作用。用于禽组织滴虫病、猪痢疾蛇形螺旋体病、畜禽肠道和全身的厌氧菌感染。

【用法与用量】混饲:每1 000 kg饲料,猪200～500 g,禽80～500 g(以地美硝唑计)。连续用药,鸡不得超过10 d。

7.常用中兽药

(1)四黄止痢颗粒

【主要成分】黄连、黄柏、大黄、黄芩、板蓝根等。

【功能】清热泻火,止痢。

【主治】湿热泻痢,鸡大肠杆菌病。证见精神沉郁,食欲不振或废绝,羽毛蓬乱无光泽,头颈部特别是肉髯及眼睛周围水肿,肿胀部位皮下有淡黄色或黄色水样液体,嗉囊充满食物,排淡黄色、灰白色或绿色混有血液的腥臭稀便。

【用法与用量】每1 L水,鸡0.5～1 g。

(2)白头翁散

【主要成分】白头翁、黄连、黄柏、秦皮。

【功能】清热解毒,凉血止痢。

【主治】湿热泄泻,下脓血。证见精神沉郁,体温升高,食欲不振或废绝。口渴多饮,有时轻微腹痛,排粪次数明显增多,频频努责,里急后重,粪便稀薄,混有脓血黏液,腥臭甚至恶臭,尿短赤,口色红,舌苔黄厚,口臭,脉象沉数。

【用法与用量】马、牛150～250 g,羊、猪30～45g,兔、鸡2～3 g。

(3)杨树花口服液

【主要成分】杨树花。

【功能】化湿止痢。

【主治】痢疾,肠炎。

痢疾,证见精神短少,蜷腰卧地,食欲减少甚至废绝,反刍动物反刍减少或停止,鼻镜干燥,拱腰努责,排粪不爽,里急后重,下痢稀糊,赤白相杂,或呈白色胶冻状,口色赤红,舌苔黄腻,脉象沉数。

肠炎,证见发热,精神沉郁,食欲减少或废绝,口渴多饮,有时轻微腹痛,蜷腰卧地,粪便稀薄,黏腻腥臭,尿赤短,口色赤红,舌苔黄腻,口臭,脉象沉数。

【用法与用量】马、牛50～100 mL,羊、猪10～20 mL,兔、禽1～2 mL。

(4)碱式碳酸铋

【应用】内服难吸收,在胃肠道内小部分缓慢离解出铋离子,铋离子与蛋白质结合产生收敛保护黏膜作用。大部分碱式碳酸铋覆盖于肠黏膜表面,且在肠内与硫化氢结合,形成不溶的硫化铋,覆盖在肠黏膜表面,呈机械性保护作用,并使硫化氢对肠黏膜的刺激减少,肠道蠕动变慢而发挥止泻作用。可用于胃肠炎及腹泻。外用时,碱式碳酸铋在炎性组织中能缓慢地解离出铋离子，与细菌和组织的表层蛋白质结合，产生抑菌和收敛作用。故可用本品撒布剂或10%软膏治疗烧伤、湿疹等。

【用法与用量】内服：一次量，马、牛 15～30 g，羊、猪、驹、犊 2～4 g，犬 0.3～2 g。

【制剂】碱式碳酸铋片。

(5)药用炭

【应用】药用炭粉末细小，表面积很大(500～800 m^2/g)，具有多孔性，因而吸附性强。内服后，不被消化也不被吸收，能吸附有害物质，如病原微生物、发酵产物、气体、毒物、毒素及生物碱等。并能覆盖在肠黏膜表面，保护肠黏膜免受刺激，使肠道蠕动变慢而发挥止泻作用。内服治疗肠炎、腹泻、药物或毒物中毒等。

【用法与用量】内服：一次量，马 20～150 g，牛 20～200 g，羊 5～50 g，猪 3～10 g，犬 0.3～2 g。

(6)白陶土

【应用】具有一定的吸附作用，但吸附能力稍逊于药用炭，另外兼有收敛作用。内服用于胃肠炎、幼畜腹泻等，外用作敷剂和撒布剂的基质。

【应用注意】参见药用炭。

【用法与用量】内服：一次量，马、牛 50～150 g，羊、猪 10～30 g，犬 1～5 g。

8. 常见消化系统疾病推荐给药方案

(1)便秘

治疗原则：润肠通便。

治疗方案：硫酸镁＋大黄末。

(2)瘤胃积食

治疗原则：清肠消导，调节酸碱平衡。

用药方案：硫酸镁＋大黄＋碳酸氢钠。

(3)瘤胃臌气

治疗原则：灭沫消胀，促进蠕动。

用药方案：二甲硅油＋马钱子酊。

(4)大肠杆菌

治疗原则：抗菌消炎，清热燥湿。

用药方案：四黄止痢颗粒＋新霉素＋氨苄西林。

(5)沙门菌

治疗原则：抗菌消炎，清热燥湿。

用药方案：林可霉素＋大观霉素＋杨树花口服液。

(6)魏氏梭菌

治疗原则：抗菌消炎，清热燥湿。

用药方案：甲硝唑＋林可霉素＋白头翁散。

(三)泌尿和生殖系统疾病常用药物

1.利尿和脱水药

(1)呋塞米

【应用】利尿剂。主要用于各种原因引起的全身水肿,如肺水肿、心性水肿、肾性水肿、胸膜积水等;也可用于预防急性肾功能衰竭以及药物中毒时加速药物排出。

【用法与用量】内服:一次量,每千克体重,马、牛、羊、猪 2 mg,犬、猫 2.5~5 mg。肌内注射或静脉注射:一次量,每千克体重,马、牛、羊、猪 0.5 mg,犬、猫 1~5 mg。

【制剂】呋塞米片、呋塞米注射液。

(2)甘露醇

【应用】静脉注射高渗甘露醇后可提高血浆渗透压,使组织(包括眼、脑、脑脊液)细胞间液水分向血浆转移,产生组织脱水作用,从而可降低颅内压和眼内压。由于本品在体内不被代谢,易经肾小球滤过,并很少被肾小管重吸收,在肾小管内形成高渗,从而产生利尿作用。临床主要用于降低眼内压、创伤性脑水肿及其他组织水肿;治疗因急性肾衰竭所引起的少尿症或无尿症;还用于加快某些毒物的排泄。

【用法与用量】静脉注射:一次量,马、牛 1 000~2 000 mL,羊、猪 100~250 mL,每千克体重犬、猫 0.25~0.5 mg,一般稀释成 5%~10%溶液(缓慢静脉注射,4 mL/min)。

【制剂】甘露醇注射液。

(3)雌二醇

【应用】

(1)促进母畜发情。雌激素能恢复生殖道的正常功能和形态结构,如促进生殖器官血管增生、黏膜腺体分泌,引起发情。牛对雌激素很敏感,小剂量的雌二醇 2 次注射,就可使切除卵巢的青年母牛在 3 d 内发情。雌激素所诱导的发情不排卵,动物配种不孕。

(2)对生殖道的作用。雌激素可促进性器官的发育和第二性征出现;对成熟母畜还能促进输卵管的肌肉和黏膜生长发育。加强输卵管和子宫平滑肌收缩。增强子宫对催产素的敏感性,使子宫颈周围的结缔组织松软,子宫颈口松弛。

(3)对乳腺的作用。可促进母畜乳导管的发育和泌乳。与孕酮配合,效果更好。但大量使用,可抑制催乳素分泌,导致泌乳停止。

(4)对代谢的影响。可增进食欲,促进蛋白质合成,增加体重。但由于肉品中残留的雌激素对人体有致癌作用及危害未成年人的生长发育,故禁止用雌激素作为促生长剂和皮下埋植剂。

(5)对公畜的作用。能对抗雄激素的作用,抑制第二性征发育,降低性欲。临床用于卵巢功能正常而发情不明显家畜的催情;治疗子宫内膜炎、子宫蓄脓、胎衣不下、死胎排出等;治疗老年犬或阉割犬的尿失禁、母畜性器官发育不全、犬过度发情、假孕犬的乳房胀痛等。还可用于诱导泌乳。

【用法与用量】肌内注射:一次量,马 10~20 mg,牛 5~20 mg,猪 3~10 mg,羊 1~3 mg,犬、猫 0.2~0.5 mg。

【制剂与休药期】苯甲酸雌二醇注射液:28 d,弃乳期 7 d。

2. 雄激素类和孕激素类药物

(1)丙酸睾酮

【应用】①丙酸睾酮的药理作用与天然睾酮相同,可促进雄性生殖器官及副性征的发育、成熟,引起性欲及性兴奋。大剂量睾酮通过负反馈机制,抑制黄体生成素,进而抑制精子生成。②对抗雌激素,抑制母畜发情。③具有同化作用,可促进蛋白质合成,引起氨、钠、钾、磷的潴留,减少钙的排泄。通过兴奋红细胞生成刺激因子,刺激红细胞生成。临床主要用于雄性动物机能不全,促进小动物疾病恢复与增重,再生障碍性贫血的辅助治疗药。

【用法与用量】肌内、皮下注射:一次量,每千克体重,家畜 0.25～0.5 mg。

【制剂】丙酸睾酮注射液。

(2)黄体酮

【应用】①对子宫的作用。在雌激素作用的基础上,使子宫内膜增生,腺体分泌子宫乳,为受精卵的着床及胚胎早期发育提供营养需要;抑制子宫肌收缩,减弱子宫对催产素的敏感性,起"安胎"作用;使子宫颈口关闭,分泌黏稠液,阻止精子或病原体进入子宫。

②对卵巢的作用。大剂量黄体酮,通过反馈作用,使垂体前叶促性腺激素和下丘脑促性腺激素释放激素分泌减少,从而抑制发情和排卵。一旦停药,孕酮的作用消除,动物的垂体分泌促性腺激素,促进卵泡生长和动物发情。

③对乳腺的作用。与雌激素共同作用,刺激乳腺腺泡发育,为泌乳做准备。临床可用于预防和治疗因黄体分泌不足引起的早期流产或习惯性流产,与维生素 E 合用效果更佳;治疗牛卵巢囊肿引起的慕雄狂,可皮下埋植黄体酮来对抗发情;用于母畜的同期发情,在用药后数日内即可发情和排卵,但第一次发情时配种受胎率低,故在第二次发情时配种,受胎率可达 90%～100%。

【用法与用量】肌内注射:一次量,马、牛 50～100 mg,羊、猪 15～20 mg,犬 2 mg。插入阴道内:一次量,每头牛一个弹性橡胶圈,12 d 后取出残余胶圈(在 48～72 h 内配种)。

【制剂与休药期】黄体酮注射液:30 d。

(3)烯丙孕素

【应用】性激素类药。烯丙孕素与天然黄体酮的作用类似。给药期间能够抑制脑垂体分泌促性腺激素,阻止卵泡发育及发情;给药结束后,脑垂体恢复分泌促性腺激素,促进卵泡发育与发情。停药时卵泡发育程度一致,加上促性腺激素的分泌同步恢复,促使所有动物在停药 5～8 日后同期发情。用于控制后备母猪同期发情。

【用法与用量】 以烯丙孕素计。直接用 5 mL 喷头饲喂或喷洒在饲料上内服,一次量,后备母猪 20 mg(5 mL),连用 18 d。

【休药期】 猪 18 d。

3. 促性腺激素和促性腺激素释放激素

(1)促卵泡素

【应用】主要是刺激卵泡的生长和发育。与黄体生成素合用,促进卵泡成熟和促使卵泡分泌雌激素,引起母畜发情;对公畜可促进精原细胞的生成和精子形成。主要用于母畜催情,使不发情母畜发情和排卵,提高同期发情的效果;治疗持久黄体、多卵泡症、卵巢发育不良等疾病;用于超数排卵,牛、羊在发情的前几天注射本品,可出现超数排卵,供卵移植或提高产仔率。

【用法与用量】肌内注射:一次量,马、驴 200~300 IU,每天或隔天 1 次,2~5 次为一个疗程;奶牛 100~150 IU,隔 2 d 1 次,2~3 次为一个疗程。

【制剂】注射用垂体促卵泡素。

(2)绒促性素

【应用】本品具有促卵泡素(FSH)和促黄体素(LH)的作用。对母畜可促进卵泡成熟、排卵和黄体生成,并刺激黄体分泌孕激素。对未成熟卵泡无作用。对公畜可促进睾丸间质细胞分泌雄激素,促使性器官、副性征的发育、成熟。临床主要用于诱导排卵、同期发情,治疗卵巢囊肿、习惯性流产和公畜性机能减退。

【用法与用量】肌内注射:一次量,马、牛 1 000~5 000 IU,猪 500~1 000 IU,羊 100~500 IU,犬 25~300 IU,每周 2~3 次。临用前用注射用水或生理盐水溶解。

(3)马促性素

【作用与应用】对母畜主要表现促卵泡素样作用,促进卵泡的发育和成熟,引起母畜发情;也有轻度促黄体素样作用,促使成熟卵泡排卵甚至超数排卵。对公畜主要表现促黄体素样作用,能促进雄激素分泌,提高性欲。临床用于母畜催情或促进卵泡发育,也用于胚胎移植时的超数排卵。

【用法与用量】皮下或肌内注射(催情):一次量,马、牛 1 000~2 000 IU,羊 100~500 IU,猪 200~800 IU,犬 25~200 IU,猫 5~100 IU,兔、水貂 30~50 IU。皮下或肌内注射(超排):一次量,母牛 2 000~4 000 IU,母羊 600~1 000 IU。临用前用灭菌生理盐水 2~5 mL 稀释。

【制剂】注射用马促性素。

4. 前列腺素

氯前列醇

【应用】氯前列醇属于激素类药物,具有强大的溶解黄体作用,能迅速引起黄体消退,并抑制其分泌;对子宫平滑肌也具有直接兴奋作用,可引起子宫平滑肌收缩,子宫颈松弛。有溶解黄体作用。用于控制母牛同期发情和妊娠母猪诱导分娩。

【用法与用量】肌内注射:牛 3~6 mL,猪 1.5 mL。宫内注射:牛 1.5~3 mL。

【制剂休药期】氯前列醇钠注射液:牛、猪 1 d。

5. 子宫收缩药

(1)缩宫素

【应用】本品能直接兴奋子宫平滑肌,加强其收缩。其作用强度与用药剂量、体内激素水平有关。对非妊娠子宫,小剂量缩宫素能加强子宫的节律性收缩,大剂量则可引起子宫的强直性收缩,使子宫肌层内的血管受压迫而起止血作用;对妊娠子宫,在妊娠早期不敏感,妊娠后期,敏感性逐渐加强,临产时作用最强,产后对子宫的作用又逐渐降低。雌激素可提高子宫对缩宫素的敏感性,而孕激素则相反。催产时,缩宫素对子宫体的收缩作用强,对子宫颈的收缩作用较弱,有利于胎儿娩出。此外,本品还能增强乳腺平滑肌收缩,促进排乳。临床主要用于子宫收缩无力时催产、引产及产后子宫出血、胎衣不下、子宫复原不全等的治疗。

【用法与用量】皮下或肌内注射(催产):一次量,马、牛 30~100 IU,羊、猪 10~50 IU,犬

2～10 IU。

【制剂】缩宫素注射液。

(2)麦角新碱

【应用】本品对子宫平滑肌具有很强的选择性兴奋作用，与缩宫素不同的是作用强大而持久，且引起子宫体和子宫颈同时收缩，剂量稍大即可引起子宫强直性收缩，压迫胎儿难以娩出而使胎儿窒息，甚至子宫破裂，故不用于催产或引产。用于产后子宫出血、产后子宫复原不全和胎衣不下等。

【应用注意】胎儿未娩出前或胎盘未剥离排出前均禁用。

【用法与用量】肌内或静脉注射：一次量，马、牛 5～15 mg，羊、猪 0.5～1 mg，犬、猫 0.1～0.5 mg。

【制剂】马来酸麦角新碱注射液。

(3)青霉素

同呼吸系统。

(4)阿莫西林

同呼吸系统。

(5)头孢噻呋

同呼吸系统。

(6)甲硝唑

同消化系统。

6. 常见泌尿和生殖系统疾病推荐给药方案

(1)难产

治疗原则：加强收缩。
治疗方案：缩宫素。

(2)乳腺炎

治疗原则：抗菌消炎。
用药方案：青霉素。

(3)尿路感染

治疗原则：抗菌消炎。
用药方案：阿莫西林＋甲硝唑。

(4)子宫内膜炎

治疗原则：抗菌消炎。
用药方案：头孢噻呋＋甲硝唑。

(四)血液循环系统疾病常用药物

1. 止血药

(1)维生素 K

【应用】维生素 K 是肝合成凝血酶原的必需物质，还参与某些凝血因子的合成。因此，维生素 K 缺乏时，会使血中凝血酶原减少，凝血因子合成障碍，影响凝血过程而引起出血。临床主要用于因维生素 K 缺乏所致的出血和各种原因引起的维生素 K 缺乏症。

【用法与用量】亚硫酸氢钠甲萘醌注射液，肌内注射：一次量，马、牛 100～300 mg，猪、羊 30～50 mg，犬 10～30 mg。维生素 K_1 注射液，肌内或静脉注射：一次量，每千克体重，犊牛 1 mg，犬、猫 0.5～2 mg。

【制剂】亚硫酸氢钠甲萘醌注射液，维生素 K_1 注射液

(2)酚磺乙胺

【应用】本品能促进血小板的增生，增强血小板凝集并促进释放凝血因子，缩短凝血时间；还可增强毛细血管抵抗力，降低毛细血管通透性，防止血液外渗。其作用迅速，静脉注射后 1 h 作用最强，可维持 4～6 h。可用于防治各种出血性疾病，如手术前后预防出血及止血、鼻出血、消化道出血、膀胱出血、子宫出血等。

【用法与用量】肌内或静脉注射：一次量，马、牛 1.25～2.5 g，猪、羊 0.25～0.5 g。一般在手术前 15～30 min 用药。

【制剂】酚磺乙胺注射液。

(3)安络血

【应用】主要作用于毛细血管，增强毛细血管对损伤的抵抗力，降低毛细血管通透性，使受伤血管断端回缩而止血。临床适用于毛细血管损伤或通透性增加的出血，如鼻出血、紫癜等；也用于产后出血、手术后出血、内脏出血和尿血等。

【用法与用量】肌内注射：一次量，马、牛 5～20 mL，猪、羊 2～4 mL。

【制剂】安络血注射液。

2. 抗贫血药

(1)右旋糖酐铁

【应用】铁是构成血红蛋白、肌红蛋白和多种酶的重要成分。因此，机体铁代谢异常及铁缺乏不但会引起贫血，也可能影响其他生理功能。

适用于重症缺铁性贫血或不宜内服铁剂的缺铁性贫血。临床主要用于仔猪缺铁性贫血。

【用法与用量】以铁计。肌内注射：一次量，仔猪 100～200 mg，犬 200～600 mg，幼犬 20～200 mg，狐狸 50～200 mg，水貂 30～100 mg。

(2)维生素 B_{12}

【应用】维生素 B_{12} 具有广泛的生理作用。参与机体的蛋白质、脂肪和糖类代谢，帮助叶酸循环利用，促进核酸的合成，为动物生长发育、造血、上皮细胞生长及维持神经髓鞘完整性所必需。主要用于治疗维生素 B_{12} 缺乏所致的巨幼红细胞性贫血和幼畜生长迟缓。

【用法与用量】肌内注射：一次量，马、牛 1～2 mg，猪、羊 0.3～0.4 mg，犬、猫 0.1 mg。

【制剂】维生素 B_{12} 注射液。

3. 解热镇痛常用药物

(1)对乙酰氨基酚

【应用】本品具有解热、镇痛作用，不良反应小。内服吸收快，3 min 后血药达峰浓度。解

热作用与阿司匹林相当，但镇痛和镇炎效果较弱。主要用作中、小动物的发热、肌肉痛、关节痛和风湿症。

【用法与用量】内服：一次量，马、牛 10～20 g，羊 1～4 g，猪 1～2 g，犬 0.1～1 g。肌内注射：一次量，马、牛 5～10 g，羊 0.5～2 g，猪 0.5～1 g，犬 0.1～0.5 g。

【制剂】对乙酰氨基酚片、对乙酰氨基酚注射液。

(2)氨基比林

【应用】本品解热作用强而持久，为安替比林的 3～4 倍，也强于对乙酰氨基酚，与巴比妥类药物合用能增强镇痛作用。常用于发热性疾病，神经痛、肌肉痛、关节痛、马骤痛等。还有抗炎、抗风湿作用，可治疗急性风湿性关节炎，疗效与水杨酸类相近，本品长期连续使用，可引起粒细胞减少症。

【用法与用量】内服：一次量，马、牛 8～20 g，羊、猪 2～5 g，犬 0.13～0.4 g。肌肉或皮下注射：一次量，马、牛 0.6～1.2 g，羊、猪 50～200 mg。

【制剂与休药期】氨基比林片、复方氨基比林注射液：休药期 28 d，弃乳期 7 d。

(3)安乃近

【应用】本品解热镇痛作用较氨基比林强而快，肌内注射吸收迅速，药效维持 3～6 h，有一定的抗炎和抗风湿作用，应用同氨基比林。本品长期应用可引起粒细胞减少；可抑制凝血酶原形成，加重出血的倾向；剂量过大，出汗过多而引起虚脱。

【用法与用量】内服：一次量，牛、马 4～12 g，猪、羊 2～5 g，犬 0.5～1 g。肌内注射：一次量，牛、马 3～10 g，猪 1～3 g，羊 1～2 g，犬 0.3～0.6 g。

【制剂与休药期】安乃近片、安乃近注射液：牛、羊、猪 28 d，弃乳期 7 d。

(4)卡巴匹林钙

【应用】 解热镇痛药。本品为阿司匹林钙与尿素络合的盐，鸡口服卡巴匹林钙后，水解为阿司匹林(乙酰水杨酸)，阿司匹林吸收快，主要经肝脏代谢，在鸡体内迅速降解为水杨酸。本品主要通过阿司匹林发挥解热、镇痛和抗炎作用。

【用法用量】以卡巴匹林钙计。内服：一次量，每千克体重，鸡 40～80 mg。

【制剂与休药期】卡巴匹林钙可溶性粉：鸡 0 d。

(5)萘普生

【应用】以抗炎作用为主，也有解热、镇痛作用。对前列腺素合成酶的抑制作用为阿司匹林的 20 倍。对类风湿性关节炎、骨关节炎、痛风、运动系统等慢性疾病以及轻中度疼痛，均有一定疗效，药效比保泰松强。用于肌炎、软组织炎疼痛所致的跛行和关节炎等。

【用法与用量】内服：一次量，每千克体重，马 5～10 mg，犬 2～5 mg。静脉注射：一次量，每千克体重，马 5 mg。

【制剂】萘普生片、萘普生注射液。

(6)氟尼辛葡甲胺

【应用】本品是一种强效环氧化酶抑制剂，具有镇痛、解热、抗炎和抗风湿作用。本品不影响马的胃肠道运动，并能改善败血性休克动物的血流动力学。用于家畜及小动物的发热性、炎性疾患、肌肉痛和软组织痛等。注射给药可控制牛呼吸道疾病和内毒素血症所致的高热，马和犬的发热，马、牛、犬的内毒素血症所致的炎症。内服可治疗马属动物的肌肉炎症及疼痛。

【用法与用量】以氟尼辛计。内服：一次量，每千克体重，犬、猫 2 mg，1～2 次/d，连用不超过 5 d。肌内或静脉注射：一次量，每千克体重，猪 2 mg，犬、猫 1～2 mg，1～2 次/d，连用不超过 5 d。

【制剂与休药期】氟尼辛葡甲胺注射液：猪 15 d。

（五）常用药物配伍禁忌

常用药物配伍禁忌，见表 7-7。

表 7-7　常用药物配伍禁忌表

分类	药物	配伍药物	配伍使用结果
青霉素类	青霉素钠、钾盐，氨苄西林类，阿莫西林类	喹诺酮类、氨基糖苷类（庆大霉素除外）、多黏菌类	效果增强
		四环素类、头孢菌素类、大环内酯类、氯霉素类、庆大霉素、利巴韦林、培氟沙星	相互拮抗或疗效相抵或产生副作用，应分别使用、间隔给药
		维生素 C、罗红霉素、维生素 C 多聚磷酸酯、磺胺类、氨茶碱、高锰酸钾、盐酸氯丙嗪、B 族维生素、过氧化氢	沉淀、分解、失效
头孢菌素类	"头孢"系列	氨基糖苷类、喹诺酮类	疗效、毒性增强
		青霉素类、洁霉素类、四环素类、磺胺类	相互拮抗或疗效相抵或产生副作用，应分别使用、间隔给药
		维生素 C、B 族维生素、磺胺类、罗红霉素、氨茶碱、氯霉素、氟苯尼考、甲砜霉素、盐酸强力霉素	沉淀、分解、失败
		强利尿药、含钙制剂	与头孢噻吩、头孢噻呋等头孢类药物配伍会增加毒副作用
氨基糖苷类	卡那霉素、阿米卡星、核糖霉素、妥布霉素、庆大霉素、大观霉素、新霉素、巴龙霉素、链霉素等	抗生素类	本品应尽量避免与抗生素类药物联合应用，大多数本类药物与大多数抗生素联用会增加毒性或降低疗效
		青霉素类、头孢菌素类、洁霉素类、TMP	疗效增强
		碱性药物（如碳酸氢钠、氨茶碱等）、硼砂	疗效增强，但毒性也同时增强
		维生素 C、B 族维生素	疗效减弱
		氨基糖苷同类药物、头孢菌素类、万古霉素	毒性增强
	大观霉素	氯霉素、四环素	拮抗作用，疗效抵消
	卡那霉素、庆大霉素	其他抗菌药物	不可同时使用

续表 7-7

分类	药物	配伍药物	配伍使用结果
大环内酯类	红霉素、罗红霉素、硫氰酸红霉素、替米考星、吉他霉素(北里霉素)、泰乐菌素、替米考星、乙酰螺旋霉素、阿齐霉素	洁霉素类、麦迪素霉、螺旋霉素、阿司匹林	降低疗效
		青霉素类、无机盐类、四环素类	沉淀、降低疗效
		碱性物质	增强稳定性、增强疗效
		酸性物质	不稳定、易分解失效
四环素类	土霉素、四环素、金霉素、强力霉素、米诺环素	甲氧苄啶、三黄粉	稳效
		含钙、镁、铝、铁的中药(如石类、壳贝类、骨类、矾类、脂类等),含碱类、含鞣质的中成药,含消化酶的中药(如神曲、麦芽、豆豉等),含碱性成分较多的中药(如硼砂等)	不宜同用,如确需联用应至少间隔 2 h
		其他药物	四环素类药物不宜与绝大多数其他药物混合使用
氯霉素类	氯霉素、甲砜霉素、氟苯尼考	喹诺酮类、磺胺类、呋喃类	毒性增强
		青霉素类、大环内酯类、四环素类、多黏菌素类、氨基糖苷类、氯丙嗪、洁霉素类、头孢菌素类、B 族维生素、铁类制剂、免疫制剂、环林酰胺、利福平	拮抗作用,疗效抵消
		碱性药物(如碳酸氢钠、氨茶碱等)	分解、失效
喹诺酮类	砒哌酸、"沙星"系列	青霉素类、链霉素、新霉素、庆大霉素	疗效增强
		洁霉素类、氨茶碱、金属离子(如钙、镁、铝、铁等)	沉淀、失效
		四环素类、氯霉素类、呋喃类、罗红霉素、利福平	疗效降低
		头孢菌素类	毒性增强
磺胺类	磺胺嘧啶、磺胺二甲嘧啶、磺胺甲恶唑、磺胺对甲氧嘧啶、磺胺间甲氧嘧啶、磺胺噻唑	青霉素类	沉淀、分解、失效
		头孢菌素类	疗效降低
		氯霉素类、罗红霉素	毒性增强
		TMP、新霉素、庆大霉素、卡那霉素	疗效增强
	磺胺嘧啶	阿米卡星、头孢菌素类、氨基糖苷类、利卡多因、林可霉素、普鲁卡因、四环素类、青霉素类、红霉素	配伍后疗效降低或抵消或产生沉淀
抗菌增效剂	二甲氧苄啶、甲氧苄啶(三甲氧苄啶、TMP)	参照磺胺药物的配伍说明	参照磺胺药物的配伍说明
		磺胺类、四环素类、红霉素、庆大霉素、黏菌素	疗效增强
		青霉素类	沉淀、分解、失效

续表 7-7

分类	药物	配伍药物	配伍使用结果
		其他抗菌药物	与许多抗菌药物用可起增效或协同作用，其作用明显程度不一，使用时可摸索规律。但并不是与任何药物合用都有增效、协同作用，不可盲目合用
洁霉素类	盐酸林可霉素（盐酸洁霉素）、盐酸克林霉素（盐酸氯洁霉素）	氨基糖苷类	协同作用
		大环内酯类、氯霉素	疗效降低
		喹诺酮类	沉淀、失效
多黏菌素类	多黏菌素	磺胺类、甲氧苄啶、利福平	疗效增强
	杆菌肽	青霉素类、链霉素、新霉素、金霉素、多黏菌素	协同作用、疗效增强
		喹乙醇、吉他霉素、恩拉霉素	拮抗作用，疗效抵消，禁止并用
	恩拉霉素	四环素、吉他霉素、杆菌肽	
抗寄生虫药	苯并咪唑类（达唑类）	长期使用	易产生耐药性
		联合使用	易产生交叉耐药性并可能增加毒性，一般情况下应避免同时使用
	其他抗寄生虫药	长期使用	此类药物一般毒性较强，应避免长期使用
		同类药物	毒性增强，应间隔用药，确需同用应减低用量
		其他药物	容易增加毒性或产生拮抗，应尽量避免合用
助消化与健胃药	乳酶生	酊剂、抗菌剂、鞣酸蛋白、铋制剂	疗效减弱
	胃蛋白酶	中药	许多中药能降低胃蛋白酶的疗效，应避免合用，确需与中药合用时应注意观察效果
		强酸、碱性、重金属盐、鞣酸溶液及高温	沉淀或灭活、失效
	干酵母	磺胺类	拮抗、降低疗效
	稀盐酸、稀醋酸	碱类、盐类、有机酸及洋地黄	沉淀、失效
	人工盐	酸类	中和、疗效减弱
	胰酶	强酸、碱性、重金属盐溶液及高温	沉淀或灭活、失效
	碳酸氢钠（小苏打）	镁盐、钙盐、鞣酸类、生物碱类等	疗效降低或分解或沉淀或失效
		酸性溶液	中和失效

续表 7-7

分类	药物	配伍药物	配伍使用结果
平喘药	茶碱类（氨茶碱）	其他茶碱类、洁霉素类、四环素类、喹诺酮类、盐酸氯丙嗪、大环内酯类、氯霉素类、呋喃妥因、利福平	毒副作用增强或失效
		药物酸碱度	酸性药物可增加氨茶碱排泄、碱性药物可减少氨茶碱排泄
维生素类	所有维生素	长期使用、大剂量使用	易中毒甚至致死
	B 族维生素	碱性溶液	沉淀、破坏、失效
		氧化剂、还原剂、高温	分解、失效
		青霉素类、头孢菌素类、四环素类、多黏菌素、氨基糖苷类、林可霉素类、氯霉素类	灭活、失效
	维生素 C	碱性溶液、氧化剂	氧化、破坏、失效
		青霉素类、头孢菌素类、四环素类、多黏菌素、氨基糖苷类、林可霉素类、氯霉素类	灭活、失效
消毒防腐类	漂白粉	酸类	分解、失效
	酒精	氯化剂、无机盐等	氧化、失效
	硼酸	碱性物质、鞣酸	疗效降低
	碘类制剂	氨水、铵盐类	生成爆炸性的碘化氮
		重金属盐	沉淀、失效
		生物碱类	析出生物碱沉淀
		淀粉类	溶液变蓝
		龙胆紫	疗效减弱
		挥发油	分解、失效
	高锰酸钾	氨及其制剂	沉淀
		甘油、酒精（乙醇）	失效
	过氧化氢（双氧水）	碘类制剂、高锰酸钾、碱类、药用炭	分解、失效
	过氧乙酸	碱类（如氢氧化钠、氨溶液等）	中和失效
	碱类（生石灰、氢氧化钠等）	酸性溶液	中和失效
	氨溶液	酸性溶液	中和失效
		碘类溶液	生成爆炸性的碘化氮

三、兽药处方开具

(一)基本要求

(1)本规范所称兽医处方，是指执业兽医师在动物诊疗活动中开具的，作为动物用药凭证的文书。

(2)执业兽医师根据动物诊疗活动的需要，按照兽药使用规范，遵循安全、有效、经济的原则开具兽医处方。

(3)执业兽医师在注册单位签名留样或者专用签章备案后，方可开具处方。兽医处方经执业兽医师签名或者盖章后有效。

(4)执业兽医师利用计算机开具、传递兽医处方时，应当同时打印出纸质处方，其格式与手写处方一致；打印的纸质处方经执业兽医师签名或盖章后有效。

(5)兽医处方限于当次诊疗结果用药，开具当日有效。特殊情况下需延长有效期的，由开具兽医处方的执业兽医师注明有效期限，但有效期最长不得超过 3 d。

(6)除兽用麻醉药品、精神药品、毒性药品和放射性药品外，动物诊疗机构和执业兽医师不得限制动物主人持处方到兽药经营企业购药。

(二)处方笺格式

兽医处方笺规格和样式由农业农村部规定，从事动物诊疗活动的单位应当按照规定的规格和样式印制兽医处方笺或者设计电子处方笺(图 7-30)。兽医处方笺规格如下：

(1)兽医处方笺一式三联，可以使用同一种颜色纸张，也可以使用 3 种不同颜色纸张。

(2)兽医处方笺分为两种规格，小规格为：长 210 mm、宽 148 mm；大规格为：长 296 mm、宽 210 mm。

(三)处方笺内容

兽医处方笺内容包括前记、正文、后记三部分，要符合以下标准。

1. 前记

对个体动物进行诊疗的，至少包括动物主人姓名或者动物饲养单位名称、档案号、开具日期和动物的种类、性别、体重、年(日)龄。

对群体动物进行诊疗的，至少包括饲养单位名称、档案号、开具日期和动物的种类、数量、年(日)龄。

2. 正文

包括初步诊断情况和 Rp(拉丁文 Recipe“请取”的缩写)。Rp 应当分列兽药名称、规格、数量、用法、用量等内容；对于食品动物还应当注明休药期。

3. 后记

至少包括执业兽医师签名或盖章和注册号、发药人签名或盖章。

(四)处方书写要求

兽医处方书写应当符合下列要求。

(1)动物基本信息、临床诊断情况应当填写清晰、完整,并与病历记载一致。

(2)字迹清楚,原则上不得涂改;如需修改,应当在修改处签名或盖章,并注明修改日期。

(3)兽药名称应当以兽药国家标准载明的名称为准。兽药名称简写或者缩写应当符合国内通用写法,不得自行编制兽药缩写名或者使用代号。

(4)书写兽药规格、数量、用法、用量及休药期要准确规范。

(5)兽医处方中包含兽用化学药品、生物制品、中成药的,每种兽药应当另起一行。

(6)兽药剂量与数量用阿拉伯数字书写。剂量应当使用法定计量单位:质量以千克(kg)、克(g)、毫克(mg)、微克(μg)、纳克(ng)为单位;容量以升(L)、毫升(mL)为单位;有效量单位以国际单位(IU)、单位(U)为单位。

(7)片剂、丸剂、胶囊剂以及单剂量包装的散剂、颗粒剂分别以片、丸、粒、袋为单位;多剂量包装的散剂、颗粒剂以 g 或 kg 为单位;单剂量包装的溶液剂以支、瓶为单位,多剂量包装的溶液剂以 mL 或 L 为单位;软膏及乳膏剂以支、盒为单位;单剂量包装的注射剂以支、瓶为单位,多剂量包装的注射剂以 mL 或 L、g 或 kg 为单位,应当注明含量;兽用中药自拟方应当以剂为单位。

(8)开具处方后的空白处应当画一斜线,以示处方完毕。

(9)执业兽医师注册号可采用印刷或盖章方式填写。

(五)处方保存

(1)兽医处方开具后,第一联由从事动物诊疗活动的单位留存,第二联由药房或者兽药经营企业留存,第三联由动物主人或者饲养单位留存。

(2)兽医处方由处方开具、兽药核发单位妥善保存 2 年以上。保存期满后,经所在单位主要负责人批准、登记备案,方可销毁。

兽医处方笺样式

×××××××处方笺

动物主人/饲养单位＿＿＿＿＿＿＿＿ 档案号＿＿＿＿
动物种类＿＿＿＿ 动物性别＿＿＿＿ 体重/数量＿＿＿＿
年(日)龄＿＿＿＿ 开具日期＿＿＿＿

诊断:	Rp:

执业兽医师　　注册号　　发药人

第一联　从事动物诊疗活动的单位留存

注:"×××××××处方笺"中,"×××××××"为从事动物诊疗活动的单位名称。

图 7-30　兽医处方笺样式

资源描述:中华人民共和国农业部公告第 2450 号要求:农业部制定的《兽医处方格式及应用规范》,自发布之日起执行。凡与本规范不符的处方笺自 2017 年 1 月 1 日起不得使用。

四、现场兽药的使用方法

(一)确定适宜的给药方案

在用药前,应根据给药动物的状况和药物特性,制定适宜的给药方案,需要注意以下几点。

(1)群体口服给药时需根据药物的剂型、药物的药效和动物的种类选择合适的给药载体(饮水或拌料)。

(2)应注意控制给药时长,不宜过长或过短,时间过长有可能导致药物疗效过低甚至失效;时间过短有可能导致动物摄入不均匀,无法维持有效血药浓度。

(3)选择合适容器溶解,保存药物,以保证药物效果。

(4)药物应现配现用,以最大程度保证药物效果。

(5)对患病动物进行注射治疗时,应保证一动物一针头,避免针头的重复使用造成动物出现交叉感染。

(二)正确处理对症治疗和关系

一般用药要先考虑对症治疗,但同时也要考虑对因治疗,力求做到“标本兼治”。

1. 避免兽药残留

动物用药后,药物会以原型或其代谢产物的形式在体内蓄积从而可能导致动物产品(肉、蛋、奶)中存在药物残留,因而应该严格遵守休药期相关规定来进行治疗。

2. 饮水给药方法

饮水给药就是将药物添加到家禽的饮水中,通过饮水让药物进入体内,从而达到预防或治疗相应疾病的目的。饮水给药有方便易行、效果确切的特点。

饮水给药时应掌握以下几点。

(1)对症用药　因为不同的疾病种类、用药对象、药物种类、用药目的、用药量都不同,而且同一动物的不同生理或生长阶段的用药量也不相同,在饮水用药之前必须根据动物的自身特征、用药目的、疾病类别等确定药物种类和数量。

(2)药物质量　为了能达到相应的用药目的,饮水给药时必须保证药物的质量,而且水溶性要好。

(3)水的质量　饮水给药时的水质必须清洁卫生、接近中性、矿物质含量符合标准。否则,可能给家禽带来相应的生物污染或感染或因酸性的水对碱性的药、碱性的水对酸性的药发生中和、水中矿物质对药物的吸附作用而降低药效,甚至有更强烈的不良反应出现。

所以对于水质污染及不合格的水源日常及用药时必须先净化水质,再给药饮水,效果更佳。

(4)清洗消毒　饮水给药之前应对其饮水系统进行严格的清洗消毒,防止水容器、水管以及水槽的内壁的附着物黏附药物而降低药效,而达不到相应的用药目的。清洗消毒时,可用无刺激性气味和腐蚀性的消毒水进行冲洗或擦拭,然后再用清水将上述供水系统冲洗干净为止。

定期清洗水线是必要的,不然会有用药时水线被堵的问题。

(5)饮前停水　应在饮用药液前停水 2～3 h,一般夏季停水 2 h,冬季停水 3 h,让大群在

3～4 h 内将药液饮完，同时还应根据大群的饮水情况确定稀释药物的用水量。

(6)科学配伍　药物配伍是使两种或两种以上的药物混合在一起或在一定时间内以同一的方式进入相应的机体。众所周知，配伍用药有协同作用、相加作用和拮抗作用 3 种结果，前两种结果可以提高治疗效果，而拮抗作用则相反，所以，配伍用药应避免拮抗作用。

(7)防止吸附　饮水中的电解质或维生素容易黏附在供水系统内壁上，而饮水中的药物又极易被黏附在供水系统内壁的电解质或维生素上，从而降低进入机体的药物数量而使药效降低。所以，在饮水给药时一定不要在水中添加电解质、维生素之类的易黏附物质。

(8)混合均匀　当饮用没有得到充分溶解的药液时，用药效果会降低，可能出现毒副作用。所以，饮水给药时在选择易溶、速溶药物的基础上，采取措施，加快药物溶解，使之均匀混合，防止用药不均带来危害。

3. 拌料给药方法

拌料给药指在畜牧生产过程中，为了达到预防和治疗疾病的目的，向动物进行群体给药的一种方法，在进行拌料给药时应注意以下几点。

(1)规范用药　养殖场户在选择拌料用的兽药和药物添加剂时，一定要严格遵守《兽药管理条例》《饲料和饲料添加剂管理条例》的行业标准，拌料用药时应符合《允许作药物饲料添加剂的兽药品种及使用规定》，杜绝使用《食品动物禁用的兽药及其他化合物清单》《禁止在饲料和动物饮用水中使用的药物品种目录》等，禁止使用违禁药物。另外，对于一些药物残留明显的药物，则应禁止拌料使用，以防影响安全，遗留后患。

(2)合理把握药量　药量的配比应严格按照说明执行，根据动物的体重、年龄认真计算用药的种类及剂量，避免造成药量过大而中毒，或者药量过小而不起作用的情况。另外，要明确用药的目的是预防还是治疗，如果是预防用药，应减少使用剂量，一般只需治疗用药剂量的一半甚至 1/4 即可。

(3)药物和饲料的混合一定要均匀　药物和饲料的混合一定要均匀，这是最重要的一点。如果混合不均匀，就会出现部分动物药物中毒和部分动物吃不到药的情况，不仅达不到防治疾病的目的，还可能带来经济损失。拌料时应先将兽药和药物添加剂与少量的饲料混匀，然后将预混有兽药和药物添加剂的饲料与其余全部饲料进行充分拌匀即可。切忌把全部药量一次性加入所需饲料中进行混合，这样的操作是很难混匀的。注意混拌有兽药和药物添加剂的饲料应现配现用。

(4)注意用药配伍　一般情况下给饲料中投药只需 1 种兽药和药物添加剂，如果需要添加 2 种以上药物或添加剂时，要注意两者之间的相容性，确保药与药之间无克制关系。

(5)检测投药后的效果及不良反应　很多情况下，投药后会出现一些不良反应或者是效果不佳。不良反应一般是成分相克、剂量过大、混合不匀所致。成分相克主要是药物与饲料相克，或药物与药物中的成分相克，如饲料中长期混合磺胺类药物，就易引起维生素 B 和维生素 K 的缺乏；剂量过大会出现中毒反应；混合不均匀也会导致部分猪只吃到的药量过大。效果不佳可能是整体剂量不足或由于混合不均匀所致的部分猪只吃到的药量不足，另外还有一种情况就是药物不对症，这时应根据实际情况进行调整。

4. 注射给药常用方法

(1)皮下注射　皮下注射指将药液注射于皮下结缔组织内，药液经过毛细血管、淋巴管吸收进入血液循环。因皮下有脂肪层，吸收速度较慢，注射药液后经 10～15 min 被吸收。一般易溶解、无强刺激性的药品以及菌苗等可做皮下注射。注射部位选择富有皮下组织，皮肤容易移动，且不易被摩擦和啃咬的部位。马、骡多在颈侧，牛在颈侧或肩胛后方的胸侧，犬在颈侧、背部或股内侧，猪在耳根或股内侧，羊在颈侧、肘后或股内侧，禽类在颈部皮下或翼下。左手拇指与中指捏起皮肤，食指压其顶点，使其成三角形凹窝。右手如执笔姿势持注射器，垂直于凹窝中心，迅速将针头刺入皮下深约 2 cm。右手继续固定注射器，左手放开皮肤，抽动活塞，不见回血时推动活塞注入药液。注射完毕，以酒精棉球压迫针孔，拔出注射针头，最后以碘酊涂布针孔。

(2)肌内注射　肌肉中血管丰富，注射药液后吸收较快，仅次于静脉注射。又因感觉神经较皮下少，故疼痛较轻，临床上应用较多。凡肌肉丰富的部位，均可进行肌内注射。大动物在臀部或颈部，猪、羊多在颈部。对体瘦的猪、羊，最好不在臀部注射，以免误伤坐骨神经。犬在颈侧、臀部或背部，禽类在胸肌部。对中、小动物，可不用分解动作，而进行直接刺针注射。对大动物，为防止损坏注射器或针头折断，可用分解动作进行刺针注射，即先刺入针头，而后连接注射器注射。用分解动作时，先以右手拇指与食指捏住针头基部，中指标定针的刺入深度，用腕力将针头垂直皮肤迅速刺入肌肉内，深 2～4 cm。然后右手持注射器与针头连接，回抽活塞，以抽出针头内的空气及检查有无回血。如果证明刺入正确，随即推进活塞，注入药液。注射完毕，拔出注射针，涂布 5%碘酊。

注意针头不要全长刺入肌肉内，以免折断。强烈刺激性药液，如水合氯醛、氯化钙、高渗盐水等均不能做肌内注射。注射时左手固定针头，右手固定针筒及推动活塞，并随动物的运动而运动，以免损坏注射器。

(3)静脉注射　将药液直接注射于静脉内，随着血流很快分布到全身，奏效迅速，但排泄也较快，作用时间短。对局部刺激性大的药液可采用本法。大量输液、输血、急救时，须用静脉注射。犬及猫科动物的注射部位在前臂内侧皮下静脉(也称头静脉)、后肢隐静脉或小腿跖背外侧静脉。猪、兔的注射部位在耳缘静脉、前腔静脉。羊在颈静脉，禽在肘部内侧的尺骨皮下静脉，鸵鸟在颈静脉。

犬及猫科动物前臂内侧皮下静脉(头静脉)或后肢隐静脉注射给药具体操作：先在刺针部上方扎上橡胶管，以使静脉怒张显露，于刺入后注射给药前，松开橡胶管。输液时用胶布粘贴固定针头及输液管。输液完毕，左手拿灭菌干棉球松紧适宜按压针孔，右手迅速拔出针头，最后涂布 5%碘酊。

注意严格无菌操作。确实保定，看准颈静脉后再刺入针头，避免多次扎针，引起血肿或静脉炎。反复刺针时要注意针头是否畅通，当针头被组织块或血凝块堵塞时应随时更换。针头确实刺入血管后，方能注入药液。注入大量药液时，注入速度不应太快，可通过温水的方法来加温输液管内的药液。油类制剂不能做血管内注射，要排净注射器或脉管内空气。注射强刺激性药物时，绝不能漏于血管外组织。输液过程中要随时观察动物的表情，若发现骚动、出汗、气喘、肌肉震颤等过敏现象，应及时停止给药，并采取相应措施。若输液速度突然减慢或停止，局部出现肿胀，应立即放低输液瓶，检查有无回血。

第八章
禽白血病净化示范

第一节　禽白血病概述

禽白血病(Avian Leukosis)是由禽白血病/肉瘤病毒群(Viruses of the leukosis/sarcoma group)中的病毒引起的禽类的多种肿瘤性疾病的统称,本病能引起多种具有传染性的良性和恶性肿瘤。在自然条件下以淋巴白血病(LL)最为常见,其他如成红细胞白血病、成髓细胞白血病、髓细胞瘤、纤维瘤和纤维肉瘤、肾母细胞瘤、血管瘤、骨石症等出现频率很低。自1868年Roloff首次报道了一例鸡的"淋巴肉瘤"至今,禽白血病的发生和流行逐渐呈世界性分布,大多数鸡群均有感染,不仅可以引起鸡群的淘汰,导致各种肿瘤,造成鸡群的死亡;还会导致大多数鸡群的亚临床症状,如生产性能下降,受精率、产蛋率、孵化率降低,免疫抑制等,给养禽业造成了无法估量的经济损失。由于20世纪70年代在蛋种鸡群和90年代在肉种鸡群实施消灭计划,目前商品种鸡群中外源性禽淋巴白血病病毒的流行率已不如以前高。本病在经济上的重要性主要表现为3个方面:①通常在鸡群造成1%～2%的死亡率,偶见高达20%及以上者;②引起生产性能下降,尤其是产蛋和蛋品质下降;③造成感染鸡群的免疫抑制。20世纪80年代末出现J亚群白血病后更是严重威胁肉鸡业的发展。

一、病原

(一)禽白血病病毒的分类

根据国际病毒分类委员会(ICTV)发布的第九次分类报告,禽白血病病毒(ALV)属于禽白血病/肉瘤病毒群,在分类上属于反转录病毒科(*Retroviridae*)正反转录病毒亚科(*Orthorrtrovirnae*)α反转录病毒属(*Alpharetroviruses*)。该群中的病毒有相似的物理和分子特性,并有共同的群特异性抗原。群中的成髓细胞白血病病毒(AMV)、成红细胞白血病病毒(AEV)和肉瘤病毒(RSV)等,因带有特异的病毒肿瘤基因,引起的肿瘤转化迅速,在几天至几周内即可形成肿瘤。

禽白血病病毒被分为A～K共11个亚群,亚群划分的依据是对不同遗传型CEF的宿主细胞范围(感染谱)的不同、干扰试验的特异性、交叉中和试验以及gp85囊膜蛋白的抗原差异。A～E亚群之间病毒囊膜糖蛋白基因的相似性在75%以上,但J亚群与其他亚群之间的相似性都很低，只有30%～40%。最新分离到的K亚群，其病毒囊膜蛋白基因与A～E及J亚群的相似性程度也在这个范围内。A、B、C、D、E、J亚群较为常见，可自然感染鸡只，F、G、H、I亚群存在于其他鸟类体内（如鹧鸪、鹌鹑等），自然状态下不感染鸡只。

另外，ALV与其他病毒有一个最大的不同点：ALV可以分为外源性ALV和内源性ALV，区分的标准是根据病毒的传播方式和传染性的差异。外源性ALV是以感染性病毒粒子进行传播的ALV，包括A、B、C、D、J、K 6个亚群，它们是不通过宿主细胞染色体传递给下一代的。外源性ALV的传播方式大体有两种：第一种是以完整的病毒粒子在细胞之间传播，第二种是能以完整的病毒粒子通过鸡胚垂直传播给后代，或者在个体之间通过直接或间接接触水平传播。内源性ALV包括E、G、F、H、I 5个亚群，其基因组可能是完整或者不完整的片段，通过垂直传播的前病毒DNA或病毒粒子，不产生传染性病毒。A亚群和B亚群曾被认为是鸡群中最常见的可以引起淋巴细胞性白血病（LL）的ALV病毒亚群，发达国家在20世纪60—80年代通过净化措施将经典的A、B亚群禽白血病病毒基本净化完成；而C亚群和D亚群在临床病例中则几乎很少发生；J亚群是1989年从肉用型鸡中分离到的，与肉鸡的髓细胞性白血病有关，目前最为流行且相对其他亚群来说致病性和致肿瘤性更强，ALV-J诱发鸡只临床发病病例最多，所有类型鸡只对J亚群病毒均易感；K亚群是近年来在对鸡只进行禽白血病流行病学调查时发现的，随后有研究证明K亚群病毒早已存在，只是由于其致病性和致肿瘤性缓慢，不易被发现，研究显示ALV-K在细胞中复制较慢，对SPF鸡的致病性也相对较弱。E亚群包括无所不在的内源性白血病病毒，为无致瘤性或具低致病性的内源性病毒；G亚群主要分离于黄金雉，F亚群主要分离于环颈雉，H亚群主要分离于鹧鸪，I亚群主要分离于鹌鹑，都属于内源性病毒。

（二）禽白血病病毒的结构

本群病毒在形态上是典型的C型反转录病毒，感染细胞超薄切片中的病毒粒子在电子显微镜下呈圆球形，可分为3层，其内部为直径35～45 nm的电子致密核心，由衣壳蛋白反转录酶、整合酶、病毒RNA组成；中间层为病毒的衣壳，呈20面体对称；最外层为囊膜和纤突，纤突由病毒囊膜蛋白形成，长约8 nm。通过用不同孔径的滤膜过滤，超速离心和电镜观察，整个病毒粒子直径80～145 nm，平均90 nm。

（三）禽白血病病毒的基因组结构及功能

ALV为单股正链RNA病毒，其RNA基因组的结构有3个主要编码基因组成，即衣壳蛋白基因（*gag*）、聚合酶基因（*pol*）和囊膜蛋白基因（*env*），其基因顺序从5′端到3′端为*gag-pol-env*，分别编码群特异蛋白抗原（gs）、依赖RNA的DNA聚合酶（反转录酶及p32整合酶）和囊膜糖蛋白。肉瘤病毒等急性转化病毒还含有与致瘤转化有关的序列，这些能诱发急性肿瘤的ALV的基因组往往较短，其中部分*gag*基因、*pol*基因或*env*基因被某种肿瘤基因所取代，成为复制缺陷型病毒。迄今为止，已发现多种肿瘤基因整合进ALV基因组并取代部分病毒基因序列，如肉瘤病毒的结构基因为*gag-pol-env-src*。结构基因的两侧为与病毒RNA复制和基因表达有关的长末端重复（LTR）序列。

病毒基因组的大小为7～8 kb。*gag*基因编码至少4种非糖基化蛋白质，其中包括p27（衣壳蛋白，CA），是主要的群特异性抗原，由p27基因负责编码，可以通过检测衣壳蛋白p27来判断样品是否为 ALV 阳性；p19(基质蛋白，MA)；p12(核衣壳蛋白，NC)，参与 RNA 的加工和包装；以及 p15(蛋白酶，PR)，负责蛋白前体的切割。*env* 基因编码可糖基化的囊膜蛋白，是病毒致肿瘤类型的关键基因，其中包括决定亚群特异性的 gp85(表面蛋白，SU)和跨膜蛋白 gp37(跨膜蛋白，TM)，构成病毒粒子表面的二聚体。SU 决定了 ALV 的亚群特异性，TM 将纤突与囊膜蛋白连接起来，两者共同构成了病毒糖蛋白(VGP)，VGP 具有二聚体结构。J 亚群 *env* 基因与 A～D 亚群 *env* 基因的相似性只有 40%左右，不同亚群 ALV 的 *env* 基因之间的差异，是其他亚群 ALV 的致病性和致肿瘤性弱于 ALV-J 的主要原因。*env* 基因的变异性决定了不同 ALV-J 毒株之间的毒力不同。*pol* 基因编码反转录酶(RT)，具有反转录功能和核酸酶的活性，可以以 RNA 或者 DNA 为模板合成 DNA；以及 p32(整合酶，IN)，可以保证病毒基因顺利进入宿主细胞(图 8-1)。

病毒的脂质囊膜由 *env* 基因编码的 gp85 表面蛋白(SU)和 gp37 跨膜蛋白(TM)组成，这两种囊膜蛋白质连接成一个二聚体。病毒内部组成成分包括由 *gag* 基因编码的 p19 基质蛋白(MA)、p27 衣壳蛋白(CA)、p12 核衣壳蛋白(NC)及 p15 蛋白酶(PR)。*pol* 基因编码反转录酶(RT)和 p32 整合酶(IN)。每个病毒粒子携带 2 个拷贝的病毒 RNA。

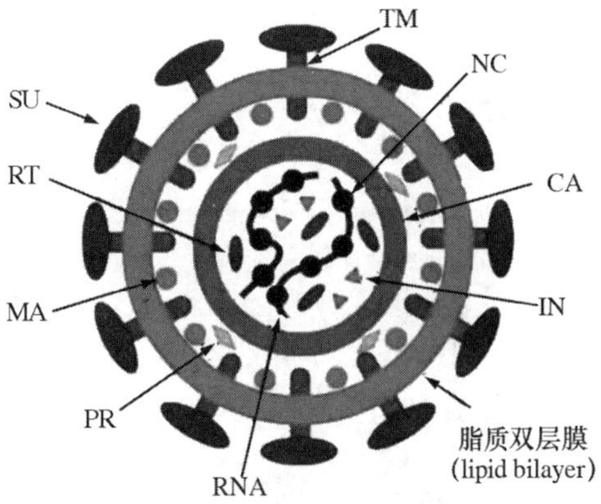

图 8-1　禽白血病病毒粒子组成和结构模式图
(引自崔治中，2015)

(四)禽白血病病毒的理化性质及抵抗力

ALV 在蔗糖中的浮密度为 1.154～1.17 g/mL。ALV 对多种化学和物理因素都很易感，因此很容易被灭活。

对脂溶性溶剂和去污剂的易感性：因为 ALV 囊膜中含有大量的脂类物质，主要含有磷脂，来源于细胞成分。以双层膜的形式存在，与细胞外膜很类似。其传染性很容易被乙醚所灭活，苯、四氯化碳、石油醚等物质可以溶解囊膜中的脂类物质使 ALV 被灭活，这些物质是脂溶性物质，可以穿过细胞膜。十二磺酸钠这类去污剂可破坏病毒粒子的结构并释放出 RNA 和衣壳蛋白。

对高温的易感性：高温也是造成 ALV 失活的因素之一，不同禽白血病病毒在 37 ℃下半衰期为 100～540 min(平均 260 min)，这与病毒所在的介质、组织的来源以及毒株自身的特点有关。升高温度能加快 ALV 的灭活，50 ℃的半衰期为 15 min，在 60 ℃时只有 0.7 min。正因为 ALV 对热比较敏感的特性，要求在保存病毒时特别注意。比如，在用 ALV 的一个毒株 AMV 做试验时，即使在－15 ℃下保存病料和病毒，其半衰期也不到 1 周。只有在－60 ℃的保存条件下，禽反转录病毒才能长期保存，在几年内其传染性也不会下降。这些特性也说明 ALV 很难在自然环境中脱离宿主长时间单独存在。反复冻融会裂解病毒并释放出群特异性抗原。

对 pH 的稳定性：在 pH 5～9 时，ALV 能保持稳定，超出这个范围将显著降低 ALV 的传染性。

对紫外线照射的易感性：RSV 和一些 ALV 野毒株对紫外线照射有一定的抵抗力。RSV 对紫外线照射的抵抗力比新城疫病毒高 10 倍。

(五)禽白血病病毒的实验室培养

1. 细胞培养

多种鸡细胞被用来培养和复制不同来源的 ALV,最常用的是鸡胚成纤维细胞(CEF)。将 RSV 或其他肉瘤病毒接种 CEF 时,会引起细胞肿瘤性转化,增生形成单个细胞病灶(图 8-2)。大部分 ALV 可以在 CEF 上复制,但通常不产生明显可见的细胞病变,所以需借助其他方法来判定,如用抗 ALV 的单抗做荧光抗体反应或者用 ELISA 检测细胞培养上清液中 p27 抗原,才能显示细胞培养中是否有 ALV 感染和复制。

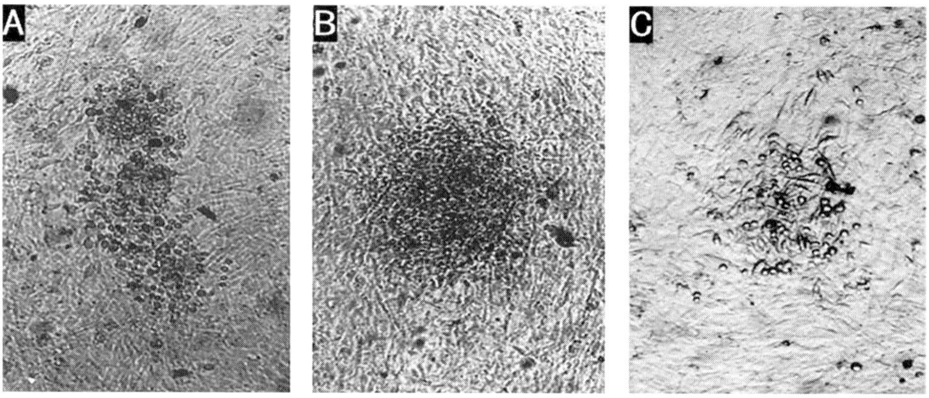

图 8-2 不同来源 RSV 在 CEF 培养形成的病灶

(转化的细胞呈圆形或多角形聚集在一起,形成可见的细胞病变)

(引自 David E,2020)

ALV 可以在多种鸟类细胞培养上复制,但是,不同亚群 ALV 对细胞的易感性,即在细胞上的复制能力与细胞来源禽的种类密切相关。来自鸡的 6 个 ALV 亚群,不仅对不同种禽类细胞易感性不同,而且对不同遗传背景鸡的细胞的易感性也有较大差异。表型为 C/O 的细胞,对鸡的所有 6 个亚群 ALV 都易感。表型为 C/E 的细胞则只对 A、B、C、D、J 5 个亚群 ALV 易感,但对 ALV-E 不易感。如实验室常用的鸡胚成纤维细胞系 DF1 细胞的表型就是 C/E,所以 ALV-E 不能在 DF1 细胞上复制。不同亚群 ALV 对不同表型 CEF 的易感性不同(表 8-1),但不同表型的 CEF 仅限于来自特定遗传背景的纯系鸡。

表 8-1 不同亚群 ALV 对不同纯系 CEF 的易感性

细胞表型	鸡或细胞系举例	接种病毒亚群					
		A	B	C	D	E	J
C/O	15B1	S	S	S	S	S	S
C/A,E	C, alv6	R	S	S	S	R	S
C/A, B, D, E	7_2	R	R	S	R	R	S
C/E	0, 15l, BrL	S	S	S	S	R	S
C/E,J	DF1/J[a]	S	S	S	S	R	R

注:S 表示易感,R 表示不易感。细胞表型标志:C 表示鸡,斜线后的字母表示对其不易感的亚群,C/O 表示对所有亚群均易感。

资料来源:David E,2020。

自1999年以来，我国已从多种不同类型的鸡群中分离到100多株ALV，其中大多数是ALV-J，但也有少量的A、B、C亚群，还有部分是地方品种鸡中新鉴定的ALV-K。这些毒株都可以在CEF上培养复制，但同样很少形成细胞病变。所以这些毒株感染细胞后，也都是利用抗ALV的单抗或单因子血清作荧光抗体反应或用ELISA检测p27抗原后才确定的。

2. 鸡胚培养

大多数ALV分离株能在鸡胚中进行复制，少数急性致肿瘤ALV可在鸡胚上形成肉眼可见病变。RSV及其他肉瘤病毒接种至11日龄易感鸡胚绒毛尿囊膜，8 d后会形成肿瘤痘斑（图8-3）。痘斑数与接种病毒的剂量有线性关系，可通过对痘斑计数来定量病毒。

此外，还可以通过静脉接种11日龄易感鸡胚来对ALV进行定量。接种5～8日龄鸡胚的卵黄囊也可产生肿瘤。

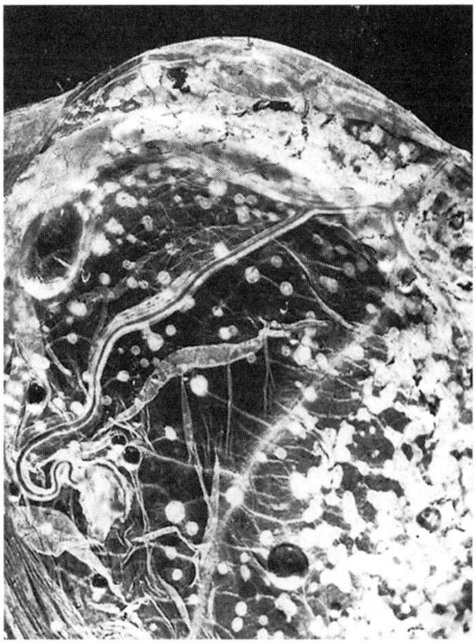

图8-3　RSV接种的鸡胚绒毛尿囊膜形成大量痘斑
（引自David E，2020）

3. 动物培养

大多数ALV分离株经易感鸡1日龄静脉、肌肉、皮下、腹腔接种后可诱发病毒血症。但随着日龄增加，接种ALV后表现病毒血症的鸡的比例逐渐减少。成年鸡接种ALV后，多数毒株不易形成可检测到的病毒粒子。采用皮下、肌肉、腹腔等途径接种RSV或其他肉瘤病毒，或与接种鸡直接接触，都能诱发肿瘤。翅蹼皮下注射或肌内注射可用来分离肉瘤病毒。翅蹼接种大剂量RSV后，3 d内就可出现可触摸到的肿瘤。

二、流行病学

（一）禽白血病病毒的宿主

鸡是本群所有病毒的自然宿主，这些病毒除了偶尔从野鸡、鹧鸪和鹌鹑等其他鸟类分离的，其余都是从鸡体内分离到的。在人工感染的条件下，有些ALV毒株呈现出较广的宿主范围，如RSV宿主范围最广，人工接种可引起鸡、野鸡、珍珠鸡、鸭、鸽、鹌鹑、火鸡和鹧鸪发生肿瘤。此外，火鸡对ALV-J较易感，用HPRS-103株ALV-J接种后可在火鸡体内诱发急性肿瘤。一些RSV毒株还能在包括猴子在内的哺乳动物诱发肿瘤。

不同品种或品系的鸡对病毒感染和肿瘤发生的抵抗力差异很大。主要引起肉鸡的肿瘤和其他病征，但有研究表明ALV-J也可引起商品白壳蛋鸡的感染并发生肿瘤。

（二）禽白血病病毒的传播途径

ALV有两种传播方式：垂直传播和水平传播。垂直传播在流行病学上十分重要，因为它使感染从一代传到下一代。大多数鸡通过与先天感染鸡的密切接触获得感染。因为病毒不耐热，在外界存活时间短，感染不易通过间接接触传播。

1. 垂直传播

外源性ALV感染的鸡群中，通常只有较低比例的鸡胚或雏鸡被垂直传播，但这种传播方式是使禽白血病在鸡群中通过感染的鸡胚从母鸡垂直传染给下一代鸡，从而发生连续传染的最重要的传播途径。垂直传播主要是由于母鸡输卵管的卵白分泌腺产生ALV粒子而导致的。并不是所有卵白中含有ALV的种蛋都会产生被感染的鸡胚或雏鸡，有研究证明，卵白中含有ALV的种蛋孵化的鸡胚中，仅1/8～1/2有病毒的感染。

先天感染与母鸡向蛋白排毒和阴道存在病毒有关，电子显微镜检测表明，在感染鸡胚的多种器官都可以发现病毒粒子，特别是在胚胎的胰腺可见大量病毒出芽和聚集。这些有高度传染性的病毒粒子可释放到刚出壳的雏鸡的排泄物中，还会在雏鸡成长过程中继续存在于粪便中，传染性很强。

公鸡在ALV传播中的作用不明确，感染的公鸡精液中可能带有病毒，作为带毒者在交配或直接接触时传播。

ALV-J在肉鸡群的水平传播效率比其他外源性ALV高得多，并能导致免疫耐受(持续的病毒血症和缺乏抗体)，接着排毒并通过种蛋产生垂直传播。

内源性ALV常通过公鸡和母鸡的生殖细胞遗传传递，多数有遗传缺陷，不产生传染性病毒粒子，少数无缺陷，在胚胎或幼雏体内也可产生传染性病毒，像外源性ALV一样进行垂直传播，但大多数鸡对其有遗传抵抗力。内源病毒无致瘤性或致瘤性很弱。

2. 水平传播

外源性ALV也可以通过直接或间接接触而发生水平传播，其中大多数都是由于与先天感染即垂直感染的鸡发生直接接触而被感染的。垂直感染的雏鸡出壳后，在孵化厅及运输箱中高度密集状态下与其他雏鸡的直接接触，可导致很高比例的雏鸡发生横向传染，甚至可在1～2 d内通过接触感染30%的雏鸡。但是，通过间接接触产生的感染通常不太容易发生流行，这是因为ALV对理化因子的抵抗力较弱，在环境中存活时间较短。

人为传播也会将ALV带进鸡群，比如接种被外源性ALV污染的弱毒疫苗，人工性别的鉴定导致泄殖腔排泄物被人为造成间接接触等，通过接种传播会让鸡群(场)内的大多数个体同时感染。

三、临床症状及病理变化

(一)禽白血病的潜伏期

禽白血病可以表现为不同细胞类型的肿瘤，随肿瘤类型不同，在不同个体发生禽白血病时，其潜伏期差异很大。即使是同一类型的肿瘤，其潜伏期的长短也会受到许多因素的影响，比如毒株的不同、宿主的差异、感染途径和剂量等因素。ALV感染诱发的急性肿瘤最快时，其潜伏期只有1～2周，而大多数感染鸡要经过几个月才发生肿瘤。

从鸡场自然发病的临床表现看，由ALV-J诱发的髓细胞瘤和血管瘤大多发生在性成熟鸡，感染鸡群在16周龄左右就能出现发病死亡，发病的高峰通常在开产前后，特别是产蛋高峰期。少数病例可持续到30～35周龄，说明自然感染ALV-J后诱发肿瘤的潜伏期很长。但是，由 ALV-J 诱发的纤维肉瘤潜伏期则较短，用这些纤维肉瘤的去细胞浸出液皮下或肌肉接种 1～3 周龄鸡，10 d 后即可出现可触及的纤维肉瘤。其他亚群相较于 J 亚群在自然感染时致肿瘤率较低，不太容易被发现和识别。

（二）临床症状

鸡感染 ALV 后，多数仅表现亚临床感染即隐性感染，而且大多数无特异性的临床症状，如食欲减退、消瘦衰弱、腹泻、脱水、水肿等。有时可出现腹部膨大，可触及肿大的肝、法氏囊或肾。鸡冠苍白、皱缩、间或发绀。在发展成红细胞增多症白血病或成髓细胞瘤白血病时，可见羽毛囊孔出血。一旦出现临床症状，通常病程很快发展，病鸡可能在几周内死亡，也有些病鸡未显任何临床表现就已死亡。

感染鸡或病鸡有特定的肿瘤发生时，会表现一些特征性的临床症状。在骨髓细胞瘤白血病时，可在头部、胸部、小腿部形成结节性突起。如果髓细胞瘤发生在眼眶，则可造成出血甚至瞎眼。此外，在皮肤上还会出现血泡样的血管瘤，当血泡破裂时就会引起出血。发生肾瘤时有可能压迫坐骨神经导致脚出现麻痹。在皮肤和肌肉中还会发生可触及的肉瘤或其他结缔组织瘤。骨硬化时，触摸腿骨可触及骨干和骨骺端部呈均匀性或不规则性肿大。

隐性感染通常会影响蛋鸡和种鸡的产蛋性能。在蛋鸡，整个产蛋饲养期内，排毒母鸡产蛋量减少 20～30 枚；还表现为性成熟推迟，第一枚蛋产出较晚，产蛋率低、蛋较小、蛋壳较薄，受精率下降 2.4％，孵化率下降 12.4％。ALV 感染对白羽肉鸡的影响与蛋鸡相同，但同时还会导致商品代肉鸡生长迟缓，尤其是 ALV-J 感染。

（三）病理变化

肝、法氏囊和脾几乎都有眼观肿瘤，肾、肺、性腺、心、骨髓和肠系膜也可受到损害。肿瘤大小不一，可为结节性、粟粒性或弥漫性。肿瘤组织的显微病变呈灶性和多中心性，即使弥漫性肿瘤也是如此。肿瘤细胞增生时把正常组织细胞挤压到一边，而不是浸润其中。肿瘤主要由成淋巴细胞组成，大小虽略有差异，但都处于相同的原始发育状态。细胞浆内含有大量 RNA，在甲基绿吡罗红染色液中呈红色。观察细胞特征以新鲜样品的湿固定触片为最好。病鸡外周血液的细胞成分缺乏特征性变化。

淋巴肉瘤白血病是依赖于法氏囊的淋巴系统恶性肿瘤，大多数肿瘤结节起源于少数法氏囊细胞的转化，具有克隆性。淋巴肉瘤质地柔软，表面光滑、光泽度良好。切开后，呈灰白色或乳白色，偶有坏死灶。肿瘤可成结节状、点状或弥散状。结节状肿瘤，既可单个发生，也可出现许多个结节，位于脏器的表面时通常呈圆球形。肝脏中常见点状圆形淋巴肉瘤，由许多直径小于 2 mm 的小结节组成，均匀地分布于整个实质器官。发生弥漫性淋巴肉瘤时，相关脏器均匀肿大，呈灰白色，质地显著变脆，肝脏有时实质纤维化，质地硬化。

髓细胞瘤白血病通常由 ALV-J 引起，可发生于 4 周龄或更大日龄的肉鸡，产生髓细胞瘤的时间比 ALV-A 产生的成淋巴群细胞瘤要早，4～20 周龄病鸡在肝、脾、肾和胸骨可见病理变化，可在头部、胸部、小腿部形成结节性突起。组织病理学变化的特征是肿瘤由含酸性颗粒的未成熟的髓细胞组成。

其他类型肿瘤并不多见，成红细胞性白血病多见于 6 周龄以上的高产鸡，临床上分为增生型和贫血型。增生型主要特征为血液中存在大量的成红细胞；贫血型表现为在血液中仅有少量未成熟的红细胞。表现为全身性贫血，皮下、肌肉和内脏有出血点。肝、脾、肾弥漫性肿大，还会出现肺水肿和心包积液。成髓细胞性白血病是在非自然条件下发生的一种传染性肿瘤疾病，其临床表现为嗜睡，消瘦，贫血，毛囊出血，较成红细胞性白血病病程要长。剖检可见骨髓坚实，呈灰色或红灰色，在肝脏偶尔也见于其他内脏发生的灰色弥散性肿瘤结节。组织学检查常见血管内外有大量成髓细胞积聚。发生血管瘤时皮肤上会出现血泡样出血点，破裂时会引发出血。皮肤和肌肉中还会发生肉瘤或结缔组织性肿瘤，用手可以触及。肾脏可发生肾母细胞瘤和腺瘤，可能压迫坐骨神经导致脚麻痹。

四、诊断

主要根据流行病学和病理学检查进行诊断，实验室诊断方法如下。

(一)病毒分离与鉴定

病毒分离鉴定和血清学检查在日常诊断中较少使用，但它们是建立无白血病种鸡群所不可缺少的。目前，国际上检测 ALV 最常用到的方法是细胞培养病毒分离，被称为 ALV 检测的“金标准”。为了分离外源性 ALV，可将可疑鸡的血液或病料组织过滤液接种鸡胚成纤维细胞或传代细胞系 DF1 细胞。病毒分离的最好材料是病鸡的血浆、血清和肿瘤，新产蛋的蛋清和病鸡的粪便中也含有病毒。因为 ALV 在感染细胞后通常不产生细胞病变，所以接种后 5～7 d 收集细胞上清，用特异性 ALV-p27 抗原的 ELISA 检测试剂盒来发现和鉴定所分离到的病毒。也可用 ALV 特异性单克隆抗体或单因子血清进行免疫荧光试验来鉴定病毒，最后可用 PCR 检测，在测序后确定亚群。另外，ALV 在细胞培养上复制较慢，在接种细胞后 5～7 d 不一定能检测出病毒。这时，可重复培养 1～2 代。如此操作，可显著提高病毒的分离检出率。

(二)酶联免疫吸附试验(ELISA)

可用商品化的 ALV-p27 抗原 ELISA 检测试剂盒来检测细胞培养上清液或其细胞裂解物，以此来确定细胞培养中是否有 ALV 感染。蛋清、胎粪、精液等也可以用此方法来检测。但是，该方法不能区别不同亚群 ALV，也不能区分外源性和内源性 ALV。因此，用这一方法来确定是否分离到外源性 ALV 时，必须用 DF1 细胞或 O 系 SPF 鸡的鸡胚成纤维细胞，而不能用其他遗传背景鸡的鸡胚成纤维细胞，否则分离到的病毒不能排除 E 亚群内源性 ALV 的可能性。表 8-1 已列出用于分离鉴定不同亚型 ALV 的不同纯系 CEF 的易感性。

(三)间接免疫荧光技术(IFA)

间接免疫荧光特异性高、灵敏度高。其基本原理是在已知的抗体(或抗原)上标记荧光色素，如果与相应的抗原(或抗体)相结合，就会产生特异性的荧光信号并可以用荧光显微镜观察。能定位分析单个细胞，还可以检测到低滴度和早期感染的细胞。ALV 进行间接免疫荧光分析主要有针对 *env* 囊膜和 p27 两种蛋白。针对 p27 蛋白的单抗可以检测到所有 ALV，而针对 *env* 囊膜蛋白的单抗可以检测特定的亚群。

(四)核酸检测技术

对病毒进行核酸检测也是实验室较常用的 ALV 检测方法之一，可以直接检测 ALV 病毒粒子中的基因组 RNA 或整合进感染细胞基因组中的前病毒 cDNA。PCR 法可用于包括 ALV-J 在内的不同亚群的 ALV 基因的检测，模板 RNA 可从感染鸡样品接种的 CEF 和感染鸡的血液、鸡冠、趾端制备。可设计不同的引物，检查不同亚群的 ALV。通常用囊膜蛋白基因 *env* 序列比较来确定野毒株亚群。也可以建立 RT-PCR 和核酸探针分子杂交技术检测外源性 ALV 特异性核酸。此外，在用 ALV 单因子血清确认有外源性 ALV 存在时，还必须利用核酸技术来进一步确定其亚群。目前，还发展出以 RT-PCR 为基础，用不同方法检测外源性 ALV 的报道，如荧光定量 RT-PCR、LOOP-PCR 等。

(五)病理组织学检测

ALV 可以引起各种肉眼可见的剖检病变和制备组织切片在显微镜下的病理组织学病变。典型的 B 淋巴细胞瘤中淋巴细胞往往大小形态比较均匀一致。许多 ALV-J 引起的肿瘤组织中存在有大量淋巴细胞性肿瘤细胞。如果在疑似肿瘤的病鸡病理切片中发现大量的淋巴细胞，要注意观察是否有其他可产生肿瘤样病变但不是肿瘤病毒的其他病毒引起的病变。骨髓细胞样肿瘤细胞最容易鉴别，其细胞核形态不一，相对于细胞质所占比例较小，而且细胞质中有特征性的嗜酸性或嗜碱性颗粒。

(六)其他方法

为了直接显示肿瘤细胞中的 ALV，还可利用上述 ALV 特异单抗对肿瘤组织的切片做免疫组织化学反应。免疫组化法常用于受害组织和感染细胞中 ALV 的检测，可以在显微镜下，在看到肿瘤细胞基本形态的同时，直接看到在细胞质里的 ALV 抗原(图 8-4)。流式细胞仪也可用于感染细胞的 ALV 检测。

ALV 不同亚群的鉴定可通过抗力诱导因子试验、补体结合试验、非产毒细胞激活试验、表型混合试验等来测定。

禽白血病诊断操作参考附录 1。

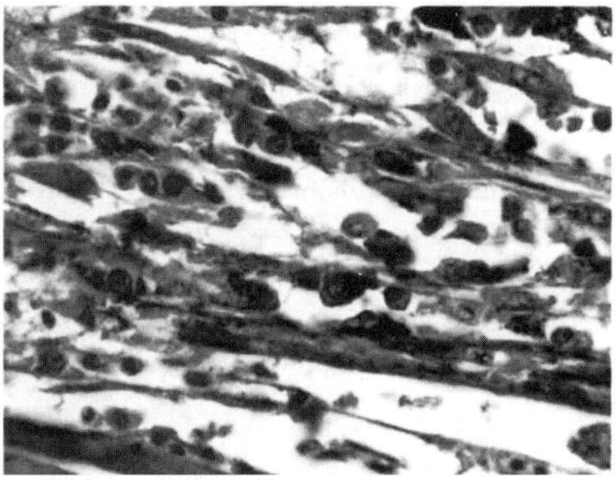

图 8-4 ALV 单抗 JE9 对急性肉瘤组织切片进行免疫组化反应

(引自 David E，2020)

五、防制

目前，ALV 给我国养禽业带来了严重的经济损失，养禽业的持续发展受到严重影响，因此对 ALV 的防控具有重要的实际意义和经济价值。我国对于禽白血病的综合防控体系尚未完善，但随着国家相关政策的落实与完善，以及人们对于该病重视程度的逐渐提高，相信在国家和科学研究者的努力下，在不久的将来 ALV 对于我国养殖业的危害一定会得到根除。

由于本病可以垂直传播，也可以水平传播，且垂直传播占主要地位，先天感染的免疫耐受的鸡是最重要的传染源。先天感染的鸡由于处于免疫耐受的状态，对疫苗免疫失去免疫应答能力，即便有合适的疫苗，免疫效果也不会理想，所以疫苗免疫对防制禽白血病的意义不大，目前也没有可用的疫苗。

在鸡群的饲养过程中严格做好环境安全工作，规范饲养和管理的条件，对于禽白血病的预防也有一定的作用。最重要的是，鸡场需要保持完善的卫生、隔离及生物安全的制度，严格采取“全进全出”的饲养原则。对于出入鸡场的车辆及人员进行严格消毒，防止人为的ALV的水平传播。保证鸡群充足的饲养空间及舒适的生长环境，确保鸡场的干净整洁，以便提高鸡群自身的抵抗力。此外，还需要完善鸡群的免疫程序，定期检测鸡群的健康状况，及时对鸡粪及死鸡进行无害化的处理，切断可能的一切传染源。

对ALV的防控最直接有效的措施就是种群净化。从种鸡群中消灭ALV的步骤包括：从蛋清和阴道拭子试验呈阴性的母鸡选择受精蛋进行孵化；在隔离条件下小批量出雏，避免人工性别鉴定，接种疫苗每雏换针头；测定雏鸡血液是否ALV阳性，淘汰阳性雏鸡和与之接触者；在隔离条件下饲养无ALV的各组鸡，连续进行4代，建立无ALV替代群。上述方法由于费时长、成本高、技术复杂，一般鸡场还不能实现，目前通常的做法是通过检测和淘汰带毒母鸡以减少感染，在多数情况下均能奏效。因为刚出雏的小鸡对接触感染最敏感，每批之间孵化器、出雏器、育雏室的彻底清扫消毒，均有助于减少来自先天感染种蛋的传播。

从长远来看，抗病遗传也是控制本病的一个重要方面。编码对外源性ALV感染细胞的抵抗力和敏感性的等位基因频率，在商品鸡的品系中有很大差异，有些品系抵抗力等位基因频率先天就很高，通过人工选育可提高抵抗力等位基因的频率。对禽白血病具有高度抵抗力的商品种鸡的培育，一直是遗传学家为控制本病而追求的目标。遗传抵抗力的选择主要是针对占优势的A亚群，有时也有针对B亚群。除采用常规育种技术外，近年来，在抵抗白血病新品种的培育过程中还导入了转基因技术。如1988年美国科学家将ALV-A的囊膜基因成功地插入鸡的种系，得到转基因鸡，其体外培养的细胞和个体本身，都能有效地抵抗ALV-A的感染。该成果不仅在抗禽白血病育种方面开辟了一条新路，而且对其他病毒性疾病的抗病育种也有指导意义，为抗病育种打下了基础。

第二节　禽白血病的净化

动物疫病净化(animal disease eradication)是指在一个养殖场或指定区域内，通过持续检测和监测发现患病动物或带毒动物，并通过淘汰带毒动物以实现根除某种动物疫病的过程。禽白血病被列入我国《国家中长期动物疫病防治规划(2012—2020年)》《全国肉鸡遗传改良计划(2021—2035年)》和《全国蛋鸡遗传改良计划(2021—2035年)》，是国家动物疫病净化工程中的优先防控对象和疾病净化目标。

不同类型、不同品系原种鸡场外源性ALV的净化，是预防禽白血病最基本、最重要的一个环节。经过多年的努力，目前国际上保留下来的不同品系的白羽肉用型种鸡公司或蛋用型种鸡群都已基本净化了各种亚群的外源性白血病。

在我国，各地饲养着不同品种的地方品种鸡、黄羽肉用型鸡以及蛋用型鸡。由于历史原因，我国自繁自养的这些鸡群大多都不同程度感染了经典的ALV-A和ALV-B，甚至还有一些尚未鉴定的亚群，而且未做过任何净化工作。ALV-J感染先在培育型黄羽肉鸡中流行，而且日趋严重，造成明显的经济损失。ALV-J进入我国各地纯地方品种鸡的时间不长，但发展趋势很快，有些纯地方品种鸡群ALV-J感染率已相当高，并且表现出典型的髓细胞瘤和其他禽白血病的病理变化。所以，必须在地方品种鸡群，特别是国家为保种用的地方品种鸡基因库中启动 ALV 净化程序。我国地方品种鸡种类繁多、分布广，如果这些鸡群不进行对 ALV 的净化，那它们对其他已实现净化的规模化养殖场来说，又是一个长期存在的威胁。因此，从政府层面和全国行业管理来说，必须对全国范围内各类鸡群的 ALV 净化提出相应的条例规定，逐渐推行和实施。

一、祖代或父母代种鸡场禽白血病防控

我国大多数祖代和父母代种鸡场以及大型商品代蛋鸡场需要做到选择净化的种源和监控并维持引进种鸡群的净化状态。

（一）选择净化的种源引进鸡苗

在现代规模化养鸡生产中，各代次的鸡群饲养量大，很难做到自我净化。为了预防禽白血病，必须从无外源性 ALV 感染的育种公司选择和引进雏鸡。比如，祖代鸡苗是从无外源性 ALV 育种公司引入的，那么只要在疫苗使用及鸡舍生物安全控制上采取严格有效的措施，就能保证祖代鸡本身不会有外源性 ALV 的感染，也就能生产无外源性 ALV 感染的父母代鸡苗。

如何选择种源，可以通过鸡群的血清抗体检测以及 p27 抗原检测报告做出判断，血清样本以及抗原检测样本必须达到一定数量，p27 抗原检测样本通常可以使用蛋清、泄殖腔棉拭子以及胎粪，不管是血清抗体还是 p27 抗原，必须均为阴性。

（二）定期检测和监控引种群的感染状态

虽然在引种前对上游种鸡场进行了检测，但是不能保证鸡群在饲养过程中永远没有问题。上游种鸡群的检测只是抽检，始终存在漏检的可能。此外，在饲养过程中由于鸡场本身的原因，鸡群也会被感染，比如使用了被外源性 ALV 污染的疫苗，或同场引进了不同来源的鸡等。所以，必须对引进的种群在饲养过程中进行定期检测，随时了解鸡群对 ALV 的感染状态，保证其下一代洁净度。另一方面，在检测过程一旦发现 ALV 感染阳性，可及时采取措施，甚至淘汰该群鸡或将其转为商品代蛋鸡，以减少损失。

种鸡群是否有外源性 ALV 感染的检测和监控，也是通过检测抗体以及 p27 抗原来判断。通常在种鸡群开产后，在将要进行种蛋孵化时，采集 200 份左右血清样品，通过 ELISA 试剂盒分别检测对 ALV-A/B 及 ALV-J 的抗体。同时，采集种蛋，用商品化的 p27 抗原检测试剂盒检测蛋清中的 p27 抗原。此后，还要定期抽检（1%左右）血清样品对 ALV-A/B 或 ALV-J 抗体及种蛋蛋清 p27 抗原。目前，农业农村部规定的标准是每个检测项目指标的阳性率应低于 1%。如果血清抗体阳性率或蛋清 p27 抗原阳性率超过 1%，应进行进一步病毒分离后，再做出相应对策。

二、原种鸡群外源性禽白血病净化

原种鸡群：进行选育种的原始禽群。

不同类型、不同品系原种鸡场核心群的外源性 ALV 的净化，是预防鸡白血病的最基本、最重要的一个环节。原种鸡场禽白血病净化可参考附录 2。

对于不同原种鸡场核心群的禽白血病净化来说，在制定净化方案的过程中有两个因素必

须考虑，即①最可能检出和淘汰外源性 ALV 带毒鸡，对每个世代的净化程度越高，实现完全净化的周期也越短；②选择合适的检测方法，不同的方法检测出的带毒鸡不会完全一致，可以通过增加检测的次数、同时采用不同的检测方法提高检出率。

崔治中教授结合跨国养鸡育种公司在净化 ALV 方面的经验和教训的基础上，利用现代更先进的技术，提出了适合我国养鸡场实际情况的净化方案，用于指导一些大型育种公司核心群的净化。目前，已有 3 个分别属于蛋用型和黄羽肉鸡的育种公司 10 多个品系的核心群基本实现了净化，还有几个原来对 ALV-A/B 和 ALV-J 感染都很严重的鸡群仅经过 1～2 个世代的净化，就已显著降低了感染率。崔治中教授在指导不同类型的自繁自养育种公司核心种鸡群净化中，逐渐形成并不断改进了操作程序。为了最大限度地提高从每一世代鸡群中对感染鸡的淘汰率，同时考虑到检测的成本和效率，建议根据鸡性器官发育成熟过程，对每一世代的种鸡分四个阶段进行逐一检测并淘汰阳性鸡。对一个刚刚开始净化的种鸡群，可以从任何一个阶段开始。下面将具体地介绍和叙述鸡群白血病净化规程和操作方案、检测与净化流程。

(1)3～25 周龄留种鸡开产初期检测和淘汰初产期属于鸡群禽白血病病毒排毒高峰期，因此取初生 3 枚蛋对蛋用 ALV-p27 抗原 ELISA 检测试剂盒进行 p27 抗原检测，淘汰阳性鸡。公鸡可采集精液检测 p27 抗原，淘汰阳性鸡。如果有些遗传背景的鸡品种的精液中 p27 假阳性率太高，则应对精液进行病毒分离，以病毒分离的结果为准。对每只后备种鸡分别采集血浆接种 DF1 细胞分离病毒，培养 9 d 后用 ALV-p27 抗原 ELISA 检测试剂盒逐孔检测 p27 抗原或用 IFA 逐孔检测感染细胞，淘汰阳性种鸡。如果后备种鸡是小群饲养，同一小群中只要有 1 只为阳性，就淘汰该小群所有鸡。

(2)40～45 周龄留种前检测和淘汰，取 2～3 枚蛋对蛋清进行 p27 抗原检测，淘汰阳性鸡。公鸡可采集精液检测 p27 抗原，淘汰阳性鸡。如果有些遗传背景的鸡品种的精液中 p27 假阳性率太高，则应对精液进行病毒分离，以病毒分离的结果为准。其余鸡随即采集血浆接种 DF1 细胞分离病毒，培养 9 d 后用 ALV-p27 抗原 ELISA 检测试剂盒逐孔检测 p27 抗原或用 IFA 逐孔检测感染细胞，淘汰阳性种鸡。

在感染严重的核心种鸡群，经这一轮检测淘汰后，剩余的种鸡很可能在数量上不能满足个体遗传多样性的育种原则，但也要从严淘汰。作为替代方案，对于该核心鸡群中被淘汰的鸡，不一定是真正不作种用。对于其中生物学性状确实优秀的个体，仍然可以保留，但必须与所有阴性鸡隔离饲养。从这些检测阳性的种鸡采集的种蛋再单独孵化，相应雏鸡按同样的净化程序单独隔离饲养，从由此长成的下一代育成鸡中仍可筛选出阴性鸡，然后再并入前一世代筛选出的同一品系阴性鸡群。在严重感染的核心群第一轮净化过程中，有可能遇到这种情况。

(3)种蛋的选留和孵化在经留种前检测后，淘汰阳性鸡。选留的每只母鸡，应只用选留的公鸡群中的一只公鸡的精液授精，不要将不同公鸡的精液混合授精。按规定时间留足种蛋，每只母鸡产的所有种蛋均标上同一母鸡号。在置入孵化箱时，同一母鸡的种蛋要放置在一起。在孵化 18 d 后出壳前，将每只母鸡所产种蛋置于同一标号的专用纸袋中，再转到出雏箱中出雏。这些雏鸡作为净化后的第一世代。

(4)第一代出壳雏鸡胎粪检测和淘汰。在出壳前，将每只种鸡的种蛋置于同一出壳纸袋中，用棉拭子逐只采集 1 日龄雏鸡胎粪，置于小试管中。在对一只母鸡的雏鸡采集完胎粪后，必须更换手套，或彻底洗手消毒。用 ALV-p27 抗原 ELISA 检测试剂盒检测胎粪 p27 抗原。要注意，同一只母鸡所产雏鸡中，有一只阳性即要淘汰同纸袋中的所有其他雏鸡，同时淘汰相应种鸡。

对选留的雏鸡，以母鸡为单位，同一母鸡的雏鸡放于一个笼中隔离饲养。每个笼间不可直接接触，包括避免直接气流的对流。饲养期间要采取避免横向传播的各种措施。

对选留鸡选用的所有弱毒疫苗，必须经严格检测，绝对保证没有外源性 ALV 污染。

(5)6 周龄育雏后期采集血浆分离、病毒血症检测和淘汰。育雏期结束，采鸡血浆，接种 DF1 细胞分离病毒，培养 9 d 后用 ALV-p27 抗原 ELISA 检测试剂盒逐孔检测 p27 抗原或用 IFA 逐孔检测感染细胞，淘汰阳性后备鸡。

对选留的后备种鸡，仍应维持小群隔离饲养。例如，每群 50 只左右，也尽量使同一母鸡的后代置于一个小群中。

(6)净化后第一世代留种鸡开产初期(23～25 周龄)检测和淘汰，操作同第 1 步。

(7)净化第一世代留种前(40～45 周龄)检测和淘汰，操作同第 2 步。

(8)第二世代鸡的检测和淘汰，对经上述第 1～7 步检测淘汰后种鸡的出壳雏鸡，作为净化后第二世代鸡。继续按第 4～7 步的程序，实施第二世代的检测和净化。第三世代以后，视净化的进展程度可按此程序继续循环进行，但应视净化的进展程度逐级调整。

(9)检测阳性阈值的调整。在全群不再检测出阳性或阳性率很低时，可酌情调整降低在检测不同样品中 p27 抗原的 ELISA 反应中判定阳性的 S/P 阈值，即要开始从严淘汰。

(10)净化程序启动阶段的选择，以上程序只代表一个世代的全部过程，并不代表必须按此先后次序实施。由于这是一个循环过程，各鸡场可以根据净化计划开始实施时期的不同，从第 1～5 步不同的阶段开始。但考虑到检测的工作量和效率，对于一个从未净化过的鸡群，特别是感染较严重的鸡群，建议从第 1 步开始。

(11)净化状态的维持。实施上述完整的对核心群鸡逐一检测和淘汰的程序，工作量很大、成本也很高。根据国外成功的经验，当一个核心群连续三个世代都检测不出 ALV 感染鸡后，可转入维持期。在进入维持期后，就不需再对每只后备种鸡按上述做所有检测步骤，可改为对一定比例(如 5%左右)鸡的定期抽检，而且也不一定要用细胞培养分离病毒，仅仅采用操作上比较简单的检测胎粪和蛋清的 p27 抗原即可。当然，在这方面还没有直接经验，有待于今后逐渐摸索和成熟。

第九章
鸡白痢净化示范

第一节　鸡白痢概述

鸡白痢(Pullorum Disease,PD)曾经被称为杆菌性白痢(Bacillary white diarrhea),主要是由鸡白痢沙门菌(*S. pullorum*)引起的鸡和火鸡的败血病,其他禽类如鹌鹑、雉、鸭、孔雀、珍珠鸡也易感。本病可以通过种蛋垂直传播。肠道沙门菌肠道亚种伤寒—白痢血清型具有高度宿主适应特性,除鸡和火鸡外,很少引起其他宿主明显的临床症状、发病与死亡。

很多国家在近年来开始实行集约化养殖,需要进行集约化育种,禽舍环境污染难以控制,所以本病造成巨大的经济损失。很多发达国家和地区,比如美国、加拿大、澳大利亚、日本以及一些欧洲国家,已经实施并完成了鸡白痢的净化工作,美国在 20 世纪中期通过全国家禽改良计划(NPIP),对商品鸡群中鸡白痢进行了净化。但是,目前我国鸡白痢仍然处于流行和蔓延的状态,造成较为严重的经济损失。鸡白痢沙门菌是当前危害我国养禽业的重要病原菌,2012 年,国务院办公厅印发的《国家中长期动物疫病防治规划(2012—2020 年)》明确要求实施鸡白痢净化工程,在种禽场实现淘汰鸡白痢阳性鸡达到净化鸡群的目的。因此,有必要系统学习掌握鸡白痢,对种鸡场实施净化防控措施。

一、病原

(一)沙门菌的分类

鸡白痢的病原是沙门菌(*Salmonella*),美国兽医师丹尼尔·E·沙门(Daniel E Salmon)于 1885 年首次分离到猪霍乱沙门菌,为了纪念他而将其命名为沙门菌。沙门菌属是肠杆菌科中的一个重要成员,是一大属血清学相关的革兰氏阴性杆菌,不产生芽孢,也没有荚膜。大小为(0.7～1.5) μm×(2.0～5.0) μm。

本属细菌包括 2 500 多种不同的血清型。最新的细菌分类方法,将所有的禽类沙门菌归为一个单独的基因型——沙门菌型,但是,不同血清型的沙门菌在流行病学上仍然存在较大的差异。根据病原特点,可以把引起家禽沙门菌感染分为 3 种不同类型,一种是禽伤寒,是由鸡伤寒沙门菌(*S. gallinarum*)引起的疾病;第二种是鸡白痢,是由鸡白痢沙门菌引起的疾病;第三种是禽副伤寒,是由其他多种具有运动性的沙门菌血清型引起的感染,这些细菌被总体称为副伤寒沙门菌，如肠炎沙门菌（*S. enteritidis*）等。鸡白痢沙门菌和鸡伤寒沙门菌对家禽具有高度的宿主特异性。

（二）鸡白痢沙门菌的形态及染色特性

鸡白痢沙门菌是革兰氏染色阴性，两端稍圆的细长、中等大小杆状菌，不能形成芽孢，也没有荚膜，需氧及兼性厌氧，多单个存在，偶见两个或多个连在一起。鸡白痢沙门菌无运动性，但是在特殊的固体培养基上，可产生鞭毛，表现运动性。鸡伤寒沙门菌也无鞭毛，除此之外，其他沙门菌均以周生鞭毛表现运动性，且绝大多数具有Ⅰ型菌毛。

（三）鸡白痢沙门菌的营养需求

鸡白痢沙门菌培养特性与埃希菌属相似，培养适宜温度为37 ℃，需氧或兼性厌氧，pH 7.4～7.6。可在普通培养基上生长，在牛肉琼脂或肉汤或其他营养培养基上生长良好。鸡白痢沙门菌可在选择性富营养培养基（如四磺酸钠肉汤）上生长，也可以在鉴别培养基（如麦康凯琼脂、亮绿琼脂）上生长。鸡白痢沙门菌不能氧化利用多种氨基酸，所以其生长速度稍慢。培养基中加入硫代硫酸钠、胱氨酸、血清、葡萄糖、脑心浸液和甘油等有助于本菌生长。沙门菌在培养基上常有S-R变异。

（四）鸡白痢沙门菌的菌落形态

本菌在肉浸液琼脂培养基（pH 7.0～7.2）上生长良好，形成光滑、蓝灰色或灰白色、有光泽的小菌落。在肠道杆菌鉴别培养基或选择性培养基上，因其不能发酵乳糖而形成无色菌落。在SS培养基上生长出的菌落为2～3 mm大小、灰白色、光滑、透明、表面湿润、露珠样。在肝浸液琼脂上，鸡白痢沙门菌生长旺盛，呈明显的半透明状。随着菌落的增大和培养时间的延长，菌落表面可出现纹状。明胶斜面穿刺中，本菌沿穿刺线生长，呈灰白色丝状，且不液化明胶。在肉汤中生长表现浑浊，并有大量絮状沉淀。

（五）鸡白痢沙门菌的生化特性

鸡白痢沙门菌可发酵葡萄糖、甘露醇和山梨醇，产酸，不产气。发酵半乳糖、*L*-阿拉伯糖、*D*-甘露糖、*L*-鼠李糖、海藻糖和*D*-木糖，产酸，产气。偶尔发酵麦芽糖，多数鸡白痢沙门菌菌株不发酵麦芽糖。不分解乳糖、蔗糖和侧金盏花醇，不凝固牛乳，不产生靛基质，不产生乙酰甲基甲醇，不分解尿素（pH 7.2）。鸡白痢沙门菌不能在西蒙氏柠檬酸盐琼脂上生长而产生硫化氢。

（六）鸡白痢沙门菌对理化因素的抵抗力

沙门菌可存活于人类、温血和冷血动物体内以及食品和外界环境中，一般来说，本菌对干燥、腐败、日光等理化因素具有一定的抵抗力，与其他伤寒沙门菌、副伤寒沙门菌的抵抗力大致相同，在外界条件下可以生存数周或数月，在适宜的环境条件下可存活数年。但是，鸡白痢沙门菌对温度、化学消毒剂的抵抗力不强，一般常用消毒剂和消毒方法均能达到消毒目的，比副伤寒沙门菌要差。本菌经60 ℃ 10 min便可被杀灭，或者直接暴露在阳光下数分钟也可杀死，或用1∶1 000的石炭酸、1∶20 000的升汞、1%的高锰酸钾都可在3 min将其杀死，2%的福尔马林 1 min 便可杀死。对低温耐受，肝脏中的细菌在 −20 ℃的条件下可存活 148 d 以上。通常情况下，本菌对多种抗生素药物敏感。但由于长期滥用抗生素，耐药现象普遍。

(七)鸡白痢沙门菌的抗原结构

沙门菌具有 O(菌体)、H(鞭毛)、K(荚膜，也称为 Vi 抗原)和菌毛 4 种抗原，其中 O 抗原和 H 抗原是主要抗原，O 抗原是每种菌株必有的成分。本属细菌根据不同的 O 抗原、Vi 抗原和 H 抗原可以分为不同的血清型。迄今为止，沙门菌属共有 51 个 O 群，58 种 O 抗原，63 种 H 抗原，可以组成 2 500 种以上的血清型，除了不到 10 个罕见的血清型属于邦戈尔沙门菌外，其余血清型都属于肠道沙门菌。

鸡白痢沙门菌含有 O 抗原 1、9 和 12。根据血清学试验，研究者又发现鸡白痢沙门菌有 O 抗原 12 的变异，研究者在采用标准凝集试验检测被一个新菌株感染的子代鸡群时，结果显示抗体为阴性，感染雏鸡的血清可以凝集同源菌株抗原，但不能凝集标准抗原，说明鸡白痢沙门菌存在有抗原变异。研究表明，鸡白痢沙门菌 O 抗原 12 的变异包括 12_1、12_2 和 12_3。不同菌株的 12_2 和 12_3 抗原量不同，标准菌株中只含有少量的 12_2，含有大量 12_3，而在变异菌株中，两种抗原的含量刚好相反，含有大量的 12_2，只含有少量的 12_3。

鸡白痢沙门菌的噬菌体可用于该菌的型别鉴定、流行病学调查和遗传学研究。

(八)鸡白痢沙门菌的毒力因子及致病机理

沙门菌的毒力因子有很多种，其中起主要作用的有脂多糖(LPS)、肠毒素、细胞毒素及毒力基因等。

鸡白痢沙门菌属于革兰氏阴性菌，可以产生内毒素。内毒素的主要成分是脂多糖(LPS)，是沙门菌细胞壁的基本成分，它是本菌的一个重要的毒力因子，其重要作用为：防止宿主吞噬细胞的吞噬和杀伤作用，可能引起宿主发热、黏膜出血、白细胞减少、弥散性血管内凝血、循环衰竭、中毒临床症状以及休克死亡等症状。

某些血清型的沙门菌可以产生肠毒素(S-LT1)，它在结构、功能和抗原性上与霍乱毒素和产肠毒素大肠杆菌产生的不耐热肠毒素 LT1 相似，与 GM1 神经节苷脂结合，可提高细胞内 cAMP 和前列腺素 E2 水平，刺激小肠上皮细胞分泌 HCO_3^- 和 Cl^-，抑制 Na^+ 吸收，造成腹泻。该毒素有 A 和 B 两种亚单位，分子质量分别为 25 000 u 和 12 000 u。

此外，沙门菌可产生 3 种细胞毒素可造成肠上皮细胞的损伤。

侵袭力与毒力基因：有毒力的沙门菌菌株可以侵入小肠黏膜的上皮细胞，并穿越该细胞层到达下层组织。细菌虽然可在此部位被吞噬细胞吞噬，但不被杀灭并可在吞噬细胞内继续生长繁殖。这种抗吞噬作用除了与 O 抗原以及 Vi 抗原有关外，还认为本菌具有质粒和染色体的毒力基因，它们编码的产物有助于沙门菌在宿主体内定居和(或)造成机体损伤。自 1982 年起，已先后在鼠伤寒、伤寒、猪霍乱、都柏林、肠炎、羊流产、鸡伤寒、鸡白痢等沙门菌中鉴定出不同分子质量的毒性质粒，含毒性质粒的血清型菌株对小鼠的毒力要比其相应的无质粒菌株强数百至数万倍不等。沙门菌染色体基因对加强与质粒相关的毒力表达是必需的，在染色体上至少有 9 个侵袭位点(inv)和其他许多基因均与本菌的侵袭力有关。85 kb 的质粒对鸡白痢沙门菌和鸡伤寒沙门菌的毒力都有作用。在不同血清型沙门菌的毒性质粒(*spv*)中存在一个含毒力基因的区域，该毒力区域内的基因功能包括抵抗血清补体介导的杀菌作用、免疫抑制、细胞内生存和生长以及刺激脾脏肿大。此外，染色体上还存在与本菌毒力有关的基因，如CT样肠毒素的染色体基因、细胞毒素基因、*LPS* 基因、鞭毛基因以及转铁蛋白基因和热休克蛋白(*HSPs*)基因等。沙门菌的某些基因与其有效吸附和入侵培养的上皮细胞有关。当这些基因中的某个基因，如 *inv*H 基因发生突变时，便失去了对培养细胞的吸附和侵入特性。鸡白痢沙门菌的分离株都具有沙门菌的侵袭基因 *spv*B 和 *inv*A，但他们对鸡上皮细胞的侵袭能力有明显的不同。

另外，沙门菌的毒力因子还包括毒力岛。在非特异性巨噬细胞侵入的过程中，毒力岛 1 编码基因的作用仍不清楚，但毒力岛 2 对沙门菌的毒力、存活和细胞内繁殖起着重要作用。目前已至少发现 17 个毒力岛，但未完全得到鉴定。

新近的研究表明，沙门菌Ⅲ型分泌系统(TTSS)在该菌与宿主细胞相互作用中也起着关键作用。

鸡白痢沙门菌与大多数病原微生物相似，在人工培养基上会丧失毒力，所以，在测定致病力之前，培养物要不断地在其自然宿主——鸡体内传代。冻干或冻存是保持培养物致病力的最好方法。

二、流行病学

(一)鸡白痢沙门菌的宿主

沙门菌属的细菌依据其对宿主的感染范围，可分为宿主适应性血清型和非宿主适应性血清型两大类。前者只对其适应的宿主有致病性，鸡白痢沙门菌具有高度的宿主适应性。鸡是鸡白痢沙门菌的自然宿主，在自然条件下也发现有火鸡、珍珠鸡、鹌鹑、雉、麻雀、鹦鹉等暴发鸡白痢的相关报道。此外，也有金丝雀、红腹灰雀等感染暴发鸡白痢的记录。鸭对鸡白痢沙门菌有抵抗力。

不同品种的鸡对鸡白痢沙门菌均易感，但其易感性存在明显差异。

本菌对人和许多种哺乳动物有致病性，可导致伤寒、肠热病、胃肠炎和败血症 4 种病型。在实验条件下鸡白痢沙门菌可感染猩猩、猪、家兔、豚鼠、猫、犬、狐狸、水貂、野鼠等。也有鸡白痢沙门菌引起人沙门菌病的报道，人类感染鸡白痢沙门菌通常是因为摄入大量污染的食物。临床表现轻微，通常表现为突发急性胃肠炎，未经治疗而快速康复。其宿主适应性主要与巨噬细胞-单核细胞系内的表达明显相关。

本病各种年龄的动物均可感染，但幼年者较成年者更易感。3 周龄以内的雏鸡最易感。鸡白痢的死亡病例通常发生于 2～3 周龄的雏鸡。偶尔也有成年鸡急性感染的报道，尤其是产褐壳蛋的鸡。同样，半成年和成年火鸡也会感染鸡白痢而死亡。感染存活的鸡和火鸡，有相当一部分可成为带菌者。

(二)鸡白痢沙门菌的传播方式

与其他细菌性疾病类似，鸡白痢可以通过以下几种途径进行传播。

(1)水平传播　被感染的禽类(患病动物和带菌动物)是本病的主要传染源，是导致本病蔓延与传播的最重要的途径。病原可以随粪便、尿排出，污染环境、笼具、垫料、水源和饲料等，经消化道感染健康家禽。鸡白痢沙门菌还可以通过蛋壳进入蛋内或通过污染饲料传播，鸡感染鸡白痢沙门菌时，其产蛋带菌率高达33%。此外，在禽群中，可通过啄肛、啄食带菌蛋及皮肤伤口而发生传播。患病动物与健康动物交配或用患病动物的精液人工授精也可发生感染。工作人员、运输用具等也可人为携带病原进行传染。野鸟、鼠类和蝇虫可成为本菌的重要机械传播者。饲养环境污染可通过福尔马林熏蒸起到一定的预防作用。

(2)垂直传播　感染的家禽不仅能将疾病通过水平传播传给同世代的家禽，而且还可以通过垂直传播传给下一代，如经蛋传播或子宫内感染。经蛋传播也可能是产蛋时被污染造成的，但是在排卵之前母鸡已经被感染，卵泡已经存在鸡白痢沙门菌，是本病垂直传播的主要方式。鸡白痢沙门菌很容易造成持续感染，并经卵传播，垂直传播受卵黄抗体水平的影响。鸡白痢沙门菌的母源抗体对防止感染胚胎死亡起着重要的作用，而使得细菌能够成功地经卵传播。

(3)持续感染　健康动物的带菌现象十分普遍，带菌状态下鸡白痢沙门菌可潜藏在消化道、淋巴组织和胆囊等，在脾巨噬细胞中持续存在，携菌量虽然会逐步减少，可是不会被清除。当外界不良因素使动物抵抗力降低时，病菌可活化而发生内源感染，连续通过若干易感动物，毒力增强而扩大传染。

(三)鸡白痢的流行特点

鸡白痢无季节性，一年四季均可发生。家禽发病多见于育雏季节，一般呈现散发性或地方流行性。除了病原本身的因素以及家禽抵抗力之外，某些环境因素也可能促进本病的发生，如环境卫生差、污秽、潮湿，饲养密度过高、拥挤，粪便堆积，通风不良，饲料和饮水供应不足、营养不良，温度不适，长途运输，同时存在寄生虫和病毒感染，新引进动物未实行隔离检疫等。

三、临床症状和病理变化

(一)临床症状

鸡白痢是雏鸡和雏火鸡的一种主要疾病，以2～3周龄雏鸡的发病率和病死率最高，呈流行性。近年来，育成鸡的发病也日趋普遍，而成年鸡往往呈慢性、隐性经过或亚临床感染。

本病在雏鸡和成年鸡中所表现的病状和经过有显著的差异。

雏鸡和雏火鸡的临床症状较为相似：潜伏期一般为4～5 d。产蛋母鸡感染后，对其所产蛋孵化时，可在孵出后不久发现濒死或已经死亡的雏鸡。出壳后感染的雏鸡，一般在孵出后5～10 d才可见到鸡白痢的症状，再过7～10 d才有明显表征，雏鸡群内病雏也逐渐增多，2～3周龄达到死亡高峰。

发病雏鸡根据其病程可分为最急性、急性和慢性。最急性者，通常无临床症状迅速死亡。稍缓者表现为精神委顿、嗜睡、虚弱，绒毛松乱，两翼下垂，姿态异常，缩颈闭眼，昏睡，不愿走动，拥挤在一起，喜欢在加热器周围缩聚一团。病初食欲下降，后停食，多数出现软嗉。同时腹泻，排稀薄如糨糊状粪便，肛门周围绒毛被粪便污染，肛周黏附白色物，有的因粪便干结而封住肛门，影响排粪。由于肛门周围的炎症引起疼痛，故常发出尖锐的叫声，继之因呼吸困难及心力衰竭而死。此外，有的病雏因感染鸡白痢沙门菌可引起失明，出现眼盲或胫跗关节、肱桡关节和尺关节肿胀。在某些情况下，雏鸡因关节发生局部感染可致跛行临床症状。鸡白痢沙门菌引发的滑膜炎而致的附关节肿胀非常常见。雏火鸡也可见类似的病变。说明鸡白痢沙门菌的某些菌株对这些部位具有亲嗜性。

雏鸡感染病程一般为 4～7 d，短的仅 1 d，20 日龄以上的雏鸡病程相对较长，且极少死亡。耐过鸡表现为生长发育不良，成为慢性感染者或带菌者。

育成鸡和成年鸡感染后常不表现出任何特征性的临床症状，在某些鸡白痢病例中，主要症状为厌食、腹泻、精神沉郁以及脱水。一般在感染后的 2～3 d 内，体温会上升 1～3 ℃。通常成鸡感染会影响其生产性能，如成年鸡母鸡的产蛋率、受精率和孵化率下降，这主要取决于禽群感染的严重程度。这种感染鸡无法通过症状诊断，只能利用血清学试验才能查出。有的成年鸡因卵黄囊炎继而引起腹膜炎，导致腹膜增生呈“垂腹”现象。有时成年鸡也可呈急性发病。

火鸡发生鸡白痢时，基本表现为食欲减退、饮欲增加、无精打采、排绿色或黄绿色稀粪。也可能没有任何前驱症状即死亡，病初体温可能升高。

鸡的发病率和死亡率差异较大，受年龄、品种、营养、鸡群管理、并发、继发疾病、感染途径以及感染菌量的影响。对于老疫区，雏鸡的发病率一般为 20%～40%；但是对于新发病鸡场，其发病率有时可高达 100%，病死率也比老疫区高。鸡白痢的发病率比死亡率高，通常在第 3 周和第 4 周时死亡率则迅速下降。养殖场首次暴发本病时死亡严重，随后转为间歇性复发，死亡率显著下降。

（二）病理变化

雏鸡：因鸡白痢而最急性死亡的雏鸡，表现为无前驱症状而突然死亡，通常病理变化不明显。急性病例可见肝脏、脾脏和肾脏肿大、充血；肝脏可有直径 2～4 mm 的白色病灶。病程稍长的，在心肌、肺、肝、盲肠、大肠及肌胃肌肉中有坏死灶或结节，胆囊肿大。心肌可有白色结节，有时心肌结节出现异常增大，容易使心脏变形，可导致肝脏慢性充血和产生腹水。同时有心包增厚，心包内含有黄色浆液性或纤维素性渗出物；有呼吸道症状的病鸡，肺脏出现白色结节，日龄稍大的病鸡，肺脏有灰黄色结节和灰色肝变；肌胃上也可出现类似的结节，偶尔在盲肠和直肠壁上也可见到，盲肠中通常充满干酪样渗出物堵塞肠腔，有时混有血液，通常伴有腹膜炎；输尿管因充满尿酸盐而扩张；病程稍长的病鸡卵黄吸收不良，卵黄囊内容物可能呈奶油状或干酪样黏稠状。有些病鸡关节肿大，内含黄色的黏稠液体，以胕关节最为常见。

育成鸡：育成阶段的患病鸡，特征性的病理变化是肝脏肿大，可达到正常肝脏的 2～3 倍，整体呈暗红色或深紫色，表面可见散在或弥漫性的出血点，或黄白色、大小不一的坏死灶，肝脏质地变脆，易破裂，肝脏表面有较大的凝血块，病鸡腹腔内有大量血水。

成年鸡：成年鸡通常病变轻微，有时仅有少量病变，如卵泡的退行性病变。鸡白痢慢性感染成年母鸡最常见的病理变化为卵泡变形、变色，出现囊肿或结节，有腹膜炎。病变的卵泡内常有油性或干酪样物质，外面包有增厚的膜。有些卵泡可自输卵管逆行而坠入腹腔，包埋于腹腔内壁中，输卵管内有干酪样渗出物，从而引起广泛性的腹膜炎和腹腔脏器粘连。有时也可侵害肝脏，发生纤维素性腹膜炎和肝周炎。常有心包炎，病变取决于病程的长短，病程较短的其心包膜仅见轻微变化，心包液增多而略浑浊；病程稍长的心包膜增厚且不透明，心包液显著增加，并含有大量的渗出物，心包腔会发生粘连而导致闭塞。成年的公鸡其病理变化局限于睾丸及输精管，睾丸极度萎缩，可见白色坏死灶或结节，有小脓肿，输精管管腔增大，充满稠密的均质渗出物。

火鸡：火鸡感染鸡白痢的病变和鸡相似。

组织学病变：心脏和肌胃的组织学病变最具有特征性。病初心脏病变表现为肌纤维坏死，并伴有异嗜细胞浸润并混有淋巴细胞和浆细胞。疾病后期，这些细胞被大量均一的组织细胞所代替。最急性鸡白痢可见肝脏、脾脏和肾脏血管等严重充血。急性病例中可见肝细胞多灶性坏死，肝实质有纤维性蛋白积聚和异嗜性白细胞浸润。卵巢的组织学病变主要为急性纤维素性化脓性炎症或严重的脓性肉芽肿性炎。患病公鸡输精管上皮细胞变性、坏死和炎症。

四、诊断

鸡群发生鸡白痢，可依据流行病学、临床症状、病理变化等做出初步诊断，确诊则须做鸡白痢沙门菌的分离鉴定。血清学检测诊断也具有重要价值，全血玻板凝集试验已用作本病的快速诊断技术。但是在进行血清学检测时需要注意结果的分析，感染后凝集抗体的出现一般会延迟 3～10 d，并且鸡白痢沙门菌与肠炎沙门菌间有交叉反应。

鸡白痢沙门菌的病原检测技术参考附录 3。

(一)病原分离和鉴定

鸡白痢沙门菌的检测方法较多，细菌分离鉴定是最为可靠有效的方法。第一步是采集病料，急性鸡白痢病鸡的大部分组织中都能分离到病原菌，如肝脏、脾脏、盲肠通常是分离细菌的首选器官。其他组织如肺脏、心脏、肌胃、胰腺或卵黄囊也会出现病变，也可以用于细菌的分离。第二步是分离培养，牛肉浸液、牛肉浸膏或胰蛋白胨琼脂培养基、麦康凯琼脂等都可用于细菌的分离。第三步进行菌落观察，在不同的培养基上，沙门菌菌落表现不同。如需进一步确诊，则要对疑似菌落进行染色、生化实验(表 9-1)、血清学试验等进一步鉴定，或者进行细菌的动物感染试验。病原分离和鉴定结果准确、操作简单，但操作时间过长，不能满足快速诊断需求(具体操作见附录 3)。

表 9-1 鸡白痢沙门菌生化反应结果

生化反应	鸡白痢沙门菌	生化反应	鸡白痢沙门菌
葡萄糖	发酵、产气	鸟氨酸	发酵
乳糖	不发酵	吲哚	阴性
麦芽糖	不发酵	尿素	不水解
甘露醇	发酵、产气	有无鞭毛	无
蔗糖	不发酵	凝集反应	凝集 D 型抗血清
卫矛醇	不发酵		

(二)血清学检验

检测鸡白痢沙门菌的血清学方法有很多，常用的包括全血玻板凝集实验、酶联免疫吸附试验、免疫胶体金法、免疫荧光技术等。

全血玻板凝集实验是目前鸡场最常用的快速检测鸡白痢的方法之一，玻板为载体，通过抗原抗体特异性反应，来检测是否感染鸡白痢。其操作步骤如下：先在无菌玻板上滴加鸡白痢凝集抗原，通过鸡翅膀下静脉采血，将待检血液滴加到抗原上，将血液与抗原混合均匀，静置 5 min。如果混合物出现了大量明显的凝集颗粒，液体清亮，则判定为鸡白痢阳性；如果混合物没有出现沉淀，液体浑浊均匀，则判为阴性。该方法简单易行，技能难度低，适合大部分鸡场进行常规检测，是我国鸡场主要的检测方法。其不足之处在于无法定量，且已造成假阳性。

酶联免疫吸附实验也可用于鸡白痢沙门菌的检测，通常利用沙门菌的脂多糖或全菌抗原，建立检测鸡白痢沙门菌的酶联免疫吸附试验。本方法操作简单、快速、敏感性高，通常可以用于大规模血清样本或卵黄样本的筛检；另外，通过表达重组蛋白 *His-SpiC* 并将其作为包被抗原，可以用于鉴别区分疫苗毒和野毒株感染。

其他血清学检测方法还有免疫胶体金法，以胶体金作为标记物进行抗原抗体反应。目前已经建立的鸡白痢沙门菌胶体金免疫层析检测试纸条，即可用于鸡白痢沙门菌抗体的早期检查。免疫荧光技术则是利用荧光色素与相应抗体结合显色的检测技术，用于检测以及定位各种抗原，或者也可以与抗原结合，用于检测或定位抗体，吖啶橙免疫荧光菌团培养浓集法就是一种快速检出鸡白痢沙门菌和鸡伤寒沙门菌的免疫荧光方法。

(三)分子生物学检验

检测鸡白痢沙门菌也可以通过 PCR、实时荧光定量 PCR、核酸探针技术等来实现。以核酸检测作为基础，通过检测特异性基因片段对致病菌进行鉴定。

(四)鉴别诊断

禽伤寒以及其他沙门菌感染也可产生与鸡白痢类似的肝脏、肠道的病变，曲霉菌或其他真菌也可引起类似的肺脏病变。鸡白痢沙门菌引起雏鸡的关节病变与滑液囊支原体、金黄色葡萄球菌、多杀性巴氏杆菌、猪丹毒丝菌所致的症状和病变相似。成年鸡感染时，会引起卵巢病变，与大肠菌群、葡萄球菌、多杀性巴氏杆菌、链球菌及其他沙门菌的感染类似。在临床上需要注意鉴别诊断。

五、预防和治疗

目前，就我国养鸡业总体而言，产业较为分散、饲养模式多样、管理水平参差不齐、鸡白痢疫情多发，而现有的检疫淘汰方案成本过高，在短期内很难完全实施。可以通过疫苗接种，抗生素使用，加强饲养管理，消除发病诱因，保持清洁卫生等方面对本病进行防控。

(1)疫苗　疫苗接种在传染病的防制工作中起到了非常重要的作用。通过接种疫苗来预防鸡白痢是有效的防控手段，最初使用灭活苗对本病进行预防，但效果不理想；后又利用突变株研究疫苗；近年来对鸡白痢疫苗的研究转向用遗传工程手段构建减毒株，但目前尚未有高效的鸡白痢沙门菌减毒活疫苗。应用自本场或本地分离的菌株，制成单价灭活苗，常能收到良好的预防效果。

(2)药物防治　药物防治是控制鸡群发生鸡白痢最常用的手段，采用添加抗生素的饲料添加剂，不仅可以用于疾病的预防，还可促进动物的生长发育，也可以用于疾病的治疗。目前，有多种磺胺类(如磺胺嘧啶、磺胺甲基嘧啶、磺胺噻唑、磺胺二甲嘧啶)、呋喃西林、氯霉素、四环素和氨基糖苷类抗生素可有效减少因鸡白痢引起的死亡。鸡白痢沙门菌与其他细菌一样，都具有较强的耐药性，且随着药物的变化也在不断变化。应注意地区性耐药菌株的出现，如发现对某种药物产生抗药性时，应改用另药。因此从祖代种鸡场开始净化，从最初的种源防治是上策，在孵化前消毒种蛋对控制鸡白痢有较好的效果。另外，利用微生态制剂防治鸡白痢也是近年来兴起的一种新的防治方法，是一种饲料添加剂，以饲料的形式饲喂动物。能够维持肠道微生物的正常菌群，抑制病原微生物生长，提高动物机体的免疫能力。微生态活菌制剂含有乳酸杆菌、双歧杆菌等有益微生物，对治疗和预防鸡白痢沙门菌都有效果，同时，也没有药物残留，不污染环境，与国家倡导的绿色养殖、生态养殖的理念非常吻合。

防制本病还必须严格贯彻消毒、隔离、检疫等综合性防制措施，对有病鸡群，应定期反复用凝集试验进行检测，将阳性鸡及可疑鸡全部淘汰，使鸡群净化。

第二节　鸡白痢的净化

如果能对鸡群采取完善的防治措施，就可以培育出无鸡白痢鸡群。只要建立无鸡白痢沙门菌的种群，并保证其后代不与病鸡接触而进行孵化和育雏，就可以保持无鸡白痢的状态。

鸡白痢沙门菌的净化可以从两个方面来进行，第一是通过定期检测，及时发现阳性鸡只，并对其进行淘汰；第二是加强鸡场饲养管理，提高饲养管理水平，以减少感染率与发病率。

在进行鸡白痢净化时需遵守以下总体原则：持续开展鸡白痢沙门菌病原学检测、抗体检测，淘汰带菌鸡或鸡群；强化本场引种和投入品的检测，避免外来病原传入风险；采取严格的生物安全措施，建立完善的防疫和生产管理等制度，对饮水、空气、饲料、粪便、鼠、苍蝇等进行鸡白痢沙门菌检测，构建持续有效的生物安全防控体系。

种鸡场鸡白痢沙门菌的净化程序参考附录4。

一、检疫淘汰阳性动物

从养鸡业的发展来看，在鸡白痢的净化方面，实行对种鸡场的净化是最直接、最经济、最有效的一种方式，可以极大地提高养鸡业的经济效益和社会效益。所以，对于鸡白痢的净化，先要做好对种鸡群净化。目前，世界上很多养殖业比较发达的地区（如美国等）已经使用这种方法基本实现了消灭鸡白痢，而我们国内也在鸡白痢地防控、净化方面做了大量的工作。

从病鸡检测与种群净化来看，需要定期对种鸡场进行抗原或抗体的检测，一旦检出阳性鸡，应立即淘汰，从种源上切断传染源和传播途径。目前，国内使用较广泛的是通过全血或玻板凝集试验或者血清凝集试验来对鸡白痢阳性鸡进行筛选，根据每次检测的结果，对阳性鸡只进行淘汰，直到将鸡群的鸡白痢阳性率控制在0.1%以内。

通过建立科学的检疫和淘汰阳性反应鸡可以有效地推动种鸡场鸡白痢的净化从而达到根除阳性带菌者的目的。但是，通过大量的检测结果可以发现，如果只通过用一次检测淘汰阳性反应者，会存在较大的问题，通常不足以完全消除群内的所有阳性感染者。一次检测无法检出所有的阳性动物，其中可能的原因有：①感染的阳性鸡的血清抗体滴度不稳定，常用的血清稀释度（如1∶25或1∶50等）在短时间内不出现明显的凝集反应；②感染与产生抗体之间有一定的间隔期，至少数天，检测的时间正好处于鸡只已经感染但未产生抗体期间；③淘汰阳性反应鸡之后，没有做好环境消毒，环境的污染依然存在，可成为以后的感染源，再次感染其他健康鸡。所以，必须要建立有效、科学的检疫和淘汰方案。

(一)临床观察淘汰

在开展血清学检测之前,对有鸡白痢、鸡伤寒和副伤寒临床表现的病鸡或疑似病鸡予以淘汰处理。

(二)血清学检测淘汰

通过血清学方法,对鸡群进行定期多次普检,以达到逐渐淘汰阳性鸡的目的。常用的血清学试验有全血平板凝集试验、ELISA 试验等,都能有效地检测带菌者。具体操作方法参考附录 3。

血清学检测过程中,发现阳性者,应当通过一只或多只阳性反应鸡进一步进行细菌学检查加以证实。如果鸡群呈可疑阳性时,应当将反应最强者送至实验室重新检测并进行全面的细菌学检查。此外,在血清学检测中,可能出现非鸡白痢阳性反应,从而造成判断错误。这种反应可能是鸡白痢沙门菌以外的其他感染引起,因为有许多细菌与鸡白痢沙门菌具有共同抗原,这些细菌感染禽类时,可以产生阳性凝集反应。所以在日常检疫过程中,要注意区分,不能根据可疑或非典型反应而将整个禽群视为感染群。

建立无鸡白痢鸡场,须每隔 2～4 周对鸡群做一次检疫,直至连续 2 次检测全群都是阴性为止,最后几次检疫的间隔时间不少于 21 d。在大多数情况下,可通过短期的间隔检疫从鸡群中消除感染。经过 2 次或 3 次的重复检疫,一般可检出全部感染鸡,但有时鸡群中还会有持续感染。

二、饲养管理措施

在做好种鸡场鸡白痢净化工作的同时,必须做好综合性的防制措施,如病死鸡尸体必须做到无害化处理、消灭鸡场内鸡白痢沙门菌的病原以及杜绝鸡白痢沙门菌病原从场外传入等。

从饲养管理的角度来看,应该根据不同日龄鸡群的特点,选择合理的科学的饲养方式。不同日龄、不同批次的鸡群最好要分开饲养,以减少本病的传播。

应该采取全面科学的饲养管理措施,防止鸡白痢传入鸡群。如果发生鸡白痢,必须定期将带菌者清除直至种群无鸡白痢感染。由于鸡白痢沙门菌能够垂直传播,所以只有已知无鸡白痢鸡群的种蛋才可以进入孵化场。

(一)严格执行综合性卫生防疫措施

(1)优化饲养方式　采用“全进全出”的饲养方式。无鸡白痢的鸡群不能与其他家禽或舍饲禽进行混养。

(2)加强引种检疫　按照 NY/T 5339 的要求进行。必须从无鸡白痢的养殖场引进雏鸡和雏火鸡,从其他场引入种鸡时,应要求对方出具沙门菌病净化证明和其他相关的检疫合格证明。

(3)严格隔离制度　种鸡引入后至少隔离饲养观察 60 d,经检测确认健康,并按照本场免疫程序进行常规免疫后方可调入鸡场。

(4)鸡场环境控制　搞好鸡场环境卫生,保持良好的空气质量,按 NY/T 1167 操作并符合其要求。

(5)鸡舍环境控制　在保证鸡舍内适宜温度的条件下,保持鸡舍干燥,加强通风换气,减少或降低鸡舍内有害气体含量,以提供鸡群良好的舍内生活环境。按 NY/T 1167 操作并符合其要求。

(6)饲养密度控制　根据不同品种(系)、不同生理阶段和不同饲养方式下鸡的饲养要求,合理安排饲养密度,应符合 NY/T 5038 的要求。

(7)饲料质量控制　饲喂的饲料品质应符合 GB 13078 的要求。应饲喂颗粒料,以最大限度地减少鸡白痢沙门菌和其他沙门菌经污染原料传入鸡群的可能性。饲料原料必须无沙门菌。同时,为了为保证鸡群的营养状况,采用全价饲料喂养,确保鸡只营养均衡。

(8)饮水质量控制　供给充足的清洁饮水,每天清洗饮水器具,定期清洗和消毒饮水管道,饮用水水质应符合 NY/T 5027 的要求。

(9)鸡场卫生消毒措施　鸡场应加强日常清洁卫生工作,定期进行全场环境、鸡舍、孵化室的消毒。应根据消毒目的选择适宜的消毒剂和消毒方法,并注意同类消毒药的交替。

(10)场内环境消毒　鸡场内应设置净道和污道,对场内道路的地面和明沟表面可用 2%的烧碱水喷洒消毒;空气可用 0.2%过氧乙酸喷雾消毒。平时预防一般 1 周消毒 1 次,发病时可 2～3 d 消毒 1 次。

①舍内环境消毒。鸡舍在有鸡的状态下,要选用无刺激或刺激性小的消毒药进行舍内环境消毒,平时预防一般 1 周消毒 1～2 次,发病时可 2～3 d 消毒 1 次;空鸡舍在清扫、冲洗干净后,地面和墙壁可用 2%的烧碱水喷洒消毒,空气可采取福尔马林熏蒸消毒,从空舍到下次进鸡前至少反复消毒 2 次以上。

②笼具消毒。金属笼具采取火焰消毒或其他对笼具没有腐蚀作用的消毒剂进行消毒。

③饮水器具消毒。选用过氧化氢或有机酸类清洁消毒剂,在有鸡的状态下,按照饮水消毒的浓度加入储水器中,既可消毒又可减少管道污染;在空舍时可按清洗管道的浓度将消毒剂稀释注满储水器和管道中,停留 6～12 h 放出,再用清水冲洗干净即可。

④带鸡消毒。选用无刺激或刺激性小的消毒药带鸡喷雾消毒;消毒时机宜选择在有阳光的、相对温暖的中午时分,平时预防一般 1 周消毒 1～2 次,发病时可 2～3 d 消毒 1 次,但有呼吸道疾病的鸡群不宜带鸡喷雾消毒。接种活疫苗前后 3 d 不能带鸡消毒。

⑤种蛋、孵化室及其用具消毒。不同鸡舍收集的种蛋,先在本鸡舍的存放间内用福尔马林熏蒸消毒,或用其他高效消毒剂喷雾消毒 1 次后再送往孵化室。孵化室地面和墙壁可用 2%的烧碱水喷洒消毒,室内空气、孵化箱和入孵种蛋可采取福尔马林熏蒸消毒。出雏箱采用一次性的纸箱或使用经过严格消毒的塑料箱,对使用后的塑料蛋箱和出雏箱在返场后应先浸入 2%的烧碱水或其他适宜消毒药水中消毒 2～3 h 取出,再用清水冲洗干净,晾干备用。

⑥人员和车辆等物品的消毒。控制人员出入,鸡场和各鸡舍门口应设立消毒池,定期更换消毒药水。进入鸡场的车辆除过消毒池消毒外,还应对车身进行喷洒消毒;饲养、管理等人员可采取淋浴、衣物可采取紫外线照射等方法消毒;衣、帽、鞋等可能被污染的物品,可采取浸泡、高压灭菌等方法消毒;另外一线生产人员严禁串舍,生产工具不得混用。

(11)定期监测措施　定期对鸡场、鸡舍、孵化场的环境、饮水、弱雏及死亡鸡胚进行细菌学的监测。

(12)无害化处理措施　对病死鸡、蛋壳和鸡粪等鸡场及孵化场内的废弃物按 GB 16548

和 NY/T 1168 的要求进行无害化处理。

(13)杀虫灭鼠措施　定期开展杀灭蚊虫、苍蝇和老鼠等工作，消灭传播媒介和传染源。鸟类经常携带沙门菌，鸡舍必须有防鸟措施。

(二)敏感药物辅助防治

在检测鸡白痢的同时开展纸片扩散法药敏试验，筛选鸡白痢沙门菌敏感药物。可用于鸡白痢的日常预防以及治疗。对鸡白痢沙门菌敏感的药物有：头孢噻呋、庆大霉素、诺氟沙星、卡那霉素、恩诺沙星等。根据国家鸡白痢净化规程，除了淘汰有明显症状的鸡只外，对全群可以选用恩诺沙星、诺氟沙星、头孢噻呋等轮换用药进行治疗。

避免使用对产蛋有不良影响的药物，采取饮水或拌料形式投服。每次投服 1～2 个疗程，每个疗程 3～5 d；或选择两种高敏药物交替各投喂 1 个疗程。饮水投药采取集中给药的方法，按照鸡群全天的饮水量计算出全天用药量，将全天用药量分成两半，上午、下午各投服一半。每次投药前根据气温高低将鸡群停水 2～3 h，计算好鸡群在 1 h 内的饮水量，按确定剂量将药物加入水中溶化均匀后投喂。药物水饮完后换成清水或添加复合多维的水供鸡群自由饮用。拌料给药同样采取集中给药的方法，按照筛选出的高敏药物用量要求和鸡群全天采食量计算出该鸡群全天用药量，按照全天用药量将药物均匀拌入上午或下午的喂料中集中投服。投药后必须保证充足的清洁饮水。

三、净化标准

在连续 2 次(间隔 30 d)做全群全血平板凝集试验均为阴性后，定为假定健康鸡群。以后每 3 个月进行 1 次抽检，抽检比率根据被检鸡群大小而定，5 000 只以上的鸡群按 5%比率抽检，5 000 只以下鸡群按 10%比率抽检；如再连续 2 次检测为阴性时，即为达到净化标准。

第十章
非洲猪瘟净化示范

第一节　非洲猪瘟概述

非洲猪瘟(African swine fever, ASF)是由非洲猪瘟病毒(African swine fever virus, ASFV)引起的猪的一种急性、热性、高度接触性传染病,危害猪和野猪,发病急、病程短、死亡率高。其临床表现主要为高热、皮肤发绀充血、全身内脏器官广泛出血、淋巴结、肾、胃肠黏膜明显出血、呼吸障碍和神经症状为主要特征,其病程从急性、亚急性到慢性不等,发病率和死亡率几乎高达100%。非洲猪瘟在临床症状上与猪的其他很多出血性疾病相似,尤其是与猪瘟很难区分。

非洲猪瘟是世界动物卫生组织(WOAH)规定的法定报告动物疫病,而在中国,本病则属于一类动物疫病。非洲猪瘟一旦暴发,会造成发病地区、国家及国际贸易限制,所以,非洲猪瘟会导致更严重的卫生、社会和经济影响。现在非洲猪瘟还没有有效的治疗措施,也没有有效的疫苗来进行治疗或预防,所以非洲猪瘟是一种危害极大的全球性传染病。目前,对本病的控制策略主要是通过早期快速诊断和实验室确诊,然后对动物及饲养环境进行严格的卫生和生物安全措施。非常有必要了解非洲猪瘟及其防控措施。

一、非洲猪瘟历史背景

非洲猪瘟于1921年在非洲东部的肯尼亚第一次被发现,当时本病主要是从非洲野猪传播给家猪,能导致病猪100%的死亡率。实际上,在1909—1915年期间肯尼亚地区的家猪就处在非洲猪瘟疫情下,共造成1 366头猪感染,1 352头猪死亡,死亡率高达98.9%,根据调查,此时的非洲猪瘟主要是由于家猪与野生动物,尤其是与疣猪的密切接触而引起的。直到1921年,病毒学家才确定了本病是由病毒引起的,并对该病进行了系统的研究。

在1957年之前,非洲猪瘟只存在于非洲,广泛地存在于非洲东部以及南部,很快本病又传播至非洲中西部,非洲北部未见本病报道。

直到1957年,非洲猪瘟才第一次传出非洲大陆,从非洲西南部的安哥拉传入欧洲葡萄牙的里斯本。尽管当时疫情引起接近100%的死亡率,但是很快被扑灭,到1960年再次在里斯本暴发,并在亚平宁半岛广泛流行。至此,本病在欧洲形成流行,在欧洲其他国家相继暴发,该病于1960年传播至西班牙,随后传至法国(1964年、1967年、1977年)、意大利(1967年、

1969 年、1993 年)、苏联(1977 年)、马耳他(1978 年)、比利时(1985 年)以及荷兰(1986 年),非洲猪瘟疫情在这些国家很快就得到了有效控制,很多国家在几年后就彻底根除了非洲猪瘟,比如西班牙、葡萄牙等,他们根除非洲猪瘟的防控措施也可以被我们所借鉴。2007 年,本病流入高加索地区和俄罗斯,至今未得以根除。

1971 年本病第一次传至美洲,古巴是第一个报道暴发非洲猪瘟的美洲国家。在之后的研究发现,古巴非洲猪瘟疫情是由西班牙传入。随后,多米尼加共和国(1978—1981 年)、海地(1979—1984 年)也相继报道发生非洲猪瘟疫情。巴西在 1978 年首次报告,研究显示可能是由于来自西班牙或葡萄牙的乘客携带的动物产品而引起。

1986 年大洋洲的新西兰也发生该病的流行。

迄今为止,报道发生非洲猪瘟的国家共有 60 个。主要集中在非洲、欧洲、美洲和欧亚接壤地区,有 13 个国家根除了本病。我国在 2018 年之前未曾报道过本病,2018 年 8 月 3 日,首例非洲猪瘟疫情在辽宁沈阳暴发,随后,全国 31 个省份都发生非洲猪瘟疫情。我国的非洲猪瘟由国外传入。研究显示,传入我国的非洲猪瘟病毒属基因Ⅱ型,与格鲁吉亚、俄罗斯、波兰公布的毒株全基因组序列同源性为 99.95%。

二、病原

(一)非洲猪瘟病毒的分类

非洲猪瘟病毒是双股 DNA 病毒,属于 DNA 病毒目(dsDNA)、非洲猪瘟病毒科(*As farviridae*)、非洲猪瘟病毒属(*As fivirus*),是目前非洲猪瘟病毒科唯一的成员。ASFV 在初次发现时因其具备虹彩病毒相似的外形而被列入虹彩病毒科,但是其基因组结构以及复制方式和虹彩病毒差距较大,却与痘病毒很相似,所以,在 1995 年,国际病毒分类委员会(International Committee on Taxonomy of Viruses,ICTV)将 ASFV 单独列为一科——非洲猪瘟病毒科。

(二)病毒形态和结构

ASFV 病毒粒子呈二十面体对称,电子显微镜下病毒粒子直径 172~220 nm,平均 200 nm,病毒中央为拟核,直径约 80 nm,主要由病毒的基因组、完成基因早期转录所必需的酶以及一些 DNA 结合蛋白所组成,如 p150、p37、p34、p14 以及 p14.5、p10,ASFV 的基因组包括一个线性的双股 DNA 分子,不同毒株基因组大小有差异,一般为 170~190 kb;拟核外层是由蛋白组成的核衣壳,核衣壳的基本结构单位是壳粒,本病毒共有 1 982~2 172 个壳粒,主要构成蛋白为 p72 和 p17;核衣壳外包裹着来自内质网的病毒内层囊膜,内层囊膜上也结合着一些蛋白,如 p22、p54、p32、p12 以及 CD2v 等;最外侧还包裹着一层外层囊膜,该囊膜是病毒出芽时从宿主细胞获得的,呈六角形。

(三)病毒的基因组结构及功能

非洲猪瘟病毒的基因组包括一个线性的双链 DNA 分子,毒株不同其大小有差异。1971 年分离自西班牙的强毒株 BA71V,通过全基因组序列测定发现其基因组全长为 170 kb。后来又测定了其他 ASFV 毒株,表明该病毒基因组大小在 170~190 kb。DNA 的结构包括两个可变末端和一个保守中心区域。基因组中间为中央保守区(C 区),长度约为 125 kb,该区域的一些基因（如 p72 基因）常作为 ASFV 基因分型的依据。C 区还含存在一个 4 kb 的中央可变区（CVR），不同基因型或同一基因型的不同毒株之间在这一区域都存在差异。C 区两侧各有一个可变区：左侧可变区（VL，38～48 kb）和右侧可变区（VR，13～22 kb），可变区共编码 5 个多基因家族（MGFs），分别称为 MGF100、MGF110、MGF300、MGF360 和 MGF505/530。MGF 片段 3～20 kb，每个 MGF 都可发生缺失、增加、分化等变异，这也是基因组的大小变化的原因所在。在不同毒株之间差异很大，与病毒抗原变异、逃避宿主防御系统等机制有关（图 10-1）。

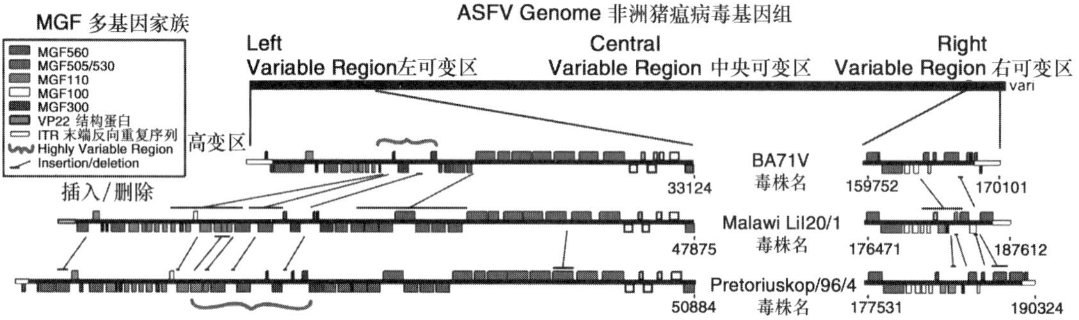

图 10-1　非洲猪瘟病毒基因组结构

（引自 Tulman 等，2009）

通过测序分析发现，ASFV 毒株基因组序列两条链包含 160～175 个的开放阅读框（ORFs）。其中保守的 ORF 约有 125 个，目前功能已明确的编码蛋白约 50 个，可分成以下几类：①组成病毒的结构蛋白；②病毒装配相关蛋白；③核酸新陈代谢、DNA 复制和修复、mRNA 转录和加工等所需的酶及因子；④调节宿主细胞功能的蛋白；⑤与病毒免疫逃避相关的蛋白；⑥一些目前功能尚未知的蛋白。

病毒粒子至少含有 28 种结构蛋白，如 pp220 经过加工后形成 p150、p37、p34、p14，位于病毒核内，参与病毒核质体的装配；pp62 蛋白在病毒复制后期表达，可被蛋白酶水解形成结构蛋白 p15 和 p35；p72 是重要的结构蛋白，是衣壳的重要组成部分，具有抗原性；p54 和 p30 是病毒外膜的主要成分，都具有抗原性，均参与病毒吸附与侵入易感细胞，p30 蛋白还可诱导机体产生体液免疫；病毒外膜还有 CD2v（红细胞吸附蛋白）蛋白，是病毒粒子唯一的糖蛋白；以及 p14.5、p10 等结构蛋白。

与病毒装配相关的蛋白主要是 pB602L。dUTPase、UBC 酶、DNA 聚合酶、AP 核酸内切酶、pS273R 等则与核酸的新陈代谢、DNA 的复制修复、mRNA 转录和加工等相关。pA238L、p54、MGF360、MGF530、pEP135R 参与调解宿主细胞功能。pK205R、MGF360 和 MGF530 还与病毒的免疫逃避机制相关。此外，还有 50 种以上的蛋白功能未知。

（四）非洲猪瘟病毒的分型

ASFV 不能诱导产生中和抗体，不管是自然感染还是人工感染。其原因可能与免疫组织损伤、病毒基因组的遗传变异、抗原竞争（即处于强势的非中和性抗原抑制处于弱势的中和性抗原）、免疫抑制、免疫逃避等有关。所以，无法对 ASFV 的血清型进行分类。但是，基于 p72 基因的部分核酸序列分析，我们可以对 ASFV 进行基因型的分型，目前已经明确了 24 种

ASFV 的基因型。而基因亚型是依据 p54 的全基因序列比对来进行分型;此外,通过对 B602L 中的 CVR 的分析也可做出更进一步的区分。

目前发现的 ASFV 的 24 种基因型均在非洲发现。基因Ⅰ型是最早在非洲西部发现的,其余 21 种基因型都是在非洲的东部以及南部发现的。最开始传入欧洲和西半球分离到的 ASFV 基因型也是基因Ⅰ型。但是,基因Ⅱ型也在 2007 年的时候传播到了高加索地区。目前在东亚地区和东欧地区主要流行的也是基因Ⅱ型,包括我国。

(五)病毒的复制及致病机制

ASFV 进入猪体内,最早主要在病毒入侵部位附近淋巴结的单核细胞、巨噬细胞中进行复制。ASFV 进入宿主细胞主要通过 CD163 细胞受体进行内吞作用完成。病毒血症通常在感染后 4～8 d 出现,由于缺乏中和抗体,将持续数周或数月。

ASFV 复制早期,除了通过内吞作用进入细胞,也可以附着于红细胞,再被一些特定的细胞吞噬;进入溶酶体系统后,与膜融合,失去病毒粒子的外层囊膜,并释放出病毒,到达细胞核周区域;利用病毒粒子包裹的酶及相关因子进行早期 mRNA 转录,早期转录编码的蛋白主要是核酸早期合成及所需的酶类,如 DNA 聚合酶等;基质蛋白和病毒 DNA 进入细胞核,开始病毒的复制(图 10-2)。

ASFV 复制后期,在细胞核周围区域进行装配,病毒 DNA、结构蛋白、病毒的一些膜结构,以及有些宿主蛋白被线粒体包围,病毒的一些膜结构来源宿主细胞膜或内质网;装配好的病毒粒子在驱动蛋白的作用下在细胞内进行运输,最后通过出芽的方式离开宿主细胞(图 10-3)。

(六)病毒的理化特性及抵抗力

非洲猪瘟病毒对环境抵抗力很强,室温干燥或冰冻数年仍可以存活,室温中经过 18 个月仍能从血液和血清中分离出病毒;冷冻血液中可存活 6 年;37 ℃条件下可在血液中存活 1 个月;病毒在 23 ℃在血液和土壤混合物中能存活 4 个月以上;在腐败的血液中存活 15 周;在冰冻肉或尸体内可以存活 15 年。病毒在血液含量较高,且对外界抵抗力极强,因此含有 ASFV 的血液样本是该病传播中的高风险物质。在血液样本的处理、运输、保存过程中必须实施严格的生物安全管理措施。

在 pH 4～10 的溶液中比较稳定,但是在 pH＜4 或者 pH＞11.5、不含血清的培养基中会很快失活。但如果病毒在含有血清等适宜介质中,则可耐受更低或更高的 pH 环境,能存活数小时至 3 d。本病毒对 pH 的耐受性因不同的病毒分离株而异。对高热比较敏感,在 60 ℃加热 30 min,或者 56 ℃加热 70 min 即死亡。对乙醚、氯仿等许多脂溶剂敏感,但是完整的病毒粒子对蛋白酶和核酸酶降解有抵抗力,易被胰蛋白酶灭活。对环境的抵抗力较强,有效消毒剂的种类较少,有效的消毒剂包括 10%的苯及苯酚、0.8%的氢氧化钠、2.3%的次氯酸盐、0.3%的福尔马林等。

(七)病毒的实验室培养

ASFV 主要通过猪体内单核巨噬细胞系统复制,尤其初始分离毒株仅在单核细胞和巨噬细胞中复制,不能在 T 淋巴细胞中复制。病毒体外培养时,多株 ASFV 能已经在普通细胞中适应生长,比如 PK-15 细胞、Vero 细胞、CV 细胞、MS 细胞、BHK-21 细胞等。

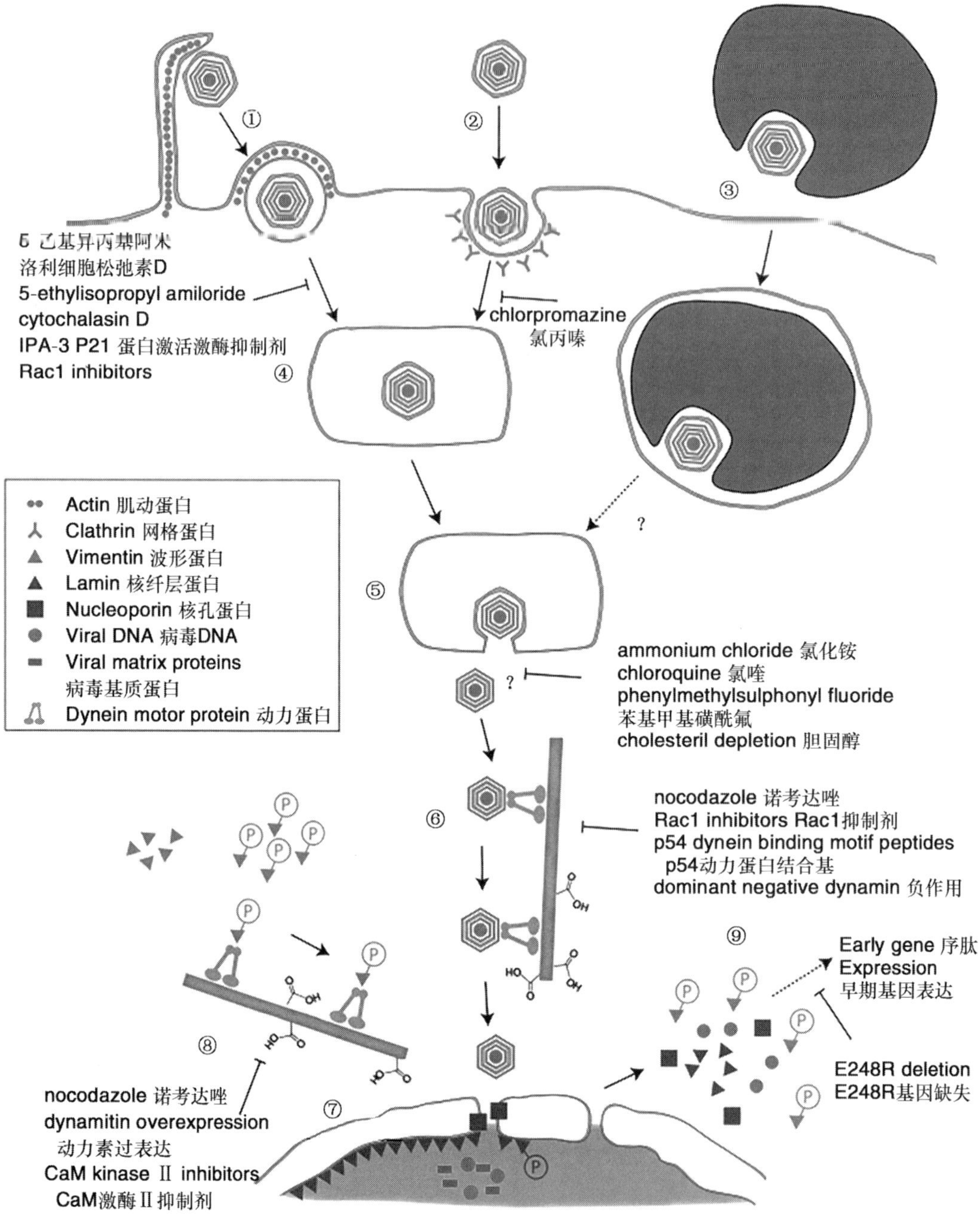

Actin：肌动蛋白；Clathrin：网格蛋白；Vimentin：波形蛋白；Lamin：核纤层蛋白；Nucleoporin：核孔蛋白；Viral DNA：病毒DNA；Viral matrix proteins：病毒基质蛋白；Dynein motor protein：动力蛋白。①巨胞饮作用；②依赖网格蛋白的内吞作用；③吸附红细胞后被吞噬细胞吞噬；④病毒进入内体-溶酶体系统；⑤通过与膜发生融合脱去病毒外层囊膜；⑥通过病毒 p54 结构蛋白与动力蛋白的相互作用移动到核周区域；⑦病毒基质蛋白和病毒 DNA 进入细胞核，启动病毒复制，同时，核纤层蛋白发生磷酸化降解；⑧波形蛋白磷酸化，通过动力蛋白运动至核周区；⑨微管乙酰化协助波形蛋白和病毒粒子移动，开始早期病毒基因表达以及形成病毒工厂，其中包括波形蛋白和核蛋白的转运，以及病毒 DNA 移动到复制位点。

图 10-2 非洲猪瘟病毒早期复制

（引自 Christopher L Netherton 等，2013）

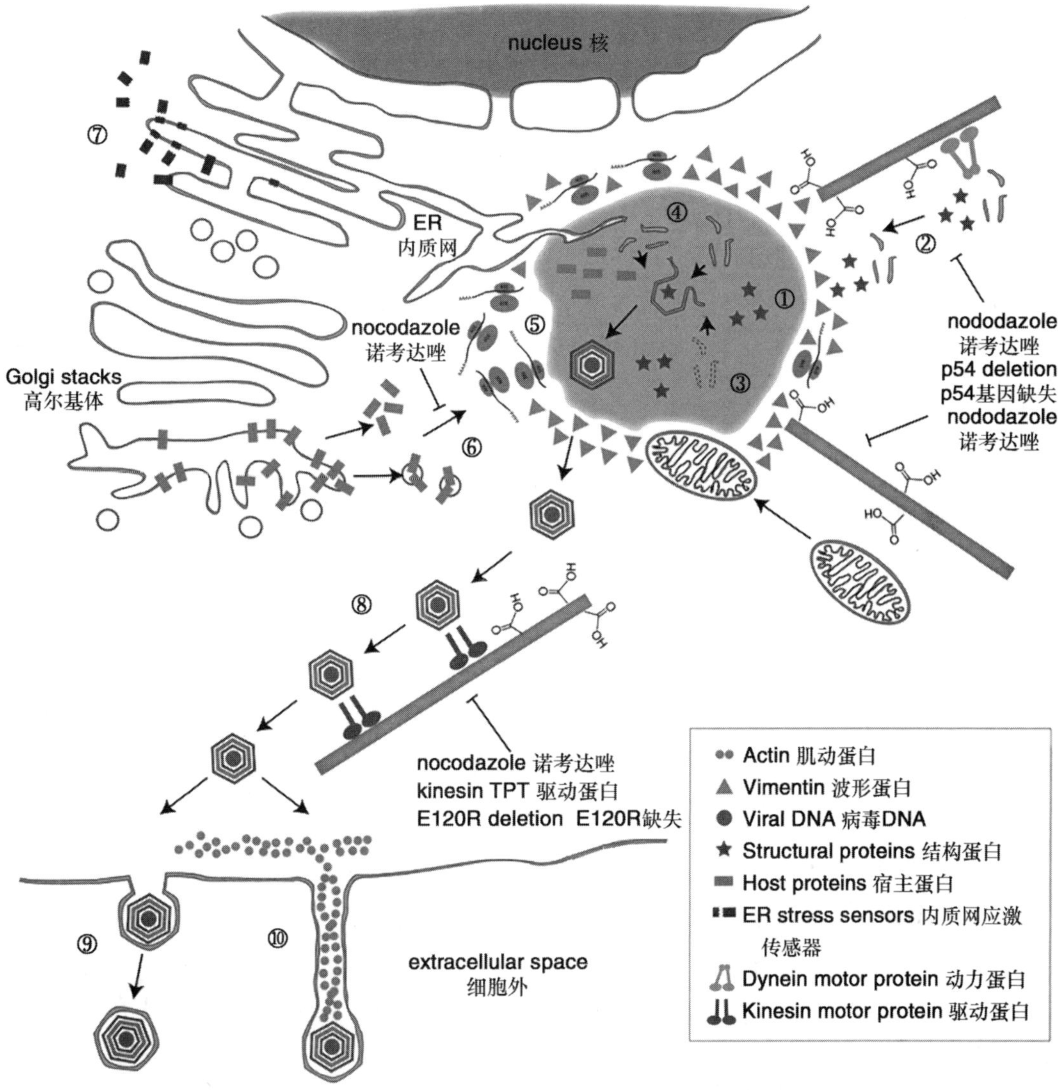

Actin：肌动蛋白；Vimentin：波形蛋白；Viral DNA：病毒 DNA；Structural proteins：结构蛋白；Host proteins：宿主蛋白；ER stress sensors：内质网应激传感器；Dynein motor protein：动力蛋白；Kinesin motor protein：驱动蛋白。①病毒复制后期在核周区的病毒工厂进行；②病毒 DNA、病毒一些膜结构、病毒结构蛋白以及某些宿主蛋白被波形蛋白和线粒体包围；③病毒膜来源降解的宿主细胞膜；④病毒膜也可以来自细胞膜相连的内质网；⑤核糖体核病毒 DNA 也移动至病毒工厂；⑥ASFV 感染导致高尔基体转运网络重新分配；⑦内质网表面释放 ATF6 和 caspase-12；⑧装配好的病毒粒子通过驱动蛋白沿微管移动；⑨通过出芽释放；⑩或沿肌动蛋白运动方向离开宿主细胞。

图 10-3　非洲猪瘟病毒后期复制

（引自 Christopher L Netherton 等，2013）

（八）其他特性

ASFV 易与血液红细胞膜和血小板相互作用，具有吸附猪红细胞的特性，能够引起感染猪的血细胞吸附现象。但是经过细胞传代培养后，会失去这种特性，特异抗血清可阻断 ASFV 对猪红细胞的吸附作用，但并非所有血清型都具有此吸附特性。

三、流行病学

(一)传染源

发病猪、带毒猪(包括康复猪和隐性感染猪)是非洲猪瘟的主要传染源,ASFV 感染猪后 6 h,即开始复制,病猪在发病前 1～2 d 就可排毒,通过鼻咽部可大量排毒,病猪的体液、各种组织器官、分泌物和排泄物均含大量具感染性的病毒。由于 ASFV 对外界环境的抵抗力非常强,在病死猪的胴体、被病毒污染的猪肉以及相关肉制品、感染猪血液样本或其他样本等也都是非洲猪瘟重要的传染源。此外,病猪排毒污染的饲料、垫料、饮水、器具、人员、衣物以及运输车辆等都是潜在的传染源。

(二)易感宿主

非洲猪瘟仅发生于猪和野猪,不同品种、不同年龄的猪与野猪对 ASFV 均有易感性,且易感性没有差异。研究者通过人工感染白鼠、天竺鼠、兔、猫、犬、山羊、绵羊、牛、马、鸽等动物均未成功。

在野生动物中,多种野猪对 ASFV 易感,包括疣猪、丛林野猪和大森林野,但通常不表现明显的临床症状。

钝缘软蜱是 ASFV 的贮藏宿主,ASFV 是虫媒病毒中唯一的一个 DNA 病毒。病毒在软蜱中进行复制,然后经卵和交配传播。病毒能在软蜱和猪之间形成循环感染,使本病难以消灭。

(三)传播途径

ASFV 主要通过呼吸道、消化道进行感染,主要的传播途径如下。

接触传播是造成非洲猪瘟暴发的主要途径:易感猪与发病猪经鼻、口的直接接触非常容易发生感染;易感猪也可通过接触被病毒传染病猪排泄物、血液、被污染的圈舍、器具、车辆等而发生感染。

通过摄食经消化道传播:食入污染的饲料、饮水等极易造成感染。家猪在误食感染的蜱虫或感染的动物内脏后也可引起感染。另外,很多起疫情中发现给猪喂食泔水也易造成传播。

媒介传播:ASFV 在非洲野猪群中的传播主要依赖寄生于疣猪体表的软蜱,病毒可在软蜱体内增殖,而形成传播。此外,猪虱以及隐咀蜱等也是主要的传播媒介。

此外,研究发现 ASFV 可在近距离内(2 m 以内)通过空气进行传播。不能排除经人工授精或者交配传播,所以,WOAH 规定要对精液进行 ASFV 检测。

(四)潜伏期、发病率和死亡率

通过自然感染或直接与感染猪接触后,潜伏期为 3～5 d,也可延长到 19 d,最长达 28 d。在人工感染条件下,潜伏期更短,通常与病毒接种的剂量和途径有关。

不同毒力的毒株发病率和死亡率差异较大,超强毒株可致猪 100%死亡,高致病性毒株感染的死亡率可高达 90%～100%,中等毒力的毒株感染成年猪能引起 20%～40%的死亡率,感染幼猪则引起 70%～80%的死亡率,低毒力毒株感染仅引起少量猪只死亡,病毒可在感染康复猪体内持续存在。

四、临床症状

临床上，根据病毒的致病力、宿主差异以及病程表现不同，非洲猪瘟可分为最急性、急性、亚急性和慢性 4 种类型。

（一）最急性型

最急性型发病猪通常无明显临床症状即突然倒地死亡，有时可见病猪在死亡前出现高热、食欲消失、惊厥、斜卧，腹部和末梢部位显著充血和出血，病猪扎堆，呼吸急促，往往在几小时内即死亡。病猪死亡率可达 100%。

（二）急性型

急性非洲猪瘟常以高热、白细胞减少、肺水肿、淋巴组织的大量坏死和出血、皮下出血和高死亡率为主要特征，病程 1～7 d，病死率可达 100%。急性型病猪最先出现的症状是体温升高到 40～42 ℃，稽留 3～5 d 后体温逐渐下降，表现为无食欲、精神沉郁、震颤、扎堆；皮肤出血（耳、四肢、腹部皮肤黏膜广泛性出血、有出血点），可视黏膜潮红、发绀。有时可以出现很明显的皮疹（大量充血导致皮肤发紫），出血斑点在四肢、耳朵、胸部、腹部和会阴部最为明显，呈不规则的紫色。

在一些临床病例中，可能出现便秘、呕吐，还可能有一定程度的腹泻。有时会观察到肛门出血（黑粪便）或粪便带血，粪便表面有血液和黏液覆盖。

病猪因为肺部的病变导致鼻腔分泌大量的黏液。偶尔可见鼻和眼睑有脓性分泌物，呼吸困难，经常看到鼻孔内伴有血液性气泡。在感染的后期，可以看到病猪在临死前呈现深度昏迷状态，1～2 d 出现心跳加速，呼吸急促，而后死亡。

部分病猪还会出现共济失调或步态僵直，有些出现出血性休克昏迷，病猪病程延长存活后通常伴有神经症状。

母猪在妊娠期间常发生流产。

急性 ASFV 感染猪耐过康复后，对同一毒株的感染一般不再表现症状。

（三）亚急性型

少部分地区还有亚急性和慢性病例。亚急性非洲猪瘟的临床症状与急性类似，但是较轻，病程较长，持续约 3 周，病死率较低。亚急性病猪主要表现高热，常高于 40.5 ℃，且体温不稳定；病猪常常精神沉郁、食欲减退；出现血小板、白细胞暂时性的减少；有广泛性出血性病变，在鼻、耳、腹部等处常常发绀，有出血斑出血点；肺部病变导致时有咳嗽，呼吸窘迫等肺炎症状；眼鼻部大量浆液性及黏液性的分泌物；后肢无力、关节疼痛、肿胀，以致行走困难。病程长，可持续数周至数月，容易继发细菌感染，后逐渐康复或转为慢性。

（四）慢性型

慢性非洲猪瘟通常由低致病性毒株引起。该类病猪常呈波状热，消瘦或发育迟缓，体弱；常有腹泻、呕吐症状，粪便有黏液、血液；呼吸困难常表现为湿咳。妊娠母猪感染易引起流产，病死率较低，大部分猪感染后可以康复，但终身带毒。

非洲猪瘟的临床症状和一些其他猪的疾病很相似，如猪瘟、猪丹毒等，临床诊断要注意区分。

五、病理变化

（一）大体病变

不同类型的非洲猪瘟产生的病变有差异，最急性型因急性死亡常无明显大体病理变化，急性型的病理变化主要以内脏器官的广泛出血和淋巴组织的坏死为特征，亚急性型和慢性型则病理变化轻微或不存在病变。本病的主要病变都集中在脾、淋巴结、肾脏和心脏。浆膜表面充血、出血；脾脏肿大，边缘钝圆，颜色变深、可呈黑褐色，质地变脆易碎，以及出血性梗死；全身淋巴结水肿、出血、呈暗红色，由于充血和被膜下出血，切面常呈大理石状；肾脏的表面及切面皮质部有明显的出血斑和出血点，肾盂部也有点状出血；此外，有些病例还有严重的带有出血的浆液性心包积液胸水和腹水；心内膜、心外膜均可见斑状、点状出血。

在急性和亚急性非洲猪瘟病例中，除了上述脾、淋巴结、肾脏和心脏病变之外，还能看到一些其他病变，比如，胃、肠道及整个消化道黏膜弥漫性出血和水肿；肝脏、胆囊、膀胱出血；肺脏肿大、水肿，表面有出血点，切面流出泡沫性液体，气管内有血性泡沫及黏液；胸腔、腹腔内充满浆液性出血；脑膜、脑组织严重充血。亚急性病变与急性相似，但较急性型较轻。

慢性型主要以呼吸道病变为主要特征，常见病猪消瘦、剖检可见淋巴网状内皮增生、纤维蛋白性心包炎和胸膜炎、胸膜粘连以及干酪样坏死。

（二）显微病变

ASFV 进入宿主机体后与巨噬细胞的相互作用会造成相应的病理组织学变化，巨噬细胞的大量损伤引起全身性组织变性。血管和淋巴器官会出现相应显微病变，血管壁，尤其淋巴组织的血管壁，常因上皮细胞坏死、炎性介质渗出而呈现纤维蛋白样变性；真皮内小血管往往严重充血，发生纤维性血栓，耳朵等皮肤紫斑处的上皮组织内可见到血管血栓性坏死；此外，还可以看到间质性肺炎伴随纤维蛋白沉积和巨噬细胞浸润；肾小管退行性玻璃样变性；肝门部巨噬细胞浸润；淋巴细胞性脑膜脑炎等。

六、诊断

可以根据本病的流行病学、临床症状和病理变化等做出初步诊断，但是本病和其他几种猪疾病有相似的症状和病变，如猪瘟、猪丹毒等，不能根据临床症状和病变直接判断，所以还须通过实验室检测进行确诊。确诊应进行抗原检测、抗体检测和病毒分离鉴定等实验室检测。目前为止，本病依然没有有效的疫苗，所以对非洲猪瘟的防控主要依赖于早期检测，以及对患病动物的扑杀来进行。常用实验室检测方法包括电子显微镜检查、红细胞吸附试验、聚合酶链式反应（PCR）、酶联免疫吸附试验（ELISA）、免疫荧光试验（FAT）、等温扩增技术（LAMP）和胶体金免疫层析技术（GICT）等，目前红细胞吸附试验、ELISA 以及 PCR 是实验室检测中较为常用的方法。猪感染 ASFV 后，大约 7 d 即可检出特异性的 IgG 抗体，并且该抗体可在体内持续几年，因此 ASFV 抗体血清学检测有重要的意义。

实验室检测通常采集病死猪淋巴结、肾脏、脾脏、肺、血液和血清等，其中，病变组织可用于病毒的分离、检测；血液和血清可以做抗体检测，也可以用来检测病毒粒子。

(一)病毒分离和红细胞吸附试验

病毒分离是最确切的病原学诊断技术，但是FASV的分离对于实验室技术条件、生物安全条件、人员要求等方面要求十分严格，必须在农业农村部指定的实验室开展。该方法可用于对毒株基因型的分析以及疫情溯源分析，也可用于对流行毒株的生物学特性研究，以及筛选疫苗株的研制等。

红细胞吸附试验可用于ASFV的鉴定，研究中发现ASFV能够感染猪外周血白细胞并在其中进行复制，感染后的白细胞能够吸附猪的红细胞，在感染白细胞周围形成典型的玫瑰花环，并于吸附后48～49 h发生裂解。并且，这种红细胞吸附能力具有ASFV特异性，除了ASFV之外，猪的其他任何病毒都不具备这种在白细胞培养中吸附红细胞的能力。所以红细胞吸附试验是最敏感的鉴定ASFV的技术之一，在临床上常用于PCR阳性结果的验证，但是其操作包括准备工作十分费时。

(二)ELISA

ELISA可用于检测猪的ASFV特异性抗体，可快速获得诊断结果。适用于大规模非洲猪瘟血清学筛查以及非洲猪瘟的早期检测，也可用于本病的防控和扑灭工作达到净化猪群的目的。该方法操作简单，而且猪只被较低或中等毒力的病毒感染后，其血清和组织液产生的抗体也能被ELISA检测到，所以国际贸易中也认可该方法对ASFV的检测。目前，已建立了不同抗原的ELISA方法，也有多种ELISA商品化试剂盒，如间接ELISA和阻断ELISA。

间接ELISA：当血清样本中含有ASFV特异性抗体时，会与吸附在ELISA板上的抗原结合；如果血清样品中不含特异性抗体，则不能与包被的抗原结合。加入酶标二抗结合ASFV抗体和包被抗原复合物，加入底物呈现颜色反应。

阻断ELISA：待检血清与包被抗原反应后，再加入针对包被抗原的特异性酶标单抗进行反应。如果血清中含有一定滴度的非洲猪瘟病毒特异性抗体，酶标单抗就不能或者减少与包被的抗原结合。反之，如果血清中不含ASFV特异性抗体，酶标单抗就与抗原结合，最后加入底物呈现颜色反应。

(三)PCR和RT-PCR

在分子生物学诊断方面，建立PCR和RT-PCR技术，可用于非洲猪瘟的快速诊断，不仅可以用于病毒核酸的扩增，还可以用于毒株的基因分型，特别是对无红细胞吸附能力毒株和低毒力毒株的检测更有优势。

PCR是指体外合成特定DNA片段的一种分子生物学技术，可对ASFV基因组中高度特异、保守的基因序列进行体外扩增。从待检样品中提取DNA样品，用作扩增的模板，以合适的引物通过高温变性、低温退火和适温延伸三个步骤反复循环，使位于两段已知序列之间的DNA片段呈几何倍数扩增。扩增产物通过琼脂糖电泳技术进行检测。

RT-PCR的扩增产物可以进行实时监测，通过在反应体系中加入荧光染色，在反应中随着扩增产物的增加荧光信号会成比例变化。与PCR相比较，RT-PCR灵敏度更高、特异性更强、重复性更好、结果更直观。

病猪全血、血清、脾脏、淋巴结等组织匀浆以及细胞培养上清液等都可以作为 PCR 样本，检测时间短，已成为应用最为广泛的非洲猪瘟检测方法之一。

（四）其他

此外，直接免疫荧光检测、间接免疫荧光检测、免疫印迹、对流免疫电泳等检测技术也都建立相应的方法用于 ASFV 的检测。

（五）鉴别诊断

依据临床症状和病理变化做出初步判断，但非洲猪瘟和猪瘟在临床上十分相似，脾的病变是非洲猪瘟和猪瘟的重要区别，非洲猪瘟病猪的脾脏肿大、发黑；而猪瘟病猪的脾脏不肿大，保持正常大小，常见有出血点和边缘梗死。如果没有典型的症状，两者很难区分，必须依靠实验室检测，所以应加强实验室诊断。

此外，非洲猪瘟还应注意与以下病症相区别：高致病性蓝耳病由猪繁殖与呼吸综合征病毒变异毒株引起，导致母猪流产，死亡率高；猪皮炎肾炎综合征（PDNS）由猪圆环病毒Ⅱ型（PCV-2）感染引起，临床表现为体质下降、消瘦、腹泻和呼吸困难；细菌性败血症、猪丹毒、猪肺疫、副伤寒这些猪的传染病在高热、皮肤发红、厌食、呼吸困难、共济失调等临床症状上有部分与非洲猪瘟有相似之处。

非洲猪瘟的诊断具体操作可参考附录 5。

七、预防与控制

虽然各国对有效的非洲猪瘟疫苗进行了很多次尝试，但一直没有成功，所以目前为止，尚无有效的措施或者有效的疫苗可用于预防非洲猪瘟，只能通过对发病猪和疑似病猪快速彻底扑杀达到控制疾病的目的。

任何情况下，只要有可疑的非洲猪瘟病毒感染猪，都应该限制猪及猪产品的流动，立即进行诊断。防止进一步传播。

流行病学研究表明，国际机场和港口中被污染的垃圾，尤其是厨余垃圾是 ASFV 重要的传染源，很多跨国疫情都与此有关。因此，所有飞机和轮船上剩余的食物残余都应该被焚毁处理。

不同国家和地区非洲猪瘟流行的形式不同，其采取的防控方式也有差异：在本病广泛流行的非洲地区，最重要的是控制天然贮藏宿主，即钝圆软蜱和疣猪，通过各种措施阻止它们和家猪接触。而在欧洲东部地区，应该控制家猪、野猪以及猪副产品的流动。另外，在一些欧洲地区主要是温和型和隐性感染非洲猪瘟的，防控措施主要依靠控制猪及猪产品的流动，结合大规模的血清学调查来检测带毒猪，达到净化的目的。

目前，非洲猪瘟没有商业化的疫苗也没有治疗的方法，对非洲猪瘟的控制策略主要是通过早期快速诊断和实验室确诊，然后要重视动物及环境，执行严格的卫生措施和生物安全措施。

因为非洲猪瘟引起的经济损失较大，一旦发现疫情必须进行淘汰。所以，对于目前无 ASFV 感染的地区不受本病的侵入就非常关键。此外，加强兽医卫生措施是有效防制本病的主要方法，未发生本病的地区，应加强检疫工作，防止本病的传入。

WOAH 对于不同国家的防控也提出了不同建议：对于无非洲猪瘟的国家，应当具有防疫非洲猪瘟的意识，按照国际规则开展猪和猪产品的国际贸易，彻底清洁和消毒来自发病国家的飞机、轮船与交通工具，严格处置食物残渣和废弃物，严密防范非洲猪瘟从境外传入。对于正在暴发非洲猪瘟的国家，要快速划定感染区和受威胁区，扑杀感染动物，妥善处理所有动物尸体和垃圾，对于疫区要彻底清洁及消毒，要进行详细的流行病学调查，追查可能的感染源和可能的扩散范围，对感染区和受威胁区进行监控，严格控制感染区内猪及其产品的流动，避免猪和软蜱接触。对于存在非洲猪瘟感染的国家，主要是避免家猪与野猪、软蜱接触。

虽然没有有效疫苗，但是，经过 20 多年的努力，西班牙早已扑灭了 ASFV，证明疫苗并不是净化 ASF 所必需的。在畜群中控制和净化非洲猪瘟的方法因不同的地区、流行病的形势和情况、经济资源以及邻近地区的形势特点而不同。

在 1985—1995 年期间，西班牙成立了一个范围广泛的组织来扑灭本病，其成功经验主要是采取了以下措施：发现并屠宰携带 ASFV 的动物，彻底消灭感染的畜群，并对感染畜群的养殖者进行充足的经济补助；改善动物饲养设施，以防止疾病蔓延；改善生物安全及公共卫生措施以避免病毒在畜群之间传播；建立流动兽医网络队伍负责管理公共场所的卫生；做好动物标识；进行流行病学调查；收集种猪血清样品进行血清学调查，在屠宰场做好血清学控制，以进行准确诊断；严格控制动物的流动，对用于育肥或者育种的猪进行严格检疫；运输车辆也需要进行严格的清洗和消毒。其中，养殖者的直接参与和积极参与根除计划是成功扑灭该病的最重要因素。

每个国家都应该设计一个应对 ASF 意外侵入的计划，并时刻做好准备以防 ASF 的暴发流行。

第二节　非洲猪瘟防制与净化

非洲猪瘟根除的难度极大，世界上有许多国家经过几十年的防控才将该病根除，但是一旦疏忽防控，非洲猪瘟仍有可能重新暴发。尤其当野猪、蜱虫等作为自然宿主进入感染循环会大大增加防控和根除的难度。另外，根除非洲猪瘟将花费大量的物力和财力，本病是 WOAH 规定的法定报告动物疫病，按照世贸组织规定，一旦疫情发生，输入国将停止进口发病国的猪及其相关产品。所以，除了疫病控制带来的巨大损失之外，猪及其产品的贸易经济损失也极为严重。此外，疫情被扑灭后，已发病国家的无疫认证过程也需要很长的时间。

在缺乏疫苗免疫的情况下，从发病地区根除或者消灭非洲猪瘟的唯一可行性策略就是建议全部扑杀。扑杀感染猪对于消灭严重的跨境动物疫病有较好效果，但这种扑杀措施往往受到国情、伦理、经费等各方面影响，而目前并没有可接受的替代扑杀的措施。非洲猪瘟扑灭与净化应考虑本国生猪饲养生产情况、其他贮藏宿主情况，实施扑灭控制措施的具体措施，还应包括无非洲猪瘟区的认定标准等。

一、无非洲猪瘟区标准

根据国家标准《无规定动物疫病区标准　第5部分：无非洲猪瘟区》(GB/T 22330.5—2008)，无非洲猪瘟区标准除符合 GB/T 22330.1 规定的相关原则外，还应符合下列要求：

(1)执行法定报告制度,连续3年一直没有发现家猪和野猪的ASF临床、血清学或流行病学证据。

(2)疫区采取扑杀政策12个月后可证实没有任何家猪或野猪发生此病。

(3)引进活猪、猪精液、猪胚胎/卵和猪源性动物产品时,遵守《陆生动物卫生法典》2.6.6的规定(从无ASF国家或地区进口家猪时,兽医当局应要求出具国际兽医证书。证明:装运之日无ASF临床症状;自出生一直在无ASF国家或地区饲养)。

(4)无ASF区范围应划分清楚,制定出相应规定,防止来自疫区的家猪或野猪进入无ASF区,并严格执行。无ASF区内,猪只调运应当定期检查和监督,确保无ASF状态。

发生ASF后恢复无FSF区的条件:无ASF区一旦发生本病应扑杀全部发病猪、同群猪、所有直接或间接接触病猪及污染物的猪以及发病猪周围半径1 km地区内的猪。彻底销毁尸体,对涉及的场地、物品彻底消毒。自最后一头ASF病猪和感染猪扑杀处理后,至少一年内经证实无新发病或新感染猪,方可恢复无ASF状态。

二、根除非洲猪瘟一般性措施

对于非洲猪瘟的根除策略,可以从以下几个方面进行。

1.疫病早期检测

非洲猪瘟传染性强,一旦传入,可迅速流行,所以本病的早期检测尤为重要,猪场技术人员、一线动物疫病防控人员应该熟练掌握ASFV的快速检测方法。

2.区域划分

根据《非洲猪瘟疫情应急实施方案(第五版)》要求,在疫情确诊后,县级以上地方人民政府农业农村(畜牧兽医)主管部门应立即划定疫点、疫区和受威胁区。疫点、疫区和受威胁区的划定标准以及应采取的措施见附录6。

另外,也可以对已采取具体疾病控制措施的地理区域进行划分,分为疫区、监测区、无疫区、生物安全隔离区,不同区域采取不同的控制措施。

(1)疫区　世界动物卫生组织建议疫区区划应遵循的原则包括:对于采用集约化饲养的养殖场而言,疫区指以疾病高发区为中心并至少以10 km为半径的同心圆区域;对于采取粗放式饲养的养殖场而言,疫区所指应以50 km为半径的同心圆区域。在疫情暴发初期,还不知道疫情严重程度时,有必要先建立范围较大的疫区,然后根据主动疾病监测揭示出的真实的疫情程度逐步缩小范围。通过监测、隔离、控制运输、屠宰感染猪及可能感染猪等方式进行控制。

(2)监测区　在地理区域上比疫区范围更大,即一个或多个疫区的周边地区。检测区应加强对非洲猪瘟的监测工作;禁止从疫区运输生猪、猪肉和猪肉加工产品。

(3)无疫区　区域内的生猪从未出现非洲猪瘟临床病例,所有的疑似病例在国家承认的检测中都显示阴性结果,并且非洲猪瘟血清学检测结果呈阳性的生猪数目低于预界定的阈值(1%血清阳性、95%置信度)的地区。无疫区应防止疾病入侵,严格禁止从疫区运输生猪和猪肉产品。

(4)生物安全隔离区　实施标准生物安全措施的集约化生产的养殖场,才有可能免受非洲猪瘟的侵袭。这些地区可被视为无疫生物安全隔离区。无疫生物安全隔离区的区划,需要获得政府的认证和接受政府组织的检查。

3. 加强检疫

对猪群运输、生猪屠宰、出售等环节严格检疫，防止病原传播和扩散。

4. 加强流行病学监测

对非洲猪瘟进行集中监测。监测时，接受过专门培训的兽医和检测小组应定期对猪群进行临床检查。在发现患病猪群的地区必须进行追溯和追踪调查。追溯调查所指查明首例非洲猪瘟临床病例确诊前3～4周内新近入栏感染场所的生猪的来源，因为这些生猪有可能是传染源，并检查这些生猪的来源养殖场。追踪调查指查明在首例非洲猪瘟临床病例发生前后从感染场所运出的生猪、生猪加工产品、饲料和其他有可能被传染上疾病的物质的最终运输目的地。其后，要检查有可能被这些生猪污染的养殖场。如果生猪已被运往家畜市场、上述的追溯和追踪调查工作会变得更加复杂。

5. 扑杀感染猪及接触猪

易感染猪以及可能感染的猪，必须迅速采取扑杀、屠宰措施。

6. 尸体无害化处理

扑杀猪尸体或病死猪尸体必须无害化处理，必须确保尸体不再通过直接或间接方式向其他易感动物传播病原体(如通过吃腐肉、自由觅食或通过食物和水源的污染)。如果地势和地下水位合适且具备相应设施设备，可以通过深埋的方式达到无害化处理家畜尸体的目的。另外，如果现场有燃料和可燃物体，而且当地的无草地和林区，不易发生火灾，可以通过焚烧的方式处理家畜尸体。最好在猪被屠宰的养殖场就地处理被屠宰猪的尸体。如果不能够实行就地处理可以通过密封(防漏)的车辆运输这些猪尸至疫区内合适的处理地点。应提前做好对所有可能漏出物的消毒工作的准备。

7. 疫区消毒、生物安全措施

对疫区应做好严格的卫生、消毒以及生物安全防控措施。清洁包括彻底清扫及消毒感染场所周边环境。对猪群集中的地点、猪舍、猪栏、猪圈和饮水槽的清洁工作要特别重视。消毒是屠宰过程中减少周边环境污染ASFV和其他病原体风险的一个极为重要的环节。在消毒前应运走有可能被污染的物质(如粪肥、铺垫物、稻草和饲料)，进行无害化处理。对ASFV很有效的消毒剂包括2%氢氧化钠、2%苛性钠、次氯酸钙和碘化物。

三、西班牙根除非洲猪瘟策略

ASF自传入西班牙，就成为该国的一种地方病，直到1995年，实施集中扑灭净化措施，从而成功扑灭该疫病。以西班牙为例，疫苗不是根除本病的必需条件，对ASF的成功控制很大程度上依赖实验室早期快速诊断技术和严格的生物安全控制措施。

(一)西班牙非洲猪瘟历史

1960年，非洲猪瘟传入西班牙，便在特定的区域内迅速传播。一开始该病临床表现为急性症状和高死亡率。随着该病的广泛流行，其流行病学、临床症状和剖检病变等也发生较大改变，表现为发病方式较温和，有些呈隐性感染，出现病毒携带动物和死亡率低于5%的非典型非洲猪瘟。曾经有研究对西班牙流行区的408个农场进行了流行病学调查，结果显示有17个农场(4.2%)有动物携带病毒的现象。这种变化使得临床诊断变得十分困难,对该病的确诊必须借助实验室才能完成。此外,在西班牙西南地区,证实 ASFV 也可通过软蜱传播。这进一步增加了本病的防控难度。

20 世纪 60 年代,西班牙经济快速发展,养猪模式也发生了巨大变化,从原来落后的家庭农场式饲养模式快速转变为集约化饲养模式,逐步形成了以 6 个区域为主的工业化农场作业模式。一部分地区主要从事仔猪的饲养生产,另一部分地区主要为大型饲养农场模式。这种饲养格局造成西班牙境内猪群移动频繁,使得疫情控制极为不便。

在如此复杂的疫情状况下,西班牙的相关出口贸易受到严重制约,其活猪、鲜猪肉和特定猪肉产品无法对欧盟成员国出口,给养殖者造成了重大的经济损失。据统计,在 1983 年实施非洲猪瘟控制计划之前,西班牙政府为控制非洲猪瘟直接投入的资金,如用于鉴定、诊断、流行病学监测等的花费高达 1 900 万欧元。西班牙当局逐渐意识到现有防控手段已不足以应对当前疫情,于是在 1985 年 3 月启动西班牙非洲猪瘟根除计划。该计划由欧盟直接授权并提供约 72 亿比塞塔(超过 4 300 万欧元)的财政支持。

(二)西班牙非洲猪瘟根除计划的关键点

1985 年之前,西班牙控制非洲猪瘟的方法只是采取卫生管理措施和消灭临床阳性猪群。1985 年西班牙颁布非洲猪瘟根除计划之后,控制策略发生了重大改进。关键措施如下:

(1)建设流动兽医临床团队(mobile veterinary field teams)网络体系,这些临床团队参与动物圈舍的卫生监督、动物识别、流行病学调查、血清样品采集,并督促和鼓励养猪生产者创建卫生协会。到 1990 年,西班牙境内共成立了 979 个协会,囊括了 41 321 位农民和 922 996 只种猪。同时,根据猪群的健康状态、猪场的卫生设施水平和当时猪场所处的状态,如健康状态、特殊保护状态以及有无非洲猪瘟状态等对猪场进行分类登记注册。

(2)开展所有猪场血清学监测工作,设立国家农业研究院(INIA),并在其下建立国家级实验室(CISA-INIA),目前,CISA-INIA 实验室已成为 WOAH 和欧盟的非洲猪瘟国际参考实验室。该实验室建立了准确性高、特异性强的 ELISA 快速诊断方法,向全国 17 个地区参与根除计划的 39 个实验室提供血清学检测标准品和耗材,确保了各个实验室试验结果的准确性和可信度。

(3)提高饲养场及饲养设施的卫生水平,该项计划的实施旨在防止本病的散播。包括采用基本的卫生措施(如栅栏、安全处置粪便等)。同时给予财政相关支持(如高效低利率的贷款)用于设施改造。1985—1990 年共改造饲养场 2 175 个。

(4)拔除所有非洲猪瘟疫点。一旦国家参考实验室确认暴发非洲猪瘟,立刻对感染猪群整群扑杀,同时对周边猪群开展流行病学调查和采样监测。遵照相关法律,有关主管部门应立刻对感染猪群的生产者进行足额补偿。

(5)严格控制猪群移动交通工具,必须冲洗消毒,猪群移动调运必须获得官方兽医证明,并标注出发地和健康状况。在整个移动过程中(包括目的地,如屠宰场和育种场),根除计划的管理者都具有管理控制动物的权利。当猪只抵达屠宰场时,官方兽医会在屠宰之前审查检疫证明,且屠宰之后该检疫证明在屠宰场至少要保存一年。对于猪肉生产企业、制造商需保留猪肉来源的证明材料。

根除计划得到了养猪从业人员和社会各界的积极参与和配合,疫情防控形势迅速得到改善。到 1987 年西班牙境内 96%的地区已经无非洲猪瘟临床病例。1989 年 10 月西班牙通过立法将全国分为两个区域,包括非洲猪瘟无疫血清监测区(2 年内无疫情)和非洲猪瘟感染区。法律规定感染区的活动物和新鲜猪肉不得进入无疫区,无疫区的活猪、鲜肉和特定猪肉制品可以进入欧盟其他国家进行贸易。随着疫情逐步减少,到 1991 年感染区又进一步划分为两个区域,一个是已经至少 1 年无临床病例但还有少量血清学阳性样品的地区,另一个是感染区。到 1994 年西班牙境内已经无非洲猪瘟疫情报道。1995 年 10 月,西班牙正式对外宣布根除非洲猪瘟。

(三)西班牙非洲猪瘟根除计划的经验与借鉴

西班牙之所以能迅速根除非洲猪瘟,主要由于生猪饲养人员及相关产业人员的根除意愿极高。西班牙猪肉消费量极高,猪是主要的饲养畜类。据统计,2009 年西班牙猪肉产量居世界第 4 位,居欧盟第 2 位,仅次于中国、美国和德国。西班牙猪肉出口量占其产量的 32.3%,出口量仅次于德国、丹麦和美国,为世界第四大猪肉供应国。由于西班牙人对猪肉制品的依赖度高,故非洲猪瘟严重制约了该行业的发展,据估算仅 1983 年西班牙为控制非洲猪瘟而消耗的费用就高达 1 140 万欧元。Steen Bech-Nielsen 等对非洲猪瘟根除计划的效益成本进行分析,结果推测实施根除计划后获益会远远大于损失,且越快完成根除计划越能获得最大效益,而财政支持缩水导致根除计划延缓将使损失大于获益。

我国肉类生产结构与西班牙类似,尤其是猪肉产量所占比例在 60%以上。相较于西班牙,我国在非洲猪瘟的防控工作面临更多问题。一是散养猪数量大,缺乏良好的生物安全措施。虽然近年来规模化养殖场日渐增多,呈取代散养猪的趋势,但散养猪的数量占比仍高达 30%~40%,部分还存在用泔水喂猪现象。二是部分规模化猪场管理欠科学,疫病防范意识不到位。很多规模化猪场是封闭化循环饲养,缺少引进猪只的隔离场所,而且没有对不同日龄的群体进行有效隔离。此外,兽医人员和养猪场(户)的非洲猪瘟防控知识相对匮乏,猪繁殖与呼吸综合征、古典猪瘟和猪圆环病毒病 2 型广泛存在,可能干扰非洲猪瘟的诊断。所以,非洲猪瘟自 2018 年传入我国,就快速扩散,对我国养猪生产和猪肉供给造成了巨大冲击。

尽管两国国情不同,但西班牙的根除经验仍有许多值得借鉴之处。①制定根除计划,并通过立法确保计划的执行。根据风险分析,制定与国情相适应的根除计划和实施方案,明确时间表和路线图;配套相应的法律,落实相关经费保障,严格动物移动执法监督,推动计划的顺利实施。②政府组织强化防控知识宣传教育。通过电视、广播、报刊等渠道进行广泛宣传报道,特别是对散养户有针对性地进行宣传,普及非洲猪瘟防控知识、营造群防群控局面。③养猪协会发挥积极推动作用。发挥社会力量,开展疫病监测,特别是对种猪进行血清学监测,及时发现并剔除感染猪。

参 考 文 献

[1] 彭奕冰.临床微生物学检验实验指导[M].3 版.北京:中国医药科技出版社,2019.

[2] 谢兰.医学微生物学实验与学习指导[M].北京:清华大学出版社,2018.

[3] 吕厚东,李秀真.医学微生物学实验与学习指导[M].济南:山东科学技术出版社,2016.

[4] 胡新岗.动物防疫技术[M].2 版.北京:中国农业出版社,2021.

[5] 姜平.兽医生物制品学[M].北京:中国农业出版社,2015.

[6] 潘树德.畜禽疫苗使用手册[M].北京:化学工业出版社,2013.

[7] 夏业才,陈光华,丁家波.兽医生物制品学[M].2 版.北京:中国农业出版社,2018.

[8] 王永娟,陆辉.兽医生物制品技术[M].重庆:重庆大学出版社,2014.

[9] 陈杖榴,曾振灵.兽医药理学[M].4 版.北京:中国农业出版社,2017.

[10] 陈溥言.兽医传染病学[M].6 版.北京:中国农业出版社,2015.

[11] 崔治中.禽白血病[M].北京:中国农业出版社,2015.

[12] Jeffrey J. Zimmerman,Locke A. Karriker,Alejandro Ramirez,等.猪病学:第 10 版[M].赵德明,张仲秋,周向梅,等主译.北京:中国农业大学出版社,2014.

[13] David E Swayne. *Diseases of Poultry* [M]. 14th Edition. New Jersey: Wiley-Blackwell,2020.

[14] E. R. Tulman. African Swine Fever Virus[J]. Lesser Known Large dsDNA,2009(328):43-87.

[15] Christopher L Netherton. African swine fever virus organelle rearrangements[J]. 2013(173):76-86.

附　录

附录 1　禽白血病诊断技术(GB/T 26436—2010)

1　范围

本标准规定了病料中 ALV 特异血清抗体和外源性 ALV 的检测方法。

本标准适用于判断鸡群或病料中是否有外源性 ALV 感染。

2　临床症状和病理变化

ALV 主要引起感染鸡在性成熟前后发生肿瘤死亡,感染率和发病死亡率高低不等,死亡率最高可达 20%。一些鸡感染后虽不发生肿瘤,但可造成产蛋性能下降甚至免疫抑制。

淋巴样白血病是最为常见的经典型白血病肿瘤,肿瘤可见于肝、脾、法氏囊、肾、肺、性腺、心、骨髓等器官组织,肿瘤可表现为较大的结节状(块状或米粒状),或弥漫性分布细小结节。肿瘤结节的大小和数量差异很大,表面平滑,切开后呈灰白色至奶酪色,但很少有坏死区。在成红细胞性白血病、成髓性细胞白血病、髓细胞白血病中,多使肝、脾、肾呈弥漫性增大。J 亚群 ALV 感染主要诱发髓细胞样肿瘤,它最常见的特征性变化主要为肝脾肿大或布满无数的针尖、针头大小的白色增生性肿瘤结节。在一些病例中,还可能在胸骨和肋骨表面出现肿瘤结节。

单纯苏木精伊红染色(H. E 染色)的病理组织切片观察在诊断上有一定参考意义。在表现为淋巴样细胞肿瘤结节时,要注意与马立克病病毒(MDV)和禽网状内皮增生症病毒(REV)诱发的肿瘤相区别;在表现为髓样细胞瘤时,既要与 REV 诱发的类似肿瘤细胞相区别,也要与中性粒细胞浸润性炎症相区别,如鸡戊型肝炎病毒感染引起的肝局部炎症。最终的鉴别诊断以肿瘤组织中的病毒抗原检测或病毒分离鉴定为最可靠依据。

3　病毒的分离培养、检测和鉴定

3.1　试剂和仪器

3.1.1　试剂

DMEM 液体培养基(pH 7.2)、0.25%胰酶、磷酸盐缓冲液(0.01 mol/L PBS,pH 7.2)、抽提缓冲液、青霉素(10 万 U/mL)、链霉素(10 万 U/mL)、抗 ALV 单抗、抗 ALV 单因子鸡血清、异硫氰酸荧光素(FITC)标记的山羊抗小鼠 IgG 抗体、ALV-p27 抗原酶联免疫吸附试验(ELISA)检测试剂盒、聚合酶链式反应(PCR)试剂、RT-PCR 试剂、生理盐水(0.9%氯化钠)、无水乙醇(分析纯)、丙酮(分析纯)、甘油(分析纯)、75%酒精、碘酒、细胞生长液(含有 5%胎牛血清或小牛血清的 DMEM 液体培养基)、细胞维持液(含有 1%胎牛血清或小牛血清的 DMEM 液体培养基)、大肠杆菌(TG1)、蛋白酶 K、70%冷乙醇、乙酸钠(分析纯)、三氯甲烷(分析纯)、异戊醇(分析纯)、异丙醇(分析纯)、10×加样缓冲液、琼脂糖、DL2000 DNA Marker、TAE 电泳缓冲液、氯化钙(0.1 mol/L)、氨苄青霉素(100 μg/μL)、双蒸水、LB 液体培养基、TE 缓冲液、RNase、细胞裂解液、0.1%的 DEPC(焦碳酸乙二酯)水等(除特殊说明外,上述试剂均为分析纯)。

3.1.2 仪器

锥形瓶、荧光显微镜、恒温培养箱,冰冻台式离心机(≥12 000 r/min),－20 ℃冰箱、－80 ℃冰箱、Eppendorf 管(离心管)、棉棒、载玻片、盖玻片、细胞培养平皿、37 ℃数显恒温水浴锅、37 ℃摇床、96 孔培养板、SPF 隔离器、紫外光凝胶成像分析仪、微量移液器、低温恒温水槽(16 ℃)、吸水纸。

3.2 分离病毒用细胞

3.2.1 鸡胚成纤维细胞(CEF)

鸡胚成纤维细胞制备方法见附录 A。

3.2.2 鸡胚成纤维细胞自发永生株(DF1)细胞

DF1 细胞培养基制备方法见附录 B。

3.3 病料的采集与处理

3.3.1 全血、血清或血浆

取疑似病鸡的全血、带有白细胞的血浆或血清,无菌接种于长成单层的 CEF 或 DF1,置于含 5%二氧化碳的 37 ℃恒温培养箱中培养。

3.3.2 脏器

采集疑似病鸡的脾脏、肝脏、肾脏,按脏器质量的 1～2 倍加入灭菌生理盐水(含青霉素和链霉素各 1 000 IU/mL)研磨,直至成匀浆液。将悬液移至离心管中充分摇振后,4 ℃,10 000 r/min 离心 5 min,收集上清液。按 3.4.1.1 中的方法接种培养或－70 ℃保存备用。

3.3.3 疫苗样品

疫苗样品处理后接种 CEF 培养扩增病毒。但为了鉴别是否为外源性 ALV,应接种 DF1 细胞或其他抗 E 亚群白血病鸡细胞(C/E)鸡来源的细胞。

3.3.4 咽喉、泄殖腔棉拭子

取咽喉棉拭子时,将棉拭子深入喉头口及上腭裂来回刮 3～5 次取咽喉分泌液;取泄殖腔棉拭子时,将棉拭子深入泄殖腔转 3 圈并蘸取少量粪便;将棉拭子头一并放入盛有 1.5 mL 磷酸盐缓冲液的无菌离心管中(含青霉素和链霉素各 1 000 IU/mL),盖上管盖并编号,10 000 r/min 离心 5 min 后取上清备用。

3.4 病毒的分离培养与鉴定

3.4.1 病毒的分离培养

3.4.1.1 接种培养:病料接种细胞单层后,置于 37 ℃培养箱中培养 2 h。然后吸去细胞生长液,换入细胞维持液,继续培养 5～7 d。

3.4.1.2 细胞传代:将 3.4.1.1 培养的细胞传代于加有盖玻片的平皿中,培养 5～7 d。

3.4.2 病毒的鉴定

3.4.2.1 间接免疫荧光抗体反应(IFA)

3.4.2.1.1 固定

将盖玻片上的单层细胞，在自然干燥后滴加丙酮-乙醇(6∶4)混合液室温固定 5 min，待其自然干燥，用于 IFA，或置于 −20 ℃保存备用。设未感染的细胞单层为阴性对照。

3.4.2.1.2 加第一抗体

用 0.01 mol/L 磷酸盐缓冲液(pH 7.4)将单克隆抗体(如抗 ALV-J 亚群特异性单克隆抗体)或抗 ALV 单因子鸡血清(抗 ALV 单因子鸡血清的制备见附录 C)稀释到工作浓度，在 37 ℃ 水浴箱作用 40 min，然后用磷酸盐缓冲液洗涤 3 次。

3.4.2.1.3 加 FITC 标记二抗

按商品说明书用磷酸盐缓冲液稀释 FITC 标记的山羊抗小鼠 IgG 抗体或山羊抗鸡 IgY 抗体(当第一抗体为 ALV 特异性单克隆抗体，选用 FITC 标记的山羊抗小鼠 IgG 抗体作为第二抗体，当第一抗体为鸡抗 ALV 单因子血清，则选用 FITC 标记的山羊抗鸡 IgY 抗体作为第二抗体)。37 ℃水浴箱作用 40 min，用磷酸盐缓冲液洗涤 3 次。

3.4.2.1.4 加甘油

滴加少量 50%甘油磷酸盐缓冲液于载玻片上，将盖玻片上的样品倒扣其上。在荧光显微镜下观察。

3.4.2.1.5 结果观察与判定

被感染的 CEF 细胞内呈现亮绿色荧光，周围未被感染的细胞不被着色或颜色很淡。在放大(200～400)×时，可见被感染细胞胞浆着色，判为 ALV 阳性，无亮绿色荧光者判为阴性。

3.4.2.2 ALV-p27 抗原 ELISA 检测

3.4.2.2.1 抗原样本制备

将病料同 3.4.1.1 和 3.4.1.2 所述方法接种细胞，培养 7～14 d 后取上清液直接检测，也可取细胞培养物冻融后检测，或用从泄殖腔采集的棉拭子。

3.4.2.2.2 p27 抗原 ELISA 检测

ALV-p27 抗原可用商品试剂盒检测，对不同来源的样品，按厂家的说明书操作。当样本在 DF1 细胞或 CEF(C/E 品系)上检测出 ALV-p27 抗原时，判为外源性 ALV 阳性，否则判为阴性。直接用泄殖腔棉拭子样品检测出 p27，说明有 ALV，但不能严格区分外源性或内源性。

3.5 ALV 亚群鉴定

3.5.1 利用 J 亚群 ALV 特异性单克隆抗体进行 IFA 检测，可以鉴定 J 亚群 ALV，但不能鉴别其他 ALV 亚群如 A 亚群、B 亚群、C 亚群、D 亚群。

3.5.2 对分离到的病毒用 RT-PCR(上清液中的游离病毒)或 PCR(细胞中的前病毒 cDNA)扩增和克隆囊膜蛋白 *gp*85 基因，测序后与基因序列数据库(GenBank)中的已知 A 亚群、B 亚群、C 亚群、D 亚群的 *gp*85 基因序列做同源性比较，即可对病毒进行分群。ALV 分群方法见附录 D。

3.6 荧光定量 PCR 扩增 ALV-J

该方法适用于鸡群的检疫或 ALV-J 感染的净化，可在较短时间内完成大量样品的特异性检测。血浆或泄殖腔棉拭子样品可直接用于检测，见附录 E。

4 血清特异性抗体的检测

4.1 仪器和试剂

4.1.1 试剂:磷酸盐缓冲液洗液、禽白血病抗体 ELISA 检测试剂盒、FITC 标记的山羊抗鸡 IgY 抗体、甘油。

4.1.2 仪器:酶标仪、荧光显微镜、37 ℃恒温培养箱。

4.2 样品的采集

样品的采集见 3.3。

4.3 抗体的检测

4.3.1 ELISA 检测

可选用禽白血病 A 亚群、B 亚群及 J 亚群抗体 ELISA 检测试剂盒,严格按商品提供的说明书操作和判定。

4.3.2 IFA 检测

4.3.2.1 抗原

抗原制备方法见附录 F。

4.3.2.2 操作步骤

在相应的盖玻片上或抗原孔中加入用磷酸盐缓冲液(1∶50)稀释的待检鸡血清,在 37 ℃下作用 40 min,用磷酸盐缓冲液洗涤 3 次。再加入工作浓度的 FITC 标记的山羊抗鸡 IgY 抗体(第二抗体),在 37 ℃作用 40 min,用磷酸盐缓冲液洗涤 3 次,加少量 50%甘油磷酸盐缓冲液后在荧光显微镜下观察。

4.3.2.3 结果的判定

结果的判定方法同 3.4.2.1.5。不论是商品鸡群还是 SPF 鸡群,只要检出 A 亚群、B 亚群及 J 亚群抗体阳性的鸡,就表明该群体曾经有过外源性 ALV 感染。

(附录 A 至附录 H 省略)

禽白血病诊断技术 GB/T 26436—2010

附录 2　原种鸡群禽白血病净化检测规程（GB/T 36873—2018）

1　范围

本标准规定了原种鸡群禽白血病净化检测规程。

本标准适用于原种鸡群实施针对禽白血病的净化。

2　规范性引用文件

下列文件对于本文件的应用是必不可少的。凡是注日期的引用文件，仅注日期的版本适用于本文件。凡是不注日期的引用文件，其最新版本（包括所有的修改单）适用于本文件。

GB/T 26436—2010 禽白血病诊断技术

NY/T 680—2003 禽白血病病毒 p27 抗原酶联免疫吸附试验方法

3　术语和定义

下列术语和定义适用于本文件。

3.1　原种鸡群 pedigree breeder flock

进行选育种的原始禽群。

3.2　动物疫病净化 animal disease eradication

在一个养殖场或指定区域内，通过持续检测和监测发现患病动物或带毒动物，并通过淘汰带毒动物以实现根除某种动物疫病的过程。

4　检测规程

4.1　出壳雏鸡胎粪的检测与淘汰

4.1.1　样品的收集

在灭菌的 1.5 mL 离心管中每管预先放入 0.5 mL 灭菌的磷酸缓冲盐溶液（phosphate buffer saline，PBS. 0.01 mol/L. pH 7.4）（PBS 配制操作规范见附录 A），或采用符合 NY/T 680—2003 的商品化试剂盒专用稀释液，将离心管对准鸡肛门处轻轻按压雏鸡腹部将胎粪挤入 1.5 mL 离心管中。

4.1.2　样品的处理与检测

将装有胎粪的 1.5 mL 离心管在涡旋振荡仪上充分振荡混匀，然后放于液氮中迅速冷冻，冷冻 2 min 后取出置于 37 ℃水浴锅中融化，然后将离心管在涡旋振荡仪上再次充分震荡混匀。如此反复冻融两次后将离心管置于台式离心机中，12 000*g* 离心 1 min，离心后取上清液，应按照 NY/T 680—2003 或采用符合 NY/T 680—2003 的商品化试剂盒检测胎粪中禽白血病病毒 p27 抗原。

4.1.3　检测后的处理

同一只（羽）母鸡所产的雏鸡中，只要有一只雏鸡胎粪检测为禽白血病病毒 p27 抗原阳性则该纸袋中所有同胞雏鸡及其对应母鸡均视为禽白血病病毒阳性，阳性鸡不再列为育种选育个体，应淘汰做无害化处理。阴性鸡立即运送至育雏舍中饲养。

4.1.4　出壳期间注意事项

出壳期间操作注意事项参见附录 B。

4.2　育雏后期的检测与淘汰

4.2.1 鸡群全血病毒分离

在育雏结束前10 d左右，对按照育种标准选定的雏鸡逐一无菌采集抗凝血，应按照GB/T 26436—2010接种DF1细胞进行病毒分离，培养7～9 d后取细胞上清，应按照NY/T 680—2003或采用符合NY/T 680—2003的商品化试剂盒检测细胞上清中禽白血病病毒p27抗原，若禽白血病病毒p27抗原为阳性则判定该雏鸡为禽白血病病毒阳性鸡（全血病毒分离操作规范见附录C）。

4.2.2 检测后的处理

经病毒分离为阳性的雏鸡不再列为育种选育个体，应淘汰做无害化处理。对检测为阴性的选留后备种鸡应维持小群饲养或单笼饲养。

4.2.3 育雏期间注意事项

育雏期间操作注意事项参见附录D。

4.3 开产初期的检测与淘汰

4.3.1 母鸡的检测

每只（羽）母鸡逐一无菌采集抗凝血，应按照GB/T 26436—2010接种DF1细胞进行病毒分离，培养7～9 d后取细胞上清，应按照NY/T 680—2003或采用符合NY/T 680—2003的商品化试剂盒检测细胞上清中禽白血病病毒p27抗原，若禽白血病病毒p27抗原为阳性则判定该母鸡为禽白血病病毒阳性鸡（全血病毒分离操作规范见附录C）。

4.3.2 公鸡的检测

每只（羽）公鸡逐一无菌采集抗凝血，应按照GB/T 26436—2010接种DF1细胞进行病毒分离，培养7～9 d后取细胞上清，应按照NY/T 680—2003或采用符合NY/T 680—2003的商品化试剂盒检测细胞上清中禽白血病病毒p27抗原，若禽白血病病毒p27抗原为阳性则判定该公鸡为禽白血病病毒阳性鸡（全血病毒分离操作规范见附录C）。同时对每只（羽）公鸡逐一采集新鲜精液接种DF1细胞进行病毒分离（公鸡精液病毒分离操作规范见附录E），公鸡的血浆和精液任何一方检测结果为阳性即判定该公鸡为禽白血病病毒阳性鸡。

4.3.3 检测后的处理

经病毒分离为禽白血病病毒阳性种鸡不再列为育种选育个体，应淘汰做无害化处理。对检测为阴性的选留后备种鸡维持单笼饲养。

4.4 留种前的检测与淘汰

4.4.1 母鸡的检测

每只（羽）母鸡逐一无菌采集抗凝血，应按照GB/T 26436—2010接种DF1细胞进行病毒分离，培养7～9 d后取细胞上清，应按照NY/T 680—2003或采用符合NY/T 680—2003的商品化试剂盒检测细胞上清中禽白血病病毒p27抗原，若禽白血病病毒p27抗原为阳性则判定该母鸡为禽白血病病毒阳性鸡（全血病毒分离操作规范见附录C）。

4.4.2 公鸡的检测

每只（羽）公鸡逐一无菌采集抗凝血，应按照GB/T 26436—2010接种DF1细胞进行病毒分离，培养7～9 d后取细胞上清，应按照NY/T 680—2003或采用符合NY/T 680—2003的商品化试剂盒检测细胞上清中禽白血病病毒p27抗原，若禽白血病病毒p27抗原为阳性则判定该公鸡为禽白血病病毒阳性鸡（全血病毒分离操作规范见附录C）。同时对每只（羽）公鸡逐一采集新鲜精液接种DF1细胞进行病毒分离（公鸡精液病毒分离操作规范见附录E），公鸡的血浆和精液任何一方检测结果为阳性即判定该公鸡为禽白血病病毒阳性鸡。

4.4.3 检测后的处理

经病毒分离为禽白血病病毒阳性种鸡不再列为育种选育个体，应淘汰做无害化处理。对检测为阴性的选留后备种鸡维持单笼饲养。

4.5　种蛋的选留和孵化

按照4.1～4.4所列检测规程淘汰阳性鸡后，每只阴性母鸡仅选用来源于1只阴性公鸡的精液进行人工授精。母鸡所产种蛋均一一标号并与母鸡编号对应，将来自同一只母鸡的种蛋置于带有母鸡编号的孵化纸袋或纸盒中，放入已消毒的孵化器中孵化(孵化期间操作注意事项参见附录F)。

4.6　不同世代的持续检测与净化

按照4.1～4.5检测规程净化后孵出的雏鸡作为净化后第二世代鸡，继续按照4.1～4.5检测规程实施第二世代的检测和净化，后续世代按此检测规程继续循环进行。

5　净化周期启动与终止

5.1　检测节点的选择

可根据原种鸡群所处时期对照4.1～4.5任何一个时间节点启动净化程序，不同原种鸡场可根据其技术条件选择4.1～4.5的部分检测程序进行检测，但按照4.1～4.5所有检测程序进行全面检测可有效缩短净化周期。

5.2　净化效果评估

先随机选取500枚种蛋取蛋清，应按照NY/T 680—2003或采用符合NY/T 680—2003的商品化试剂盒检测蛋清中禽白血病病毒p27抗原，若禽白血病病毒p27抗原全部为阴性则判定为达到禽白血病净化状态，若阳性率高于1%则判定为未达到净化状态，若阳性率介于0～1%则需要对原种鸡群单系随机选取50只(羽)鸡开展病毒分离进行复核检测，若病毒分离全部为阴性则判定为达到禽白血病净化状态，若病毒分离出现阳性则判定为未达到禽白血病净化状态。

5.3　实现净化后检测比例的调整

按照5.2所列要求判定达到禽白血病净化状态的原种鸡群建议无须再按照4.1～4.5全部检测程序进行普遍性检测，转为按照不低于10%的比例进行抽样检测，如抽样检测结果不符合5.2所列要求，则按照4.1～4.5推荐的净化检测规程重新实施净化。

6　净化过程中注意事项

6.1　种禽场生物安全

6.1.1　原种鸡群应有相对隔离的地理位置，要远离其他鸡群。

6.1.2　应执行全进全出制度，原种鸡群需要物品和人员与外界的交流程度越低越好。

6.1.3　原种鸡群工作人员应固定化，避免其他鸡群的饲养员进入正在实施净化的原种鸡群中工作。

6.1.4　运送物品的车辆进出时以及人员出入均应执行消毒制度。

6.1.5　原种鸡群应在鸡舍设立严密而有效的防鸟网或其他的防鸟措施，并定期检查防鸟网或其他防鸟措施的维护状况和应用效果。

6.2　弱毒疫苗的使用

正在实施和已经实现禽白血病净化的原种鸡群应确保所有使用的弱毒疫苗无外源性禽白血病病毒等外源病毒污染，原种鸡群饲养企业需购买检测合格的市售商品化弱毒疫苗，购买疫苗时向生物制品企业索取该批次产品的检测报告并保留疫苗样品备查。

(附录A至附录F省略)

原种鸡群禽白血病净化检测规程 GB/T 36873—2018

附录3 鸡伤寒和鸡白痢诊断技术 (NY/T 536—2017)

1 范围

本标准规定了鸡伤寒和鸡白痢诊断的技术要求。

本标准所规定的临床诊断和实验室诊断适用于各种日龄鸡的鸡沙门菌和雏沙门菌感染的诊断。其中,PCR 方法可用于鸡沙门菌和雏沙门菌的鉴别,全血平板凝集试验适用于成年鸡的鸡沙门菌和雏沙门菌抗体的检测。本标准也可用于鸡伤寒和鸡白痢的流行病学调查和健康鸡群监测。

2 临床诊断

2.1 临床症状

2.1.1 鸡伤寒临床症状

成年鸡易感,一般呈散发性。潜伏期一般为 4～5 d。在年龄较大的鸡和成年鸡,急性经过者突然停食,排黄绿色稀粪,体温上升 1～3 ℃。病鸡可迅速死亡,通常经 5～10 d 死亡。雏鸡发病时,临床症状与鸡白痢相似。

2.1.2 鸡白痢临床症状

各品种鸡对本病均易感,以 2～3 周龄雏鸡的发病率和死亡率为最高,呈流行性。本病在雏鸡和成年鸡中所表现的症状和经过有显著的差异。

a)雏鸡潜伏期 4～5 d,出壳后感染的雏鸡,多在孵出后几天才出现明显临床症状,在第 2～3 周内达到高峰。发病雏鸡呈最急性者,无临床症状迅速死亡。稍缓者表现精神委顿,绒毛松乱,两翼下垂,缩颈闭眼,昏睡,不愿走动,拥挤在一起。病初食欲减少,后停食,多数出现软嗉临床症状。腹泻,排稀薄如糨糊状粪便。有的病雏出现眼盲或肢关节肿胀,呈跛行临床症状。

b)成年鸡感染后常无临床症状,母鸡产蛋量与受精率降低。有的因卵黄囊炎引起腹膜炎,腹膜增生而呈"垂腹"现象。

2.2 病理变化

2.2.1 鸡伤寒病理变化

死于鸡伤寒的雏鸡病理变化与鸡白痢相似。成年鸡,最急性者眼观病理变化轻微或不明显,急性者常见肝、脾、肾充血肿大。亚急性和慢性病例,特征病理变化是肝肿大呈青铜色,肝和心肌有灰白色粟粒大坏死灶,卵子及腹腔病理变化与鸡白痢相同。

2.2.2 鸡白痢病理变化

a)雏鸡急性死亡,病理变化不明显。病期长者,在心肌、肺、肝、盲肠、大肠及肌胃肌肉中有坏死灶或结节,胆囊肿大。输尿管扩张。盲肠中有干酪样物,常有腹膜炎。稍大的病雏有出血性肺炎,肺有灰黄色结节和灰色肝变。育成阶段的鸡肝肿大,呈暗红色至深紫色,有的略带土黄色,表面可见散在或弥散性的小红色或黄白色大小不一的坏死灶,质地极脆,易破裂,常见有内出血变化。

b)成年母鸡最常见的病理变化为卵子变形、变色,呈囊状。有腹膜炎及腹腔脏器粘连。

常有心包炎。成年公鸡睾丸极度萎缩，有小肿胀，输精管管腔增大，充满稠密的均质渗出物。

3 实验室诊断

3.1 病原分离和鉴定

3.1.1 采集病料

可采集被检鸡的肝、脾、肺、卵巢等脏器，无菌取每种组织 5～10 g，研碎后进行病原分离培养。

3.1.2 分离培养

3.1.2.1 培养基

增菌培养基：亚硒酸盐煌绿增菌培养基、四硫黄酸钠煌绿增菌培养基。

鉴别培养基：SS 琼脂和麦康凯琼脂。

以上各培养基配制方法见附录 A。

3.1.2.2 操作

将研碎的病料分别接种亚硒酸盐煌绿增菌培养基或四硫黄酸钠煌绿增菌培养基和 SS 琼脂平皿或麦康凯琼脂平皿，37 ℃培养 24～48 h，在 SS 琼脂或麦康凯平皿上若出现细小无色透明或半透明、圆形的光滑菌落，判为可疑菌落。若在鉴别培养基上无可疑菌落出现时，应从增菌培养基中取菌液在鉴别培养基上划线分离，37 ℃培养 24～48 h，若有可疑菌落出现，则进一步做鉴定。

3.1.3 病原鉴定

3.1.3.1 生化试验和运动性检查

3.1.3.1.1 生化反应试剂

三糖铁琼脂和半固体琼脂。

3.1.3.1.2 操作

将可疑菌落穿刺接种三糖铁琼脂斜面，并在斜面上划线，同时接种半固体培养基，37 ℃培养 24 h 后观察。

3.1.3.1.3 结果判定

若无运动性，并且在三糖铁琼脂上出现阳性反应时，则进一步做血清学鉴定；若有运动性，说明不是鸡沙门菌或雏沙门菌感染。三糖铁琼脂典型阳性反应为斜面产碱、变红，底层产酸、变黄；部分菌株斜面和底层均产酸、变黄。半固体琼脂阳性反应为穿刺线呈毛刷状。

3.1.3.2 血清型鉴定

3.1.3.2.1 沙门菌属诊断血清

沙门菌 A-F 多价 O 血清、O9 因子血清、O12 因子血清、H-a 因子血清、H-d 因子血清、H-g. m 因子血清和 H-g. p 因子血清。

3.1.3.2.2 操作

对初步判为沙门菌的培养物做血清型鉴定。取可疑培养物接种三糖铁琼脂斜面，37 ℃培养 18～24 h，先用 A-F 多价 O 血清与培养物进行平板凝集试验，若呈阳性反应，再分别用 O9、O12、H-a、H-d、H-g. m 和 H-g. p 因子血清做平板凝集试验。

具体操作如下：用接种环取两环因子血清于洁净玻璃板上，然后再用接种环取少量被检菌苔与血清混匀，轻轻摇动玻璃板，于 1 min 内呈明显凝集反应者为阳性，不出现凝集反应者为阴性。试验同时设生理盐水对照，应无凝集反应。

3.1.3.2.3 结果判定

如果培养物与 O9、O12 因子血清均呈阳性反应，而与 H-a、H-d、H-g. m 和 H-g. p 因子血清均呈阴性反应，则鉴定为鸡沙门菌或雏沙门菌。

3.1.3.3 鸡沙门菌和雏沙门菌初步鉴别生化试验

3.1.3.3.1 生化反应试剂

乌氨酸脱羧酶试验小管、卫茅醇试验小管和葡萄糖(产气)小管。

3.1.3.3.2 操作

对鉴定为鸡沙门菌或雏沙门菌的菌株接种乌氨酸脱羧酶、卫茅醇和葡萄糖(产气)生化小管，37 ℃培养 24 h 后观察。

3.1.3.3.3 结果判定

乌氨酸脱羧酶和葡萄糖(产气)为阴性，卫茅醇为阳性的为鸡沙门菌；乌氨酸脱羧酶和葡萄糖(产气)为阳性，卫茅醇为阴性的为雏沙门菌。

3.1.3.4 鸡沙门菌和雏沙门菌鉴别 PCR

3.1.3.4.1 PCR 试剂

10×PCR Buffer、dNTP、*Taq* 酶、DL2000 DNA Marker、TAE、琼脂糖、阳性对照(已鉴定的鸡沙门菌和雏沙门菌)和阴性对照。

3.1.3.4.2 引物

见表 1。

表 1 鸡沙门菌和雏沙门菌鉴别 PCR 引物

检测目的基因	引物序列(5′-3′)	扩增大小/bp
glgC 基因	*glgC* 上游引物：GATCTGCTGCCAGCTCAA	174
	glgC 下游引物：GCGCCCTTTTCAAAACATA	
speC 基因	*speC* 上游引物：CGGTGTACTGCCCGCTAT	252
	speC 下游引物：CTGGGCATTGACGCAAA	

3.1.3.4.3 DNA 的提取

取纯培养细菌一接种环加入 100 μL 无菌超纯水中，混匀，沸水浴 10 min，冰浴 5 min，12 000 r/min 离心 1 min，上清作为基因扩增的模板。

3.1.3.4.4 PCR 反应体系(50 μL)

见表 2。

表 2 鸡沙门菌和雏沙门菌鉴别 PCR 反应体系

组分	体积/μL
无菌超纯水	34.75
10×PCR Buffer(含 Mg^{2+})	5
dNTP(2.5 mmol/L)	4
glgC 上游引物(10 μmol/L)	1
glgC 下游引物(10 μmol/L)	1
speC 上游引物(10 μmol/L)	1
speC 下游引物(10 μmol/L)	1
Taq 酶(5 U/μL)	0.25
DNA 模板	2

同时设置阳性对照和阴性对照。PCR 反应条件为：95 ℃预变性 5 min，95 ℃变性 30 s，56 ℃退火 30 s，72 ℃延伸 30 s，30 个循环，72 ℃延伸 7 min。

3.1.3.4.5　PCR 产物的检测

PCR 产物用 1.5%～2.0%琼脂糖凝胶进行电泳，观察扩增产物条带大小。

3.1.3.4.6　结果判定

阳性对照扩增出约 174 bp 和 252 bp 的片段，阴性对照未扩增出片段，试验成立。若被检样品扩增出约 174 bp 和 252 bp 的片段，判定为鸡沙门菌；若被检样品只扩增出约 252 bp 的片段，判定为雏沙门菌。结果判定电泳图参见附录 B。

3.2　全血平板凝集试验

3.2.1　材料

3.2.1.1　鸡伤寒和鸡白痢多价染色平板抗原、强阳性血清（500 IU/mL）、弱阳性血清（10 IU/mL）、阴性血清。

3.2.1.2　玻璃板、吸管、金属丝环（内径 7.5～8.0 mm）、反应盒、酒精灯、针头、消毒盘和酒精棉等。

3.2.2　操作

在 20～25 ℃环境条件下，用定量滴管或吸管吸取抗原，垂直滴于玻璃板上 1 滴（约 0.05 mL），然后用消毒的针头刺破鸡的翅静脉或冠尖，取血 0.05 mL（相当于内径 7.5～8.0 mm 金属丝环的两满环血液），与抗原混合均匀，并使其散开至直径约为 2 cm，计时判定结果。同时，设强阳性血清、弱阳性血清和阴性血清对照。

3.2.3　结果判定

3.2.3.1　凝集试验判定标准如下：

100%凝集（＋＋＋＋）：紫色凝集块大而明显，反应液清亮。

75%凝集（＋＋＋）：紫色凝集块较明显，反应液有轻度浑浊。

50%凝集（＋＋）：出现明显的紫色凝集颗粒，反应液较为浑浊。

25%凝集（＋）：仅出现少量的细小颗粒，反应液浑浊。

0%凝集（－）：无凝集颗粒出现，反应液浑浊。

3.2.3.2　在 2 min 内，抗原与强阳性血清应呈 100%凝集（＋＋＋＋），弱阳性血清应呈 50%凝集（＋＋），阴性血清不凝集（－），则判试验有效。

3.2.3.3　在 2 min 内，被检全血与抗原出现 50%（＋＋）以上凝集者为阳性，不发生凝集则为阴性，介于两者之间为可疑反应。将可疑鸡隔离饲养 1 个月后，再做检测，若仍为可疑反应，按阳性判定。

4　综合判定

4.1　符合 2.1.1 和 2.2.1，可判为疑似鸡伤寒；符合 2.1.2 和 2.2.2，可判为疑似鸡白痢。

4.2　符合 2..1.1、2.2.1、3.1.3.1、3.1.3.2、3.1.3.4 中扩增出约 174 bp 和 252 bp 的片段和/或 3.1.3.3 中鸟氨酸脱羧酶和葡萄糖（产气）为阴性，卫茅醇为阳性，判为鸡伤寒。符合 2.1.2、2.2.2、3.1.3.1、3.1.3.2、3.1.3.4 中只扩增出约 252 bp 的片段和/或 3.1.3.3 中鸟氨酸脱羧酶和葡萄糖（产气）为阳性，卫茅醇为阴性，判为鸡白痢。

4.3　符合 2.1.1、2.2.1 和 3.2，判为鸡伤寒；符合 2.1.2、2.2.2 和 3.2，判为鸡白痢。

（附录 A、附录 B 省略）

鸡伤寒和鸡白痢诊断技术 NY/T 536—2017

附录4 种鸡场鸡白痢沙门菌净化技术规范[①] (DB51/T 2665—2019)

1 范围

本标准规定了种鸡场鸡白痢沙门菌净化程序、鸡白痢沙门菌阴性鸡群维持以及净化指标。

本标准适用于四川省行政范围内种鸡场鸡白痢沙门菌净化技术指导。

2 规范性引用文件

下列文件对于本文件的应用是必不可少的。凡是注日期的引用文件，仅所注日期的版本适用于本文件。凡是不注日期的引用文件，其最新版本(包括所有的修改单)适用于本文件。

GB 4789.4 食品微生物学检验 沙门菌检验

GB/T 13091 饲料中沙门菌的测定

GB/T 5750.2 生活饮用水标准检验方法 水样的采集与保存

NY 5027 无公害食品 畜禽饮用水水质

NY/T 2838 禽沙门菌病诊断技术

NY/T 536 鸡伤寒和鸡白痢诊断技术

DB51/T 1286 规模化鸡场消毒技术规范

3 术语和定义

下列术语和定义适用于本文件。

3.1 鸡白痢

鸡白痢是由鸡白痢沙门菌引起的以2～3周龄雏鸡下痢和败血症为特征的传染病。初期病鸡仅表现食欲减少，继而不食；腹泻，排白色稀浆样粪便，有糊堵肛门现象；严重者因呼吸困难或急性败血症而死亡。

3.2 净化

为达到消灭和清除传染源的目的，在某一限定地区或养殖场内采取的一系列措施。

4 种鸡场鸡白痢沙门菌净化程序

4.1 总体原则

4.1.1 持续开展鸡白痢沙门菌病原学检测、抗体检测，淘汰带菌鸡或鸡群。

4.1.2 强化本场引种和投入品的检测，避免外来病原传入风险。

4.1.3 采取严格的生物安全措施，建立完善的防疫和生产管理等制度，对饮水、空气、饲料、粪便、鼠、苍蝇等进行鸡白痢沙门菌检测，构建持续有效的生物安全防控体系。

4.2 转群、开产前鸡白痢沙门菌抗体检测

种鸡场从无白痢鸡场引种后，在90～120日龄，采用NY/T 536全血平板凝集试验检测沙门菌抗体，祖代鸡100%进行检测。父母代公鸡100%全检，父母代母鸡的检测比例如下：养殖规模≥30万只按3%比例抽检，10万只≤养殖规模<30万只按4%比例抽检，10万只及以下

---

① 细菌名称等涉及外国人名的词译成中文时，除取词头字母发音者，可省略“氏”字。本书统一将“沙门氏菌”改为“沙门菌”。

养殖规模按 5%比例进行抽检。所有抗体阳性鸡或可疑阳性鸡用 NY/T 2838 中微量凝集法进行第二次抗体复检，两次均呈抗体阳性，则淘汰。若抗体阳性率高于 5%，则抽检比例升至 30%，淘汰阳性鸡。若抗体阳性率高于 20%，则本群鸡不具备开展鸡白痢沙门菌净化的条件。

4.3　14～21 日龄和 90～120 日龄鸡粪便中鸡白痢沙门菌 PCR 检测

对 14～21 日龄和 90～120 日龄鸡（单次检测不低于 200 只）采集肛拭子，按照附录 A 对鸡白痢沙门菌进行 PCR 检测，确定是否有鸡白痢沙门菌感染（若同时出现 260 bp，570 bp 左右两条条带，则判断为鸡白痢沙门菌阳性）。对鸡白痢沙门菌阳性鸡进行淘汰。

5　种鸡场鸡白痢沙门菌抗体阴性鸡群的维持

5.1　种鸡场消毒及鸡白痢沙门菌检测

种鸡场日常消毒按照 DB51/T 1286 进行。引进雏鸡前对鸡舍及周边环境进行系统消毒，消毒后采集鸡舍内墙角、鸡笼、地面棉拭子样品按照 GB 4789.4 对鸡白痢沙门菌进行分离鉴定，确保无鸡白痢沙门菌污染。采集鸡舍外鼠、苍蝇等样品按照 GB 4789.4 对鸡白痢沙门菌进行分离鉴定，确保鸡舍周边无鸡白痢沙门菌感染风险。

5.2　饮用水微生物指标检测

在鸡群饮水乳头处采集水样进行检测，每半个月检测一次。饮水取样方法按照 GB/T 5750.2 进行，对沙门菌的检测方法按照 GB 4789.4 进行。对不达标的饮水通过净化处理，可采用酸化剂（酸性电解水等）进行饮水消毒，使饮水达到 NY 5027 要求。不同企业水的净化处理方案必要时根据实际情况，通过实验确定。参照附录 A 的方法对沙门菌病原进行检测。

5.3　饲料中沙门菌检测

监测每批蛋白类饲料原料和饲料成品，饲料中沙门菌检测按照 GB/T 13091 进行。检测不合格原料和成品不能使用。

5.4　空气中细菌总数检测

对鸡舍空气中细菌总数进行检测，取样及检测方法按照 DB51/T 1286 进行，空气中细菌数不超过 25 000 CFU/m^3 为合格。并根据鸡场实际情况根据实验测定结果制定出个性化的消毒程序。

5.5　沙门菌抗体检测

在开产后每隔 3 个月，采用全血平板凝集试验检测沙门菌抗体，按 0.5%比例抽检。方法按照 NY/T 536 进行初筛，阳性样本采用 NY/T 2838 进行确诊。阳性率若高于 2%，则抽检比例升至 10%，淘汰阳性鸡。

6　种鸡场鸡白痢沙门菌的净化指标

祖代种鸡场鸡白痢血清学阳性率低于 0.2%；父母代种鸡场鸡白痢血清学阳性率低于 1%；种公鸡的鸡白痢血清学全部为阴性；鸡白痢沙门菌 PCR 检测全部为阴性；连续两年以上无临床病例，即认为达到鸡白痢净化状态。

（附录 A 省略）

种鸡场鸡白痢沙门菌净化技术规范 DB51/T 2665—2019

附录5 非洲猪瘟诊断技术 (GB/T 18648—2020)

1 范围

本标准规定了 ASF 的临床诊断,实验室诊断样品采集及处理,以及普通 PCR 方法、荧光 PCR 方法、荧光 RAA 方法、高敏荧光免疫分析法、夹心 ELISA 抗原检测方法、间接 ELISA 抗体检测方法、阻断 ELISA 抗体检测方法、夹心 ELISA 抗体检测方法、间接免疫荧光方法等实验室诊断方法。

本标准适用于家猪和野猪 ASF 的诊断与监测。

2 规范性引用文件

下列文件对于本文件的应用是必不可少的。凡是注日期的引用文件,仅注日期的版本适用于本文件。凡是不注日期的引用文件,其最新版本(包括所有的修改单)适用于本文件。

GB 19489 实验室 生物安全通用要求

3 缩略语

下列缩略语适用于本文件。

ASF:非洲猪瘟(African Swine Fever)

ASFV:非洲猪瘟病毒(African Swine Fever Virus)

DEPC:焦碳酸二乙酯(Diethy Pyrocarbonate)

EDTA:乙二胺四乙酸(Ethylenediaminetetraacetic Acid)

ELISA:酶联免疫吸附试验(Enzymc Linked Immunosorbent Assay)

FAM:6-羧基荧光素(6-Carboxy-Fluorescein)

OD:光密度(Optical Density)

PBS:磷酸盐缓冲液(Phosphate Buffered Saline)

PCR:聚合酶链式反应(Polymerase Chain Reaction)

RAA:重组酶介导的等温核酸扩增技术(Recombinase Aided Amplification)

SPF:无特定病原体(Specific Pathogen Free)

TMB:四甲基联苯胺(3,3′,5,5′-Tetramethyl-Benzidine)

4 生物安全措施

进行 ASF 实验室诊断时,如样品处理、核酸提取等,应按照 GB 19489 执行。

5 临床诊断

5.1 易感动物和宿主

猪科动物是 ASFV 的易感动物。家猪和欧亚野猪对 ASFV 高度易感,且表现出相似的临床症状和死亡率;而非洲野猪,如疣猪、丛林猪、红河猪和巨林猪,感染 ASFV 后很少或者不出现临床症状,是病毒的贮藏宿主。

5.2 临床表现

5.2.1　最急性：无明显临床症状突然死亡。

5.2.2　急性：体温可高达 42 ℃，沉郁，厌食，耳、四肢、腹部皮肤有出血点，可视黏膜潮红、发绀。眼、鼻有黏液脓性分泌物；呕吐；便秘，粪便表面有血液和黏液覆盖；或腹泻，粪便带血。共济失调或步态僵直，呼吸困难，病程延长则出现瘫痪，抽搐等其他神经症状。妊娠母猪流产。病死率可达 100%。病程 4～10 d。

5.2.3　亚急性：临床症状与急性相同，但病情较轻，病死率较低。体温波动无规律，一般高于 40.5 ℃。仔猪病死率较高。病程 5～30 d。

5.2.4　慢性：波状热，呼吸困难，湿咳。消瘦或发育迟缓，体弱，毛色暗淡。关节肿胀，皮肤溃疡，跛足。死亡率低。病程 2～15 个月。

5.3　病理变化

典型的病理变化包括浆膜表面充血、出血，肾脏、肺脏表面有出血点，心内膜和心外膜有大量出血点，胃、肠道黏膜弥漫性出血；胆囊、膀胱出血；肺脏肿大，切面流出泡沫性液体，气管内有血性泡沫样黏液；脾脏肿大，易碎，呈暗红色至黑色，表面有出血点，边缘钝圆，有时出现边缘梗死；颌下淋巴结、腹腔淋巴结肿大，严重出血。最急性型的个体可能不出现明显的病理变化。

5.4　临床诊断结果判定

易感动物出现上述临床症状和病理变化，可初步判定为疑似 ASF 病例。

6　实验室诊断样品采集及处理

6.1　试剂

6.1.1　0.1 mol/L PBS(pH 7.4)，配制方法见附录 A 的 A.1。

6.1.2　0.04 mol/L PBS(pH 7.4)，配制方法见 A.2。

6.1.3　50%甘油-PBS 保存，配制方法见 A.3。

6.1.4　青霉素，浓度为 10 000 IU/mL。

6.1.5　链霉素，浓度为 10 000 μg/mL。

6.2　采样用具

6.2.1　器械：解剖刀、剪刀、镊子、骨锯、注射器及针头，组织匀浆器等。

6.2.2　容器：真空采血管(含 EDTA 抗凝剂)、离心管(2 mL、10 mL)、样品保存管等。

6.2.3　个人防护用具：防护服、防护镜、防护帽、防护靴、口罩、一次性手套等。

6.2.4　采样记录用品：采样单、记号笔、防水标签等。

6.2.5　其他：医用棉签、医用纱布、封口膜、冰袋等。

6.3　样品采集

6.3.1　口鼻拭子采集

采集病死猪或发病猪、同群猪的口鼻拭子样品。用医用棉签在口腔或鼻腔转动至少 3 圈，采集口腔、鼻腔的分泌物；蘸取分泌物后，立即将拭子浸入 1 mL 50%甘油-PBS 保存液中，剪去露出部分，盖紧离心管盖，密封后冷藏或冷冻保存。

6.3.2　全血样品采集

在发病猪群中，使用真空采血管(含 EDTA 抗凝剂)采集一定数量发病猪、同群猪全血各 5 mL，密封后冷藏或冷冻保存。

6.3.3　血清样品采集

在每一发病猪群中，采集发病猪、同群猪全血各 5 mL，室温放置 12～24 h，分离血清，装入离心管中，密封后冷藏或冷冻保存。

6.3.4 组织样品采集

采集病死猪或扑杀发病猪的组织样品。首选脾脏，其次为扁桃体、淋巴结、肾脏，骨髓等。脾脏、肾脏采集约 3 cm×3 cm 大小，扁桃体整体采集，淋巴结选取出血严重的整体采集，骨髓采集长度约 3 cm。将所采集样品放入 50%甘油-PBS 保存液中。

6.4 样品处理

6.4.1 口、鼻拭子样品处理

口、鼻拭子标记样品编号，立即进行 ASF 病原检测或冷冻储存备用。

6.4.2 全血样品处理

全血标记样品编号，立即进行 ASF 病原检测或冷冻储存备用。

6.4.3 血清样品处理

血清标记样品编号，立即进行 ASFV 抗体检测或冷冻储存备用。

6.4.4 组织样品处理

取适量采集的组织样品置于组织匀浆器中充分研磨，加入终浓度为 1 000 IU/mL 的青霉素、1 000 μg/mL 的链霉素，灭菌的 0.1 mol/L PBS (pH 7.4) 制备 10% 组织匀浆液。2 000 r/min 离心处理 10 min。取上清液，标记编号，立即进行 ASF 病原检测或冷冻储存备用。

7 普通 PCR 方法

7.1 试剂

7.1.1 DNA 提取试剂盒。

7.1.2 PCR 预混液(2×)：*Taq* DNA 聚合酶(0.05 U/μL)，反应缓冲液，4 mmol/L $MgCl_2$ 以及 0.4 mmol/L 的 dNTP。

7.1.3 无核酸酶水，配制方法见附录 B 的 B.1。

7.1.4 TAE 缓冲液，配制方法见 B.2 和 B.3。

7.1.5 2%的琼脂糖凝胶，配制方法见 B.4。

7.1.6 6×上样缓冲液。

7.2 仪器设备

7.2.1 自动化核酸提取仪。

7.2.2 PCR 扩增仪。

7.2.3 台式低温高速离心机(最大离心力 12 000*g* 以上)。

7.2.4 稳压稳流电泳仪和水平电泳槽。

7.2.5 凝胶成像仪(或紫外透射仪)。

7.2.6 微量可调移液器(2.5 μL，10 μL，100 μL，200 μL，1 000 μL 等不同规格)。

7.2.7 无核酸酶离心管与吸头。

7.2.8 PCR 扩增管。

7.3 引物序列

引物针对 ASFV B646L 基因的保守区域设计。上游引物 PPA-1：5′-AGTTATGGGAAACCCGACCC-3′，下游引物 PPA-2：5′-CCCTGAATCGGAGCATCCT-3′。扩增产物大小为 257 bp。

7.4　试验程序

7.4.1　核酸提取

采用DNA提取试剂盒提取各类样本中的病毒核酸，或用自动化核酸提取仪提取各类样本中的病毒核酸。如在2 h内检测可将提取的核酸置于冰上保存，否则应置于−20 ℃冰箱保存。

每次抽提核酸，应至少包括一个阳性对照和一个阴性对照。阳性对照样品应为ASFV核酸阳性样本（血清、全血、10%组织匀浆或细胞培养上清液）；阴性对照样品应为无核酸酶水或者ASFV核酸阴性样本（血清、全血、10%组织匀浆或细胞培养上清液）。

7.4.2　核酸扩增

7.4.2.1　扩增体系

每个样品配制22 μL PCR反应混合液，组成如下：

无核酸酶水	7.5 μL
PCR预混液（2×）	12.5 μL
PPA-1（10 μmol/L）	1 μL
PPA-2（10 μmol/L）	1 μL

将22 μL PCR反应混合液加入每个0.2 mL PCR扩增管；将3 μL DNA模板加入PCR扩增管中。每次进行普通PCR扩增时均应设立阳性、阴性及空白对照。阳性对照应用阳性对照样品所提取核酸作为模板，阴性对照应用阴性对照样品所提取核酸作为模板，空白对照应用无核酸酶水作为模板。加入模板后，密封反应管，瞬时离心。将所有PCR扩增管放在PCR仪中。按7.4.2.2条件运行扩增程序。

7.4.2.2　扩增条件

95 ℃预变性10 min；95 ℃变性15 s，62 ℃退火30 s，72 ℃延伸30 s，40个循环；72 ℃终延伸7 min。

7.4.2.3　PCR扩增产物电泳

将5 μL的6×上样缓冲液加入PCR产物中，混匀后取8 μL加入使用1×TAE缓冲液配制的2%琼脂糖凝胶中，电泳30～40 min。电泳结束后，将琼脂糖凝胶置于凝胶成像仪中观察结果。

7.5　试验成立条件

阳性对照应有大小为257 bp的特异性扩增条带，且阴性对照和空白对照应无任何扩增条带。

7.6　普通PCR结果判定

符合7.5的条件，被检样品有大小为257 bp的特异性扩增条带，且与阳性对照条带分子量大小相符，则该样品判为ASFV核酸阳性；被检样品无特异性的扩增条带，则判为ASFV核酸阴性。

8　荧光PCR方法

8.1　试剂

8.1.1　DNA提取试剂盒。

8.1.2　无核酸酶水，配制方法见B.1。

8.1.3　荧光PCR预混液（2×）。

8.2 仪器设备

8.2.1 荧光 PCR 扩增仪。

8.2.2 台式低温高速离心机(最大离心力 12 000g 以上)。

8.2.3 微量可调移液器(2.5 μL、10 μL、100 μL、200 μL、1 000 μL 等不同规格)。

8.2.4 无核酸酶离心管与吸头。

8.2.5 PCR 扩增管。

8.3 引物和探针

引物和探针针对 ASFV B646L 基因的保守序列设计。上游引物 VP72-F1：5′-GCTTTCAGGATAGAGATACAGCTCT-3′；下游引物 VP72-R1：5′-CCGTAGTGGAAGGGTATGTAAGAG-3′；TaqMan 探针 VP72-T1：FAM-CCGTAACTGCTCATGGTATCAATCTTATCG-BHQ1。

8.4 试验程序

8.4.1 核酸提取

方法同 7.4.1。

8.4.2 核酸扩增

8.4.2.1 扩增体系

每个样品配制 18 μL 荧光 PCR 反应混合液，组成如下：

无核酸酶水	5.9 μL
荧光 PCR 预混液(2×)	10 μL
VP72-F1(10 μmol/L)	0.8 μL
VP72-R1(10 μmol/L)	0.8 μL
VP72-T1(10 μmol/L)	0.5 μL

将 18 μL 荧光 PCR 反应混合液加入 PCR 扩增管；将 2 μL DNA 模板加入每个 PCR 扩增管中。每次进行荧光 PCR 扩增时均应设阳性、阴性及空白对照。阳性对照应用阳性对照样品所提取核酸作为模板，阴性对照应用阴性对照样品所提取核酸作为模板，空白对照应用无核酸酶水作为模板。加入模板后，密封 PCR 扩增管，瞬时离心。将所有 PCR 扩增管放入荧光 PCR 仪中。按 8.4.2.2 运行扩增程序。

8.4.2.2 扩增条件

50 ℃孵育 2 min；95 ℃预变性 5 min；95 ℃变性 15 s，58 ℃退火延伸 1 min，45 个循环，在每一循环的 58 ℃时收集 FAM 荧光信号。

8.5 试验成立条件

阳性对照的 Ct 值＜30 且出现特异性扩增曲线，阴性对照无 Ct 值或阴性对照 Ct 值≥40 且无特异性扩增曲线，试验结果有效；否则应重新进行试验。

8.6 荧光 PCR 结果判定

符合 8.5 的条件，被检样品 Ct 值≤38 且出现特异性扩增曲线，则判为 ASFV 核酸阳性；当无 Ct 值或 Ct 值≥40，则判为 ASFV 核酸阴性；当 38＜Ct 值＜40 且出现特异性扩增曲线，则判为疑似。对疑似样品，模板量加倍(4 μL DNA 模板)进行 1 次复检，做 3 个重复；有 2 个重复 Ct 值＜40 且出现特异性扩增曲线即判为 ASFV 核酸阳性，否则判为 ASFV 核酸阴性。

9　荧光 RAA 方法

9.1　试剂

9.1.1　DNA 提取试剂盒。

9.1.2　无核酸酶水，配制方法见 B.1。

9.1.3　RAA 反应预混液。

9.1.4　RAA 荧光基础反应单元：包含重组酶，单链结合蛋白，DNA 聚合酶的冻干粉。

9.1.5　280 mmol/L 乙酸镁。

9.2　仪器设备

9.2.1　恒温荧光基因检测仪。

9.2.2　台式低温高速离心机（最大离心力 12 000g 以上）。

9.2.3　微量可调移液器（2.5 μL、10 μL、100 μL、200 μL、1 000 μL 等不同规格）。

9.2.4　无核酸酶离心管与吸头。

9.3　引物

引物和探针针对 ASFV B646L 基因的保守序列设计。上游引物 VP72-F2：5′-TAGTGATAGACCCCACGTAATCCGTGTCCCAAC-3′；下游引物 VP72-R2：5′-CGATGATCCGGGTGCGATGATGATTACCTT-3′；探针 VP72-T2：GATACGTTAATATGACCACTGGGTTGGTAT(FAM-dT)C(THF)(BHQ1-dT)CCCGTGGCTTCAAAG。

9.4　试验程序

9.4.1　核酸提取

方法同 7.4.1。

9.4.2　核酸扩增

9.4.2.1　扩增体系

每个样品配制 42.5 μL 荧光 RAA 反应混合液，组成如下：

RAA 预混液	37.7 μL
VP72-F2(10 μmol/L)	2.1 μL
VP72-R2(10 μmol/L)	2.1 μL
VP72-T2(10 μmol/L)	0.6 μL

将 42.5 μL 荧光 RAA 反应混合液加入 RAA 荧光基础反应单元中；将 5 μL DNA 模板加入每个反应管中，将 2.5 μL 乙酸镁加在反应单元管盖上。每次进行荧光 RAA 扩增时均应设立阳性、阴性及空白对照。阳性对照应用阳性对照样品所提取核酸作为模板，阴性对照应用阴性对照样品所提取核酸作为模板，空白对照应用无核酸酶水作为模板。加入模板后，密封反应管，放入恒温振荡混匀仪。完成混匀收集后，将所有反应管放入荧光恒温检测仪中。按 9.4.2.2 运行扩增程序。

9.4.2.2　扩增条件

扩增温度 39 ℃，扩增时间 15 min，每隔 20 s 收集荧光信号。

9.5　试验成立条件

阳性对照起峰时间≤1.67 min 且出现特异性起峰曲线，阴性对照无起峰时间或阴性对照起峰时间＞10 min 且无特异性起峰曲线，试验结果有效；否则应重新进行试验。

9.6　荧光 RAA 结果判定

符合 9.5 的条件，被检样品起峰时间≤10 min 且出现特异性起峰曲线，则判为 ASFV 核酸阳性；被检样品无起峰时间或被检样品起峰时间＞10 min 且无特异性起峰曲线，则判定为 ASFV 核酸阴性。

10 高敏荧光免疫分析法

10.1 试剂

10.1.1 无核酸酶水，配制方法见 B.1。

10.1.2 0.1 mol/L PBS(pH 7.4)，配制方法见 A.1。

10.1.3 ASFV 抗原高敏荧光检测试剂卡（检测卡）。

10.2 仪器设备

10.2.1 高敏荧光分析仪。

10.2.2 组织匀浆机。

10.2.3 微量可调移液器(2.5 μL、10 μL、100 μL、200 μL、1 000 μL 等不同规格)。

10.2.4 台式低温高速离心机(最大离心力 12 000g 以上)。

10.3 试验程序

10.3.1 样本前处理

10.3.1.1 血液样本处理

全血需经过抗凝处理，血清、血浆无须处理。

10.3.1.2 组织样本处理

取猪组织(优先采集脾或淋巴结组织)4 g 加入匀浆机，加入 1 mL 0.1 mol/L PBS (pH 7.4)缓冲液，打碎搅拌成匀浆、离心，取上清液待检。

10.3.2 准备

待检样本和检测卡从 2～8 ℃取出，平衡到室温(25 ℃左右)；高敏荧光分析仪开机。

10.3.3 加样

10.3.3.1 血清、血浆或组织提取上清液

用微量可调移液器吸取样本 40 μL 加入检测卡，然后加入 50 μL 稀释液，从加样开始静置免疫反应 15 min 后读值。

10.3.3.2 全血、黏稠样品

用微量可调移液器吸取样本 50 μL 加入检测卡，5 min 后加入 50 μL 稀释液，接着再加入 50 μL 稀释液冲洗。从加样开始静置免疫反应 15 min 后读值。

10.3.3.3 唾液、粪便、污水样品

用微量可调移液器吸取样本 40 μL 加入检测卡，然后加入 50 μL 稀释液，从加样开始静置免疫反应 15 min 后读值。

10.3.4 检测

避光层析 15 min 后，将检测卡放入高敏荧光分析仪，点击“诊断”读值。

10.4 高敏荧光免疫分析结果判定

读值与 ASFV 抗原含量成正比。

10.4.1 检测结果判定

被检样品读值＜12，则判定为 ASFV 抗原阴性；被检样品读值≥16，则判定为 ASFV 抗原阳性；12＜被检样品读值＜16，则判定为可疑。

10.4.2 可疑样品复测判定

可疑样品读值<12，则判定为ASFV抗原阴性；可疑样品读值≥12，则判定为ASFV抗原阳性。

11　夹心ELISA抗原检测方法

11.1　试剂

11.1.1　包被抗体：ASFV P30蛋白单克隆抗体。

11.1.2　酶标抗体：辣根过氧化物酶标记的P30蛋白单抗(针对P30蛋白的不同表位)。

11.1.3　对照：ASFV阳性对照(纯化的杆状病毒表达P30蛋白)，ASFV阴性对照(SPF猪血清)。

11.1.4　包被缓冲液，配制方法见附录C的C.1。

11.1.5　封闭缓冲液，配制方法见C.2。

11.1.6　稀释缓冲液，配制方法见C.3。

11.1.7　洗涤缓冲液，配制方法见C.4。

11.1.8　TMD底物溶液，配制方法见C.5。

11.1.9　终止液，配制方法见C.6。

11.2　仪器设备

11.2.1　酶标仪。

11.2.2　恒温孵育箱。

11.2.3　洗板机或洗涤瓶。

11.2.4　96孔酶标板。

11.2.5　"U"形96孔稀释板。

11.2.6　微量可调移液器(2.5 μL、10 μL、100 μL、200 μL、1 000 μL等不同规格)。

11.2.7　贮液槽。

11.2.8　封板膜。

11.2.9　吸水纸巾。

11.3　试验程序

11.3.1　包被酶标板

P30蛋白单克隆抗体用包被缓冲液1∶200倍稀释后，每孔100 μL包被96孔酶标板，37 ℃饱和湿度下吸附2 h，用洗涤缓冲液洗板4次后拍干，300 μL/孔加入封闭缓冲液，37 ℃饱和湿度下吸附2 h，用洗涤缓冲液洗板4次后拍干。

11.3.2　夹心ELISA抗原检测操作步骤

11.3.2.1　在所有孔中加入稀释液，25 μL/孔。

11.3.2.2　酶标板上对照和待检样品的分布图，见图1。在A1、B1孔中加入阳性对照，25 μL/孔；在C1、D1孔中加入阴性对照，25 μL/孔；在E1、F1等其余孔加入待检样品，25 μL/孔；37 ℃孵育60 min。

11.3.2.3　弃去反应孔中的液体，每孔用洗涤缓冲液清洗4次，洗涤缓冲液300 μL/孔。

11.3.2.4　每孔加入酶标抗体(1×)，50 μL/孔，37 ℃孵育30 min。

11.3.2.5　弃去反应孔中的液体，每孔用洗涤缓冲液清洗4次，洗涤缓冲液300 μL/孔。

11.3.2.6　每孔加入底物溶液，50 μL/孔，室温避光作用10 min。

11.3.2.7　每孔中加入50 μL终止液，终止反应。

11.3.2.8 用酶标仪在 450 nm 波长下测定各孔 OD 值。

	1	2	3	4	5	6	7	8	9	10	11	12
A	P	S5										
B	P	S6										
C	N	S7										
D	N	S8										
E	S1	S9										
F	S2	S10										
G	S3	S11										
H	S4	S12										

说明：

P——阳性对照孔；

N——阴性对照孔；

S1，S2，S3，S4 等——待检样品孔，其余类推。

图 1 样品加样记录表(推荐模式)

11.4 试验成立条件

阳性对照 $OD_{450}>0.5$，且阴性对照 $OD_{450}<0.09$，试验结果有效；否则，应重新进行试验。

11.5 夹心 ELISA 抗原检测结果判定

在试验成立的前提下，待检样品 $OD_{450}>0.12$，则判定该待检样品为 ASFV 抗原阳性；$OD_{450}\leqslant 0.12$，则判定该待检样品为 ASFV 抗原阴性。

12 间接 ELISA 抗体检测方法

12.1 试剂

12.1.1 包被抗原：杆状病毒表达的 ASFV P30 重组蛋白。

12.1.2 酶标抗体：辣根过氧化物酶标记的羊抗猪二抗。

12.1.3 对照：ASFV 阳性对照血清、ASFV 阴性对照血清。

12.1.4 包被缓冲液，配制方法见 C.1。

12.1.5 封闭缓冲液，配制方法见 C.2。

12.1.6 稀释缓冲液，配制方法见 C.3。

12.1.7 洗涤缓冲液，配制方法见 C.4。

12.1.8 TMD 底物溶液，配制方法见 C.5。

12.1.9 终止液，配制方法见 C.6。

12.2 仪器设备

见 11.2。

12.3 试验程序

12.3.1 包被酶标板

用包被缓冲液将 ASFV P30 重组蛋白稀释至终浓度 0.3 μg/mL，每孔 100 μL 包被 96 孔酶标板奇数条作为检测孔，使用抗原稀释液包被 96 孔酶标板偶数条作为对照孔，37 ℃饱和湿度下吸附 2 h，用洗涤缓冲液洗板 4 次后拍干，300 μL/孔加入封闭缓冲液，37 ℃饱和湿度下吸附 2 h，用洗涤缓冲液洗板 4 次后拍干。

12.3.2 间接 ELISA 抗体检测操作步骤

12.3.2.1　待检血清与阴性、阳性对照血清使用样品稀释液做 40 倍稀释。

12.3.2.2　酶标板上对照和待检样品的分布图，见图 2。50 μL/孔，在 A1、A2 和 Bl、B2 孔中加入稀释后的阳性对照血清，在 C1、C2 和 D1、D2 孔中加入稀释后的阴性对照血清，在 E1、E2 等其余孔加入稀释后的待检血清，37 ℃孵育 60 min。

12.3.2.3　弃去反应孔中的液体，每孔用洗涤缓冲液清洗 4 次，洗涤缓冲液 300 μL/孔。

12.3.2.4　每孔加入酶标抗体(1×)，50 μL/孔，37 ℃孵育 30 min。

12.3.2.5　弃去反应孔中的液体，每孔用洗涤缓冲液清洗 4 次，洗涤缓冲液 300 μL/孔。

12.3.2.6　每孔加入底物溶液，50 μL/孔，室温避光作用 10 min。

12.3.2.7　每孔中加入 50 μL 终止液，终止反应。

12.3.2.8　用酶标仪在 450 nm 波长下测定各孔 OD 值，按式(1)计算 OD_{450} 差值。

$$OD_{450\text{-}C} = OD_{450\text{-}J} - OD_{450\text{-}O} \tag{1}$$

式中：

$OD_{450\text{-}C}$——OD_{450} 差值；

$OD_{450\text{-}J}$——OD_{450} 奇数孔值；

$OD_{450\text{-}O}$——OD_{450} 偶数孔值。

	1	2	3	4	5	6	7	8	9	10	11	12
A	P	P	S5	S5								
B	P	P	S6	S6								
C	N	N	S7	S7								
D	N	N	S8	S8								
E	S1	S1	S9	S9								
F	S2	S2	S10	S10								
G	S3	S3	S11	S11								
H	S4	S4	S12	S12								

说明：

P——阳性血清对照孔；

N——阴性血清对照孔；

S1、S2、S3、S4 等——待检血清孔，其余类推。

图 2　样品加样记录表(推荐模式)

12.4　试验成立条件

阳性对照 OD_{450} 差>0.5，且阴性对照 OD_{450} 差<0.2，试验结果有效；否则，应重新进行试验。

12.5　间接 ELISA 抗体检测结果判定

在试验成立的前提下，待检样品 OD_{450} 差>0.2，则判定该待检样品为 ASFV 抗体阳性；待检样品 OD_{450} 差≤0.2，则判定该待检样品为 ASFV 抗体阴性。

13　阻断 ELISA 抗体检测方法

13.1　试剂

13.1.1　包被抗原：杆状病毒表达的 ASFV P30 重组蛋白。

13.1.2　酶标抗体：辣根过氧化物酶标记的抗 ASFV P30 蛋白单抗。

13.1.3 对照：ASFV 阳性对照血清、ASFV 阴性对照血清。

13.1.4 包被缓冲液，配制方法见 C.1。

13.1.5 封闭缓冲液，配制方法见 C.2。

13.1.6 稀释缓冲液，配制方法见 C.3。

13.1.7 洗涤缓冲液，配制方法见 C.4。

13.1.8 TMD 底物溶液，配制方法见 C.5。

13.1.9 终止液，配制方法见 C.6。

13.2 仪器设备

见 11.2。

13.3 试验程序

13.3.1 包被酶标板

用包被缓冲液将 ASFV P30 重组蛋白稀释成终浓度为 0.3 μg/mL，每孔 100 μL 包被 96 孔酶标板，37 ℃饱和湿度下吸附 2 h，用洗涤缓冲液洗板 4 次，300 μL/孔加入封闭缓冲液，37 ℃ 饱和湿度下吸附 2 h，用洗涤缓冲液洗板 4 次后拍干。

13.3.2 阻断 ELISA 抗体检测操作步骤

13.3.2.1 酶标板上对照和样品的分布图，见图 3。每孔加入 50 μL 的稀释液，在 A1、B1 孔加入 50 μL 阳性对照血清，在 C1、D1 孔加入 50 μL 阴性对照血清，在 E1、F11 孔加入 50 μL 稀释液，其余每孔加入 50 μL 的血清样品，37 ℃孵育 60 min。

13.3.2.2 弃去反应孔中的液体，每孔用洗涤缓冲液清洗 5 次，洗涤缓冲液 300 μL/孔。

13.3.2.3 用稀释缓冲液将酶标 P30 单抗稀释至工作浓度，100 μL/孔，37 ℃孵育 30 min。

13.3.2.4 弃去反应孔中的液体，每孔用洗涤缓冲液清洗 5 次，洗涤缓冲液 300 μL/孔。

13.3.2.5 每孔加入底物溶液，100 μL/孔，室温避光作用 15 min。

13.3.2.6 每孔中加入 100 μL 终止液，终止反应。

13.3.2.7 用酶标仪在 450 nm 的波长下测定各孔 OD 值，计算阻断率。

	1	2	3	4	5	6	7	8	9	10	11	12
A	P	S3										
B	P	S4										
C	N	S5										
D	N	S6										
E	Cm	S7										
F	Cm	S8										
G	S1	S9										
H	S2	S10										

说明：

P——阳性血清对照孔；

N——阴性血清对照孔；

Cm——酶标单抗对照孔；

S1、S2、S3、S4 等——待检血清孔，其余类推。

图 3 样品加样记录表(推荐模式)

13.4　阻断率计算方法

阻断率按式(2)至式(4)计算：

$$BR_S = 100 - (OD_{450\text{-}S} \times 100) \div OD_{450\text{-}Cm} \tag{2}$$

$$BR_{NC} = 100 - (OD_{450\text{-}NC} \times 100) \div OD_{450\text{-}Cm} \tag{3}$$

$$BR_{PC} = 100 - (OD_{450\text{-}PC} \times 100) \div OD_{450\text{-}Cm} \tag{4}$$

式中：

BRs——待检血清样品阻断率；

BR_{NC}——阴性对照血清阻断率；

BR_{PC}——阳性对照血清阻断率；

$OD_{450\text{-}S}$——待检血清样品 OD_{450} 值；

$OD_{450\text{-}NC}$——阴性对照血清 OD_{450} 值；

$OD_{450\text{-}PC}$——阳性对照血清 OD_{450} 值；

$OD_{450\text{-}Cm}$——酶标单抗对照 OD_{450} 值。

13.5　试验成立条件

阳性对照阻断率＞70，且阴性对照阻断率＜30，试验结果有效；否则，应重新进行试验。

13.6　阻断 ELISA 抗体检测结果判定

在试验成立的前提下，待检样品阻断率＞50，则判定为 ASFV 抗体阳性；待检样品阻断率≤50，则判定为 ASFV 抗体阴性。

14　夹心 ELISA 抗体检测方法

14.1　试剂

14.1.1　包被抗原：ASFV 重组 P54 蛋白。

14.1.2　酶标抗原：辣根过氧化物酶标记的重组 P54 蛋白。

14.1.3　对照：ASFV 阳性对照血清、ASFV 阴性对照血清。

14.1.4　包被缓冲液，配制方法见 C.1。

14.1.5　封闭缓冲液，配制方法见 C.2。

14.1.6　稀释缓冲液，配制方法见 C.3。

14.1.7　洗涤缓冲液，配制方法见 C.4。

14.1.8　TMD 底物溶液，配制方法见 C.5。

14.1.9　终止液，配制方法见 C.6。

14.2　仪器设备

见 11.2。

14.3　试验程序

14.3.1　包被酶标板

ASFV 重组 P54 蛋白用包被缓冲液稀释至终浓度为 0.1 μg/mL，按每孔 100 μL 的量包被 96 孔酶标板，37 ℃饱和湿度下吸附 2 h，用洗涤缓冲液洗板 4 次后拍干，300 μL/孔加入封闭缓冲液，37 ℃饱和湿度下吸附 2 h，用洗涤缓冲液洗板 4 次后拍干。

14.3.2 ELISA 操作步骤

14.3.2.1 酶标板上对照和样品的分布图，见图 4。在 A1、B1 孔加入 ASFV 阳性对照血清各 50 μL，在 C1、D1 孔加入 ASFV 阴性对照血清各 50 μL，剩余孔中加入待检样品血清 50 μL。

14.3.2.2 轻轻振匀孔中样品(勿溢出)，37 ℃孵育 20 min。

14.3.2.3 甩干 ASFV 抗原包被板孔中的液体，每孔加入 300 μL 洗涤缓冲液，洗涤 5 次，在洗涤和加入下一个试剂前，避免孔壁变干。

14.3.2.4 每孔加入 50 μL 的酶标抗原(1×)，37 ℃孵育 20 min。

14.3.2.5 甩干 ASFV 抗原包被板孔中的液体，每孔加入 300 μL 洗涤缓冲液，洗涤 5 次，在洗涤和加入下一个试剂前，避免孔壁变干。

14.3.2.6 每孔加入 50 μL 底物溶液 A 和 50 μL 底物溶液 B；37 ℃避光孵育 10 min。

14.3.2.7 每孔加入 50 μL 终止液终止显色反应；使用酶标仪测定 450 nm 波长处的 OD 值。

	1	2	3	4	5	6	7	8	9	10	11	12
A	P	S5										
B	P	S6										
C	N	S7										
D	N	S8										
E	S1	S9										
F	S2	S10										
G	S3	S11										
H	S4	S12										

说明：

P——阳性血清对照孔；

N——阴性血清对照孔；

S1、S2、S3、S4 等——待检血清孔，其余类推。

图 4 样品加样记录表(推荐模式)

14.4 试验成立条件

$OD_{450\text{-}NC}$≤0.15 且 $OD_{450\text{-}PC}$≥0.6，试验结果有效；否则重新进行试验。

注：阴性血清的平均 OD 即为 $OD_{450\text{-}NC}$；阳性血清的平均 OD 即为 $OD_{450\text{-}PC}$。

14.5 夹心 ELISA 抗体检测结果判定

Cut Off 值按式(5)计算：

$$\text{Cut Off} = OD_{450\text{-}S} - OD_{450\text{-}NC} \tag{5}$$

式中：

$OD_{450\text{-}S}$——待检血清样品 OD_{450}；

$OD_{450\text{-}NC}$——阴性对照血清 OD_{450}。

在试验成立的前提下，Cut Off 值≤0.15，则判为 ASFV 抗体阴性；Cut Off 值>0.15，则判为 ASFV 抗体阳性。

15 间接免疫荧光方法

15.1 试剂

15.1.1 制备抗原板:感染 ASFV 的细胞或者感染重组病毒(表达 ASFV 蛋白)的细胞固定于固相载体。

15.1.2 对照血清:ASFV 阳性对照血清、ASFV 阴性对照血清。

15.1.3 荧光二抗:羊抗猪 IgG H&L(FITC)。

15.1.4 细胞固定液:丙酮、甲醇按 1:1比例配制。

15.1.5 封闭缓冲液,配制方法见 C.2。

15.1.6 稀释缓冲液,配制方法见 C.3。

15.1.7 洗涤缓冲液,配制方法见 C.4。

15.2 仪器设备

15.2.1 荧光显微镜。

15.2.2 24 孔细胞培养板。

15.2.3 旋转振荡器。

15.2.4 恒温培养箱。

15.2.5 微量可调移液器(2.5 μL、10 μL、100 μL、200 μL、1 000 μL 等不同规格)。

15.2.6 与移液器匹配的吸头。

15.2.7 吸水纸巾。

15.3 试验程序

15.3.1 抗原板的制备

选择合适细胞铺制 24 孔细胞培养板,待细胞生长至 80%时,进行细胞计数。按合适的病毒量接种 ASFV 种毒或表达 ASFV 蛋白的重组病毒,37 ℃维持培养约 48 h。每孔加入200 μL 预冷细胞固定液将细胞固定 10 min,弃去固定液,将细胞培养板晾干。晾干后贮藏于-20 ℃冰箱备用。

15.3.2 间接免疫荧光检测操作步骤

15.3.2.1 将固定的抗原板从-20 ℃冰箱中取出,每孔用洗涤缓冲液清洗 3 次,洗涤缓冲液 1 000 μL/孔。

15.3.2.2 抗原板上对照和样品的分布图,见图 5。弃去反应孔中的液体,在 A1 孔加入 200 μL 阳性对照血清,在 B1 孔加入 200 μL 阴性对照血清,其余每孔加入 200 μL 的待检血清样品,37 ℃孵育 60 min。

	1	2	3	4	5	6
A	P	S3				
B	N	S4				
C	S1					
D	S2					

说明:

P——阳性血清对照孔;

N——阴性血清对照孔;

S1、S2、S3、S4 等——待检血清孔,其余类推。

图 5 样品加样记录表(推荐模式)

15.3.2.3 弃去反应孔中的液体，每孔用洗涤缓冲液清洗 3 次，洗涤缓冲液 1 000 μL/孔。

15.3.2.4 用稀释缓冲液将荧光二抗稀释至工作浓度，200 μL/孔，37 ℃孵育 50 min。

15.3.2.5 弃去反应孔中的液体，每孔用洗涤缓冲液清洗 3 次，洗涤缓冲液 1 000 μL/孔。

15.3.2.6 荧光显微镜观察结果。

15.4 试验成立条件

阳性对照出现特异性绿色荧光，且阴性对照无特异性绿色荧光，试验结果有效；否则，应重新进行试验。

15.5 间接免疫荧光结果判定

在试验成立的前提下，待检样品出现特异性绿色荧光，则判定待检样品为 ASFV 抗体阳性。待检样品无特异性绿色荧光，则判定待检样品为 ASFV 抗体阴性。待检样品出现非特异性绿色荧光或荧光信号较弱，则判定待检样品为 ASFV 抗体可疑，建议重新检测血清样品或用不同的方法重新检测。

16 综合判定

16.1 经 5.4 判定为疑似 ASF 病例，经普通 PCR 方法（详见第 7 章）、荧光 PCR 方法（详见第 8 章）、荧光 RAA 方法（详见第 9 章）任一项检测出 ASFV 核酸阳性的，或经高敏荧光免疫分析法（详见第 10 章）、夹心 ELISA 抗原检测方法（详见第 11 章）任一项检测出 ASFV 抗原阳性的，可诊断为 ASF 病例。如经普通 PCR 方法（详见第 7 章）检测出 ASFV 核酸阴性的，或经高敏荧光免疫分析法（详见第 10 章）、夹心 ELISA 抗原检测方法（详见第 11 章）检测出 ASFV 抗原阴性的，仍需经荧光 PCR 方法（详见第 8 章）、荧光 RAA 方法（详见第 9 章）进行再检，任一项检出 ASFV 核酸阳性的，可诊断为 ASF 病例。

16.2 无明显临床症状的易感动物，经普通 PCR 方法（详见第 7 章）、荧光 PCR 方法（详见第 8 章）、荧光 RAA 方法（详见第 9 章）任一项检测出 ASFV 核酸阳性的，或经高敏荧光免疫分析法（详见第 10 章）、夹心 ELISA 抗原检测方法（详见第 11 章）任一项检测出 ASFV 抗原阳性的，可诊断为 ASFV 感染；如经普通 PCR 方法（详见第 7 章）检测出 ASFV 核酸阴性的，或经高敏荧光免疫分析法（详见第 10 章）、夹心 ELISA 抗原检测方法（详见第 11 章）检测出 ASFV 抗原阴性的，仍需经荧光 PCR 方法（详见第 8 章）、荧光 RAA 方法（详见第 9 章）进行再检，任一项检出 ASFV 核酸阳性的，可诊断为 ASF 感染。

16.3 经间接 ELISA 抗体检测方法（详见第 12 章）、阻断 ELISA 抗体检测方法（详见第 13 章）、夹心 ELISA 抗体检测方法（详见第 14 章）、间接免疫荧光方法（详见第 15 章）任一项检测出 ASFV 抗体阳性的，可诊断为 ASFV 抗体阳性；如经间接 ELISA 抗体检测方法（详见第 12 章）、阻断 ELISA 抗体检测方法（详见第 13 章）、夹心 ELISA 抗体检测方法（详见第 14 章）检测结果不一致的，需经间接免疫荧光方法（详见第 15 章）进行确诊。

（附录 A—C 省略）

非洲猪瘟诊断技术 GB/T 18648—2020

附录6　非洲猪瘟防治技术规范
（DB51/T 2684—2020）

1　范围

本标准规定了非洲猪瘟防治技术的诊断、结果判定、疫情报告和确认、疫情处置、预防与控制。

本标准适用于四川省行政区域范围内一切从事与非洲猪瘟防治活动有关的单位和个人。

2　规范性引用文件

下列文件对于本文件的应用是必不可少的。凡是注日期的引用文件，仅所注日期的版本适用于本文件。凡是不注日期的引用文件，其最新版本（包括所有的修改单）适用于本文件。

《WOAH 陆生动物卫生法典》

GB/T 18648—2002 非洲猪瘟诊断技术

《非洲猪瘟疫情应急处置指南（2020 年版）》

《非洲猪瘟疫情应急实施方案（2019 年版）》（农牧发〔2019〕5 号）

《非猪防控强化措施指引》

《四川省突发重大动物疫情应急预案》（川办函〔2006〕197 号）

3　术语和定义

下列术语和定义适用于本标准。

3.1　非洲猪瘟

由非洲猪瘟病毒引起的猪的一种急性、热性、高度接触性动物传染病，以高热、网状内皮系统出血和高死亡率为特征。世界动物卫生组织（WOAH）将其列为法定报告动物疫病，我国列为一类动物疫病。

3.2　哨兵猪

为了查明某一特定环境中某传染因子的存在状况，有意识地暴露在该环境中的易感猪。当哨兵猪被引入某地时，由于在新的环境条件下机体缺乏特异性的免疫力，故发病率和死亡率明显升高，病原体的富集作用也比较强。自然来源的野猪和人工标记的养殖猪均可作为哨兵猪使用。

4　临床诊断

4.1　流行病学

4.1.1　传染源主要为感染非洲猪瘟病毒的家猪、野猪（包括病猪、康复猪和隐性感染猪）和钝缘软蜱。

4.1.2　传播途径为非洲猪瘟病毒污染物（肉及肉制品、猪血液源饲料制剂、饲料及餐厨剩余物、垫草垫料、车辆、设备、工具、衣物、鞋子、医疗器械、粪便及其他分泌物等）。

4.1.3　家猪和野猪高度易感，无明显的品种、日龄和性别差异。

4.1.4　潜伏期为 21 d。发病率为 40％～85％；不同毒株致病性有所差异，强毒力毒株可导致猪在 4～10 d 内 100%死亡，中等毒力毒株造成的病死率一般为 30%～50%，低毒力毒株仅引起少量猪死亡。

4.1.5　该病季节性不明显。

4.2　临床症状

4.2.1　最急性型无明显临床症状突然死亡。

4.2.2　急性型表现为高热 40.5～42.0 ℃，喜聚堆，沉郁，厌食，耳、四肢、腹部皮肤有出血点，可视黏膜潮红、发绀。眼、鼻有黏液脓性分泌物，呕吐；腹泻或便秘；粪便带血。共济失调或步态僵直，呼吸困难，病程延长则出现其他神经症状。妊娠母猪流产。病死率高达 100%。病程 4～10 d。

4.2.3　亚急性型症状与急性相同，但病情较轻，病死率较低。体温波动无规律，一般高于 40.5 ℃。仔猪病死率较高。病程 5～30 d。

4.2.4　慢性型表现为波状热，呼吸困难，湿咳。消瘦或发育迟缓，体弱，毛色暗淡。关节肿胀，皮肤溃疡。死亡率低。病程 2～15 个月。

4.3　病理变化

4.3.1　浆膜表面充血、出血，肾脏、肺脏表面有出血点。脾脏显著肿大，质脆，呈暗红色至黑色，表面有出血点，边缘钝网，有时出现边缘梗死。心内膜和心外膜有大量出血点，胃、肠道黏膜弥漫性出血。胆囊、膀胱出血。

4.3.2　肺脏肿大，切面流出泡沫性液体，气管内有血性泡沫样黏液。

4.3.3　颌下淋巴结、腹腔淋巴结肿大，严重出血。

4.3.4　最急性的个体可能不出现明显病理变化。

4.3.5　对本病剖解采样过程中应当实施防止病原扩散措施。

4.4　鉴别诊断

非洲猪瘟临床症状与古典猪瘟、高致病性猪蓝耳病、猪丹毒、猪附红细胞体病等疫病相似，必须开展实验室检测进行鉴别诊断。

5　实验室诊断

5.1　样品的采集、运输和保存

按照附录 A 执行。

5.2　血清学检测

抗体检测可采用间接酶联免疫吸附试验、阻断酶联免疫吸附试验、间接荧光抗体试验、免疫印迹等方法。

5.3　病原学检测

病原学快速检测可采用聚合酶链式反应和实时荧光聚合酶链式反应等方法。开展病原学快速检测的样品必须灭活，检测应在符合相关生物安全要求，并取得省农业农村厅非洲猪瘟检测资格认可的实验室进行。病毒分离鉴定工作必须经农业农村部批准。

6　结果判定

6.1　临床可疑疫情

猪群符合下述流行病学、临床症状、病理变化标准之一的，判定为临床可疑疫情。

6.1.1　流行病学标准

6.1.1.1　已经按照程序规范免疫猪瘟、高致病性猪蓝耳病等疫苗，但猪群发病率、病死率依然超出正常范围。

6.1.1.2　饲喂餐厨剩余物的猪群，出现高发病率、高病死率。

6.1.1.3　调入猪群、更换饲料、外来人员和车辆进入猪场、畜主和饲养人员购买生猪产品等可能风险事件发生后，15 d 内出现高发病率、高死亡率。

6.1.1.4　野外放养的猪有可能接触被污染或带毒的物品及动物等出现发病或死亡。

符合上述 4 条之一的，判定为符合流行病学标准。

6.1.2　临床症状标准

6.1.2.1　发病率、病死率超出正常范围或无前兆突然死亡。

6.1.2.2　皮肤发红或发紫。

6.1.2.3　出现高热或结膜炎症状。

6.1.2.4　出现腹泻或呕吐症状。

6.1.2.5　出现神经症状。

符合 6.1.2.1，且符合其他条之一的，判定为符合临床症状标准。

6.1.3　剖检病变标准

6.1.3.1　脾脏异常肿大。

6.1.3.2　脾脏有出血性梗死。

6.1.3.3　下颌淋巴结出血。

6.1.3.4　腹腔淋巴结出血。

符合上述任何一条的，判定为符合剖检病变标准。

6.2　疑似疫情

对临床可疑疫情，经病原学快速检测方法检测，结果为阳性的，判定为疑似疫情。

6.3　确诊疫情

对疑似疫情，按有关要求经中国动物卫生与流行病学中心或省级动物疫病预防控制机构实验室经实时荧光聚合酶链式反应检测法复核检测，结果为阳性的，判定为确诊疫情。

7　疫情报告和确认

7.1　疑似疫情的报告

7.1.1　任何单位和个人，一旦发现生猪、野猪异常死亡等情况，应立即向当地畜牧兽医主管部门、动物卫生监督机构或者动物疫病预防控制机构报告。

7.1.2　当地县级动物疫病预防控制机构在接到疫情报告或了解可疑疫情情况后，应立即派出 2 名以上兽医人员到现场进行临床和病理诊断，结果判定为非洲猪瘟临床可疑疫情的，应及时采集病料进行初筛检测，检测结果为阳性的应在 2 h 内报本地畜牧兽医主管部门，逐级上报至省级动物疫病预防控制机构，并及时将所采集病料送市级动物疫病预防控制机构实验室，经病原学快速检测方法检测，结果为阳性的，判定为疑似疫情；阳性样品再及时送省级动物疫病预防控制机构实验室确诊检测。相关单位在开展疫情报告、送检、调查等工作时，要及时做好记录备查。

7.2　确诊疫情的报告

省级动物疫病预防控制机构确诊为非洲猪瘟疫情后，按要求将确诊疫情信息立即报省级畜牧兽医主管部门，同时以快报形式报中国动物疫病预防控制中心，并将病料样品送中国动物卫生与流行病学中心备份。省级畜牧兽医主管部门应在 1 h 内报告省级人民政府。

7.3 其他

7.3.1 养殖场户自检发现阳性的，必须按规定及时报告。经复核确认为阳性且生猪无异常死亡的，按阳性场点处置，不按疫情对待，可精准扑杀、定点清除，只扑杀阳性猪及其同群猪，其余猪群隔离观察无异常且检测阴性后，可正常饲养。

7.3.2 在生猪运输过程中，动物卫生监督检查站查到的非洲猪瘟疫情，其疫情认定程序，由农业农村部另行规定。

7.3.3 各地海关、林业和草原部门发现可疑非洲猪瘟疫情的，要及时通报省级畜牧兽医主管部门。省级畜牧兽医主管部门按照上述要求及时组织开展样品采集、送检、信息上报等工作，按职责分工，与海关、林业和草原部门共同做好疫情处置工作。

7.3.4 疫情报告内容应至少包括：疫情发生的时间、地点，染疫和疑似染疫动物种类和数量、同群动物数量、免疫情况、死亡情况、临床症状、病理变化、诊断情况、流行病学和疫源追踪情况，已采取的控制措施，疫情报告单位、负责人及联系方式。

7.4 疫情确认

由农业农村部根据确诊结果和相关信息，认定并发布非洲猪瘟疫情。

7.5 疫情处置

7.5.1 临床可疑和疑似疫情处置

7.5.1.1 对发生可疑和疑似疫情的相关场点实施严格的隔离、监视措施，禁止易感动物及其产品、其他密切接触家养畜禽、饲料及垫料、粪便、废弃物等有关物品移动。

7.5.1.2 对其内外环境进行严格消毒，使用碱类、酚类、氯制剂、醛类等高效消毒药，每天消毒3～5次。

7.5.1.3 拟定疫点、疫区、受威胁区，摸清易感动物数量、分布。

7.5.1.4 对有流行病学关联的养殖场(户)开展排查监测、采样检测。必要时，报请当地政府采取封锁、扑杀等应急响应措施。

7.6 确诊疫情处置

疫情确诊后，疫情发生地县级以上畜牧兽医主管部门应当立即划定疫点、疫区和受威胁区，开展追溯追踪调查；并向本级人民政府提出启动相应级别应急响应的建议，由当地人民政府依法做出决定。

7.6.1 划定疫点、疫区和受威胁区

7.6.1.1 疫点。发病猪所在的地点。

7.6.1.2 对具备良好生物安全防护水平的规模养殖场，发病猪舍与其他猪舍有效隔离的，可以发病猪舍为疫点；发病猪舍与其他猪舍未能有效隔离的，以该猪场为疫点，或以发病猪舍及流行病学关联猪舍为疫点。

7.6.1.2.1 对其他养殖场(户)，以病猪所在的养殖场(户)为疫点；如已出现或具有交叉污染风险，以病猪所在养殖小区、自然村或病猪所在养殖场(户)及流行病学关联场(户)为疫点。

7.6.1.2.2 放养猪以病猪活动场地为疫点；在运输过程中发现疫情的，以运载病猪的车辆、船只、飞机等运载工具为疫点；在牲畜交易场所发生疫情的，以病猪所在场所为疫点；在屠宰加工过程中发生疫情的，以屠宰加工厂(场)(不含未受病毒污染的肉制品生产加工车间)为疫点。

7.6.1.3 疫区。一般是指由疫点边缘向外延伸 3 km 范围的区域。

7.6.1.4 受威胁区。一般是指由疫区边缘向外延伸 10 km 的区域。对有野猪活动地区，受威胁区应为疫区边缘向外延伸 50 km 的区域。

划定疫点、疫区和受威胁区时，应根据当地天然屏障（如河流、山脉等）、人工屏障（如道路、围栏等）、行政区划、饲养环境、野猪分布情况，以及疫情追溯追踪调查和风险分析结果，必要时考虑特殊供给保障需要，综合评估后划定。

7.6.2　封锁

7.6.2.1　组织领导。由县级以上地方人民政府发布封锁令，并实施封锁。封锁生效后，在当地人民政府统一领导下，畜牧兽医等有关部门负责确定交通运输路线、设立临时检查消毒站、指导扑杀工作、选择掩埋地点等；有关部门负责维护治安、医疗救治、消毒通道搭建，协助消毒工作，舆论引导和宣传，市场肉品检查等。

7.6.2.2　发布封锁令。

7.6.2.2.1　疫情发生所在地县级及以上人民政府畜牧兽医主管部门报请本级人民政府对疫区实行封锁，由当地人民政府依法发布封锁令，对疫区实行封锁。封锁令内容包括封锁范围、封锁时间、封锁期间采取的措施、相关部门职责等。

7.6.2.2.2　疫区范围涉及两个以上行政区域的，由有关行政区域共同的上一级人民政府发布封锁令，或者由各有关行政区域的上一级人民政府共同发布封锁令，对疫区实行封锁。必要时，上级人民政府可以责成下级人民政府对疫区实行封锁。

7.6.2.2.3　以运载工具为疫点的可不发布封锁令。

7.6.2.2.4　特殊情况：疫区范围涉及两个及以上行政区域，且跨省界，由有关行政区域的本级人民政府共同发布封锁令，对疫区实行封锁，后续处置工作由疫区所在各行政区域本级人民政府各自负责。

7.6.2.3　设立封锁标识。在疫点、疫区周围设立警示标志，可采用蓝底白字。在疫点、疫区及临时检查消毒站等醒目位置张贴封锁令。

7.6.3　对疫点应采取的措施

7.6.3.1　疫情发生所在地的县级人民政府依法及时组织扑杀疫点内的所有生猪，对活猪采用无血（如电击）致死方式扑杀；并对所有病死猪、被扑杀猪及其产品采取深埋、焚烧、化制等方式就近进行无害化处理（见附录 B）。

7.6.3.2　对排泄物、餐厨废弃物、被污染或可能被污染的饲料和垫料、污水等采取深埋、密封发酵等方式无害化处理。

7.6.3.3　对被污染或可能被污染的物品、交通工具、用具、猪舍、场地环境等进行彻底清洗消毒（见附录 C）并采取灭鼠、灭蝇、灭蚊等措施。

7.6.3.4　在疫点出入口设置临时检查消毒站（临时检查消毒站作业指导书见附录 D），执行封锁检查任务，禁止易感动物出入和相关产品调出，对人员和车辆进行检查和消毒。

7.6.3.5　疫点为生猪屠宰加工企业的，停止生猪屠宰等生产经营活动。

7.6.3.6　在运输途中发现疫情，应对运载工具实施暂扣，并进行彻底清洗消毒。

7.6.4　对疫区应采取的措施

7.6.4.1　在疫情发生所在地的县级以上人民政府应按照程序和要求，组织设立警示标志，设置临时检查消毒站，对出入的相关人员和车辆进行消毒。禁止易感动物出入和相关产品调出。

7.6.4.2　关闭生猪交易场所。对生猪养殖场（户）、交易场所等进行彻底消毒，并做好流行病学调查和风险评估工作。

7.6.4.3 对疫区内未采取扑杀措施的养殖场(户)和相关猪舍进行严格隔离,强化应急监测,经病原学检测为阴性的,存栏生猪可继续饲养或经指定路线就近屠宰。对病原学检测为阳性的,应参照疫点内的处置措施进行处置。经流行病学调查和风险评估,认为无疫情扩散风险的,可不再扩大疫区范围。

7.6.4.4 疫区内的生猪屠宰企业,应停止生猪屠宰活动,在官方兽医监督指导下采集猪肉、猪血和环境样品送检,并进行彻底清洗消毒。检测结果为阴性的,经疫情发生所在县的上一级畜牧兽医主管部门组织开展风险评估通过后,可恢复生产。

7.6.4.5 对疫点、疫区内扑杀的生猪原则上应当就地进行无害化处理,确需运出疫区进行无害化处理的,须在当地畜牧兽医部门监管下,使用密封装载工具(车辆)运出,严防遗撒渗漏;启运前和卸载后,应当对装载工具(车辆)进行彻底清洗消毒。

7.6.5 对受威胁区应采取的措施

7.6.5.1 禁止生猪调出调入,关闭生猪交易场所。对具有独立法人资格、取得《动物防疫条件合格证》、按规定开展非洲猪瘟病原学检测且病毒核酸阴性的养殖场(户),其出栏肥猪可与本省符合条件的屠宰企业实行"点对点"调运;出售的种猪、商品仔猪(重量在 30 kg 及以下且用于育肥的生猪)可在本省范围内调运。疫情发生所在地畜牧兽医部门及时组织对生猪养殖场(户)全面开展临床监视,必要时采集样品送检,掌握疫情动态,强化防控措施。

7.6.5.2 受威胁区内的生猪屠宰企业,应当暂停生猪屠宰活动,并彻底清洗消毒;经当地畜牧兽医部门对其环境样品和猪肉产品检测合格,由疫情发生所在县的上一级畜牧兽医主管部门组织开展动物疫病风险评估通过后,可恢复生产。

7.6.5.3 运输途中发现疫情的疫点、疫区和受威胁区的,由疫情发生所在地的县级人民政府依法及时组织扑杀疫点内的所有生猪,对所有病死猪、被扑杀猪及其产品进行无害化处理,对运载工具进行彻底清洗消毒,不得劝返。当地可根据风险评估结果,确定是否需划定疫区和受威胁区并采取相应处置措施。

7.6.5.4 封锁期内,受威胁区内再次发现疫情或检出病原学阳性的,应参照疫点内的处置措施进行处置。经流行病学调查和风险评估,认为无疫情扩散风险的,可不再扩大受威胁区范围。

7.6.6 野猪和虫媒控制

林业和草原部门要对疫区、受威胁区及周边地区野猪分布状况进行调查摸底和监测;在钝缘软蜱分布地区,疫点、疫区、受威胁区的养猪场户要采取杀灭钝缘软蜱等虫媒控制措施,畜牧兽医部门要加强监测和风险评估工作,要采取措施避免饲养的生猪与野猪和钝缘软蜱接触。

7.6.7 疫情排查与追踪

疫情发生所在地畜牧兽医部门要对辖区内生猪及时组织开展全面排查,掌握疫点、疫区、受威胁区及当地易感动物养殖情况,野猪分布状况、疫点周边地理情况;根据非洲猪瘟诊断规范,在疫区和受威胁内进行病例搜索,寻找首发病例,查明发病顺序,统计发病动物数量、死亡数量,收集相关信息,分析疫病发生情况。对首发病例出现前 21 d 内以及疫情发生后采取隔离措施前,从疫点输出的易感动物、相关产品、运载工具及密切接触人员的去向进行追踪调查,对有流行病学关联的养殖场、屠宰加工场所进行采样检测,分析评估疫情扩散风险。

7.6.8 疫情追溯

对首发病例出现前 21 d 内,引入疫点的所有易感动物、相关产品、运输工具和人员往来情况等进行溯源性调查，对有流行病学关联的相关场所、运载工具进行采样检测，分析疫情来源。疫情追溯过程中发现异常情况的，应根据检测结果和风险分析情况采取相应处置措施。

7.6.9　紧急监测

疫点所在县、市要立即对所有养殖场所开展紧急监测，对重点区域、关键环节和异常死亡的生猪加大监测力度，及时发现疫情隐患。要加大对生猪交易场所、屠宰场所、无害化处理厂的巡查力度，有针对性地开展监测。要加大入境口岸、交通枢纽周边地区、中欧班列沿线地区以及货物卸载区周边的监测力度。要高度关注生猪、野猪的异常死亡情况，紧急监测中发现异常情况的，必须按规定立即采取隔离观察、抽样检测等处置措施。

7.6.10　评估

发生疫情的省级畜牧兽医主管部门对疫情进一步扩散蔓延的风险进行评估，并向相关县、市、省发出风险提示；发生疫情的县级以上畜牧兽医主管部门对疫情处置情况进行评估，提出进一步完善的措施；发生疫情县的上级畜牧兽医主管部门对疫区、受威胁区内暂停屠宰活动的生猪屠宰企业开展动物疫病风险评估。

7.6.11　解除封锁和恢复生产

7.6.11.1　申请解除封锁和发布解除封锁令。县级以上畜牧兽医主管部门根据评估结果向发布封锁令的人民政府提出解除封锁申请。由发布封锁令的人民政府，发布解除封锁令，并通报毗邻地区和有关部门。

7.6.11.2　疫点为养殖场、交易场所的。疫点和疫区应扑杀范围内的生猪全部死亡或扑杀完毕，并按规定进行消毒和无害化处理 21 d 后未出现新发疫情的；对疫点和屠宰场、市场等流行病学关联场点抽样检测阴性的，经疫情发生所在县的上一级兽医主管部门组织验收合格后，由所在地县级兽医主管部门向原发布封锁令的人民政府申请解除封锁，由该人民政府发布解除封锁令，并通报毗邻地区和有关部门。解除封锁后，病猪或阳性猪所在场点需继续饲养生猪的，经过 5 个月空栏且环境抽样检测为阴性后，或引入哨兵猪并进行临床观察、饲养 45 d 后(期间猪只不得调出)哨兵猪病原学检测阴性且观察期内无临床异常表现的，方可补栏。

7.6.11.3　疫点为生猪屠宰加工企业的。对屠宰场所主动排查报告的疫情，应对屠宰场所及其流行病学关联车辆进行彻底清洗消毒，当地畜牧兽医部门对其环境样品和生猪产品检测合格的，经过 48 h 后，由疫情发生所在县的上一级畜牧兽医主管部门组织开展动物疫病风险评估通过后，可恢复生产。对疫情发生前生产的生猪产品，需进行抽样检测，检测结果为阴性的，方可销售或加工使用。对畜牧兽医部门排查发现的疫情，应对屠宰场所及其流行病学关联车辆进行彻底清洗消毒，当地畜牧兽医部门对其环境样品和生猪产品检测合格的，经过 15 d 后，由疫情发生所在县的上一级畜牧兽医主管部门组织开展动物疫病风险评估通过后，方可恢复生产。对疫情发生前生产的生猪产品，需进行抽样检测和风险评估，经检测为阴性且风险评估符合要求的，方可销售或加工使用。

7.6.11.4　疫区内的生猪屠宰企业，应进行彻底清洗消毒，当地畜牧兽医部门对其环境样品和生猪产品检测合格的，经过 48 h 后，由疫情发生所在县的上一级畜牧兽医主管部门组织开展动物疫病风险评估通过后，可恢复生产。

7.6.12　善后处理

应急响应结束后，疫情发生地兽医主管部门组织有关单位对应急处置情况进行系统总结评估，形成评估报告。重大(Ⅱ级)以上疫情评估报告，应逐级上报至农业农村部。

8 预防与控制

8.1 饲养管理

生猪饲养、生产、经营等场所必须符合《动物防疫条件审查办法》规定的动物防疫条件，建立并实施严格的卫生消毒制度。养猪场(户)应提高场所生物安全水平，采取措施避免家养猪群与野猪和钝缘软蜱的接触。严禁使用未经高温处理的餐馆、食堂的泔水或餐余垃圾饲喂生猪。

8.2 监测预警

各级动物卫生监管机构应根据周边省份疫情信息和辖区内监管情况定期分析，会同动物疫病预防控制机构，评估疫情风险。充分发挥全省动物疫情测报体系的作用，按照非洲猪瘟监测与流行病学调查计划，加强对重点地区和重点环节的监测。加强与林业和草原部门等有关部门合作，做好野猪和媒介昆虫的调查监测，摸清底数，定期相互通报有关信息，为非洲猪瘟风险评估和预警预报提供依据。

8.3 出入境检疫监管

各地兽医部门加强与海关、边防等有关部门协作，加强联防联控，形成防控合力。配合有关部门，严禁进口来自非洲猪瘟疫情国家和地区的易感猪及其产品，并加强对国际航行运输工具、国际邮件、出入境旅客携带物的检疫，对非法入境的猪、野猪及其产品及时销毁处理。国际航班运营企业要切实履行防控义务，加强餐厨剩余物无害化处理和相关用具的清洗消毒，防止非洲猪瘟病毒随餐厨剩余物跨国境传播。

8.4 市场监管

各地市场监管部门强化生猪产品质量安全监管，切实规范猪肉市场经营行为，加强猪肉制品的加工企业场所、仓储冻库、农贸市场以及酒店、餐馆、食堂的泔水或餐余垃圾非洲猪瘟病毒检测和监管，严防染疫生猪产品进入食品加工流通环节。

(附录 A—D 省略)

非洲猪瘟防治技术规范 DB51/T 2684—2020